中国高等院校计算机基础教育课程体系规划教材

丛书主编 谭浩强

基于Web标准的
网页设计与制作（第2版）

唐四薪 主编

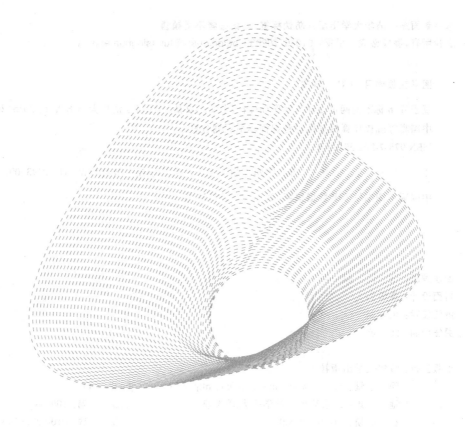

清华大学出版社

北京

内 容 简 介

本书全面介绍了基于 Web 标准的网页设计与制作技术,采用"原理 + 实例 + 综合案例"的编排方式,所有实例都编排在相关的原理讲解之后,使读者能迅速理解有关原理的用途。

本书分为 7 章,内容包括网页与网站的相关知识、HTML 和 XHTML 标准、CSS 网页样式和布局设计、Fireworks 美工设计、网站开发和网页设计的过程及案例,以及 JavaScript 和 jQuery 前台脚本编程技术。

全书遵循 Web 标准,强调原理性与实用性,技术与美工并重,注重介绍网页设计与制作中的基本理论和前沿技术。

本书可作为高等院校各专业"网页设计与制作"课程的教材,也可作为网页设计、网站制作的培训类教材,还可供网页设计和开发人员参考。

图书在版编目(CIP)数据

基于 Web 标准的网页设计与制作/唐四薪主编. --2 版. --北京:清华大学出版社,2015(2023.9重印)
中国高等院校计算机基础教育课程体系规划教材
ISBN 978-7-302-39433-4

Ⅰ.①基… Ⅱ.①唐… Ⅲ.①网页制作工具 – 高等学校 – 教材 Ⅳ.①TP393.092

中国版本图书馆 CIP 数据核字(2015)第 039331 号

责任编辑:张　民　薛　阳
封面设计:常雪影
责任校对:焦丽丽
责任印制:沈　露

出版发行:清华大学出版社
　　　网　　　址:http://www.tup.com.cn,http://www.wqbook.com
　　　地　　　址:北京清华大学学研大厦 A 座　　　　　邮　　编:100084
　　　社 总 机:010-83470000　　　　　　　　　　邮　　购:010-62786544
　　　投稿与读者服务:010-62776969,c-service@tup.tsinghua.edu.cn
　　　质量反馈:010-62772015,zhiliang@tup.tsinghua.edu.cn
　　　课件下载:http://www.tup.com.cn,010-83470236
印 装 者:三河市君旺印务有限公司
经　　销:全国新华书店
开　　本:185mm×260mm　　　印　张:26.75　　　字　数:645 千字
版　　次:2009 年 12 月第 1 版　　2015 年 7 月第 2 版　　印　次:2023 年 9 月第 10 次印刷
定　　价:59.90 元

产品编号:059394-02

从 20 世纪 70 年代末、80 年代初开始，我国的高等院校开始面向各个专业的全体大学生开展计算机教育。 特别是面向非计算机专业学生的计算机基础教育，牵涉的专业面广、人数众多，影响深远。 高校开展计算机基础教育的状况将直接影响我国各行各业、各个领域中计算机应用的发展水平。 这是一项意义重大而且大有可为的工作，应该引起各方面的充分重视。

30 多年来，全国高等院校计算机基础教育研究会和全国高校从事计算机基础教育的老师矢志不渝地在这片未被开垦的土地上辛勤工作，深入探索，努力开拓，积累了丰富的经验，初步形成了一套行之有效的课程体系和教学理念。 30 年来高等院校计算机基础教育的发展经历了 3 个阶段：20 世纪 80 年代是初创阶段，带有扫盲的性质，多数学校只开设一门入门课程；20 世纪 90 年代是规范阶段，在全国范围内形成了按 3 个层次进行教学的课程体系，教学的广度和深度都有所发展；进入 21 世纪，开始了深化提高的第 3 阶段，需要在原有基础上再上一个新台阶。

在计算机基础教育的新阶段，要充分认识到计算机基础教育面临的挑战：

（1）在世界范围内信息技术以空前的速度迅猛发展，新的技术和新的方法层出不穷，要求高等院校计算机基础教育必须跟上信息技术发展的潮流，大力更新教学内容，用信息技术的新成就武装当今的大学生。

（2）我国国民经济现在处于持续快速稳定发展阶段，需要大力发展信息产业，加快经济与社会信息化的进程，这就迫切需要大批既熟悉本领域业务，又能熟练使用计算机，并能将信息技术应用于本领域的新型专门人才。 因此需要大力提高高校计算机基础教育的水平，培养出数以百万计的计算机应用人才。

（3）从 21 世纪初开始，信息技术教育在我国中小学中全面开展，计算机教育的起点从大学下移到中小学。 水涨船高，这样也为提高大学的计算机教育水平创造了十分有利的条件。

迎接 21 世纪的挑战，大力提高我国高等学校计算机基础教育的水平，培养出符合信息时代要求的人才，已成为广大计算机教育工作者的神圣使命和光荣职责。 全国高等院校计算机基础教育研究会和清华大学出版社于 2002 年联合成立了"中国高等院校计算机基础教育改革课题研究组"，集中了一批长期在高校计算机基础教育领域从事教学和研究的专家、教授，经过深入调查研究，广泛征求意见，反复讨论修改，提出了高校计算机基础教育改革思路和课程方案，并于 2004 年 7 月公布了《中国高等院校计算机基础教育课程体系 2004》（简称 CFC 2004）。CFC 2004 公布后，在全国高校中引起强烈的反响，国内知名专家和从事计算机基础教育工作的广大教师一致认为 CFC 2004 提出了一个既体现先进又切合实际的思路和解决方案，该研究成果具有开创性、针对性、前瞻性和可操作性，对发展我国高等院校的计算机基础教育具有重要的指导作用。根据近年来计算机基础教育的发展，课题研究组对 CFC 2004 进行了修订和补充，使之更加完善，于 2006 年和 2008 年公布了《中国高等院校计算机基础教育课程体系 2006》（简称 CFC 2006）和《中国高等院校计算机基础教育课程体系 2008》（简称 CFC 2008），由清华大学出版社出版。

为了实现课题研究组提出的要求，必须有一批与之配套的教材。教材是实现教育思想和教学要求的重要保证，是教学改革中的一项重要的基本建设。如果没有好的教材，提高教学质量只是一句空话。要写好一本教材是不容易的，不仅需要掌握有关的科学技术知识，而且要熟悉自己工作的对象、研究读者的认识规律、善于组织教材内容、具有较好的文字功底，还需要学习一点教育学和心理学的知识等。一本好的计算机基础教材应当具备以下 5 个要素：

（1）定位准确。要十分明确本教材是为哪一部分读者写的，要有的放矢，不要不问对象，提笔就写。

（2）内容先进。要能反映计算机科学技术的新成果、新趋势。

（3）取舍合理。要做到"该有的有，不该有的没有"，不要包罗万象、贪多求全，不应把教材写成手册。

（4）体系得当。要针对非计算机专业学生的特点，精心设计教材体系，不仅使教材体现科学性和先进性，还要注意循序渐进、降低台阶、分散难点，使学生易于理解。

（5）风格鲜明。要用通俗易懂的方法和语言叙述复杂的概念。善于运用形象思维，深入浅出，引人入胜。

为了推动各高校的教学，我们愿意与全国各地区、各学校的专家和老师共同奋斗，编写和出版一批具有中国特色的、符合非计算机专业学生特点的、受广大读者欢迎的优秀教材。为此，我们成立了"中国高等院校计算机基础教育课程体系规划教材"编审委员会，全面指导本套教材的编写工作。

这套教材具有以下几个特点：

（1）全面体现 CFC 的思路和课程要求。本套教材的作者多数是课题研究组的成员或参加过课题研讨的专家，对计算机基础教育改革的方向和思路有深切的体会和清醒的认识。因而可以说，本套教材是 CFC 的具体化。

（2）教材内容体现了信息技术发展的趋势。由于信息技术发展迅速，教材需要不断更新内容，推陈出新。本套教材力求反映信息技术领域中新的发展、新的应用。

（3）按照非计算机专业学生的特点构建课程内容和教材体系，强调面向应用，注重培养应用能力，针对多数学生的认知规律，尽量采用通俗易懂的方法说明复杂的概念，使学生易于学习。

（4）考虑到教学对象不同，本套教材包括了各方面所需要的教材(重点课程和一般课程；必修课和选修课；理论课和实践课)，供不同学校、不同专业的学生选用。

（5）本套教材的作者都有较高的学术造诣，有丰富的计算机基础教育的经验，在教材中体现了研究会所倡导的思路和风格，因而符合教学实践，便于采用。

本套教材统一规划、分批组织、陆续出版。 希望能得到各位专家、老师和读者的指正，我们将根据计算机技术的发展和广大师生的宝贵意见随时修订，使之不断完善。

全 国 高 等 院 校 计 算 机 基 础 教 育 研 究 会 荣 誉 会 长
"中国高等院校计算机基础教育课程体系规划教材"编审委员会主任

谭浩强

前言

　　网页设计技术经过十余年的发展，已经发生了很大的变化。 最重要的变化莫过于"Web 标准"这一理念被广泛地接受，HTML 5 和 CSS 3 也开始逐渐普及，但网页设计的基本知识仍然是"HTML + CSS + JavaScript"。 本书注重讲授这些传统内容，并以此为基础，介绍有关的新技术。

　　本书系统地介绍了遵循 Web 标准的网页设计方法。 Web 标准给网页设计带来的变化不仅反映在大量使用 CSS 进行布局，更重要的是网页设计的理念也发生了改变。 这种改变主要表现在还没有考虑网页外观之前就已经将网页的 HTML 代码写出来了，这对于表格布局的网页是不可想象的。 通过这种方式实现了"结构"和"表现"相分离，也就是 Web 标准最大的原则和优势。 使设计师在最初考虑网页内容时不需要考虑网页的外观。

　　网页设计这门课程的特点是入门比较简单，但它的知识结构庞杂，想要成为一名成功的网页设计师是需要较长时间的理论学习和大量的实践操作及项目实训的。 学习网页设计有两点最重要，一是务必要重视对原理的掌握；二是在理解原理的基础上要多练习，多实践，通过练习和实践能发现很多实际的问题。 本书在编写过程中注重"原理"和"实用"，这表现在所有的实例都是按照其涉及的原理分类，而不是按照应用的领域分类，将这些实例编排在原理讲解之后，使读者迅速理解原理的用途，同时由于加深了对原理的理解，可以对实例举一反三。

　　目前网页设计工程领域招聘网页设计人员时最常见的要求就是要懂 DIV + CSS，并能够手工编写代码制作网页。 这些要求代表了网页设计技术的发展趋势。

　　在测试网页时，一定要使用不同的浏览器进行测试，建议读者至少应在计算机上安装 IE 和 Firefox(或 Google Chrome)两种浏览器，这不仅因为制作出各种浏览器兼容的网页是网页设计的一项基本要求，更重要的是通过分析不同浏览器的显示效果可以对网页设计的各种原理有更深入的理解。

　　本书的内容包含 Web 前端开发技术的各个方面，如果要将整本书的内容讲授完毕，大约需要 90 学时的课时。 如果只有 50 学时左右的理论课课时，可主要讲授本书前 4 章的内容，后面的内容供学生自学。 考虑到"因材施教"，本书的部分内容(在节名后注有 * 号)主要供学有余力的学生自学。

　　本书为使用本书作为教材的教师提供了教学用多媒体课件、实例源文件和习题参考答案，可登录本书配套网络教学平台(http://ec.hynu.cn)免费下载，也可和作者联系

（tangsix@163.com）。 另外，该网络教学平台还提供了大量网页制作的操作视频和相关软件供读者免费下载。

本书主编唐四薪，编写了第 1~6 章和第 7 章的部分内容，肖望喜、谢海波、谭晓兰、喻缘、康江林、袁建君、刘艳波、唐亮、黄大足、尹军、邹赛、邢容、邓明亮、陆彩琴和唐金娟等编写了第 2 章和附录及第 7 章的部分内容。

由于作者水平和教学经验有限，书中疏漏和不妥之处在所难免，欢迎广大读者和同行批评指正。

编　者

CONTENTS

目录

第1章

网页设计概述

Internet 是连接世界各地计算机的通信网络,接入 Internet 的计算机可以相互交换信息,从而实现资源共享或通信联络。Internet 可提供很多种服务,如信息浏览、电子邮件、文件传输、即时通信等。

WWW(World Wide Web,简称为 Web 或"万维网")是目前 Internet 上最为流行的信息浏览服务,是 Internet 实现信息资源共享的主要途径。WWW 由遍布在 Internet 中 Web 服务器组成,Web 服务器是 Internet 上一台具有独立 IP 地址的计算机,用来存储和发布网页。接入 Internet 的计算机能够从 Web 服务器上获取信息或发送信息给 Web 服务器,其本质是通过 HTTP 传输基于超文本(Hypertext)的信息。

WWW 是由无数个网站连接而成的页面式网络信息系统,通过浏览器(Browser)提供一种友好的信息查询界面(即网页)供用户浏览查询。即使是对计算机知之甚少的用户,也可以输入网址或直接单击链接,从 Internet 上获取各种多媒体信息。

WWW 之所以能够流行起来,在于它具有以下几个特点:首先,WWW 具有图形化的浏览和操作界面,通过超文本可以将文本、图像、音频、视频信息集成于同一个页面中;其次,WWW 是非常易于导航的,只要单击超链接就可以在各页面、各站点之间自由浏览;再次,WWW 与平台无关,无论是 Windows、Linux 还是苹果系统,都可以访问 WWW 上的任何信息。从技术实现上看,WWW 具有如下三个统一。

(1)统一的信息组织方式:HTML(超文本标记语言)。

(2)统一的资源访问方式:HTTP(超文本传输协议)。

(3)统一的资源定位方式:URL(统一资源定位器,即网址)。

1.1 初识网页设计

如果将 WWW 看成是 Internet 上的一座大型图书馆,网站就像图书馆中的一本书,而网页便是书中的一页。

1.1.1 什么是网页

一个网页就是一个文件,存放在世界某处的某一台 Web 服务器中。

当用户在客户端浏览器输入网址后，经过 HTTP 的传输，网页就会被传送到用户的计算机中，然后通过浏览器解释网页的内容，再展示到用户的眼前。

网页通常包含文本、图像、声音、视频等信息，从表面上看，网页是通过浏览器看到的一幅幅画面。但是，网页的本质是一个用 HTML 描述的纯文本文件，它通过各式各样的标记对页面上的元素进行描述，浏览器对这些标记进行解释并生成页面。

要想浏览网页，计算机中必须安装有浏览器软件（如 Windows 7 中集成的 Internet Explorer，简称 IE），图 1-1 展示了 IE 浏览器打开的网页。在 IE 浏览器中，执行菜单命令"查看"→"源文件"，就会打开一个纯文本文件，如图 1-2 所示。这个文本文件中的内容叫做 HTML 代码，浏览器的本质其实是把 HTML 代码解释成用户看到的网页的工具。

图 1-1　IE 浏览器中的网页

图 1-2　网页的源文件

HTML 是 HyperText Markup Language 的缩写，直译为"超文本标记语言"。

网页是通过 HTML 书写的一种纯文本文件。用户通过浏览器所看到的包含文字、图像、链接、动画和声音等多媒体信息的每一个网页,其实质是浏览器对 HTML 代码进行了解释,并引用相应的图像、动画等资源文件,才生成了多姿多彩的网页。网页的本质是纯文本文件。

但是,一个网页并不是由一个单独的文件组成,网页显示的图片、动画等文件都是单独存放的,以方便多个网页引用同一个图片。这与 Word 等格式的文件有明显区别。

1.1.2　网页设计的两个基本问题

网页需要精心设计才能吸引用户的眼球。网页设计是艺术与技术的结合。从艺术的角度看,网页设计的本质是一种平面设计,就像出黑板报、设计书的封面等平面设计一样,对于平面设计需要考虑两个基本问题,那就是布局和配色。

1. 布局

对于一般的平面设计来说,布局就是将有限的视觉元素进行有机的排列组合,将理性思维个性化地表现出来。网页设计和其他形式的平面设计相比,有相似之处,它也要考虑网页的版式设计问题,如采用何种形式的版式布局。与一般平面设计不同的是,在将网页效果图绘制出来以后,还需要用技术手段(代码)实现效果图中的布局,将网页效果图转化成真实的网页。

在将网页的版式和网页效果图设计出来后,就可用以下方式实现网页的布局。

(1) 表格布局:将网页元素装填入表格内实现布局;表格相当于网页的骨架,因此表格布局的步骤是先画表格,再往表格的各个单元格中填内容,这些内容可以是文字或图片等一切网页元素。

(2) DIV + CSS 布局:这种布局形式不需要额外的表格作为网页的骨架,而是利用网页中每个元素自身具有的"盒子"来布局,通过对元素的盒子进行不同的排列和嵌套,使这些盒子在网页上以合适的方式排列就实现了网页的布局。在网页布局的历程中,产生了 Web 标准的讨论。Web 标准倡导使用 DIV + CSS 来布局。

(3) 框架布局:将浏览器窗口分割成几部分,每部分分别放一个不同的网页,这是很古老的一种布局方式,现在用得较少。

网页设计从技术角度看,就是要运用各种语言和工具解决网页布局和美观的问题,所以网页设计中很多技术都是为了使网页看起来更美观。网页设计师常常会为了改善网页的效果做大量工作,这也体现了他们追求完美的精神。

2. 配色

网页的色彩是树立网页形象的关键要素之一。对于一个网页设计作品,浏览者首先看到的不是图像和文字,而是色彩搭配,在看到色彩的一瞬间,浏览者对网页的整体印象就确定下来了,因此说色彩决定印象。一个成功的网页作品,其色彩搭配可能给人的感觉是自然、洒脱的,看起来只是很随意的几种颜色搭配在一起,但其实是经过了设计师的深思熟虑和巧妙构思的。

对于初学者来说,在用色上切忌将所有的颜色都用到,应尽量控制在三种色彩以内,并且这些色彩的搭配应协调。而且一般不要用纯色,灰色适合与任何颜色搭配。

1.1.3　网页设计语言——HTML 简介

网页是用 HTML 编写的。HTML 作为一种建立网页文档的语言,它用标记标明文档中的文本及图像等各种元素,指示浏览器如何显示这些元素。

HTML 具有语言的一般特征,所谓语言是一种符号系统,具有自己的词汇(符号)和语法(规则)。所谓标记,就是作记号。为了让浏览器理解某段内容的含义,HTML 将各种内容放在标记内,以标明其含义。例如:

> ＜标记＞受标记影响的内容＜/标记＞

这就和写文章时用粗体字表示文章的标题,用换行空两格表示一个段落类似,HTML 是用一对＜h1＞标记把文字括起来表示这些字是 1 号标题,用一对＜p＞标记把一段字括起来表示这是一个段落。

所谓超文本,就是相比普通文本有超越的地方,如超文本可以通过超链接转到指定的某一页,而普通文本只能一页页翻。超文本还具有图像、视频、声音等元素,这些都是普通文本所无法具有的。

HTML 的发展历程如图 1-3 所示,它是 SGML(Standard Generalized Markup Language,标准通用标记语言)在 WWW 中的应用。1999 年 HTML 4.01 发布,是 HTML 最成熟的一个版本。HTML 4.01 后的一个修订版本是 XHTML 1.0,该版本并没有引入新的标记或属性,唯一的区别只是语法更加严格,但 XHTML 于 2009 年被 W3C 放弃,转而发布了新的 HTML 5 标准。目前一些新版本浏览器已开始支持 HTML 5,但 IE 8 以下版本的浏览器仍只支持 XHTML 1.0。

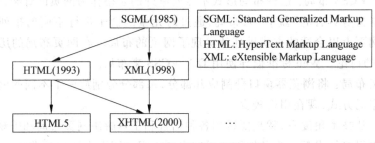

图 1-3　标记语言的发展过程

HTML 与编程语言有明显不同,首先它不是一种计算机编程语言,而是一种描述文档结构的语言,或者说是排版语言;其次,HTML 是弱语法语言,随便怎么写都可以,浏览器会尽力去理解执行,不理解的按原样显示,而编程语言是严格语法的语言,写错一点儿计算机就不执行,报告错误;再次,HTML 不像大多数编程语言一样需要编译成指令后执行,而是每次由浏览器解释执行。

1.1.4　网页制作软件

网页的本质是纯文本文件,因此可以用任何文本编辑器制作网页,但这样必须完全手工书写 HTML 代码。为了提高网页制作的效率,人们通常借助于专业的网页开发工具制作网页,它们具有"所见即所得"的特点,可以不用手工书写代码,通过图形化操作界面就能插入各种网页元素,如图像、表格、超链接等,而且能在设计视图中实时看到网页的大致浏览器效果。目前流行的专业网页开发工具主要有以下几种。

（1）Adobe 公司的 Dreamweaver CS6,Dreamweaver（本书简称 DW）的中文含义是"织梦者",DW 具有操作简捷、容易上手等优点,是目前最流行的网页制作软件。

由于 Dreamweaver CS 以上版本对中文的支持不太好,且设置站点和预览网页时选项过多,建议初学者可以使用经典版本 Dreamweaver 8 进行网页设计学习。

（2）Microsoft 的 Expression Web 4,它是微软开发的新一代网页制作软件,对 Web 标准的内建支持,使其能帮助开发者建立跨浏览器兼容性的网站。

虽然这些软件都具有"所见即所得"的网页制作能力,可以让不懂 HTML 的用户也能制作出网页。但如果想灵活制作出精美且专业一些的网页,很多时候还是需要在代码视图中手工修改代码,因此学习网页的代码对网页制作水平的提高是很重要的。

DW 等软件同时具有很好的代码提示和代码标注功能,使得手工修改代码也很容易,并且还能报告代码错误,所以就算是手工编写代码,也推荐使用这些软件。

DW 和 Expression Web 同时具有强大的站点管理功能,因此它们也是网站开发工具,网页制作和网站管理的功能被集成于一体。

1.2　网站的建立

网站就是由许多网页及资源文件（如图片）组成的一个集合,网页是构成网站的基本元素。通常把网站内的所有文件都放在一个文件夹中,所以网站从形式上看就是一个文件夹。

设计良好的网站通常是将网页文件及其他资源分门别类地保存在相应的目录中以方便管理和维护,这些网页通过超链接组织在一起,图 1-4 是一个网站目录示意图。用户浏览网站时,看到的第一个网页称为主页（也叫首页）,上面通常设有网站导航,链接到站内各主要网页。主页常命名为 index.htm 或 index.html,必须放在网站的根目录下,即网站目录是首页文件的直接上级目录。一个网站对应一个网站目录,所以网站目录是唯一的。

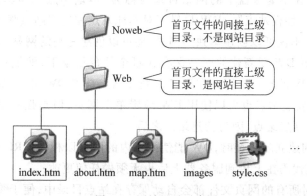

图 1-4　网站目录示意图

通常在网站目录下新建一个名为 images 的子目录,用于保存网站中所有网页需要调用的图片文件。

因此,制作网站的第一步是在硬盘上新建一个目录(如 D:\web),作为网站目录。网站制作完成后将这个目录中的所有内容上传到远程服务器中就可以了。

1.2.1　网站的特征

从用户的角度看,设计良好的网站一般具有如下几个特征。

(1) 拥有众多的网页。从某种意义上说,建设网站就是制作网页,网站主页是最重要的网页。

(2) 拥有一个主题与统一的风格。网站虽然有许多网页,但作为一个整体,它必须有一个主题和统一的风格。所有的内容都要围绕这个主题展开,和主题无关的内容不应出现在网站上。网站内所有网页要有统一的风格,主页是网站的首页,也是网站最为重要的网页,所以主页的风格往往决定了整个网站的风格。

(3) 有便捷的导航系统。导航是网站非常重要的组成部分,也是衡量网站是否优秀的一个重要标准。设计良好的网站都具有便捷的导航,可以帮助用户以最快的速度找到自己需要的网页。导航系统常用的实现方法有导航条、路径导航、链接导航等。

(4) 分层的栏目组织。将网站的内容分成若干个大栏目,每个大栏目的内容都放置在网站目录下的一个子目录中,还可将大栏目再分成若干小栏目,也可将小栏目分成若干个更小的栏目,都分门别类放在相应的子目录下,这就是网站采用的最简单的层次型组织结构,结构清晰的网站会极大地方便网站的维护和管理。

1.2.2　在 Dreamweaver 中建立站点

在 DW 中,"站点"一词既表示网站,又表示属于该网站的文件的本地存储位置。在开始建立 Web 站点之前,需要建立站点文档在本地的存储位置(即网站目录)。DW 站点可组织与 Web 站点相关的所有文档,跟踪和维护链接、管理文件、共享文件以及将站点文件传输到 Web 服务器上。

要制作一个能够被访问者浏览的网站,首先需要在本机上制作网站,然后上传到远程服务器上去。放置在本地磁盘上的网站目录被称为"本地站点",传输到远程 Web 服务器中的网站被称为"远程站点"。DW 提供了对本地站点和远程站点强大的管理功能。

因而应用 DW 不仅可以创建单独的网页,还可以创建完整的网站。使用 DW 建立网站时,首先必须告诉 DW 要新建的网站保存在哪个硬盘目录下,即把在硬盘上建立的网站主目录定义为 DW 的站点。因此在 DW 下新建站点是用 DW 开发网站的第一步。

说明:虽然不新建站点也可以使用 DW 编辑单个网页,但是强烈建议初学者在制作网站之前一定要先新建站点,因为新建站点之后:

① 在网页之间建立超链接时,DW 能使站点内的网页以相对 URL 的方式进行链接,这种形式的超链接代码在上传到服务器上后也无须做任何更改;

② 新建网页时所有的网页文件都会自动保存在站点目录中,便于管理;

③ 在预览动态网页时,DW 还能使用已设置好的 URL 运行该动态网页。

下面介绍在 Dreamweaver 中新建站点的步骤。

（1）启动 DW，在 DW 中执行菜单命令"站点"→"新建站点"，就会弹出新建站点对话框。这个对话框分为"基本"和"高级"两个选项卡，"基本"选项卡可分步骤完成一个站点的建立，"高级"选项卡则是用来直接设置站点的各个属性。在"基本"选项卡中输入站点的名称（可任取一个站点名，如 hynu），对于静态站点，HTTP 地址不需要设置，如图 1-5 所示。

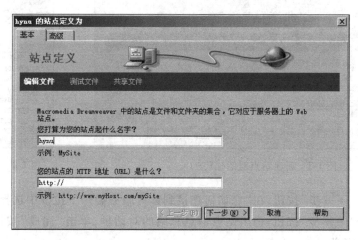

图 1-5　新建站点对话框（一）

（2）单击"下一步"按钮，在弹出的如图 1-6 所示的对话框中选择"否，我不想使用服务器技术。"单选按钮，此对话框用于设置站点文件类型。如果要制作动态网页，则应选择"是，我想使用服务器技术"单选按钮，此时将出现一个选择具体动态网页技术的下拉列表框，可选择需要的动态网页技术。

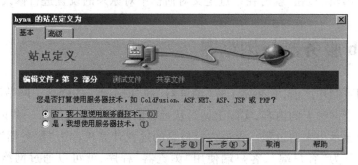

图 1-6　新建站点对话框（二）

（3）单击"下一步"按钮，弹出如图 1-7 所示的对话框，因为通常都是在本地机器上做好网站，再上传到远程的服务器上去。所以选择"编辑我的计算机上的本地副本，完成后再上传到服务器（推荐）"这一默认选项。

对于选项"您将把文件存储在计算机上的什么位置？"显然，应该把制作的网页保存在网站主目录中。因此，这里应该输入（或选择）网站主目录的路径。

当把已经新建好的网站主目录作为 DW 的站点后，DW 就会把以后新建的网页文件默认都保存在该站点目录中，并且站点目录内，网页之间的链接会使用相对链接的方式。

提示：对网站目录和网页文件命名应避免使用中文,尤其对于动态网页或将网页上传到服务器后,使用中文很容易出问题。例如图 1-8 中站点目录 demo 就不是中文。

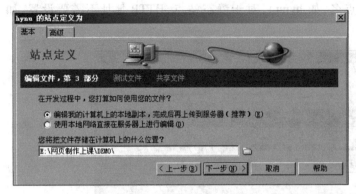
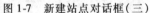

图 1-7　新建站点对话框(三)

图 1-8　"文件"面板

(4) 单击"下一步"按钮,在"您如何连接到远程服务器?"下拉框中选择"无"。

(5) 单击"下一步"按钮,弹出站点信息总结的对话框,单击"完成"按钮就完成了一个本地站点的定义。

(6) 定义好本地站点之后,DW 窗口右侧的"文件"面板(图 1-8)中就会显示刚才定义的站点的目录结构,可以在此面板中右击,在站点目录内新建文件或子目录,这与在资源管理器中,在网站目录中新建文件或子目录的效果是一样的。

如果要修改定义好的站点,只需执行菜单命令"站点"→"管理站点",选中要修改的站点名,单击"编辑"按钮,就可在站点定义对话框中对原来的设置进行修改。

1.3　Web 服务器与浏览器

在学习网页制作之前,有必要了解"浏览器"和"服务器"的概念。网站浏览者坐在计算机前浏览各个网站上的内容,实际上就是从远程的计算机中读取了一些内容,然后在本地的计算机中显示出来的过程。提供内容信息的远程计算机称为"服务器",浏览者使用的本地计算机称为"客户端",客户端使用"浏览器"程序,就可以通过网络接收到"服务器"上的网页以及其他文件,因此我们浏览的网页是保存在服务器上。服务器可以同时供许多不同的客户端访问。

提示：浏览器和服务器是通过 HTTP 进行通信的。

1.3.1　Web 服务器的作用

访问网页具体的过程是,当用户的计算机连入互联网后,通过在浏览器中输入网址发出访问某个网站的请求,然后这个网站的服务器就把用户请求的网页文件传送到用户的浏览器中,即将文件下载到用户计算机中,浏览器再解析并显示网页文件内容,这个过程如图1-9所示。

对于静态网页(不含有服务器端代码,不需要 Web 服务器解释执行的网页)来说,Web 服务器只是在服务器的硬盘中找到该网页并发送给用户计算机,起到的只是查找和传输文件的作用。因此在测试静态网页时可不安装 Web 服务器,因为制作网页时网页还保存在本地计算机中,可以手工找到该网页所在的目录,双击网页文件就能用浏览器打开它。而运行动态网页则一定要安装 Web 服务器软件,因为动态网页要经过 Web 服务器解释执行后生成 HTML 代码才能被浏览器解释。

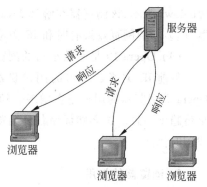

图 1-9　服务器与浏览器之间的关系

1.3.2　浏览器的种类和作用

浏览器是供用户浏览网页的软件。其功能是读取 HTML 等网页代码并进行解释以生成用户看到的网页。

1. 浏览器的种类

浏览器的种类很多,目前常见的浏览器有 IE6～IE11、Firefox 30、Google Chrome 2、Safari 5、Opera 10 等。图 1-10 展示各种浏览器的徽标,下面分别进行介绍。

| IE | Firefox | Opera | Safari | Google Chrome |

图 1-10　各种常见的浏览器

(1) IE(Internet Explorer)是 Windows 操作系统自带的浏览器,也是国内使用最广泛的浏览器。目前常用的 IE 浏览器版本很多,从 IE6 到 IE11 都有,各种版本的 IE 浏览器对网页的解析区别又很大。其中 IE6 对 Web 标准的支持不太好,并存在一些明显的 bug,而 IE8 开始对 Web 标准的支持得到了显著改善。从 IE9 开始,IE 浏览器逐步支持 HTML 5 和 CSS 3 版本。由于 IE6 仍然是 Windows XP 默认的浏览器,因此在制作网页时,仍然要考虑代码在 IE6 浏览器上的兼容性。

(2) Firefox 是网页设计领域推荐的标准浏览器,它对 Web 标准和 CSS 都有很好的支持,并且是最先支持 HTML 5 的浏览器。Firefox 对开发者调试网页代码也有很好的帮助功能,在"工具"菜单下的"错误控制台"中能提示网页中出错的 JavaScript 脚本位置和错误类型。

提示:为了保证网页在大多数用户的 IE 浏览器中有正确的效果,同时测试网页能否被其他浏览器兼容,网页制作者最好同时安装 IE6 和 Firefox 两种浏览器。

(3) Safari 5 最初是苹果计算机(包括 iPad、iPhone)上的浏览器,目前 Safari 也有

Windows 版本,该浏览器在解释 JavaScript 脚本时的速度很快,号称是世界上最快的浏览器,但显示的网页效果有时和 IE 浏览器有较大的差别。

(4) Opera 10 是一款小巧的浏览器,在手持设备的操作系统上用得较多。

目前 IE 浏览器所占的用户份额正在逐渐减小,而使用 Google Chrome、Firefox 和 Opera 等浏览器的用户正在增多。随着 Web 标准的推广,网页在各种浏览器中的显示效果将趋于一致。这必然促使各种浏览器的竞争日趋激烈,浏览器市场将进入群雄争霸的战国时代。

2. 浏览器的作用

浏览器最重要或者说核心的部分是 Rendering Engine,人们习惯称之为浏览器内核,负责对网页语法的解释(包括 HTML、CSS、JavaScript)并显示网页。

浏览器解释网页代码的过程类似于程序编译器编译程序源代码的过程,都是通过执行代码(HTML 代码或程序代码)再生成界面(网页或应用程序界面),不同的是浏览器对 HTML 等代码是解释执行的。不同的浏览器内核对网页代码的解释并不完全相同,因此同一网页在不同内核的浏览器中的显示效果就有可能不同。作为网页制作者,应追求网页尽可能在各种浏览器中显示效果一致。

国内很多的浏览器(如 2345 浏览器和 UC 浏览器)只是借用了 IE 等浏览器的内核,不能算是一种独立的浏览器。

1.4　静态网页和动态网页

根据 Web 服务器是否需要对网页中的脚本代码进行解释(或编译)执行,网页可分为静态网页和动态网页两种。

(1) 静态网页:是纯粹的 HTML 页面,网页的内容是固定的、不变的。用户每次访问静态网页时,其显示的内容都是一样的。浏览器请求某个站点上的静态网页时,站点服务器直接将该文件原封不动地传送到用户的客户端。

(2) 动态网页:是指网页中的内容会根据用户请求的不同而发生变化的网页,同一个网页由于每次请求的不同,可显示不同的内容,如图 1-11 中显示的两个网页实际上是同一个动态网页文件(products. asp)。动态网页中可以变化的内容称为动态内容,它是由 Web 应用程序来实现的。浏览器请求某个站点上的动态网页时,站点服务器需先对该文件中的程序代码进行解释或编译执行,再将对该文件的处理结果传送到客户端。

1. 静态网页和动态网页的区别

在 URL 表现形式上,每个静态网页都有一个固定的 URL,而且网页的文件名以 . htm、. html、. shtml 等形式为后缀。例如:http://ec. hynu. cn/items/g1. html。而动态网页的文件名以 . php、. asp、. aspx、. jsp 等为后缀,文件名后可以有"?"号,例如:http://www. amazon. com/product. aspx?id=204。

在网站的内容上,静态网页内容发布到网站服务器上后,无论是否有用户访问,每个

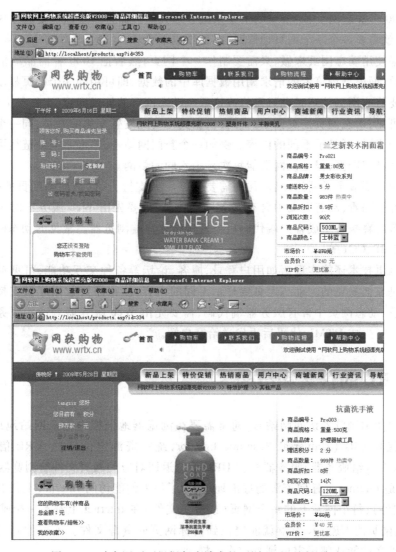

图1-11 动态网页可根据每次请求的不同显示不同的内容

静态网页文件都保存在网站服务器上,每个网页都是一个独立的文件,且内容相对稳定。在网站维护方面,静态网页一般没有数据库的支持,因此在网站制作和维护方面工作量较大,当网站信息量很大时仅依靠静态网页来发布网站内容变得非常困难。

静态网页技术是动态网页技术的基础,本书只介绍静态网页。本书注重代码,因为动态网页技术需要编写者能够从代码角度理解网页。

注意:很多网页上含有 GIF 格式的动画、Flash 动画或滚动文字等,那些只是视觉上有"动态效果"的网页,与动态网页是两个完全不同的概念。"动态网页"的含义并不是"含有动画"的网页,静态网页也可以含有动画。

2. 为什么需要动态网页

静态网页在很多时候是无法满足 Web 应用需要的。举个例子来说,假设有个电子商务网站需要展示 1000 种商品,其中每个页面显示一种商品。如果用静态网页来做,就需要制作 1000 个静态网页,这带来的工作量是非常大的。而且如果以后要修改这些网页的外观风格,就需要一个一个网页地修改,工作量也很大。

而如果使用动态网页来做,只需要制作一个网页,然后把 1000 种商品的信息存储在数据库中,页面根据浏览者的请求调用数据库中的数据,即可用同一个网页显示不同商品的信息。要修改网页外观时也只需修改这一个动态网页的外观即可,工作量大为减少。

由此可见,动态网页是页面中内容会根据具体情况发生变化的网页,同一个网页根据每次请求的不同,可显示不同的内容。例如一个新闻网站中,单击不同的链接可能都是链接到同一个动态网页,但是该网页能每次显示不同的新闻。

动态网页要显示不同的内容,往往需要数据库做支持,这也是动态网页的一个特点。从网页的源代码看,动态网页中含有服务器端代码,需要先由 Web 服务器对这些服务器端代码进行解释执行生成客户端代码后再发送给客户端浏览器。常见的动态网页技术有 JSP、ASP、PHP、CGI 等。

动态网页技术还能实现诸如用户登录、博客、论坛等各种交互功能,可见动态网页带来的好处是显而易见的。动态网页要显示不同的内容,往往需要数据库做支持。从网页的源代码看,动态网页中含有服务器端代码,需要先由 Web 服务器对这些服务器端代码进行解释执行生成 HTML 代码后再发送给客户端。

1.5　URL 的含义和结构

当用户使用浏览器访问网站时,通常需要在浏览器地址栏中输入网站地址(网址),这个地址就是 URL(Universal Resource Locator,统一资源定位器)。URL 信息会通过 HTTP 请求发送给服务器,服务器根据 URL 信息返回对应的网页文件给浏览器。

URL 是 Internet 上任何资源的标准地址,为了使人们能访问 Internet 上任意一个网页(或其他文件),每个网站上的每个网页(或资源文件)在 Internet 上都有一个唯一的 URL 地址,通过网页的 URL,浏览器就能定位到目标网页或资源文件。就好像邮寄信件时通过地址和姓名就能让邮局定位到收信人一样。

URL 的一般格式如下,图 1-12 是一个 URL 的示例。

协议名://主机名[:端口号][/目录路径/文件名][#锚点名]

图 1-12　URL 的结构

URL 协议名后必须接“://”,其他各项之间用“/”隔开,例如图 1-12 中的 URL 表示信息被放在一台被称为 www 的服务器上,hynu.cn 是一个已被注册的域名,cn 表示中国。有时也把主机名和域名合称为主机名(或主机头、域名)。域名对应服务器上的网站目录

（如 D：\hynu），web/201409/是服务器网站目录下的目录路径，而 first. html 是位于上述目录下的文件名，因此该 URL 能够让我们访问到这个文件。

在 URL 中，常见的协议名有如下三种。

（1）http：超文本传输协议，用于传送网页。例如：

```
http://bbs.runsky.com:8080/bbs/forumdisplay.php#fid
```

（2）ftp：文件传输协议，用于传送文件。例如：

```
ftp://219.216.128.15/
ftp://001.seaweb.cn/web
```

（3）file：访问本机或其他主机上共享文件的协议。如果是本机，则主机头可以省略，但斜杠不能省略。例如：

```
file://ftp.linkwan.com/pub/files/foobar.txt
file:/// pub/files/foobar.txt
```

1.6　域名与主机的关系

在 URL 中，主机名通常是域名或 IP 地址。最初，域名是为了方便人们记忆 IP 地址的，使用户在 URL 中可以输入域名而不必输入难记的 IP 地址。但现在多个域名可对应一个 IP 地址（一台主机），即在一台主机上可架设多个网站，这些网站的存放方式称为"虚拟主机"方式，此时由于一个 IP 地址（一台主机）对应多个网站，就不能采用输入 IP 地址的方式访问网站，而只能在 URL 中输入域名。Web 服务器为了区别用户请求的是这台主机上的哪个网站，通常必须为每个网站设置"主机头"来区别这些网站。

因此域名的作用有两个，一是将域名发送给 DNS 服务器解析得到域名对应的 IP 地址以便与该 IP 对应的服务器进行通信，二是将域名信息发送给 Web 服务器，通过域名与 Web 服务器上设置的"主机头"进行匹配确认客户端请求的是哪个网站，如图 1-13 所示。若客户端没有发送域名信息给 Web 服务器，例如直接输入 IP，则 Web 服务器将打开服务器上的默认网站。

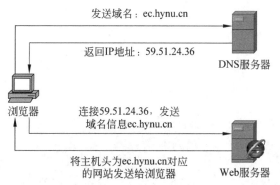

图 1-13　浏览器输入域名访问网站的过程

习　题

一、作业题

1. 对于采用虚拟主机方式的多个网站，域名和 IP 地址是(　　)的关系。
   A. 一对多　　　　　B. 一对一　　　　　C. 多对一　　　　　D. 多对多

2. 网页的本质是(　)文件。
   A. 图像　　　　　　　　　　　　　　B. 纯文本
   C. 可执行程序　　　　　　　　　　　D. 图像和文本的压缩

3. 请解释 http://www.moe.gov.cn/business/moe/115078.html 的含义。

4. 简述 WWW 和 Internet 的区别。

5. 简述 URL 的含义和作用。

6. 简述网站的本质和特点。

二、上机实践题

1. 使用 DW 新建一个名称叫 wgzx 的网站目录，该网站目录对应硬盘上的 D:\wgzx 文件夹。

2. 在计算机上安装 Firefox 浏览器，并分别使用 IE 浏览器和 Firefox 浏览器查看网页的源代码。

第 2 章

HTML

网页是用 HTML 编写的,HTML 是所有网页制作技术的基础。无论是在 Web 上发布信息,还是编写可供交互的程序,都离不开 HTML。

2.1　HTML 概述

HTML(HyperText Markup Language),即超文本标记语言。网页是用 HTML 书写的一种纯文本文件。用户通过浏览器所看到的包含文字、图像、动画等多媒体信息的每一个网页,其实质是浏览器对该纯文本文件进行了解释,并引用相应的图像、动画等资源文件,才生成了多姿多彩的网页。

HTML 是一种标记语言。可以认为,HTML 代码就是"普通文本 + HTML 标记",而不同的 HTML 标记能表达不同的效果,如表格、图像、表单、文字等。

2.1.1　HTML 文档的结构

HTML 文件本质是一个纯文本文件,只是它的扩展名为. htm 或. html。任何纯文本编辑软件都能创建 HTML 文件。图 2-1 是 HTML 文档的基本结构。

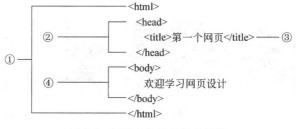

图 2-1　HTML 文档的基本结构

从图 2-1 可以看出,HTML 代码分为三部分,其中各部分的含义如下。

(1) < html > … < /html > :告诉浏览器 HTML 文档的开始和结束位置,HTML 文档包括 head 部分和 body 部分。HTML 文档中所有的内容都应该在这两个标记之间,一个 HTML 文档总是以 < html > 开始,以 < /html > 结束。

（2）＜head＞…＜/head＞：HTML 文档的头部标记，头部主要提供文档的描述信息，head 部分的所有内容都不会显示在浏览器窗口中，在其中可以放置页面的标题＜title＞以及页面的类型、字符编码、链接的其他脚本或样式文件等内容。

（3）＜title＞…＜/title＞：定义页面的标题,将显示在浏览器的标题栏中。

（4）＜body＞…＜/body＞：用来指明文档的主体区域，主体包含 Web 浏览器页面显示的具体内容,因此网页所要显示的内容都应放在这个标记内。

提示：HTML 标记之间只可以相互嵌套,如＜head＞＜title＞…＜/title＞＜/head＞,但绝不可以相互交错,如＜head＞＜title＞…＜/head＞＜/title＞就是绝对错误的。

我们可以打开最简单的文本编辑器——记事本,在记事本中输入如图 2-1 所示的代码。输入完成后,单击“保存”菜单项,注意先在“保存类型”中,选择“所有文件”,再输入文件名为“2-1.html”。单击“保存”按钮,就新建了一个后缀名为 .html 的网页文件,可以看到其文件图标为浏览器图标,双击该文件,浏览器会显示如图 2-2 所示的网页。

图 2-2　2-1.html 在浏览器中的显示效果

2.1.2　Dreamweaver 的开发界面

Dreamweaver 为网页制作提供了简洁友好的开发环境,DW 的工作界面包括视图窗口、属性窗口、工具栏和浮动面板组等,如图 2-3 所示。

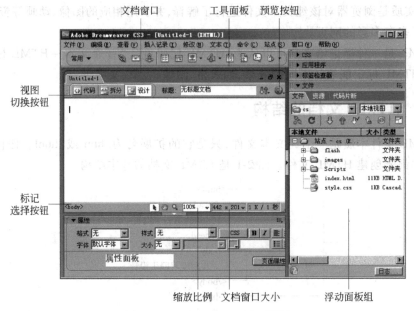

图 2-3　Dreamweaver CS3 的工作界面

DW 的视图窗口可在“代码视图”、“设计视图”和“拆分视图”之间切换。

（1）“设计视图”的作用是帮助用户以“所见即所得”的方式编写 HTML 代码,即通过一些可视化的方式自动编写代码,减少用户手工书写代码的工作量。DW 的设计视图蕴含面向对象操作的思想,它把所有的网页元素都看成是对象,在设计视图中编写 HTML

的过程就是插入网页元素,再设置网页元素的属性。

(2)"代码视图"供用户手工编写或修改代码,因为在网页制作过程中,有些操作不能(或不方便)在设计视图中完成,此时用户可单击"代码"按钮,切换到代码视图直接书写代码,代码视图拥有代码提示的功能,即使是手工编写代码,速度也很快。

(3)"拆分视图"同时显示设计视图和代码视图,在用户需要同时查看代码和显示效果时可切换到这种视图。

为了提高网页制作的效率,建议用户首先在"设计视图"中插入主要的 HTML 元素(尤其是像列表、表格或表单等复杂的元素),然后切换到"代码视图"对代码的细节进行修改。

注意:由于网页本质上是 HTML 代码,在设计视图中的可视化操作实质上仍然是编写代码。因此可以在设计视图中完成的工作一定也可以在代码视图中完成,也就是说编写代码方式制作网页是万能的,因此要重视对 HTML 代码的学习。

2.1.3　使用 DW 新建 HTML 文件

打开 DW,在"文件"菜单中执行"新建"命令(快捷键为 Ctrl + N),在"新建文档"对话框中选择"基本页"→HTML,单击"创建"按钮就会出现网页的设计视图。在设计视图中可输入网页内容,然后保存文件(选择"文件"→"保存",快捷键为 Ctrl + S,第一次保存时会要求输入网页的文件名),就新建了一个 HTML 文件,最后可以按 F12 键在浏览器中预览网页,也可以在保存的文件夹中找到该文件双击运行。

注意:网页在 DW 设计视图中的效果和浏览器中显示的效果并不完全相同,所以测试网页时应按 F12 键在浏览器中预览最终效果。

2.1.4　HTML 标记

标记(Tags)是 HTML 文档中一些有特定意义的符号,这些符号用来指明内容的含义或结构。HTML 标记由一对尖括号" < >"和标记名组成。标记分为"起始标记"和"结束标记"两种。两者的标记名称是相同的,只是结束标记多了一个斜杠"/"。例如图 2-4 中, 为起始标记, 为结束标记,其中 b 是标记名称,表示内容为粗体。HTML 标记名是大小写不敏感的。例如, …和 <B>…</B>的效果都是一样的,但是 XHTML 标准规定,标记名必须小写,因此应注意使用小写字母书写。

1. 单标记和双标记

大多数标记都是成对出现的,称为双标记,如 <p>…</p>、<table>…</table>。有少数标记只有起始标记,这样的标记称为单标记,如换行标记 <br />,其中 br 是标记名,它是英文 break row(换行)的缩写。XHTML 规定单标记也必须封闭,因此在单标记名后应以斜杠结束。

2. 标记带有属性时的结构

实际上,标记一般还可以带有若干属性(Attribute),属性用来对元素的特征进行具体描述。属性只能放在起始标记中,属性和属性之间用空格隔开,属性包括属性名和属性值

（Value），它们之间用"＝"分开，如图 2-5 所示。

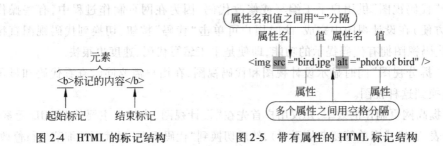

图 2-4　HTML 的标记结构　　　　　图 2-5　带有属性的 HTML 标记结构

例 2-1　讨论下列 HTML 标记的写法错在什么地方？（答案略）

```
① <img "birthday.jpg "/>
② <i >Congratulations! <i >
③ <a href ="file.html"> linked text </a href ="file.html">
④ <p >This is a new paragraph < \p >
⑤ < li >The list item < /li >
```

提示：HTML 标记（如 <p>、</p>）和标记之间的内容的组合称为 HTML 元素。HTML 元素可分为"有内容的元素"和"空元素"两种。"有内容的元素"是由起始标记、结束标记和两者之间的内容组成，其中元素内容既可以是文字内容，也可以是其他元素。"空元素"是只有起始标记而没有结束标记和元素内容的元素，如
。

2.1.5　常见的 HTML 标记及属性

网页中的文本、图像、超链接、表格等各种元素，其实质上都是使用对应的 HTML 标记实现的。要在网页中添加各种网页元素，只要在 HTML 代码中插入对应的 HTML 标记并设置属性即可。

HTML 4.01 定义的标记总共有 96 个，但是常用的 HTML 标记只有下面列出的四十多个，这些标记及其含义必须熟记下来。表 2-1 对标记按用途进行了分类。

表 2-1　HTML 标记的分类

类　别	标记名称
文档结构	html，head，body
头部标记	title，meta，link，style，script，base
文本结构标记	p，h1 ~ h6，pre，marquee，br，hr
字体标记	font，b，i，u ，strong，em
列表标记	ul，ol，li，dl，dt，dd
超链接标记	a，map，area
图像及媒体元素标记	img，embed，object
表格标记	table，tr，td，th，tbody
表单标记	form，input，textarea，select，option，fieldset，legend，label
框架标记	frameset，frame，iframe
容器标记	div，span

HTML 还为标记定义了许多的属性,有些属性是可以用在任何标记中的,称为公共属性;而有些属性是某些标记独有的,称为特有属性。表 2-2 列出了所有 HTML 标记具有的公共属性和某些标记的特有属性。

表 2-2　HTML 标记的一些常见的属性

公共属性	含　　义	特有属性	含　　义
style	为元素引入行内 CSS 样式	align	定义元素的水平对齐方式
class	为元素定义一个类名	src	定义元素引用的文件的 URL
id	为元素定义一个唯一的 id 名	href	定义超链接所指向的文件的 URL
name	为元素定义一个名字	target	定义超链接中目标文件的打开方式
title	定义鼠标悬停在元素上时的提示文字	border	设置元素的边框宽度

2.2　在网页中添加文本

在网页中,文本和图像是最基本的两种网页元素,文本和图像在网页中可以起到传递信息、美化页面、点明主题等作用。在网页中添加文本和图像并不难,主要问题是如何编排这些内容以及控制它们的显示方式,让文本和图像看上去编排有序,整齐美观。

2.2.1　文本格式标记

在网页中添加文本的方式主要有以下几种。

1. 直接写文本

这是最简单的插入文本方法,有时候文本并不需要放在文本标记中,完全可直接放在其他标记中。例如, <div>文本</div>、<td>文本</td>、<body>文本</body>、<li>文本</li>。

2. 用段落标记<p>…</p>格式化文本

各段落文本将换行显示,段落与段落之间有一行的间距。例如:

```
<p>第一段</p><p>第二段</p><p>第三段</p>
```

3. 用标题标记<hn>…</hn>格式化文本

标题标记是具有语义的标记,它指明标记内的内容是一个标题。标题标记共有 6 种,用来定义第 n 级标题($n=1\sim6$),n 的值越大,字越小,所以<h1>是最大的标题标记,而<h6>是最小的标题标记。标题标记中的文本将以粗体显示,实际上可看成是特殊的段落标记。

标题标记和段落标记均具有对齐属性:align,用来设置元素的内容在元素占据的一行空间内的对齐方式。该属性的取值有:left(左对齐)、right(右对齐)、center(居中对齐)。例如下列代码(2-2.html)的显示效果如图 2-6 所示。

```
<html><body>
  <h1 align="center">1 号标题</h1>
    <p>第一段</p>
  <h3>3 号标题</h3>
    <p>第二段</p>
  <h5 align="right">5 号标题</h5>
    <p align="right">第三段</p>
</body></html>
```

4. 用预格式化标记 <pre>…</pre> 格式化文本

pre 是 preformated 的缩写，<pre> 标记与 <p> 标记基本相同，唯一区别是该标记中的文本内容将按原来代码中的格式显示，保留所有空格、换行和定位符。

在 DW 的设计视图中如果直接输入文本，就是"直接写文本"方式，文本不会被任何标记环绕。此时可以选中文本，在文本的"属性"面板（图 2-7）中，在"格式"下拉框中选择将选中的文本转变为其他格式。

图 2-6　标题标记和段落标记　　　　图 2-7　文本格式"属性"下拉框

5. 跑马灯标记 <marquee>…</marquee>

<marquee> 是一个有趣的标记，它能使其中的文本（也可以是图像）在浏览器屏幕上不断滚动。其中，behavior="alternate" 设置滚动方式为来回滚动，设置为 scroll 表示循环滚动，设置为 slide 表示滚动到目的地就停止。direction 属性用于控制滚动的方向，可以上下滚动或左右滚动。loop 设置滚动的次数，loop 为 0 表示不断滚动。scrollamount 属性设置滚动的速度，scrolldelay 属性设置滚动的延时。

例如下面的代码能使标记中的内容从下到上循环滚动，并且当鼠标停留（onmouseover 事件）在文本上时，文本会停止滚动，当鼠标移开（onmouseout 事件）时，marquee 中的文本又会继续滚动。

```
<marquee direction="up" behavior="scroll" scrollamount="10" scrolldelay=
"4" loop="0" align="middle" onmouseover=this.stop() onmouseout=this.start()
height="120">
```

```
  网页设计与制作学习：可以将 swf 文件下载下来用 Flash 播放器全屏播放以达
到最好效果，也可以在 IE 浏览器中按 F11 键达到全屏效果
</marquee>
```

2.2.2　文本的换行和空格

在 HTML 代码中，如果直接书写空格或换行符，则一般会被浏览器忽略。为此，HTML 提供了换行标记 < br/> 用于换行，并提供了字符实体用于显示空格等特殊字符。

1. 文本换行标记 < br/>

在 HTML 代码中，如果需要代码中的文本在浏览器中换行，就必须用 < br/> 标记告诉浏览器这里要进行换行操作。例如：

```
春天 < br/> 来临，又到了播种耕种的季节
```

2. 强制不换行标记 < nobr > … </ nobr >

这个标记只在一些特殊情况下使用，如希望一个姓名无论在任何情况下都不换行。例如：

```
< nobr >Bill Gates </nobr >
```

提示：在 HTML 代码中，如果文本是一长串英文或数字字符，而且这些字符中间没有任何空格（当然这种情况很罕见），那么这些文本即使超出网页或其包含元素定义的宽度也不会自动换行，只有使用 < br/> 标记才能使它换行。而如果文本是一长串汉字或英文单词（字符之间有空格），那么当文本宽度即将超出外围容器宽度时，会自动换行。

3. 文本中的空格

下面是一段包含各种文本标记的 HTML 代码（2-3. html），及其在浏览器中的显示效果，如图 2-8 所示。注意观察代码中的空格和换行符是否在浏览器中显示。

```
< body > 金牛　的　　诱惑　<! -- 直接写文本 -->
< h3 > 国王有一个 美丽 的女儿叫欧罗巴 </h3 >　　<! -- 标题标记内文本 -->
< p >    一天清晨，欧罗巴像往常一样和同伴们来到海边的草地上嬉戏。

正当　 她们　 快乐的采摘鲜花、< br / >编织花环的时候，</ p >　　<! -- 段落标记 -->
< p > 一群 膘肥体壮 的牛来到了片草地上，</ p >
< pre > 欧罗巴一眼就看见牛群中那一只高贵华丽的金牛。

　　这时候金牛变成了一个俊逸如天神的男子 </ pre >　　<! -- 预格式化标记内的文本 -->
</ body >
```

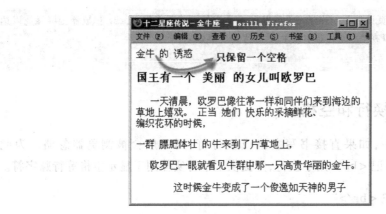

图 2-8　各种文本标记

从图 2-8 中可以看出，换行标记 < br / > 不会产生空行，只会另起一行，而两个段落标记之间会有一行（大约 18 像素）的空隙。文本中的很多空格和回车符都被浏览器忽略，但 < pre > 标记内的文本将完全按文本原来的格式显示，空格和回车符都不会忽略。

总结：HTML 代码中，在一个标记（< pre > 标记除外）中，内容前的空格浏览器将全部忽略，字符与字符间的空格浏览器将只保留一个空格显示，回车符也视为一个空格。块级元素与其他元素之间忽略所有空格。如果要输入多个空格或需要在内容之前输入空格需在源代码中插入 （表示一个半角空格）。一个行内元素可视为一个字符。

提示：< !-- …… > 为 HTML 代码的注释，注释不会显示在页面上。

4. 水平线标记 < hr / >

这是一个很简单的标记，用来在网页中插入一条水平线。例如：

```
< hr size = "3" width = "85%" noshade = "noshade" / >
```

其中，size 属性用来设置水平线的高度（粗细），noshade 设置水平线是否有阴影效果，默认是有阴影效果的。

2.2.3　文本中的字符实体

在 HTML 代码中，文本中的有些符号（如空格、"<"等）是不会显示在浏览器中的，如果希望浏览器显示这些字符就必须在源代码中输入它们对应的字符实体（Character Entities）。字符实体类似于"& 实体名;"，可分为以下三类。

1. 转义字符

由于大于号和小于号被用于声明标记，因此如果在 HTML 代码中出现" < "或" > "就不会被认为是普通的小于号或大于号了。如果要在网页中显示"x > y"这样的数学公式，则需要在源代码中用"<"代表符号" < "，用">"代表符号" > "。

提示：在 DW 的设计视图中输入" < "，会自动在代码视图中插入"<"。

2. 特殊字符

一些符号是无法直接用键盘输入的,也需要使用这种方法来输入,例如版权符号©需要使用"©"来输入。还有几个字符实体也比较常用,如"±"代表符号"±","÷"代表"÷","‰"代表"‰"。例如:

```
<p>x &gt; y &divide; 2 </p>          <!--浏览器中显示"x >y ÷ 2"-->
<p>y &lt; |&plusmn; x|</p>          <!--浏览器中显示"y < |± x|"-->
<p align ="center">版权所有 &copy;数学系 </p>      <!--版权所有©数学系 -->
```

这些特殊符号并不需要记忆,执行 DW 菜单命令"插入"→HTML→"特殊字符"就可以方便地在网页中插入这些符号。

3. 空格符

字符与字符之间的空格,如果多于一个,那么从第二个空格开始,都会被忽略掉。如果需要在某处显示多个空格,就需要使用代表空格的字符实体来代替,空格符是" ",一个" "代表一个半角的空格,如果要输入多个空格,可交替输入" "和" "。

在 DW 设计视图中插入 HTML 文本元素的一些快捷键:

(1) 按 Enter 键将插入 <p > </p >(硬回车);

(2) 按 Shift + Enter 键将插入
 (软回车);

(3) 按 Shift + Ctrl + Space 键插入空格符" "。

2.2.4　字体标记

字体标记用来对文本中某些字符的显示效果进行设置,如改变颜色、显示为粗体、斜体、添加下划线等。

1. font 标记

font 标记用来设置文字的字体大小,颜色或字体名称,语法格式为:

```
< font face ="fontname" size ="n" color ="#rrggbb">…</font >
```

该标记有三个属性,其中:face 属性定义字体名称,fontname 为能获得的字体名称;size 属性定义文字的大小,n 为正整数,n 值越大则字越大;color 属性定义文字的颜色。

2. 加粗、倾斜和下划线标记

加粗、倾斜和下划线标记用来给文本增添这些特殊效果。主要有以下几个。

```
<b >…</b >              <!--加粗文字 -->
<i >…</i >              <!--倾斜文字 -->
<u >…</u >              <!--给文字加下划线 -->
```

```
<em>…</em>                <!--强调内容,显示为倾斜文字-->
<strong>…</strong>        <!--加粗文字-->
```

需要指出的是，<em>和<strong>的作用虽然也是使文本倾斜或加粗，但它们是具有语义的标记，对搜索引擎更友好，所以现在更推荐使用它们替代<i>和<b>。使用加粗、倾斜与下划线标记(<b>、<i>、<u>)的组合，可对文本文字进一步修饰。例如：

```
<b><font color="red" size="5">此处以红色五号字粗体显示</font></b>
```

3. 上标(sup)和下标(sub)标记

这两个标记主要用来书写数学公式或分子式。例如：

```
H<sub>2</sub>O  <!--浏览器中显示"H₂O"-->
X<sup>2</sup>    <!--浏览器中显示"x²"-->
```

字体标记与文本格式标记(如<p>、<h1>)是不同的，字体标记的作用对象是段落中的某些文字，而文本格式标记的作用对象是整个段落，也就是说被字体标记包含的文字不会换行显示，而被文本格式标记包含的文字是会换行显示以形成段落的。

由于字体标记属于对文本外观进行修饰的标记，是由于过去 CSS 语言不完善时，HTML 定义的表现的范畴。随着 CSS 的完善，这些表现的功能应该由 CSS 完成，例如<b>、<i>、<u>这些标记的效果都可由 CSS 属性来实现，而且 CSS 能够控制的字体外观比 HTML 要细致、精确得多，因此字体标记已经过时了，在 HTML 5 中取消了字体标记。

2.2.5 创建列表

为了合理地组织文本或其他元素，网页中经常需要用到列表。列表标记分为无序列表<ul>、有序列表<ol>和定义列表<dl>三种。每种列表标记都是配对标记，在列表标记中可包含若干个列表项标记(如<li>)，表示列表项。

1. 无序列表

无序列表(Unordered List)以标记<ul>开始，以标记</ul>结束。在每一个<li>标记处另起一行，并在列表文本前显示加重符号，全部列表会缩排。与 Word 中的"项目符号"很相似。无序列表及其显示效果如图 2-9 所示。

2. 有序列表

有序列表(Ordered List)以标记<ol>开始，以标记</ol>结束。在每一个<li>标记处另起一行，并在列表项前显示数字序号。与 Word 中的"编号"很相似。有序列表及其显示效果如图 2-10 所示。

图 2-9　无序列表及其显示效果　　　　　　　图 2-10　有序列表及其显示效果

3. 定义列表

一个定义列表（Defined List）用 < dl > … < /dl > 定义。< dl > 中可包含一个列表标题和一系列列表项，其中 < dt > 标记表示列表标题，< dd > 标记表示列表项。列表标题和列表项自动换行和缩排。定义列表及其显示效果如图 2-11 所示。

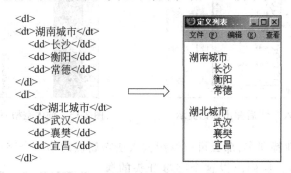

图 2-11　定义列表及其显示效果

列表标记之间还可以进行嵌套，即在一个列表的列表项里又插入另一个列表，这样就形成了二级列表结构。在 DIV + CSS 布局中，列表标记使用得非常频繁，配合 CSS 使用，列表可以演变成样式繁多的导航、菜单、标题等。

2.3　利用 DW 代码视图提高效率

DW 提供了方便的代码编写功能。前面曾提到，网页在浏览器中的最终显示效果完全由 HTML 代码决定，DW 设计视图只是帮助用户更方便地插入必要的 HTML 代码。但在实际工作中，还是会遇到在设计视图中生成的代码不能满足需要的情况，这时就需要用户手工编辑代码，这个工作可以在 DW 的代码视图中完成。

在代码视图中，DW 提供了很多方便的功能，可以帮助用户更高效地完成代码的输入和编辑操作。

2.3.1　代码提示

在 HTML 和 CSS 语言中，都有很多标记、属性和属性值，都是英文单词，设计者要把繁多的标记、属性和属性值记清楚是很不容易的，而且一旦拼写错误，就无法得到正确的效果。为此，DW 提供了方便的代码提示功能，以减少设计者的记忆量，并加快代码的输入速度。

在 DW 的"代码"视图中，如果希望在代码中的某个位置增加一个 HTML 标记，只需把光标移动到目标位置，输入"＜"，就会弹出标记提示下拉框，如图 2-12 所示。这时可以按"↓"键选取所需的标记，再按回车键即完成对该标记的输入，有效地避免了拼写错误。

如果要为标记添加一个属性，只需在标记名或其属性后按下空格键，就会出现下拉框，列出了该标记具有的所有属性和事件，如图 2-13 所示，按"↓"键就可选取所需的属性。实际上，通过查看列出的所有属性，还可以帮助我们学习该标记具有哪些属性。

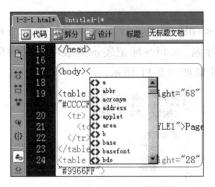

图 2-12　输入"＜"后弹出标记提示

图 2-13　输入空格后弹出属性提示

如果列出的属性特别多，那么可以继续输入所需属性的第一个字母，这时属性提示框中的内容会发生变化，仅列出以这个字母开头的属性，就大大缩小了选择范围。

在选择了某个属性后，按回车键，DW 的代码提示功能就会自动输入（＝""），并会弹出备选的属性值，如图 2-14 所示。这时按"↓"键就可选取属性值，再按回车键即完成了属性值的输入。如果要修改属性值，只需把属性值连同引号一起删掉，然后再输入一个双引号，就会再次弹出属性值提示框了。

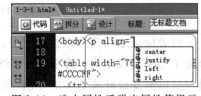

图 2-14　选中属性后弹出属性值提示

读者如果习惯了使用代码提示功能，就会发现即使完全手工编写代码，速度也是非常快的。

2.3.2　拆分视图和代码快速定位

在 DW 文档窗口中有三种视图，其中"拆分"视图就是把整个窗口分为上下两部分，上面显示代码视图，下面显示设计视图。

当页面很复杂，代码很长时，如果想快速找到某个网页元素对应的代码，也是很容易的。只需用光标单击设计视图中的某个网页元素，那么代码视图中的光标也会自动转到这个元素对应的代码处。

如果要选中这个元素的整个代码，可以使用文档窗口左下角的"标记按钮"，单击标记按钮后，就会把设计视图中的该元素和代码视图中该元素对应的代码都选中。而且，从标记按钮中,还能看出元素之间的嵌套关系。例如在图 2-15 中,当把光标停留在 i 元素中的内容时,左下角的标记按钮依次为"＜body＞＜h2＞＜i＞",表示 i 元素是嵌套在 h2 元素中的,而 h2 元素又是嵌套在 body 元素中的。设计师可方便地单击相应的标记按钮,选中某个元素对应的代码及在设计视图中的位置。

2.3.3　DW 中的常用快捷键

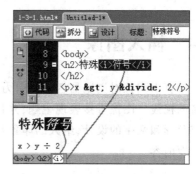

图 2-15　使用标记按钮定位元素在代码视图和设计视图中的位置

Dreamweaver 的一些常用快捷键如表 2-3 所示,实际上这些快捷键是很多软件通用的,在其他应用软件(如 Word、Fireworks)中也经常使用。

表 2-3　Dreamweaver 的常用快捷键

快捷键	功　能	快捷键	功　能
Ctrl + Z	撤销操作	Ctrl + C	复制
Ctrl + S	保存文档	Ctrl + V	粘贴
F12	预览网页	Ctrl + X	剪切
Ctrl + A	全选	Ctrl + N	新建文档

1. Ctrl + Z

在制作网页过程中,为了调试网页,经常会把网页修改得很乱,此时如果想回退到原来的状态,只需按 Ctrl + Z 键进行撤销操作,连续按则能撤销多步操作。因此 Ctrl + Z 可能是网页制作中使用最频繁的快捷键。需要注意的是,即使将文档保存过,但没有将文档的窗口关闭,就仍然能按 Ctrl + Z 进行撤销。

2. Ctrl + S

由于调试网页时经常需要预览网页,而预览之前必须先保存网页,因此 Ctrl + S 也是用得很多的快捷键,它的作用是保存网页,预览网页过程通常是先按 Ctrl + S 键保存,再按 F12 键预览。

3. Ctrl + A、Ctrl + C、Ctrl + V、Ctrl + X

这几个快捷键是文本编辑中最常用的快捷键,在制作网页过程中经常需要使用。例如在网上找到一段完整的 HTML 源代码,想在 DW 中调试。那么最快捷的方式就是先在网上复制这段代码,然后在 DW 中按 Ctrl + N 键新建网页,切换到代码视图,按 Ctrl + A 键全选代码视图中的所有代码,按 Ctrl + V 键粘贴,就能将需要的代码替换掉 DW 中原来的代码。

2.4　插入图像

网页中图像对浏览器者的吸引力远远大于文本，选择最恰当的图像，能够牢牢吸引浏览者的视线。图像直接表现主题，并且凭借图像的意境，使浏览者产生共鸣。缺少图像而只有色彩和文字的设计，给人的印象是没有主题的空虚的画面，浏览者将很难了解该网页的主要内容。

2.4.1　＜img＞标记

在 HTML 中，用＜img＞标记可以插入图像文件，并可设置图像的大小、对齐等属性，它是一个单标记，图 2-16 的网页中插入了一张图片，其对应的 HTML 代码如下。

```
<html><body>
<p>今天钓到一条大鱼,好高兴!</p>
<img src="images/dayu.jpg" width="200" height="132" align="center"
title="好大的鱼"/>
</body></html>
```

该网页中显示的图片文件位于当前文件所在目录下的 images 目录中，文件名为"dayu.jpg"，如果不存在该文件，则会显示一片空白。＜img＞标记的常见属性如表 2-4 所示。

图 2-16　在网页中插入图片

表 2-4　＜img＞标记的常见属性

属　性	含　义
src	图片文件的 URL 地址
alt	当图片无法显示时显示的替代文字
title	鼠标停留在图片上时显示的说明文字
align	图片的对齐方式，共有 9 种取值
width、height	图片在网页中的宽和高，单位为像素或百分比

在 DW 中，单击工具栏中的"图像"按钮■可让用户选择插入一张图片，其实质是 DW 在代码中自动插入了一个＜img＞标记，选中插入的图像，还可在"属性"面板中设置图像的各种属性以及图像的链接地址等。

提示：除了使用＜img＞标记插入图像外，还可将图像作为 HTML 元素背景嵌入到网页中，由于 CSS 的背景属性功能强大，现在更推荐将元素的装饰性图像都作为背景嵌入。如果图像是通过＜img＞标记插入的，则可在浏览器中按住鼠标左键拖动选中图片，选中后的图片呈现反选状态，还可以将它拖动到地址栏里，那么浏览器将单独打开这幅图片。而如果是作为背景嵌入的，则无法选中图片。这是分辨图片是用何种方式嵌入的一种办法。

2.4.2　网页中支持的图像格式

网页中可以插入的图像文件格式有 JPG、GIF 和 PNG 格式,它们都是压缩形式的图像格式,体积较位图格式(BMP)的图像小,适合于网络传输。这三种格式图像文件的特点如表 2-5 所示。

表 2-5　网页中三种图像格式的比较

图像格式	JPG	GIF	PNG
压缩形式	有损压缩	无损压缩	无损压缩
支持的颜色数	24 位真彩色	256 色	真彩色或 256 色
支持透明	不支持	支持全透明	支持半透明和全透明
支持动画	不支持	支持	不支持
适用场合	照片等颜色丰富的图片	卡通图形、线条、图标等颜色数少的图片	都可以

1. GIF 格式

GIF 格式(Graphics Interchange Format,图形交换格式)的图片在颜色数很少的情况下,产生的文件极小。它具有以下特点。

(1) GIF 格式支持背景透明。GIF 图片如果背景色设置为透明,它将与浏览器背景相融合,生成非矩形的图片。

(2) GIF 格式支持动画。在 Flash 动画出现之前,GIF 动画可以说是网页中唯一的动画形式。GIF 格式可以将许多单帧的图像组合起来,然后轮流播放每一帧而成为动画。

(3) GIF 格式支持图形渐进。渐进是指图片渐渐显示在屏幕上,在浏览器下载完整张图片以前,浏览者就可以看到该图像,所以网页中首选的图像格式为 GIF。

(4) GIF 格式是一种无损压缩格式。无损压缩是不损失图片细节而压缩图片的有效方法,由于 GIF 格式采用无损压缩,GIF 在存储非连续色调的图像或具有大面积单一色彩的图像方面比较出色,所以它更适合于线条、图标和图纸。

(5) GIF 格式的缺点同样相当明显。GIF 格式只支持 256 种颜色,这对于摄影图片显然是不够的,会使照片的颜色失真很大。

2. JPG 格式

JPG 格式(Joint Photographic Experts Group,联合图像专家组)最主要的优点是能支持上百万种颜色,从而可以用来表现真彩色的照片。此外,由于 JPG 图片使用更有效的有损压缩算法,从而使文件长度更小,下载时间更短。有损压缩会放弃图像中的某些细节,以减少文件长度。JPG 的压缩比相当高,而且图像质量从浏览角度来讲损失不大,这样就大大方便了网络传输和磁盘存储。JPG 较 GIF 更适合于照片,因为在照片中损失一些细节不像对艺术线条那么明显。另外,JPG 对照片的压缩比例更大,而最后的质量也更好。

JPG 的缺点是它不如 GIF 图像那么灵活,JPG 格式的图像不支持背景透明、图形渐进，更不支持动画。

3. PNG 格式

PNG 格式（Portable Network Graphics，可携式网络图像）是一种新一代的图像格式，设计目的是用来取代 GIF 和 JPG 格式的图像。它还是 Fireworks 默认的文件格式，并且被大部分图像处理软件支持。它具有以下优点。

（1）兼有 GIF 和 JPG 的色彩模式。PNG 格式能存储 256 色的图像，还能存储 24 位真彩图像，甚至最高能存储至 48 位超强色彩图像。具体存储多少位颜色可以在软件（如 Fireworks）中导出 PNG 格式时设置。

（2）支持 Alpha 透明。GIF 格式只支持透明或不透明两种效果，没有层次；而 PNG 格式支持 Alpha 透明，即半透明效果，透明度有 0～255 级可供调节。IE7 和 Firefox 都支持 PNG 格式的半透明效果，而 IE6 只支持 PNG 格式，但不支持它的半透明效果。

4. 网页图像格式的选择

由于 GIF 格式只有 256 种色彩，所以如果图片中颜色不多就适合于保存为 GIF 格式。GIF 通常适合于卡通、徽标、小图标、包含透明区域的图形以及动画。反之，如果是颜色比较多的图片，就适合保存为 JPG 格式，例如照片、使用纹理的图像、具有渐变颜色的图像和任何需要 256 种以上颜色的图像。而如果希望图像在网页中以半透明的效果显示，可以考虑 PNG 格式。

注意：网页中不能插入 BMP（位图）格式的图片文件。

2.5 创建超链接

超链接是网页中的基本元素，通过超链接可以将很多网页链接成一个网站，并将 Internet 上的各个网站联系在一起，浏览者单击超链接，就可以从一个网页转到另一个网页。

超链接是通过 URL（统一资源定位器）来定位目标信息的。URL 包括 4 部分：

① 网络协议（如 http://）；

② 域名或 IP 地址；

③ 文件路径；

④ 文件名。

2.5.1 超链接标记 < a >

在 HTML 中，具有 href 属性的 < a >…</a > 标记表示超链接，图 2-17 的网页中创建了两个超链接，当鼠标移动到超链接上时会变成手形。其代码如下：

```
<html><body>
  <a href="/index.html" target="_blank">网站首页 </a>
  <a href="mailto:xia@qq.com" title="欢迎给我来信">联系我们 </a>
</body></html>
```

图 2-17　网页中的超链接

< a > 标记的属性及其取值如表 2-6 所示。

表 2-6　< a > 标记的属性及其取值

属性名	说　明	属　性　值
href	超链接的 URL 路径	相对路径或绝对路径、E-mail、#锚点名
target	超链接的打开方式	_blank：在新窗口打开 _self：在当前窗口打开，默认值 _parent：在当前窗口的父窗口打开 _top：在整个浏览器窗口打开链接 窗口或框架名：在指定名称的窗口或框架中打开
title	超链接上的提示文字	属性值是任何字符串
id、name	锚点的 id 或名称	自定义的名称，如 id = " ch1 "。< a > 标记作为锚点使用时，不能设置 href 属性

超链接的源对象是指可以设置链接的网页对象，主要有文本、图像或文本图像的混合体，它们对应 < a > 标记的内容，另外还有热区链接。在 DW 中，这些网页对象的"属性"面板中都有"链接"设置项，可以很方便地为它们建立链接。

1. 用文本作超链接

在 DW 中，可以先输入文本，然后用鼠标选中文本，在"属性"面板的"链接"框中输入链接的地址并按 Enter 键；也可以单击"常用"工具栏中的"超级链接"图标，在对话框中输入"文本"和链接地址；还可以在代码视图中直接写代码。无论用何种方式做，生成的超链接代码类似于下面这种形式：

```
< a href = "index.htm" target = "_blank">首页 </a >
```

2. 用图像作超链接

首先需要插入一幅图片，然后选中图片，在属性面板的"链接"文本框中设置图像链接的地址。生成的代码如下：

```
< a href = "index.htm">< img src = "images/info.gif" title = "返回首页" border = "0"/ ></a >
```

用图像作超链接，最好设置 < img > 标记的 border 属性等于 0，否则图像周围会出现一个蓝色的 2 像素粗的边框，很不美观。

3. 热区链接

用图像作超链接只能让整张图片指向一个链接，那么能否在一张图片上创建多个超链接呢？这时就需要热区链接。所谓热区链接就是在图片上划出若干个区域，让每个区域分别链接到不同的网页。比如一张中国地图，单击不同的省份会链接到不同的网页，就是通过热区链接实现的。

制作热区链接首先要插入一张图片，然后选中图片，在展开的图像"属性"面板上有"地图"选项，它的下方有三个小按钮分别是绘制矩形、圆形、多边形热区的工具，如图 2-18 所示。可以使用它们在图像上拖动绘制热区，也可以使用箭头按钮调整热区的位置。

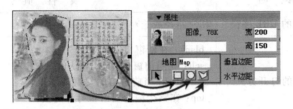

图 2-18　图像"属性"面板中的地图工具

绘制了热区后，可看到在 HTML 代码中增加了 <map> 标记，表示在图像上定义了一幅地图。地图就是热区的集合，每个热区用 <area> 单标记定义，因此 <map> 和 <area> 是成组出现的标记对。定义热区后生成的代码如下：

```
< img src = "images/xf.jpg" alt = "说明文字" border = "0" usemap = "# Map"/ >
< map name = "Map" id = "Map">
  < area shape = "rect" coords = "51,131,188,183" href = "title.htm" alt = "说明
  文字"/ >
  < area shape = "rect" coords = "313,129,450,180" href = "#h3"/ >
</map >
```

其中，<img> 标记通过 usemap 属性与 <map> 标记定义的地图（热区）建立关联。

<area> 标记的 shape 属性定义了热区的形状，coords 属性定义了热区的坐标点，href 属性定义了热区链接的文件；alt 属性可设置鼠标移动到热区上时显示的提示文字。

2.5.2　绝对 URL 与相对 URL

我们已经知道 URL 是统一资源定位器的意思，URL 可分为绝对 URL 和相对 URL。URL 地址主要用来表示链接文件或调用图片的地址，例如：

```
< a href = "http://www.hynu.cn/index.htm">学院首页 </a >   <!--链接文件 -->
< img src = " http://www.hynu.cn/images/bg.jpg"/ >         <!--调用图片 -->
```

1. 绝对 URL（绝对路径）

绝对 URL 是采用完整的 URL 来规定文件在 Internet 上的精确地点，包括完整的协议

类型、计算机域名或 IP 地址、包含路径信息的文档名。书写格式为：协议://域名或 IP 地址[/文档路径][/文档名]。例如：

```
http://www.hynu.cn/download/download.gif
```

2. 相对 URL（相对路径）

相对 URL 是相对于当前页的地点来规定文件的地点。应尽量使用相对 URL 创建链接,使用相对路径创建的链接可根据目标文件与当前文件的目录关系,分为以下 4 种情况。

1）链接到同一目录内的其他网页文件

如果要链接到同一目录内的其他文件,直接写目标文件名即可：

```
<a href = "目标文件名">链接文本 </a>
```

2）链接到下一级目录中的网页文件

链接到下一级目录中的文件,则先输入子目录名和斜杠(/),再输入目标文件名：

```
<a href = "子目录名/目标文件名">链接文本 </a>
```

3）链接到上一级目录中的网页文件

链接到上一级目录中的文件,则要在目标文件名前添加"../",因为".."表示上级目录,"."表示本级目录：

```
<a href = "../目标文件名">链接文本 </a>
```

4）链接到上一级目录中其他子目录中的网页文件

这个时候可先退回到上一级目录,再进入目标文件所在的目录,格式为：

```
<a href = "../子目录名/目标文件名">链接文本 </a>
```

3. 相对 URL 使用举例

下面举个例子说明相对路径的使用方法。假设网站的目录结构如图 2-19 所示。

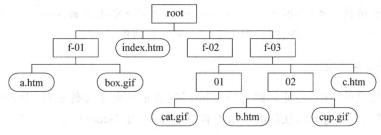

图 2-19　网站的文件目录结构

图中的矩形表示文件夹,圆角矩形表示文件。

（1）如果 f-01 目录下的 a. htm 需要显示同目录下的 box. gif 图片，因为它们在同一目录下，所以在 a. htm 中直接写文件名 box. gif 即可。

（2）如果根文件夹下的 index. htm 需要显示 f-01 目录下的 box. gif 图片，则应先进入f-01 目录，再找到 box. gif 文件，因此相对路径是"f-01/box. gif"。

（3）如果 f-03 文件夹中的 02 文件夹下的 b. htm 需要显示 01 文件夹下的 cat. gif 图片，则应从 02 文件夹退一级到 f-03 文件夹，再进入 01 文件夹，再找到 cat. gif，所以应写成"../01/cat. gif"。

（4）如果 f-03 文件夹中的 02 文件夹下的 b. htm 需要显示 f-01 目录下的 box. gif 图片，应该写成"../ ../f-01/box. gif"。

（5）如果 f-01 文件夹下的 a. htm 需要显示 f-03 文件夹中的 02 文件夹下的 cup. gif 图片，应该写成"../ f-03/02/cup. gif"。

可见，相对路径方式比较简便，不需输入一长串完整的 URL；另外，相对路径还有一个显著的优点：即使网站目录在服务器硬盘中的存放位置发生改变或网站域名发生改变，也无须修改相对路径。

提示：如果在 DW 中制作网页时看到代码中 URL 为 file 协议的格式，例如：file:///E|/网页制作上课/DEMO/bg. png，则说明网页中引用的资源是本机上的，出现这种情况的原因是引用的文件没有放在网站目录内（或根本没有创建网站目录），或网页文件尚未保存到网站目录内。当网页上传到服务器后，由于该资源在服务器上的存放路径和本机上的路径一般不会相同，就会出现找不到文件的情况，因此应避免这种情况的出现。

2.5.3　超链接的种类

网页中的超链接有很多种类，如文件链接、电子邮件链接、锚链接等，这些不同类的超链接区别在于其 href 属性的取值不同。因此可以根据 href 属性的取值来划分超链接的类型。

1. 链接到其他网页或文件

因为超链接本身就是为了把 Internet 上各种网页或文件链接在一起，所以链接到文件的链接是最重要的一类超链接，它可分为以下几种。

（1）内部链接： < a href = "../index. htm">返回首页 </a >

（2）外部链接： < a href = " http://www. 163. com">网易网站 </a >

（3）下载链接： < a href = " software/wybook. rar">单击下载 </a >   <!--如果浏览器不能打开该后缀名的文件，则会弹出文件下载的对话框 -- >

2. 电子邮件链接

如果在链接的 URL 地址前面有"mailto:"就表示是电子邮件链接，单击电子邮件链接后，浏览器会自动打开默认的电子邮件客户端程序（如 Outlook）。

```
< a href = "mailto:xiaoli@163.com">xiaoli@163.com </a >
```

由于我国用户大多不喜欢使用客户端程序发送邮件，所以也可以不建立电子邮件链接,直接把 E-mail 地址作为文本写在网页上,这样还可以防止垃圾邮件的侵扰。

3. 锚链接

当网页内容很长,需要进行页内跳转链接时,就需要定义锚点和锚点链接,锚点可使用 name 属性或 id 属性定义。锚链接需要和锚点配合使用,单击锚链接会跳转到指定的锚点处。示例代码如下:

```
<a id="ch4"></a>         <!-- 定义锚点,锚点名为 ch4 -->
<a href="#ch4">…</a>     <!--链接到锚点 ch4 处,实现网页内跳转 -->
```

也可用锚链接链接到其他网页某个锚点处,例如:

```
<a href="intro.htm#ch4">…</a>  <!--链接到 intro.htm 网页的锚点 ch4 处 -->
```

注意:定义锚点时锚点名前面不要加#号,链接到锚点时锚点名前要加#号。

4. 空链接和脚本链接

还有一些有特殊用途的链接,例如测试网页时用的空链接、脚本链接等。

```
<a href="#">…</a>  <!-- 空链接,网页会返回页面顶端 -->
<a href="JavaScript:self.close();">关闭窗口</a>  <!-- 脚本链接 -->
```

2.5.4　超链接目标的打开方式

超链接标记 <a> 具有 target 属性,用于设置链接目标的打开方式。在 DW 中在"目标"下拉列表框中可设置 target 属性的取值,如图 2-20 所示。其常用的取值有以下 4 种。

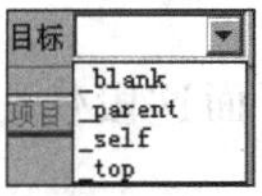

（1）_self:在原来的窗口或框架中打开链接的网页,这是 target 属性的默认值,因此也可以不写。

图 2-20　"目标"下拉框

（2）_blank:在一个新窗口打开所链接的网页,这个很有用,可防止打开新网页后把原来的网页覆盖掉,例如:

```
<a href="http://www.rongshu.com" target="_blank">榕树下</a>
```

（3）_parent:将链接的文件载入到父框架打开,如果包含的链接不是嵌套框架,则所链接的文档将载入到整个浏览器窗口。

（4）_top:在整个浏览器窗口载入所链接的文档,因而会删除所有框架。

在这 4 种取值中,"_parent"、"_top"仅在网页被嵌入到其他网页中有效,如框架中的网页,所以它们用得很少。用得最多的还是通过 target 属性使网页在新窗口中打开,如 target="_blank",要注意不要漏写取值名称前的下划线(_)。

2.5.5 超链接制作的原则

1. 可以使用相对链接尽量不要使用绝对链接

相对链接的好处在前面已经详细介绍过，原则上，同一网站内文件之间的链接都应使用相对链接方式，只有在链接到其他网站的资源时才使用绝对链接。例如，和首页在同一级目录下的其他网页要链接到首页，有如下三种方法。

```
<a href=".">首页</a>    <!--链接到本级目录,则自动打开本级目录的主页-->
<a href="index.html">首页</a>    <!--链接到首页文件名-->
<a href="http://www.hynu.cn">首页</a>    <!--链接到网站名-->
```

通常应该尽量采用前两种方法，而不要采用第三种方法。但第一种方式需要在 Web 服务器上设置网站的首页为 index.html 后才能正确链接，这给在本地目录中预览网页带来不便。

2. 链接目标尽可能简单

假如要链接到其他网站的主页，那么有如下两种写法：

```
<a href="http://www.hynu.cn">首页</a>
<a href="http://www.hynu.cn/index.html">首页</a>
```

则第一种写法比第二种写法要好，因为第一种写法不仅简单，还可以防止以后该网站将首页改名（如将 index.html 改成 index.jsp）造成链接不上的问题。

3. 超链接的综合运用实例

下面这段代码包含各种类型的超链接，请认真总结这些超链接的写法。

```
<html><body>
<p><a href="dance.html">红舞鞋</a></p>
<p><a href="#xrh">雪绒花</a></p>
<p><a href=mailto:xiali@163.net title="欢迎给我来信"><img src="mail.gif"/></a></p>
<p>好站推荐: <a href="http://www.baidu.com" target="_blank">百度</a></p>
<p><a id="xrh"></a>雪绒花的介绍……</p>
<p align="right"><a href="JavaScript:self.close();">关闭窗口</a></p>
</body></html>
```

2.5.6 DW 中超链接"属性"面板的使用

DW 中建立链接的选项框如图 2-21 所示，文字、链接、图像和热区的"属性"面板中都有"链接"这一项。其中，"链接"对应标记的 href 属性，"目标"对应 target 属性。利用超链接属性面板可快速地建立超链接，首先选中要建立超链接的文字或图片，然后在"链接"选项框中输入要链接的 URL 地址。

　　其中,在"链接"地址栏中输入 URL 有三种方法:一是直接在文本框中输入 URL;二是单击"文件夹"图标浏览找到要链接的文件;三是按住拖放定位图标🕸将其拖动到锚点处或文件面板中要链接的文件上,如图 2-22 所示。使用以上任何一种方式使"链接"框中出现了内容后,"目标"下拉列表框将变为可用,可选择超链接的打开方式。

图 2-21　DW 中的建立链接选项框　　　　　图 2-22　使用拖动链接定位图标方式建立链接

2.6　插入 Flash 及多媒体元素

　　Flash 是网络上传输的矢量动画,利用 DW 可以很方便地在网页中插入 Flash 文件,从而在网页上展现出丰富多彩的动画效果,而网页中插入视频的方法和插入 Flash 的方法差不多,也是通过插件或 ActiveX 方式插入的。

2.6.1　插入 Flash 的方法

1. 使用 DW 在网页中插入 Flash 的两种方法

　　(1)执行菜单命令:"插入"→"媒体"→Flash,再在"属性"面板中调节插件的宽和高,在代码视图中可看到插入 Flash 元素是通过同时插入 < object > 标记和 < embed > 标记实现的,以确保在所有浏览器中都获得应有的效果。

　　(2)执行菜单命令:"插入"→"媒体"→"插件",此方法在代码中仅插入了 < embed > 标记。如果不需要设置特别的参数(如 wmode = "transparent"),那么在 IE 和 Firefox 中也能看到效果,而代码更简洁,所以推荐用这种方式。

2. 在图像上放置透明 Flash

　　有些 Flash 动画的背景是透明的,在百度上搜索"透明 Flash"可以找到很多透明的 Flash 动画。可以将这种透明背景的 Flash 动画放在一幅图片上,使图片看起来和 Flash 融为一体也有动画效果了。方法是先将一张需要放置透明 Flash 的图片作为单元格(或 div 等其他元素)的背景,然后在此单元格内插入一个透明 Flash 文件,这样这个 Flash 文件就覆盖在了图片的上方。然后调整此 Flash 插件的大小与图片大小相一致。再选中该 Flash 插件,单击属性面板里的"参数"按钮,在如图 2-23 所示的"参数"对话框中新建一个参数"wmode","值"设置为"transparent"。生成的代码包括一个 < param > 标记和一个在 < object > 标记中的 wmode 属性,其中 < param name = "wmode" value = "transparent" / > 使 Flash 在 IE 中能够透明,而 wmode = "transparent" 使 Flash 在 Firefox 中透明。

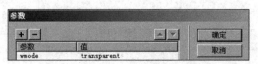

图 2-23　设置 Flash 文件透明方式显示

2.6.2　插入视频或音频文件

1. 插入 avi、mpg 或 wmv 格式视频

视频文件的格式主要有 avi、wmv、mpg、rm、rmvb 等,如果要插入 avi、mpg 或 wmv 等 Windows 媒体播放器能播放的格式文件,可以直接使用插件方式插入。方法是在 DW 中执行菜单命令"插入"→"媒体"→"插件",然后在插件的"属性"面板中设置视频文件的宽和高,如图 2-24 所示。注意高度的设置值最好比视频的高度多 40 像素,因为这个高度包含播放控制条的高度。这样在网页中就可以播放视频了。

图 2-24　插件"属性"面板

切换到代码视图,可看到生成的源代码如下:

```
<embed src = "acl.wmv" width = "400" height = "340"></embed>
```

如果不希望在打开网页后视频自动播放,可添加属性(autostart = "false")。

2. 插入 RealPlayer 格式视频

要在网页中插入 rm、rmvb 等 RealPlayer 格式的视频,也可使用 < embed > 标记来插入,但必须将网页上传到服务器上才能播放。为了在本机上就能播放,可以使用 ActiveX 方式插入。方法是执行菜单命令"插入"→"媒体"→ActiveX,这样就在网页中插入了一个 ActiveX 控件,然后再设置它的宽和高,对于 RealPlayer 格式的视频,要在"属性"面板中将 ClassID 设置为"RealPlayer/…",如图 2-25 所示。

图 2-25　ActiveX"属性"面板

然后再在代码视图中对 < object > 标记设置参数 < param >,主要是指定视频文件的 URL 和关联播放组件。源代码如下:

```
<object classid = "clsid:CFCDAA03 - 8BE4 - 11cf - B84B - 0020AFBBCCFA" width =
"452" height = "320">
    <param name = "console" value = "clip1"/>    <!--用来关联播放组件 -->
    <param name = "autostart" value = "true"/>
    <param name = "src" value = "wenrou.rm"/>    <!--指定文件的 URL -->
    <param name = "controls" value = "imagewindow"/>
</object>
```

3. 插入 FLV 格式视频

FLV(Flash Video)格式的视频是目前使用最广泛的网络流媒体视频传播格式,被许多在线视频网站采用。在网页中插入 FLV 视频的方法有两种。

(1) 执行菜单命令"插入"→"媒体"→"Flash 视频",在弹出的"插入 Flash 视频"对话框中,选择视频文件的 URL,在"外观"中可以选择一种播放器的外观,最后要选中"自动播放"。这样就能在网页中播放 FLV 视频了。

(2) 使用 swfobject. js 文件,也能插入 FLV 视频。该文件需要配合 mediaplayer. swf 文件使用,将上述两个文件放在网站目录下,并在网页中插入如下 JavaScript 代码,就能播放 FLV 视频了。

```
< script src = "swfobject.js"></script >
< script >
 var s1 = new SWFObject("mediaplayer.swf","mediaplayer","640","480","7");
 s1.addParam("allowfullscreen","true");
 s1.addVariable("width","640");          //设置视频的宽度
 s1.addVariable("height","480");
 s1.addVariable("file","hnfh.flv");      //视频文件的 URL
 s1.addVariable("image","hnfh.jpg");     //视频播放时的初始图像
 s1.write("container");
</script >
```

使用这种方法,能够避免在 HTML 代码中出现 < object > 和 < embed > 等非标准标记,从而更加符合 Web 标准,也符合搜索引擎优化的原则。

4. 插入音频文件

插入音频文件同样可用插件方式或 ActiveX 方式实现,下面是插件方式插入的代码:

```
< embed src = "wenrou.mp3" width = "31" height = "26" autostart = "false">
</embed >
```

如果希望将音频文件设置为背景音乐,即不显示播放器的界面,可加一条隐藏(hidden)属性和循环播放(loop)属性,代码如下:

```
< embed src = "back.mp3" hidden = "true" autostart = "true" loop = "true">
</embed >
```

2.6.3 HTML 5 新增的多媒体标记

在 HTML 4 中, < embed > 标记或 < object > 标记虽然可以插入视频,但支持的视频格式非常有限,这已不能满足网络上播放各种视频文件的需要了。在 HTML 5 中,新增了几个标记用来插入视频或音频文件。其中, < video > 标记用于插入视频, < audio > 标

记用于插入音频，<canvas>标记可以插入生成的图像或动画。

1. <video>标记

<video>标记插入视频的示例代码如下：

```
<video src = "movie.ogg" width = "320" height = "240" controls = "controls">
    你的浏览器不支持 video 标记
</video>
```

其中，src 属性用于指定视频文件的路径和文件名，width 和 height 属性设置视频的显示大小，controls 属性用于设置是否显示控制条。

<video>与</video>之间的内容用于在不支持该标记的浏览器中显示替代信息。

由于不同的客户端支持的视频格式有可能不同，为此，<video>标记还提供了设置多个备选视频文件的功能，此时，应使用<source>标记而非 src 属性来设置视频文件的地址。

例如，有些浏览器支持使用了 H. 264 编码的 mp4 格式视频文件，但有的浏览器不支持，对于不支持的浏览器，只需要把后备内容放在第二个<source>标记中，后备内容可以包含多种视频格式。如果连<video>标记都不支持，还可在其中嵌入<object>标记。下面是示例代码：

```
<video>
  <source src = "movie.mp4">
  <source src = "movie.ogv">
  <object data = "movie.swf">
    <a href = "movie.mp4">download</a>
  </object>
</video>
```

上述代码中，如果浏览器支持<video>标记，也支持 H. 264，则会显示第一个视频。如果浏览器支持<video>标记，也支持 Ogg，那么会显示第二个视频。如果浏览器不支持<video>标记，则会显示<object>标记中的 Flash 视频了。如果浏览器不支持<video>标记，也不支持 Flash，则会显示下载视频的链接。可见，通过<video>标记，就能为各种浏览器提供支持的视频格式了。

2. <audio>标记

<audio>标记用于插入音频，其用法与<video>标记类似，示例代码如下：

```
<audio src = "song.ogg" controls = "controls">
    你的浏览器不支持 audio 标记
</audio>
```

<audio>标记也提供了设置多个备选音频文件的功能，此时，应使用<source>标记而非 src 属性来设置音频文件的地址。示例代码如下：

```
< audio controls = "controls">
  < source src = "song.ogg" type = "audio/ogg">
  < source src = "song.mp3" type = "audio/mpeg">
  你的浏览器不支持 audio 标记
</audio >
```

< audio > 标记和 < video > 标记都具有以下几个属性：

（1）autoplay：如果出现该属性，则媒体文件在网页打开后会自动播放。

（2）controls：如果出现该属性，则播放界面下会显示控制条。

（3）loop：如果出现该属性，则媒体文件会循环播放。

（4）preload：如果出现该属性，则媒体文件在页面加载时就会加载，并预备播放。如果使用了 autoplay 属性，则忽略该属性。

3.　< canvas > 标记

< canvas > 标记称为画布标记，用于在网页上绘制图形。< canvas > 标记本身没有绘制图形的能力，所有的绘制工作必须使用 JavaScript 程序来完成。画布是一个矩形区域，我们可以控制其每一像素。< canvas > 标记的使用步骤如下。

（1）创建 canvas 元素，并定义元素的 ID，设置元素的宽度和高度：

```
< canvas id = "myCanvas" width = "200" height = "100"></canvas >
```

（2）通过 JavaScript 获取 canvas 元素，并绘制图形，运行效果如图 2-26 所示。

```
< script >
var c = document.getElementById("myCanvas");        //获取 myCanvas 元素
var cxt = c.getContext("2d");
cxt.fillStyle = "#ffff00";                          //设置填充颜色
cxt.fillRect(0,0,150,75);                           //绘制矩形
cxt.moveTo(10,10);                                  //将画笔移动到坐标位置
cxt.lineTo(150,50);                                 //产生线条
cxt.lineTo(10,50);
cxt.stroke();                                       //绘制路径
</script >
```

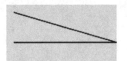

图 2-26　用 canvas 元素绘制图形

其中，getContext( )方法返回一个用于在画布上绘图的环境。该方法的参数目前只能是 2d，它指定是进行二维绘图（目前 canvas 标记不支持 3D 绘图），该方法返回一个环境对象，该对象导出一个二维绘图的 API。

< canvas > 标记还可以把一个图像文件放置到画布上，示例代码如下：

```
< canvas id = "myCanvas" width = "600" height = "500">
< script >
var c = document.getElementById("myCanvas");
var cxt = c.getContext("2d");
var img = new Image()
img.src = "images/car.jpg"              //指定图像文件的 URL
cxt.drawImage(img,10,10,540,460);       //从坐标点 10,10 开始装载图片
</script >
```

其中，drawImage 方法用于在画布上定位图像，并规定图像的宽度和高度。

2.7　创建表格

表格在网页中的应用非常广泛，网页中的表格不仅可以用来显示数据，还可用来对网页进行排版和布局，使用表格最明显的好处就是能以行列对齐的方式来显示文本或图像信息，以达到精确控制文本和图像在网页中位置的目的。通过表格布局的网页，网页中所有元素都是放置在表格的单元格（< td > 标记）中。

2.7.1　表格标记 < table >

网页中的表格由 < table > 标记定义，一个表格被分成许多行 < tr >，每行又被分成许多个单元格 < td >，因此 < table > 、< tr > 、< td > 是表格中三个最基本的标记，必须同时出现才有意义。表格中的单元格能容纳网页中的任何元素，如图像、文本、列表、表单、表格等。

下面是一个最简单的表格代码，它的显示效果如图 2-27 所示。

```
< table border = "1">
    < tr >
       < td > CELL 1 < /td >
       < td > CELL 2 < /td >
    < /tr >
    < tr >
       < td > CELL 3 < /td >
       < td > CELL 4 < /td >
    < /tr >
< /table >
```

CELL 1	CELL 2
CELL 3	CELL 4

图 2-27　最简单的表格

从图 2-27 可知，一个 < tr > 标记表示一行，< tr > 标记中有两个 < td > 标记，表示一行中有两个单元格，因此显示为两行两列的表格。要注意在表格中行比列大，总是一行 < tr > 中包含若干个单元格 < td >。

在这个表格 < table > 标记中还设置了边框宽度(border = "1")，它表示表格的边框宽度是1像素宽。下面将边框宽度调整为10像素，即 < table border = "10">，这时显示效果如图 2-28 所示。

此时虽然表格的边框宽度变成了10像素，但表格中每个单元格的边框宽度仍然是1像素，从这里可看出设置表格边框宽度不会影响单元格的边框宽度。

但有一个例外，如果将表格的边框宽度设置为0，即 < table border = "0">(由于 border 属性的默认值就是0，因此也可将 border 属性删除)，则显示效果如图 2-29 所示。可看到将表格的边框宽度设置为0后，单元格的边框宽度也跟着变为了0。

由此可得出结论：设置表格边框为0时，会使单元格边框也变为0；而设置表格边框为其他数值时，单元格边框宽度保持不变，始终为1。

接下来在图 2-28(border = "10")表格的基础上，设置 bordercolor 属性改变边框颜色为红色，即 < table border = "10" bordercolor = "#FF0000">，此时可发现表格边框的立体感已经消失。对于 IE 来说，设置表格边框颜色还会使单元格边框颜色跟着改变(图 2-30(a))，而 Firefox 等浏览器却不会，单元格边框仍然是黑色和灰色相交的立体感边框(图 2-30(b))。

图 2-28　border = "10"时的表格　　　　图 2-29　border = "0"时的表格

实际上，IE 还可以通过设置单元格 < td > 标记的 bordercolor 属性单独改变某个单元格的边框颜色，但 Firefox 不支持 < td > 标记的 bordercolor 属性，因此在 Firefox 中，单元格的边框颜色是无法改变的。

然后对表格设置填充(cellpadding)和间距(cellspacing)属性。这是两个很重要的属性，cellpadding 表示单元格中的内容到单元格边框之间的距离，默认值为0；而 cellspacing 表示相邻单元格之间的距离，默认值为1。

合理设置填充和间距属性将美化表格。例如，将表格填充设置为12，即 < table border = "10" cellpadding = "12">，则显示效果如图 2-31 所示。

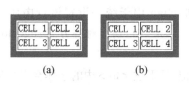

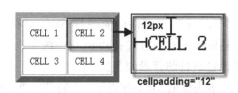

图 2-30　bordercolor = "#FF0000"时 IE(a)和　　　图 2-31　cellpadding 属性
　　　Firefox(b)中表格的效果

把表格填充设置为12，间距设置为15，即 < table border = "10" cellpadding = "12" cellspacing = "15">，则显示效果如图 2-32 所示。

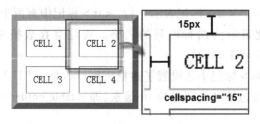

图 2-32　cellspacing 属性

此外, <table> 标记还具有宽(width)和高(height)、水平对齐(align)、背景颜色(bgcolor)等属性,表 2-7 列出了 <table> 标记的常见属性及含义。

表 2-7　<table> 标记的属性及含义

属　性	含　义
border	表格边框的宽度,默认值为 0
bordercolor	表格边框的颜色,若不设置,将显示立体边框效果,IE 中设置该属性将同时调整单元格边框的颜色
bgcolor	表格的背景色
background	表格的背景图像
cellspacing	表格的间距,默认值为 1
cellpadding	表格的填充,默认值为 0
width,height	表格的宽和高,可以使用像素或百分比作单位
align	表格的对齐属性,可以让表格左右或居中对齐
rules	只显示表格的行边框或列边框

其中,rules 是 <table> 标记的一个不常用的属性,它可实现只显示表格的行边框或列边框,取值为 rows 时只显示行边框,取值为 cols 时只显示列边框,取值为 none 时隐藏所有单元格的边框,但在 IE 和 Firefox 中效果不同。下面的代码演示了 rules 属性的用法。

```
< table rules = "rows" border = "1" cellpadding = "12" cellspacing = "5" >…
</table >
```

2.7.2　行标记 <tr> 和单元格标记 <td>、<th>

<tr> 表示表格中的一行,该标记有一些属性,如 align 用于统一设置该行中所有单元格的水平对齐方式;valign 用于统一设置该行中所有单元格的垂直对齐方式;bgcolor 用于设置该行的背景颜色。

表头标记 <th> 相当于一个特殊的单元格 <td> 标记,只不过 <th> 中的字体会以粗体居中的方式显示。可以将表格第一行(第一个 <tr>)中的 <td> 换成 <th>,表示表格的表头。

对于单元格标记 <td>、<th> 来说,它们具有一些共同的属性,包括:width、height、align、valign、nowrap(不换行)、bordercolor、bgcolor 和 background。这些属性对于行标记 <tr> 来说,大部分也具有,只是没有 width 和 background 属性。

1. 单元格的对齐属性

单元格 < td > 标记具有 align 和 valign 属性,其含义如下。

(1) align:单元格中内容的水平对齐属性,取值有 left(默认值)、center、right。

(2) valign:单元格中内容的垂直对齐属性,取值有 middle(默认值)、top、bottom。

即单元格中的内容默认是水平左对齐,垂直居中对齐的。由于默认情况下单元格是以能容纳内容的最小宽度和高度定义大小的,所以必须设置单元格的宽和高使其大于最小宽高值时才能看到对齐的效果。例如,下面的代码显示效果如图 2-33 所示。

```
< table width = "256" border = "4" cellpadding = "2">
    < tr valign = "bottom" height = "58">
        < td width = "82">底端对齐 </td>
        < td width = "96" valign = "top">顶端对齐 </td>
    </tr>
    < tr align = "center" height = "54">
        < td valign = "top">水平居中顶端 </td>
        < td>水平居中 </td>
    </tr>
</table>
```

2. bgcolor 属性

bgcolor 属性是 < table >、< tr >、< td > 都具有的属性,用来对表格或单元格设置背景色。在实际应用中,常将所有单元格的背景色设置为一种颜色,将表格的背景色设置为另一种颜色。此时如果间距(cellspacing)不为 0,则表格的背景色会环绕单元格,使间距看起来像边框一样。例如,下面的代码显示效果如图 2-34 所示。

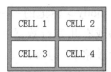

图 2-33　align 和 valign 属性　　图 2-34　设置表格背景色为灰色、单元格背景色为白色的效果

```
< table border = "1" cellpadding = "12" cellspacing = "5" bordercolor = "#333333" bgcolor = "#cccccc">
    < tr >
        < td bgcolor = "#FFFFFF">CELL 1 </td>
        < td bgcolor = "#FFFFFF">CELL 2 </td>
    </tr>
    < tr >
        < td bgcolor = "#FFFFFF">CELL 3 </td>
        < td bgcolor = "#FFFFFF">CELL 4 </td>
    </tr>
</table>
```

如果在此基础上将表格的边框宽度设置为 0,则显示效果如图 2-35 所示,可看出此时间距像边框一样了,而这个由间距形成的"边框"实际上是表格的背景色。

| CELL 1 | CELL 2 |
| CELL 3 | CELL 4 |

图 2-35　在图 2-34 的基础上将表格边框宽度设置为 0

在上述代码中,可看到所有的单元格都设置了一条相同的属性(bgcolor = "#FFFFFF"),如果表格中的单元格非常多,这条属性就要重复很多遍,造成代码冗余。实际上,可以对 < tr > 标记设置背景色来代替对 < td > 设置背景色。即:

```
< tr bgcolor = "#FFFFFF"><td>CELL 1 </td><td>CELL 2 </td></tr>
< tr bgcolor = "#FFFFFF"><td>CELL 3 </td><td>CELL 4 </td></tr>
```

这样就减少了一些重复的 bgcolor 属性代码,更好的办法是使用 <tbody> 标记,在所有 < tr > 标记的外面嵌套一个 < tbody > 标记,再设置 < tbody > 的背景色为白色即可,例如:

```
< table cellpadding = "12" cellspacing = "5" bordercolor = "#333333" bgcolor
= "#CCCCCC">
  < tbody bgcolor = "#FFFFFF">
    < tr ><td>CELL 1 </td><td>CELL 2 </td></tr>
    < tr ><td>CELL 3 </td><td>CELL 4 </td></tr>
  </tbody >
</table >
```

提示: <tbody> 标记是表格体标记,它包含表格中所有的行或单元格。因此,如果所有单元格的某个属性都相同,可以将该属性写在 <tbody> 标记中,例如上述代码中的(bgcolor = "#FFFFFF"),这样就避免了代码冗余。

为表格添加 < tbody > 标记的另一个好处是:如果表格中的内容很多,例如放置了整张网页的布局表格或有几万行数据的数据表格,浏览器默认是要将整个表格的内容全部下载完之后再显示表格的,但添加了 < tbody > 标记后,浏览器就会分行显示,即下载一行显示一行,这样可明显加快大型表格的显示速度。

3. 单元格的合并属性

如果要合并某些单元格制作出如图 2-36 所示的表格,则必须使用单元格的合并属性,单元格 < td > 标记的合并属性有:colspan(跨多列属性)和 rowspan(跨多行属性),是 < td > 标记特有的属性,分别用于合并列或合并行。例如:

课程表	星期一	
	上午	下午
	语文	数学

图 2-36　单元格合并后的效果

```
< td colspan = "2">星期一 </td>
```

表示该单元格由两列(两个并排的单元格)合并而成,它将使该行 < tr > 标记中减少一个 < td > 标记。又如:

```
< td rowspan = "3">课程表 </td >
```

表示该单元格由三行(三个上下排列的单元格)合并而成,它将使该行下的两行,两个 < tr > 标记中分别减少一个 < td >标记。

实际上,colspan 和 rowspan 属性也可以在一个单元格 < td >标记中同时出现,例如:

```
< td colspan = "3" rowspan = "3">   </td >
<!--合并了三行三列的 9 个单元格 -->
```

提示:设置了单元格合并属性后,再对单元格的宽或高进行精确设置会发现不容易了,因此在用表格布局时不推荐使用单元格合并属性,使用表格嵌套更合适些。

4. < caption >标记及其属性

< caption >标记用来为表格添加标题,这个标题固然可以用普通的文本实现,但是使用 < caption >标记可以更好地描述这个表格的含义。

```
< table cellpadding = "12" cellspacing = "5" bgcolor = "#CCCCCC">
< caption >产品目录表 </caption > <!-- < caption >必须位于 < table >标记内 -->
< tr >< td >…</td ></tr >
</table >
```

在默认情况下标题位于表格的上方,可以通过 align 和 valign 属性设置其位置。valign 可选值为 top 或 bottom,表示标题在表格的上方或下方。

表格的常用标记和属性就是上面这些,其中 < table >、< tr >、< td >是表格三个必备的标记,在任何表格中都必须具有,而 < th >、< tbody >和 < caption >是表格的可选标记。

2.7.3　在 DW 中操作表格的方法

1. 在 DW 中选中表格的方法

对表格进行操作之前必须先选中表格,有时几层表格嵌套在一起,使用以下方法仍然可以方便地选中表格或单元格。

(1)选择整个表格:将鼠标指针移到的表格左上角或右下角时,光标右下角会出现表格形状,此时单击就可以选中整个表格,或者在表格区域内单击鼠标,再选择状态栏中的 < table >标签按钮。

(2)选择一行或一列单元格:将鼠标指针置于一行的左边框上,或置于一列的顶端边框上,当选定箭头(↓)出现时单击,选择一行也可单击状态栏中的 < tr >标签按钮。

(3)选择连续的几个单元格:在一个单元格中单击并拖动鼠标横向或纵向移至另一单元格。

(4)选择不连续的几个单元格:按住 Ctrl 键,单击欲选定的单元格、行或列。

(5)选择单元格中的网页元素:直接单击单元格中的网页元素。

提示：按住 Ctrl 键在表格上滑动 DW 会高亮显示表格结构。

2. 向表格中插入行或列的方法

当光标位于表格内时，右击在弹出菜单中选择"表格"→"插入行（或插入列）"命令可在表格的当前行的上方插入一行，或当前行的左边插入一列，若要在表格的最右边插入一列或最下方插入一行，可选择"表格"→"插入行或列…"命令，在所选列之后或所选行之下插入列或行。插入行也可以在代码视图中复制一行的代码"< tr >… </ tr >"再粘贴几次就插入了几行，而插入列则在代码视图中不方便进行。

3. 设置单元格中内容居中对齐的方法

在默认情况下，表格会单独占据网页中的一行，左对齐排列。表格具有水平对齐属性 align，可以设置 align = " center" 让表格水平居中对齐，位于一行的中央。而单元格 < td > 则具有水平对齐 align 和垂直对齐 valign 属性，它们的作用是使单元格中的内容相对于单元格水平居中或垂直居中，在默认情况下，单元格中的内容是垂直居中，但水平左对齐的。

如果在单元格中有一段无格式的文字，代码如下：

```
< td > 版权所有 &copy; 数学系 </ td >
```

（1）要使这段文字在单元格中居中对齐，那么有两种方法可以做到，一是在设计视图中选中这些文字，然后使用文本自身的对齐属性来居中对齐。即单击图 2-37 中①处的按钮。

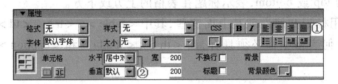

图 2-37　单元格中文本对齐的两种方法

此时，可发现文本已经居中，切换到代码视图，代码已修改为：

```
< td >< div align = "center"> 版权所有 &copy; 数学系 </ div ></ td >
```

可看到使用这种方法对齐 DW 会自动为文本添加一个 div 标记，再使用 div 标记的 align 属性使文本对齐，这是因为这段文本没有格式标记环绕，要使它们居中只能添加一个标记，如果这段文本被格式标记环绕，例如 < p > 标记，那么就会直接在 < p > 标记中添加 align = " center" 属性了。

（2）由于这段文本位于单元格中，第二种使文本居中的办法就是利用单元格的居中对齐属性，即单击图 2-37 中②处的按钮，可发现文本也能居中对齐，切换到代码视图查看代码：

```
< td align = "center"> 版权所有 &copy; 数学系 </ td >
```

可看到第二种方法不会增加一个标记,所以推荐使用这种方法对齐单元格中的文本。

(3) 假设在单元格中有一个表格,这在网页排版中很常见,通常是把栏目框的表格插入到用来分栏的布局单元格中。如果希望表格在单元格中水平居中排列,那么有两种方法: 一种是设置表格水平居中对齐 <table align = "center">,第二种方法是设置外面单元格中内容水平居中对齐 <td align = "center">,这样位于单元格中的表格就会居中排列。

这两种方法设置的栏目框(表格)居中对齐在 Firefox 中显示效果是一样的,但是在IE 浏览器中,显示效果如图 2-38 所示,可发现第一种方法设置表格居中后,表格中的内容仍然是左对齐,而第二种方法却使表格中的内容也居中对齐了。

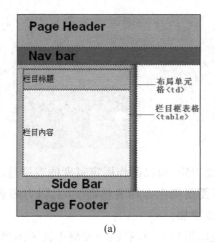 

(a)　　　　　　　　　　　(b)

图 2-38　设置表格居中 <table align = "center"> (a)和设置外面单元格内容居中
<td align = "center"> (b)在 IE 中的效果

这是因为在 IE 浏览器中,子 td 元素会继承父 td 元素的 align 属性值,如果要使第二种方法栏目框中的内容左对齐,则必须再设置栏目框中所有的单元格 <td align = "left">,显然这样麻烦一些。

另外,对于栏目框的第二行单元格来说,可以设置它的垂直对齐方式为顶端对齐 <td valign = "top">,这样栏目框中内容就会从顶端开始显示了。

2.7.4　制作固定宽度的表格

如果不定义表格中每个单元格的宽度,当向单元格中插入网页元素时,表格往往会变形。这样无法利用表格精确定位网页中的元素,网页中会有很多不必要的空隙,使网页显得不紧凑也不美观,因此要利用固定宽度的表格和单元格精确地包含住其中的内容。制作固定宽度的表格通常有以下两种方法。

(1) 定义所有列的宽度,但不定义整个表格的宽度。例如:

```
< table border = "0" cellspacing = "0" cellpadding = "0">
  < tr >
    < td width = "200">   </ td >
    < td width = "360">   </ td >
    < td width = "200">   </ td >
```

```
    </tr>
  </table>
```

整个表格的实际宽度为：所有列的宽度和 + 边框宽度和 + 间距和 + 填充和。这时，只要单元格内的内容不超过单元格的宽度，表格就不会变形。

（2）定义整个表格的宽，如 500 像素、98% 等，再留一列的宽度不定义，未定义的这一列的宽度为整个表格的宽度 – 已定义列的宽度和 – 边框宽度和 – 间距和 – 填充和，同样在插入内容时也不会变形。

```
<table width="760" border="0" cellspacing="0" cellpadding="0">
  <tr>
    <td width="200"> </td>
    <td> </td>
    <td width="200"> </td>
  </tr>
</table>
```

由于网页的总宽度、每列的宽度都要固定，所以制作固定宽度的表格是用表格进行网页布局的基础。而网页布局时一般是不需要指定布局表格高度的，因为随着单元格中内容的增加，布局表格的高度也会自适应地增加。

因此制作固定高度的表格相对来说用得较少，只有在单元格中插入图像时，为了保证单元格和图像之间没有间隙，需要把单元格的宽和高设置为图像的宽和高，填充、间距和边框值都设为 0，并保证单元格标记内除了图像元素，没有其他空格或换行符。

提示：在用表格布局时不推荐使用鼠标拖动表格边框的方式来调整其大小，这样会在表格标记内自动插入 width 和 height 属性。如果所有单元格的宽已固定，又定义了表格的宽度后，所有单元格的宽度都会按比例发生改变，导致用表格布局的网页里的内容排列混乱。

2.7.5　特殊效果表格的制作

1. 制作 1 像素 (细线) 边框的表格

一般来说，1 像素边框的表格在网页中显得更美观。特别是用表格作栏目框时，1 像素边框的栏目框是大部分网站的选择，因此，制作 1 像素边框的表格已成为网页设计的一项基本要求。

但是把表格的边框 (border) 定义为 1 像素时 (border = "1")，其实际宽度是 2 像素。这样的表格边框显得很粗而不美观。要制作 1 像素的细线边框可用如下任意一种方法实现。

（1）用间距作边框。原理是通过把表格的背景色和单元格的背景色调整成不同的颜色，使间距看起来像一个边框一样，再将表格的边框设为 0，间距设为 1，即实现 1 像素"边框"表格。代码如下：

```
< table border = "0" cellspacing = "1" bgcolor = "#FF0000">
 <tr><td bgcolor = "#FFFFFF">1 像素边框表格 </td></tr>
</table >
```

（2）用 CSS 属性 border-collapse 作 1 像素边框的表格。先把表格的边框（border）设为 1，间距（cellspacing）设为 0，此时表格的边框和单元格的边框紧挨在一起，所以边框的宽度为 1 + 1 = 2 像素。这是因为表格的 CSS 属性 border-collapse 的默认值是 separate，即表格边框和单元格边框不重叠。当我们把 border-collapse 属性值设为 collapse（重叠）时，表格边框和单元格边框将发生重叠，因此边框的宽度为 1 像素。代码如下：

```
< table border = "1" cellspacing = "0" bordercolor = "#FF0000" style = "border -
collapse: collapse">⋯ </table >
```

2. 制作双线边框表格

将表格的边框颜色（bordercolor）属性设置为某种颜色后，表格的暗边框和亮边框会变为同一种颜色（在 IE 中单元格边框的颜色也会跟着改变），边框的立体感消失。此时只要间距（cellspacing）不设为 0，表格的边框和单元格的边框就不会重合，如果设置表格的边框宽度为 1 像素，则显示为双细线边框表格。下面是用双细线边框表格制作的栏目框，效果如图 2-39 所示。

图 2-39　IE 中双线边框栏目框

```
< table width = "180" border = "1" cellpadding = "6" cellspacing = "3"
bordercolor = "#000000" bgcolor = "#FFFFFF">
 <tr >
  <td bgcolor = "#CCCCCC">标题 </td >
 </tr >
 <tr >
  <td height = "128" valign = "top" bordercolor = "#ffffff">内容 </td >
 </tr >
</table >
```

由于 Firefox 无法改变单元格边框的颜色，因此这种双线边框栏目框只能在 IE 中看到效果。

3. 用单元格制作水平线或占位表格

如果需要水平或竖直的线段，可以使用表格的行或列来制作，例如在表格中需要一条黑色的水平线段，则可以这样制作：先把某一行的行高设为 1；再把该行的背景色设为黑色；最后在"代码"视图中去掉此行单元格中的" "占位符空格。因为" "是 DW 在插入表格时自动往每个单元格中添加的一个字符，如果不去掉，IE 默认一个字符占据 12 像素的高度。这样就制作了一条 1 像素粗的水平黑线。代码如下：

```
<table width = "200" border = "0" cellpadding = "0" cellspacing = "0">
  <tr ><td height = "1" bgcolor = "#000000"></td ><! --单元格中的" "已
  去掉 -->
  </tr >
</table >
```

如果要制作 1 像素粗的竖直黑线,可在上述代码中将表格的宽修改为 1 像素,单元格
的高修改为竖直黑线的长度即可。

在默认情况下,网页中两个相邻的表格上下会紧挨在一起,这时可以在这两个表格中
插入一个占位表格使它们之间有一些间隙,例如把占位表格的高度设置为 7 像素,边框、
填充、间距设为 0,并去掉单元格中的" ",则在两个表格间插入了一个 7 像素高的
占位表格,这样就避免了表格紧挨的情况出现,因为我们通常都不希望两个栏目框上下紧
挨在一起。当然,通过对表格设置 CSS 属性 margin 能更容易地实现留空隙。

4. 用表格制作圆角栏目框

上网时经常可以看到漂亮的圆角栏目框,下面来制作一个固定宽度的圆角栏目框,如

图 2-40 用表格制作的圆角栏目框

图 2-40 所示。由于表格只能是一个矩形,所以制作
圆角的原理是在圆角部分插入圆角图片。制作步骤
如下。

（1）准备两张圆角图片,分别是上圆角和下圆角
的图像。

（2）插入一个三行一列的表格,把表格的填充、
间距和边框设为 0,宽设置成 190 像素（圆角图片的
宽）,高不设置。

（3）分别设置表格内三个单元格的高。第一个单元格高设置为 38 像素（上圆角图片
的高）;第二个单元格高为 100 像素;第三个单元格高为 17 像素（下圆角图片的高）。在
第一、三个单元格内分别插入上圆角和下圆角的图片。

（4）把第二个单元格内容的水平对齐方式设置为居中（align = "center"）,单元格的
背景颜色设置为圆角图片边框的颜色（bgcolor = "#E78BB2"）。

（5）这时在第二个单元格内再插入一个一行一列的表格,把该表格的间距和边框设
为 0,填充设为 8 像素（让栏目框中的内容和边框之间有一些间隔）,宽设为 186 像素,高
100 像素。背景颜色设置为比边框浅的颜色（bgcolor = "#FAE4E6"）。

提示:第（5）步也可以不插入表格,而是把第二个单元格拆分成三列,把三列对应的三
个单元格的宽分别设置为 2 像素、186 像素和 2 像素,并在代码视图中把这三个单元格中的
" "去掉,然后把第一列和第三列的背景色设置为圆角边框的颜色,第二列的背景色
设为圆角背景的颜色,并用 CSS 属性设置它的填充为 8 像素（style = "padding:8px"）。

2.7.6 用普通表格与布局表格进行网页布局

1-3-1 版式是一种常见的网页版面布局方式,即网页被划分成"页头-3 栏-页脚",如

图 2-41 所示,它可以通过画 4 个表格实现,是学习其他复杂版面布局的基础。下面分别使用普通表格和布局模式下的表格来实现如图 2-41 所示的 1-3-1 布局。

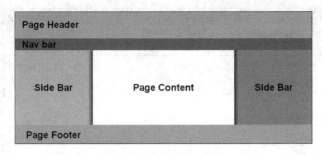

图 2-41 1-3-1 版面布局

1. 用普通表格进行 1-3-1 版式布局

用普通表格布局的制作步骤如下。

(1)单击"常用"工具栏中的"表格"按钮,插入一个一行一列的表格,该表格用于放置页头(Page Header),将表格宽度设置为 768 像素,边框、单元格边距和单元格间距都设置为 0,其他地方保持默认,如图 2-42 所示。

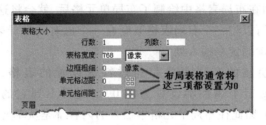

图 2-42 "表格"对话框

实际上也可以不在这里设置表格参数,等插入表格之后,再选中该表格在它的属性面板里进行设置。但该表格对话框具有记忆功能,以后每次插入表格时都会默认显示前一次设置的值。因为在下面几步还要插入几个宽相同,边框、边距、间距都为 0 的表格,所以还是在这里设置简便些。

(2)以同样的方式再插入一个一行一列的表格,该表格用于放导航条(Nav Bar)。

(3)接着再插入一个一行三列的表格,该表格用于放置网页内容的主体,将左边单元格和右边单元格的宽度均设置为 200 像素,中间一列不设置宽度。然后在属性面板中将三个单元格的"垂直"对齐方式均设为顶端对齐,即在三个单元格对应的 < td > 标记中均添加了属性 valign = "top"。接下来可以为左右两栏的单元格设置背景颜色。

(4)最后再插入一个一行一列的表格,用于放置 Page Footer 部分。

2. 关于"布局"模式

为了方便设计者使用表格进行网页布局,DW 提供了"布局"模式,如图 2-43 所示。在"布局"模式下进行表格布局更加方便一些。

在"布局"模式中,是通过布局表格和布局单元格来对网页进行布局的。设计者可以

图 2-43　DW 的"布局"模式

首先绘制多个布局表格对网页进行分块,然后在一个布局表格中绘制多个布局单元格对网页进行分栏。

如果布局表格中没有绘制布局单元格,那么这个布局表格就是一个一行一列的表格,它只有一个单元格;而在布局表格中绘制了布局单元格后,就会将这个布局表格拆分成多行和多列。设计者还可以将一个布局表格嵌套在一个已有的布局表格中,这个时候内侧的布局表格位置会自动固定在插入处。

在布局模式下绘制的布局表格是经过特殊设置的表格,布局表格将 border、cellpadding、cellspacing 三个属性都设置为了 0,因此看不到它的边框,布局单元格将 valign 属性设置为 top,因此往布局单元格中插入的内容都是从单元格顶端开始排列的。

3. 用布局表格进行 1-3-1 版式布局

下面用布局表格实现上述 1-3-1 版式布局的全过程。其制作步骤如下。

（1）保证当前处于"设计"视图（在"代码"视图布局模式无法使用）。单击工具栏左边的"常用"按钮,在下拉菜单中选择"布局",这时会切换到"布局"工具栏,如图 2-44 所示,然后再单击"布局"模式按钮,此时布局会高亮显示。

图 2-44　"布局"模式工具栏

（2）绘制布局表格。在布局工具栏上单击"布局表格",此时光标会变成加号（＋）形状。在页面上按住鼠标左键拖动光标,就会出现灰色背景绿色边框的布局表格。从上到下绘制 4 个布局表格,分别用来放置 Page Header、Nav Bar、Container 和 Page Footer,注意布局表格有吸附能力,只要在上一个表格的附近绘制就会自动和上一个表格的边框对齐。

（3）绘制布局单元格。在需要分栏的 Container 表格中,单击"绘制布局单元格"按钮绘制三个从左到右的布局单元格,布局单元格也具有吸附功能,可以使三个单元格的边框和表格的边框重合。绘制了布局单元格的区域会变成了白色,这样就把 Container 表格分割成了一行三列的三个单元格,这三个单元格都添加了 valign = " top" 属性。

（4）这样就完成了 1-3-1 版式的布局,可退出布局模式看到绘制的布局表格和普通表格布局的效果一样,接下来可对左右两栏设置背景色,再在其中添加栏目框等。

2.7.7 表格布局综合案例——制作太阳能网站

本节介绍用表格布局的方法制作某太阳能公司网站,由于太阳能热水器是一种绿色环保产品,因此该公司网页以绿色为主色调,采用深绿色和黄绿色搭配的同类色配色方案设计,整体效果如图 2-45 所示,网页的布局表格结构如图 2-46 所示。

图 2-45 太阳能公司网站首页整体效果

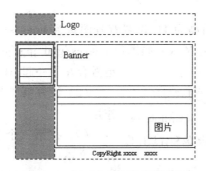

图 2-46 网页表格布局的结构图

可以看出，该网页头部采用一个一行两列的表格，主体部分也是一个一行两列表格以便将它分成两栏，这样左侧栏和右侧栏中的内容不会相互产生影响。制作步骤如下。

1. 制作网页的头部

（1）插入一个一行两列的表格，将宽设为 852，高设为 104，并将表格边框、单元格边距（填充）、单元格间距均设置为 0。（说明，本网页中的所有表格都是用做布局表格，布局表格通常都要将表格边框、填充、间距设为 0，以下的表格如无特殊说明也需这样设置。）

（2）将左边单元格宽设为 161，背景色设为#99cc00。

（3）在右边单元格中插入一张图片 images/logo.jpg。

（4）可看到图片位于右边单元格的最左边，为了使图片向右边移一些，在该单元格左边插入一个单元格，方法是在该单元格中单击右键，选择菜单命令"表格"→"插入行或列"→"插入列"→"当前列之前"，设置宽为 64，此时图片向右移动了 64 个像素，可看到此单元格起到了一个占位的作用。

2. 制作网页的主体部分

（1）在网页头部表格下插入一个一行两列的表格，将宽设为 852，这样就将网页主体部分分为左右两栏。将两个单元格都设置为垂直顶端对齐（valign = "top"）（布局单元格通常都应有此设置，使得其中的内容能从顶端开始往下排列）。

（2）制作左侧栏部分，将左侧单元格宽设为 161，高设为 617（网页制作完成后可将该高度属性去掉），背景色设为#99cc00。在左侧栏中插入一个一行一列的表格，作为导航栏的背景，宽设置为 100%，高设置为 181，将其单元格的背景色设为深绿色（#00801b）。

（3）在该表格中插入一个六行一列的表格用于放置导航按钮，将宽设为 143（和导航图片等宽），将表格设为居中对齐。

（4）在该表格的每个单元格中分别插入一个导航图片（dh1. jpg – dh6. jpg，本实例中所有图片均位于 images 文件夹下），并分别将这些图片先链接到"#"（空链接）。

（5）制作右侧栏中的 Banner。在网页主体表格的右侧单元格中插入一个一行一列的表格，设置表格宽为 688，高为 181。将表格的背景图像设置为 images/ba1. jpg（注意，此处一定要将图片作为表格的背景放入，而不能插入图片，否则无法在其上面再叠放 Flash）。

（6）制作"公司简介"栏目。首先插入一个三行一列的表格，将宽设置为 90%，将表格设置为居中对齐。

（7）设置第一个单元格高为 41，设置背景图像为 images/bj. jpg，背景图像默认会平铺满单元格，再在该单元格中插入一幅图像 images/ggd. jpg，可看到图像和背景图像很好地融合在了一起，如图 2-47 所示。

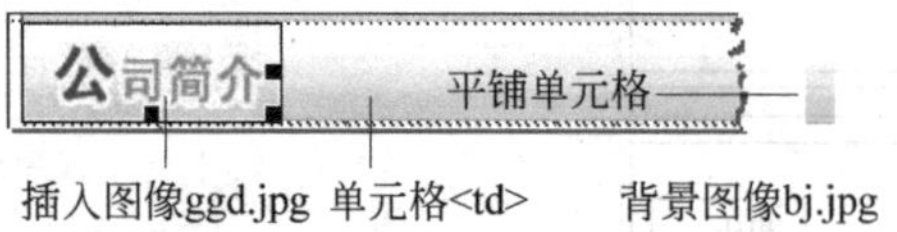

（8）设置第二个单元格高为 21，起占位的作用。

（9）在第三个单元格中插入一段公司简介的文本。

公司简介　　　　平铺单元格———

插入图像ggd.jpg　单元格<td>　　背景图像bj.jpg

图 2-47　在单元格中同时使用图像和背景图像

（10）在文本中间插入一幅客服的图像 images/in. jpg，为了使该图像能够被文字环绕，设置该图像的对齐方式为右对齐（align = "right"）。

3. 完善网页及插入 Flash

（1）现在网页主体已基本呈现，下面进行一些微调。可看到此时公司简介栏目表格与 Banner 表格紧挨在一起，不美观。在两者之间再插入一个占位表格（方法是将光标移动到公司简介栏目表格的左边），设置该表格宽为 100%，高为 16。

（2）制作网页底部版权部分。在公司简介表格下插入一条水平线，方法是将工具栏切换到 HTML，插入"水平线"，再在属性面板中设置其宽为 90%，高为 1，居中对齐，无阴影。再切换到代码视图，对 < hr/ > 标记设置属性（color = "gray"）以改变水平线的颜色。再在下面插入一段版权文本，设置该文本为居中对齐。

（3）插入 Flash。在放置网页 Banner 的单元格中插入一个 Flash（images/ba. swf），执行菜单命令"插入"→"媒体"→Flash。在属性面板中设置 Flash 宽为 400，高为 100。再选中该 Flash，单击"参数"按钮，设置参数 wmode 值为 transparent，使 Flash 能透明显示。

（4）调整该 Flash 在 Banner 上的位置，方法是选中放置 Banner 图片的表格，设置该表格的填充为 28，这样 Flash 与单元格左边会有 28 像素的距离。

（5）用 CSS 设置网页主体的右边框线（方法是在网页主体表格的右侧单元格 < td > 标记中加入属性 style = "border – right：#daeda3 1px solid"）。

（6）为了改变网页中所有字体的大小、颜色、行高，必须用 CSS 设置文本样式，在网页头部区域加入 < style > td{font-size：9pt；line-height：18pt；color：#333；} </style > 即可。

提示：如果要在当前表格上方插入一个表格，可将光标移动到该表格左侧再插入表格，如果要在当前表格下方插入一个表格，可将光标移动到该表格右侧再插入表格。

2.8 创建表单

表单是浏览器与服务器之间交互的重要手段，利用表单可以收集客户端提交的有关信息。例如，如图 2-48 所示的是用户注册表单，用户单击"提交"按钮后表单中的信息就会发送到服务器。

表单由表单界面和服务器端程序（如 PHP）两部分构成。表单界面由 HTML 代码编写，服务器端程序用来收集用户通过表单提交的数据。本节只讨论表单界面的制作。在 HTML 代码中，可以用表单标记定义表单，并且指定接收表单数据的服务器端程序文件。

表单处理信息的过程为：当单击表单中的"提交"按钮时，在表单中填写的信息就会发送到服务器，然后由服务器端的有关应用程序进行处理，处理后或者将用户提交的信息存储在服务器端的数据库中，或者将有关的信息返回到客户端浏览器。

2.8.1 < form > 标记及其属性

< form > 标记用来创建一个表单，即定义表单的开始和结束位置，这一标记有几方面的作用。首先，限定表单的范围，一个表单中的所有表单域标记，都要写在 < form > 与 </form > 之间，单击"提交"按钮时，提交的也是该表单范围内的内容。其次，携带表单

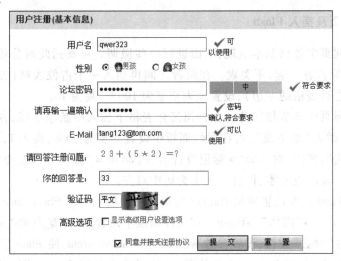

图 2-48　用户注册表单

的相关信息，例如处理表单的脚本程序的位置（action）、提交表单的方法（method）等。这些信息对于浏览者是不可见的，但对于处理表单却起着决定性的作用。

<form> 标记中包含的表单域标记通常有 <input>、<select> 和 <textarea> 等，图 2-49 展示了 Dreamweaver 的表单工具栏中各种表单元素与标记的对应关系。

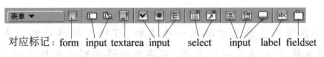

图 2-49　表单元素和表单标记的对应关系

在图 2-49 中单击"表单"按钮 后，就会在网页中插入一个表单 <form> 标记，此时会在属性面板中显示 <form> 标记的属性设置，如图 2-50 所示。

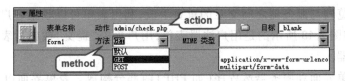

图 2-50　<form> 标记的属性面板

<form> 标记具有的属性如下。

1. name 属性

图 2-50 中，"表单名称"对应 name 属性，可设置一个唯一的名称以标识该表单，如 <form name = "form1">，该名称仅供 JavaScript 代码调用表单中的元素。

2. action 属性

"动作"对应表单的 action 属性。action 属性用来设置接收表单内容的程序文件的 URL。例如：<form action = "admin/check.php">，表示当用户提交表单后，将转到

admin 目录下的 check.php 页面,并由 check.php 接收发送来的表单数据,该文件执行完毕后(通常是对表单数据进行处理),将返回执行结果(生成的静态页)给浏览器。

在"动作"文本框中可输入相对 URL 或绝对 URL。如果不设置 action 属性(即 action ="")，表单中的数据将提交给表单自身所在的文件,这种情况常见于将表单代码和处理表单的程序写在同一个动态网页中,否则将没有接收和处理表单内容的程序。

3. method 属性

"方法"对应表单的 method 属性,定义浏览器将表单数据传递到服务器的方式。取值只能是 GET 或 POST(默认值是 GET)。例如:< form method = "post">。

(1) 使用 GET 方式时,Web 浏览器将各表单字段名称及其值按照 URL 参数格式的形式,附在 action 属性指定的 URL 地址后一起发送给服务器。例如,一个使用 GET 方式的 form 表单提交时,在浏览器地址栏中生成的 URL 具有类似下面的形式:

```
http://ec.hynu.cn/admin/check.php?name=alice&password=123
```

GET 方式生成的 URL 格式为:每个表单域元素名称与取值之间用等号" ="分隔,形成一个参数;各个参数之间用"&"分隔;而 action 属性所指定的 URL 与参数之间用问号"?"分隔。

(2) 使用 POST 方式时,浏览器将把各表单域元素名称及其值作为 HTTP 消息的实体内容发送给 Web 服务器,而不是作为 URL 参数传递。因此,使用 POST 方式传送的数据不会显示在地址栏中。

提示:不要使用 GET 方式发送大数据量的表单(例如表单中有文件上传域时)。因为 URL 长度最多只能有 8192 个字符,如果发送的数据量太大,数据将被截断,从而导致发送的数据不完整。另外,在发送机密信息时(如用户名和口令、信用卡号等),不要使用 GET 方式。否则,浏览者输入的口令将作为 URL 显示在地址栏上,而且还将保存在浏览器的历史记录文件和服务器的日志文件中。因此,GET 方式不适合于发送有机密性要求的数据和发送大数据量数据的场合。

4. enctype 属性

"MIME 类型"对应表单的 enctype 属性,用来指定表单数据在发送到服务器之前应该如何编码。默认值为" application/x-www-form-urlencode",表示表单中的数据被编码成"名 =值"对的形式,因此在一般情况下无须设置该属性。但如果表单中含有文件上传域,则需设置该属性为"multipart/form-data",并设置提交方式为 POST。

5. target 属性

"目标"对应表单的 target 属性,它指定当提交表单时,action 属性所指定的动态网页以何种方式打开(例如在新窗口还是原窗口)。取值有 4 种,含义和 < a >标记的 target 属性相同(见表 2-2)。

2.8.2　<input/>标记

<input/>标记是用来收集用户输入信息的标记,它是一个单标记,<input/>至少应具有两个属性,一是 type 属性,用来决定这个<input>标记的含义,type 属性共有 10 种取值,各种取值的含义如表 2-8 所示;二是 name 属性,用来定义该表单域标记的名称,如果没有该属性,虽然不会影响表单的界面,但服务器将无法获取该表单域提交的数据。

表 2-8　<input>标记的 type 属性取值含义

type 属性值	含　义	type 属性值	含　义	type 属性值	含　义
text	文本框	file	文件域	submit	提交按钮
password	密码框	hidden	隐藏域	reset	重置按钮
radio	单选框			button	普通按钮
checkbox	复选框			image	图像按钮

1. 单行文本框

当<input/>的 type 属性为 text 时,即:<input type = "text" …/>,将在表单中创建一个单行文本框,如图 2-51 所示。文本框用来收集用户输入的少量文本信息。例如:

姓名:<input type = "text" name = "user" size = "20"/>

表示该单行文本框的宽度为 20 个字符,名称属性为 user。

如果用户在该文本框中输入了内容(假设输入的是 Tom),那么提交表单时,提交给服务器的数据就是 user = Tom。即表单提交的数据总是 name = value 对的形式。由于 name 属性值为 user,而文本框的 value 属性值为文本框中的内容,因此有以上结果。

如果用户没有在该文本框中输入内容,那么提交表单时,提交给服务器的数据就是 user = 。

在初次打开网页时文本框一般是空的。如果要使文本框显示初始值,可设置其 value 属性,value 属性的值将作为文本框的初始值显示。如果希望单击文本框时清空文本框中的值,可对 onfocus 事件编写 JavaScript 代码,因为单击文本框时会触发文本框的 onfocus 事件。示例代码如下,效果如图 2-51 所示。文本框和密码框的常用属性如表 2-9 所示。

查询　<input type = "text" name = "seach" value = "请输入关键字" onfocus = "this.value = ''"/>

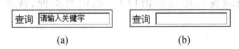

(a)　　　　　　　　　　(b)

图 2-51　设置了 value 属性值的文本框在网页载入时(a)和单击后(b)

表 2-9　文本框和密码框的常用属性

属性名	功　能	示　例
value	设置文本框中显示的初始内容,如果不设置,则文本框显示的初始值为空,用户输入的内容将会作为最终的 value 属性值	value = "请在此输入"
size	指定文本框的宽度,以字符个数为度量单位	size = "16"
maxlength	设置用户能够输入的最多字符个数	maxlength = "11"
readonly	文本框为只读,用户不能改变文本框中的值,但用户仍能选中或复制其文本,其内容也会发送到服务器	readonly = "readonly"
disabled	禁用文本框,文本框将不能获得焦点,提交表单时,也不会将文本框的名称和值发送给服务器。	disabled = "disabled"

提示：readonly 可防止用户对值进行修改,直到满足某些条件为止(比如选中了一个复选框),此时需要使用 JavaScript 清除 readonly 属性。disabled 可应用于所有表单元素。

2. 密码框

当 < input/ > 的 type 属性为 password 时,表示该 < input/ > 是一个密码框。密码框和文本框基本相同,只是用户输入的字符会以圆点显示,以防被旁人看到。但表单发送数据时仍然会把用户输入的真实字符作为其 value 值以不加密的形式发送给服务器。示例代码如下,显示效果如图 2-52 所示。

```
密码 : < input type = "password" name = "pw" size = "15"/ >
```

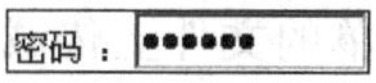

图 2-52　密码框

3. 单选按钮

< input type = "radio" …/ > 用于在表单上添加一个单选按钮,但单选按钮需要成组使用才有意义。只要将多个单选按钮的 name 属性值设置为相同,它们就形成一组单选按钮。浏览器只允许一组单选按钮中的一个被选中。当用户提交表单时,在一个单选按钮组中,只有被选中的那个单选按钮的名称和值(即 name/value 对)才会被发送给服务器。

因此同组的每个单选按钮的 value 属性值必须各不相同,以实现选中不同的单选项,就能发送同一 name 不同 value 值的功能。下面是一组单选按钮的代码,效果如图 2-53所示。

```
性别:男 < input type = "radio" name = "sex" value = "1" checked = "checked"/ >
      女 < input type = "radio" name = "sex" value = "2"/ >
```

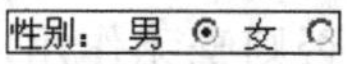

图 2-53　单选按钮

其中,checked 属性设定初始时单选按钮哪项处于选定状态,不设定表示都不选中。

4. 复选框

<input type = "checkbox"/>用于在表单上添加一个复选框。复选框可以让用户选择一项或多项内容,复选框的一个常见属性是 checked,该属性用来设置复选框初始状态时是否被选中。复选框的 value 属性只有在复选框被选中时才有效。如果表单提交时,某个复选框是未被选中的,那么复选框的 name 和 value 属性值都不会传递给服务器,就像没有这个复选框一样。只有某个复选框被选中,它的名称(name 属性值)和值(value 属性值)才会传递给服务器。下面的代码是一个复选框的例子,显示效果如图 2-54 所示。

```
爱好: < input name = "fav1" type = "checkbox"value = "1"/>跳舞
       < input name = "fav2" type = "checkbox"value = "2"/>散步
       < input name = "fav3" type = "checkbox"value = "3"/>唱歌
```

爱好: □ 跳舞 □ 散步 □ 唱歌

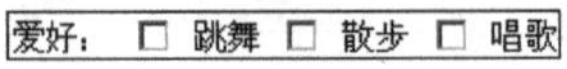

图 2-54 复选框

提示:从以上示例可看出,选择类表单标记(单选框、复选框或下拉列表框等)和输入类表单标记(文本域、密码域、多行文本域等)的重要区别是:选择类标记必须事先设定每个元素的 value 属性值,而输入类标记的 value 属性值一般由用户输入,可以不设定。

5. 文件上传域

<input type = "file" …/>是表单的文件上传域,用于浏览器通过表单向服务器上传文件。使用<input type = "file"/>元素,浏览器会自动生成一个文本框和一个"浏览…"按钮,供用户选择上传到服务器的文件,示例代码如下,效果如图 2-55 所示。

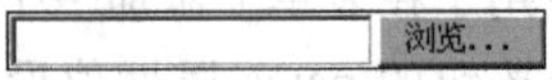

```
< input type = "file" name = "upfile"/>
```

浏览...

图 2-55 文件上传域

用户可以使用"浏览…"按钮打开一个文件对话框选择要上传的文件,也可以在文本框中直接输入本地的文件路径名。

注意:如果<form>标记中含有文件上传域,则<form>标记的 enctype 属性必须设置为"multipart/form-data",并且 method 属性必须是 post。

6. 隐藏域

<input type = "hidden" …/>是表单的隐藏域,隐藏域不会显示在网页中,但是当提交表单时,浏览器会将这个隐藏域元素的 name/value 属性值对发送给服务器。因此隐藏域必须具有 name 属性和 value 属性,否则毫无作用。例如:

```
<input type = "hidden" name = "user" value = "Alice"/>
```

隐藏域是网页之间传递信息的一种方法。例如,假设网站的用户注册过程由两个步骤完成,每个步骤对应一个网页文件。用户在第一步的表单中输入了用户名,接着进入第二步的网页中,在这个网页中填写爱好和特长等信息。在第二个网页提交时,要将第一个网页中收集到的用户名也传送给服务器,就需要在第二个网页的表单中加入一个隐藏域,让它的 value 值等于接收到的用户名。

2.8.3 < select > 和 < option > 标记

< select > 标记表示下拉框或列表框,是一个标记的含义由其 size 属性决定的元素。如果该标记没有设置 size 属性,那么就表示是下拉列表框。如果设置了 size 属性,则变成了列表框,列表的行数由 size 属性值决定。如果再设置了 multiple 属性,则表示列表框允许多选。下拉列表框中的每一项由 < option > 标记定义,还可使用 < optgroup > 标记添加一个不可选中的选项,用于给选项进行分组。例如,下面代码的显示效果如图 2-56 所示。

```
所在地: < select name = "addr">　　<!--添加属性 size = "5"则为图 2-56(b)的列表框 -->
< option value = "1">湖南 </option >
< option value = "2">广东 </option >
< option value = "3">江苏 </option >
< option value = "4">四川 </option ></select >
```

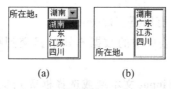

(a)　　　　(b)

图 2-56　下拉列表框(a)和列表框(b)

提交表单时, < select > 标记的 name 值将与选中项的 value 值一起作为 name/value 信息对传送给服务器。如果 < option > 标记没有设置 value 属性,那么提交表单时,将把选中项中的文本(例如"湖南")作为 name/value 信息对的 value 部分发送给服务器。

2.8.4 多行文本域标记 < textarea >

< textarea > 是多行文本域标记,用于让浏览者输入多行文本,如发表评论或留言等。< textarea > 是一个双标记,它没有 value 属性,而是将标记中的内容显示在多行文本框中,提交表单时也是将多行文本框中的内容作为 value 值提交。例如:

```
< textarea name = "comments" cols = "40" rows = "4" wrap = "virtual">表示是一个
有 4 行,每行可容纳 40 个字符,换行方式为虚拟换行的多行文本域。</textarea >
```

< textarea > 有以下几个属性。

(1) cols:用来设置文本域的宽度,单位是字符。

（2）rows：用来设置文本域的高度（行数）。

（3）wrap：设置多行文本的换行方式，默认值为 virtual，其取值有三种，含义如下。

① 关（off）：不让文本换行。当用户输入的内容超过文本区域的右边界时，文本将向左侧滚动，不会换行。用户必须按 Enter 键才能将插入点移动到文本区域的下一行。

② 虚拟（virtual）：表示在文本区域中设置自动换行。当用户输入的内容超过文本区域的右边界时，文本换行到下一行。当提交数据进行处理时，换行符并不会添加到数据中。

③ 实体（physical）：文本在文本域中也会自动换行，但是当提交数据进行处理时，会把这些自动换行符转换为
 标记添加到数据中。

2.8.5　表单数据的传递过程

表单要向服务器发送数据，主要依靠：

① <form> 标记及其 action 属性，action 属性确定了接收表单数据的服务器端文件名；

② <input> 标记的 name 属性和 value 属性，这两个属性确定表单提交的数据内容。

1. 表单的三要素

一个最简单的表单必须具有以下三部分内容：

① <form> 标记，没有它表单中的数据不知道提交到哪里去，并且不能确定这个表单的范围；

② 至少有一个输入域（如 input 文本域或选择框等），这样才能收集到用户的信息，否则没有信息提交给服务器；

③ "提交"按钮，没有它表单中的信息无法提交（当然，如果使用 Ajax 等高级技术提交表单，表单也可以不具有第①项和第③项，但本章不讨论这些）。

2. 表单向服务器提交的信息内容

我们可以查看百度首页表单的源代码，这可以算是一个最简单的表单了，它的源代码如下，可以看到它具有上述的表单三要素，因此是一个完整的表单。

```
< form name = f action = s >
  < input type = text name = wd id = kw size = 42 maxlength = 100 >
  < input type = submit value = 百度一下 id = sb > …
< /form >
```

当单击表单的"提交"按钮后，表单将向服务器发送表单中填写的信息，发送形式是各个表单元素的"name = value & name = value & name = value…"。下面以图 2-57 中的表单为例来分析表单向服务器提交的内容是什么（输入的密码是 123）。

图 2-57　一个输入了数据的表单

其中图 2-57 对应的 HTML 代码如下：

```
<form action = "login.php" method = "post">
  <p>用户名: <input name = "user" id = "xm" type = "text" size = "15"/></p>
  <p>密码: <input name = "pw" type = "password" size = "15"/></p>
  <p>性别: 男  <input type = "radio" name = "sex" value = "1"/>
    女 <input type = "radio" name = "sex" value = "2"/></p>
  <p>爱好: <input name = "fav1" type = "checkbox" value = "1"/>跳舞
           <input name = "fav2" type = "checkbox" value = "2"/>散步
           <input name = "fav3" type = "checkbox" value = "3"/>唱歌  </p>
  <p>所在地: <select name = "addr">
     <option value = "1">长沙</option>
     <option value = "2">湘潭</option>
     <option value = "3">衡阳</option>
   </select></p>
  <p>个性签名: <br/><textarea name = "sign"></textarea></p>
  <p><input type = "submit" name = "Submit" value = "提交"/></p>
</form>
```

分析：表单向服务器提交的内容总是 name/value 信息对，对于文本类输入框来说，一般无须定义 value 属性，value 的值是在文本框中输入的字符。如果事先定义 value 属性，那么打开网页它就会显示在文本框中。对于选择框（单选框、复选框和列表菜单）来说，value 的值必须事先设定，只有某个选项被选中后它的 value 值才会生效。因此上例提交的数据是：

```
user = tang&pw = 123&sex = 1&fav2 = 2&fav3 = 3&addr = 3&sign = wo&Submit = 提交
```

说明：

（1）如果表单只有一个"提交"按钮，可去掉它的 name 属性（如 name = "Submit"），防止"提交"按钮的 name/value 属性对也一起发送给服务器，因为这些是多余的。

（2）<form>标记的 name 属性通常是为 JavaScript 调用该 form 元素提供方便的，没有其他用途。如果没有 JavaScript 调用该 form，则可省略 name 属性。

2.8.6　表单中的按钮

在表单中可以用<input>标记创建按钮，只要设置它的 type 属性为 submit 就创建了一个提交按钮；设置 type 属性为 image 就创建了一个图像按钮，它们都可以用来提交表单；设置 type 属性为 reset 则是一个重置按钮；设置 type 属性为 button 就是一个普通按钮，它需要配合 JavaScript 脚本使其具有相应的功能，如表 2-10 所示。

表 2-10　用 input 标记创建按钮时的 type 属性类型设置

type 属性类型	功能	作用
< input type = "submit"/ >	提交按钮	提交表单信息
< input type = "image"/ >	图像按钮	用图像作的提交按钮，也可提交表单信息
< input type = "reset"/ >	重置按钮	将表单中的用户输入全部清空
< input type = "button"/ >	普通按钮	需要配合 JavaScript 脚本使其具有相应的功能

但是，< input type = "submit"/ > 标记创建的按钮默认效果是没有图片的，而图像按钮虽然有图像但是不能添加文字。实际上，在 HTML 中有个 < button > 标记，它可以创建既带有图片又有文字的按钮，三种按钮的效果如图 2-58 所示。

图 2-58　普通提交按钮、图像按钮与 < button > 标记创建的提交按钮比较

使用 < button > 标记创建按钮时的代码如下：

```
< button type = "submit"> < img src = "check.png" align = "absmiddle"/ > 登录
</button >
```

当然，还有一种思路是用 < a > 标记来模拟按钮，但那样就需要 CSS 和 JavaScript 的配合。通过 CSS 使 < a > 元素具有边框，再添加 JavaScript 脚本使其具有提交表单的功能。

2.8.7　表单的辅助标记

1. < label > 标记

< label > 标记用来为控件定义一个标签，它通过 for 属性绑定控件。如果表单控件的 id 属性值和 label 标记的 for 属性值相同，那么 label 标记就会和表单控件关联起来。通过在 DW 中插入表单控件时选择"使用 for 属性附加标签标记"可快捷地插入 < label > 标记。例如：

```
< input type = "radio" name = "sex" value = "radiobutton" id = "male"/ >
    < label for = "male">男 </label > <br / >
< input type = "radio" name = "sex" value = "radiobutton" id = "female"/ >
    < label for = "female">女 </label >
```

添加了带有 for 属性的 < label > 标记后，会发现单击标签时就相当于单击了表单控件。

2. 字段集标记 < fieldset >、< legend >

< fieldset > 是字段集标记，它通常包含一个 < legend > 标记，表示字段集的标题。如

果表单中的控件较多,可以将逻辑上是一组的控件放在一个字段集内,显得有条理些。

2.8.8　HTML 5 新增的表单标记和属性

HTML 5 在表单方面有了很大的改进,包括:使用 type 属性增强表单,表单元素可以出现在 < form > 标记之外,input 元素新增了很多可用属性等。

1.　< input > 标记的新增类型值

在 HTML 5 中,< input > 标记在原有类型(type 属性值)的基础上,新增了许多新的类型成员,如表 2-11 所示。

表 2-11　< input > 标记新增的类型

类型名称	type 属性	功　能　描　述
网址输入框	< input type = "url">	输入网址的文本框
E-mail 输入框	< input type = "email">	输入 E-mail 地址的文本框
数字输入框	< input type = "number">	输入数字的文本框,并可设置输入值的范围
范围滑动条	< input type = "range">	可拖动滑动条,用于改变一定范围内的数字
日期选择框	< input type = "date">	可选择日期的文本框
搜索输入框	< input type = "search">	输入搜索关键字的文本框

其中,网址输入框与 E-mail 输入框虽然从外观上看与普通文本框相同,但是它会检测用户输入的文本是否是一个合法的网址或 E-mail 地址,从而不需要再使用 JavaScript 脚本来验证用户输入内容的有效性。

数字输入框示例代码如下,在 Google 浏览器中的外观如图 2-59(a)所示。

```
< input type = "number" min = "1960" max = "1990" step = "1" value = "1980"/>
```

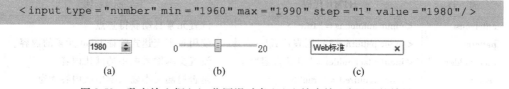

(a)	(b)	(c)

图 2-59　数字输入框(a)、范围滑动条(b)和搜索输入框(c)的效果

相对于普通文本框,数字文本框会检验输入的内容是否为数字,并且可以设置数字的最小值(min)、最大值(max)和步进值(step)。当单击数字输入框右侧的上下箭头时,就会递增或递减当前值。

范围滑动条的示例代码如下,在 Google 浏览器中的外观如图 2-59(b)所示。

```
0 < input type = "range" min = "0" max = "20" value = "10"/>20
```

搜索输入框专门用于关键字查询,该类型输入框和普通文本框在功能和外观上没有太大区别,唯一区别是,当用户在输入框中填写内容时,输入框右侧将会出现" × "按钮,单击该按钮,就会清空输入框中的内容。示例代码如下,运行结果如图 2-59(c)所示。

```
< input name = "keyword" type = "search"/>
```

日期选择框的示例代码如下,在 Google 浏览器中的外观如图 2-60 所示。

```
< input name = "birth" type = "date" value = "2013 - 06 - 10"/ >
```

图 2-60   日期选择框

可见,日期选择框能够弹出日期界面供用户选择,如果对其设置 value 属性,则会显示该属性中的值作为默认日期。type 属性除了 date 外,将 type 属性设置为 time、month、week、datetime、datetime-local 均表示日期选择框,只不过此时能选择时间、月份、星期等值。

提示:如果浏览器不支持这些 HTML 5 中的 type 属性值,则会取 type 属性的默认值 text,从而将 input 元素解释为文本框。

2. <input>标记新增的公共属性

在 HTML 5 中,<input>标记新增了很多公共属性,如表 2-12 所示。除此之外,还新增了一些特有属性,如 range 类型中的 min、max、step 等。

表 2-12   <input>标记新增的公共属性

属 性	HTML 代码	功 能 说 明
autofocus	< input autofocus = "true">	设置元素自动获得焦点
pattern	< input pattern = "正则表达式">	使用正则表达式验证 input 元素的内容
placeholder	< input placeholder = "默认内容">	设置文本输入框中的默认内容
required	< input required = "true">	是否检测文本输入框中的内容为空
novalidate	< input novalidate = "true">	是否验证文本输入框中的内容
autocomplete	< input autocomplete = "on">	使 form 或 input 具有自动完成功能

(1) autofocus 属性:当 input 元素具有 autofocus 属性时,会使页面加载完成后,该元素自动获得焦点(即光标位于该输入框内)。

(2) pattern 属性:对于比较复杂的规则验证,如验证用户名"是否以字母开头,包含字符或数字和下划线,长度在 6~8 之间"。则需要使用 pattern 属性设置正则表达式验证,例如:pattern = "^[a-zA-Z]\w(5,7)$"。

(3) placeholder 属性:该属性可在文本框中放置一些提示文本(通常以灰色显示),当输入文本时,提示文本消失。示例代码如下。

```
< input name = "keyword" type = "search" placeholder = "请输入关键字"/ >
```

(4) required 属性:该属性用来验证输入框的内容是否为空,如果为空,在表单提交时,会显示错误提示信息。

（5）novalidate 属性:该属性表示提交表单时不验证表单或输入框的内容,该属性适用于: ＜ form ＞ 以 及 以 下 类 型 的 ＜ input ＞ 标记: text、search、url、telephone、email、password、date pickers、range 以及 color。

（6）autocomplete 属性:该属性用来设置表单或输入框是否具有自动完成功能,其属性值是 on 或 off。开启自动完成功能后,当用户成功提交一次表单后,以后每次再提交表单时,都会在输入框下方出现以前输入过的内容供用户选择。

这些属性的功能过去一般都是用 JavaScript 脚本实现,而现在用 HTML 5 属性实现后,可以大大减少对 JavaScript 代码的使用。

3. 新增的表单元素

在 HTML 5 中,除新增了 ＜input＞标记的类型外,还新增了许多新的表单元素,如 datalist、keygen、output 等。这些元素的加入,极大地丰富了表单数据的操作,优化了用户体验。

1) datalist 元素

datalist 标记的功能是辅助表单中文本框的数据输入。datalist 元素本身是隐藏的,它需要与文本框的 list 属性绑定,只要将 list 属性值设置为 datalist 元素的 ID 属性即可。绑定成功后,用户在文本框中输入内容时,datalist 元素将以列表的形式显示在文本框底部,提示输入的内容,与自动完成的功能类似。示例代码如下,运行效果如图 2-61 所示。

```
< input type = "text" id = "zhiye" list = "career"/>
< datalist id = "career">
    < option value = "工人"></option >
    < option value = "医生"></option >
    < option value = "公务员"></option >
</datalist >
```

图 2-61   datalist 元素示例

2) output 元素

output 元素的功能是在页面中显示各种不同类型表单元素的内容或运算后的结果,如输入框的值。output 元素需要配合 onFormInput 事件使用,在表单输入框中输入内容时,将触发该事件,从而可方便地获取到表单中各个元素的输入内容。下面是一个例子,当改变表单中两个文本框的值时,output 元素的值也随之改变。效果如图 2-62 所示。

```
< form oninput = "x.value = parseInt(a.value) + parseInt(b.value)">
0 < input type = "range" id = "a" value = "50">100
    + < input type = "number" id = "b" value = "50">
    = < output name = "x" for = "a b"></output >
</form >
```

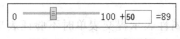

图 2-62 output 元素示例

3）keygen 元素

keygen 元素用于生成页面的密钥。如果在表单中添加该元素，那么当表单提交时，该元素将生成一对密钥：一个称为私钥，将保存在客户端；另一个称为公钥，将发送给服务器，由服务器进行保存，公钥可用于客户端证书的验证。

在表单中，插入一个 name 值为 userinfor 的 keygen 元素，代码如下：

```
<keygen name = "userinfor" keytype = "rsa"/>
```

则会在页面中显示一个如图 2-63 所示的选择密钥位数的下拉框，当选择列表框中的密钥长度值后，提交表单，将根据所选择的密钥位数生成一对公私钥，并将公钥发送给服务器。

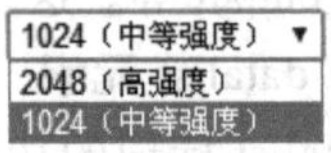

目前，只有 Google Chrome、Firefox 和 Opera 浏览器支持该元素，因此，如果将 keygen 作为客户端安全保护的一种有效措施，还需要时间。

图 2-63 keygen 元素示例

2.9 框架标记*

框架的作用是把浏览器的显示空间分割为几部分，每个部分可以独立显示不同的网页。框架网页需要使用框架集标记 < frameset > 和框架标记 < frame / >，它们是成组出现的。

2.9.1 框架的作用

框架过去常用于网页的排版，但现在用得很少了，网站的后台管理系统常使用左右分割的框架版式。如图 2-64 所示，该后台管理系统的左、右部分各是一个网页，它们是独立显示的，例如拉动左侧的滚动条，不会影响右侧的显示效果。通过一个框架集网页使多个网页显示在一个浏览器窗口中。

2.9.2 < frameset > 标记

窗口框架的分割有两种方式，一种是水平分割，另一种是垂直分割，在 < frameset > 标记中通过 cols 属性和 rows 属性来控制窗口的分割方式。框架标记的形式如下：

```
< frameset cols[或 rows] = "各框架的大小或比例" border = "像素值" bordercolor =
"颜色值" frameborder = "yes |no" framespacing = "像素值">…< /frameset >
```

如果要去掉框架的边框，可设置 frameborder = "no"，framespacing 指框架和框架之间的距离，IE 浏览器不支持 bordercolor 属性。

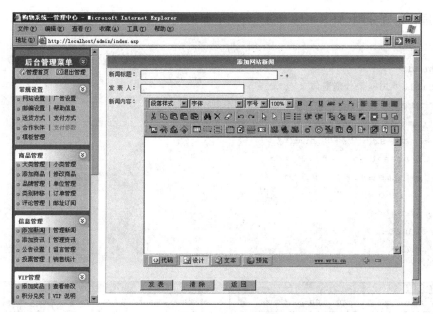

图 2-64　使用框架的网页

1. 用 cols 属性将窗口分为左右部分

cols 属性可以将一个框架集分割为若干列,每列就是一个框架,其语法结构为:

```
< frameset cols = "n1,n2,…, * ">
```

"n1,n2,…"表示每个子窗口的宽度,单位可以是像素或百分比。星号 * 表示分配给前面所有的窗口后剩下的宽度。

例如: < frameset cols = "30% ,40% , * >,那么 * 就代表 30% 的宽度。

2. 用 rows 属性将窗口分为上下部分

rows 属性使用方法和 cols 属性一样,只是将窗口分割成几行。例如:

```
< frameset rows = "30%,40%, * ">
```

下面举一个简单的实例,代码如下:

```
< frameset rows = "20%,30%, * ">
  < frame src = "13.htm"/ >
    < frame src = "14.htm"/ >
    < frame src = "15.htm"/ >
  </ frameset >
```

在浏览器中打开这个网页,其显示效果如图 2-65 所示。

3. 框架的嵌套

通过框架的嵌套可实现对子窗口的分割,例如有时需要先将窗口水平分割,再将某个子窗口进行垂直分割,如图 2-66 所示,可用下面的代码实现。

```
<html>
<head>
<title>用框架分割窗体</title>
</head>
<frameset rows="30%,*">
  <frame src="2-8.html"/>
  <frameset cols="30%,*">
    <frame src="2-9.html"/>
    <frame src="2-2hn.html"/>
  </frameset>
</frameset>
</html>
```

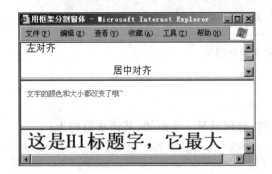

图 2-65　窗体的水平分割

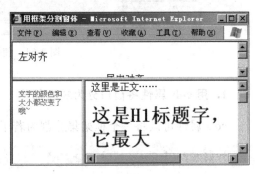

图 2-66　窗体的水平和垂直分割

需要注意的是 <frameset> 标记和 <body> 标记是同级的,因此,不要将 <frameset> 标记写在 <body> 标记中,否则 <frameset> 标记将无法正常工作。

2.9.3　<frame/>标记

<frame/>标记是一个单标记,它的格式和常用属性如下:

```
<frame src="url" name="框架名" border="像素值" bordercolor="颜色值"
frameborder="yes|no" marginwidth="像素值" marginheight="像素值"
scrolling="yes|no|auto" noresize="noresize"/>
```

其中,scrolling 指定框架窗口是否允许出现滚动条,noresize 指定是否允许调整框架的大小。

1.　用 src 属性指定要显示的网页

框架的作用是显示网页,这是通过 src 属性来进行设置的。这个 src 属性和 <img/> 中的 src 属性作用相似,都接文件的 URL。例如:

```
<frame src="demo/2-8.html"/>
```

2. 用 name 属性指定框架的名称

可以用 name 属性为框架指定名称,这样做的用途是,当其他框架中的链接要在指定的框架中打开时,可以设置其他框架中超链接的 target 属性值等于这个框架的 name 值。例如图 2-64 中,左边窗口中的链接都要求在右边窗口打开。那么可设置右边窗口的 name 值为 main,而左边窗口中所有链接的 target 属性值为 main。

例如,定义右边窗口 name 属性为 main: < frame name = "main" / >。

左边窗口中的链接目标是 main: < a href = "add. htm" target = "main">添加新闻 </a >。

这样 add. htm 会在框架名为 main 的窗口(右边窗口)中打开。

2.9.4　嵌入式框架标记 < iframe >

框架标记只能对网页进行左右或上下分割,如果要让网页的中间某个矩形区域显示其他网页,则需要用到嵌入式框架标记,通过 < iframe > 可以很方便地在一个网页中显示另一个网页的内容,如图 2-67 所示网页中的天气预报就是通过 iframe 调用了另一个网页的内容。

图 2-67　通过 iframe 调用天气预报网页

下面是嵌入式框架的属性举例:

```
<iframe src ="url" width ="x" height ="x" scrolling ="[option]" frameborder =
"x" name ="main"></iframe >
```

< iframe >标记中各个属性的含义如下。

(1) src:文件的 URL 路径。

(2) width、height:iframe 框架的宽和高。

(3) scrolling:当 src 指定的网页在区域中显示不完时,是否出现滚动条选项,如果设置为 no,则不出现滚动条;如为 auto,则自动出现滚动条;如为 yes,则显示。

(4) frameborder:iframe 边框的宽度,为了让框架与邻近内容相融合,常设置为 0。

(5) name:框架的名字,用来进行识别。例如:

```
<iframe src ="http://www. baidu. com" width ="250" height ="200" scrolling
="auto" frameborder ="0" name ="main"></iframe >
```

嵌入式框架常用于将其他网页的内容导入到自己网页的某个区域,如把天气预报网站的天气导入到自己做的网页的某个区域显示。但某些木马或病毒程序利用 iframe 的这一特点,通过修改网站的网页源代码,在网页尾部添加 iframe 代码,导入其他带病毒的恶意网站的网页,并将 iframe 框架的宽和高都设置为 0,使 iframe 框架看不到。这样用户打开某网站网页的同时,就不知不觉打开了恶意网站的网页,从而感染病毒,这就是所谓的 iframe 挂木马的原理。不过可留意浏览器的状态栏看打开网页时是否提示正在打开某个可疑网站的网址而发现网页被挂木马。

提示：在 HTML 5 中已经不支持 frame 框架类标记，但支持 iframe 标记。

2.10 头部标记*

网页由 head 和 body 两部分构成，在网页的 head 部分，除了 title 标记外，还有其他的几个标记，这些标记虽然不常用，但是需要有一定的了解。

1. <meta> 标记

meta 是元信息的意思，即描述信息的信息。meta 标记提供网页文档的描述信息等。如描述文档的编码方式、文档的摘要或关键字、文档的刷新，这些都不会显示在网页上。

<meta> 标记可分为两类，如果它具有 name 属性，表示它的作用是提供页面描述信息，如果它具有 http-equiv 属性，其作用就变成回应给浏览器一些有用的信息，以帮助正确和精确地显示网页内容。下面是几个例子。

（1）描述文档的编码方式，这可以防止浏览器显示乱码，其中 gb2312 表示简体中文。对于 XHTML 网页来说，这一项是必需的。因此在 DW 8 以上版本中新建网页都自动有这样一句。代码如下：

```
<meta http-equiv="Content-Type" content="text/html; charset=gb2312"/>
```

（2）描述摘要或关键字，网页的摘要和关键字是为了让搜索引擎能对网页内容的主题进行识别和分类。例如：

```
<meta name="Keywords" content="网页设计,学习"/><!--设置关键字-->
<meta name="Description" content="学习网页设计的网站"/><!--设置摘要-->
```

（3）设置文档刷新。文档刷新可设置网页经过几秒钟后自动刷新或转到其他 URL。例如：

```
<meta http-equiv="refresh" content="30">    <!--过 30 秒后自动刷新-->
<meta http-equiv="refresh" content="5;Url=index.htm"><!--过 5 秒后自动
转到 index.htm -->
```

2. <link> 标记

<link> 标记的作用是显示本文档和其他文档之间的链接关系。一个最常见的应用就是链接外部 CSS 文件，例如：

```
<link href="css/style.css" rel="stylesheet" type="text/css"/>    <!--
链接了一个 CSS 文件 -->
```

3. <style> 标记

<style> 标记用来在网页头部嵌入 CSS 代码。例如：

```
<style type = "text/css">h1{font - size:12px;}</style>    <!-- 嵌入了一段
CSS 代码 -->
```

4. < script >标记

< script >标记是脚本标记,它用来嵌入脚本语言(如 JavaScript)的代码,或链接一个脚本文件。它既可位于网页 head 部分,也可位于网页 body 部分。例如:

```
< script src = "jquery.js" type = "text/javascript"></script>    <!-- 链接了
一个外部 js 文件 -->
< script type = " text/javascript "> function msg () {alert ( " Hello")}
</script>
```

5. < base >标记

< base >标记用来指定网页中所有超链接的链接基准。例如:

```
<base href = "news/"/><!-- 使网页中超链接的 URL 地址前都加上这个链接基准 -->
<base target = "_blank"/>    <!-- 使网页中的超链接都默认在新窗口打开 -->
```

在 DW 中,通过菜单命令“插入”→HTML→“文件头标签”可快速添加以上这些头部元素,例如,要插入使网页自动刷新或跳转的 meta 元素,可选择子菜单中的“刷新”命令,在弹出的“刷新”对话框中设置就可以了。

习　　题

1. HTML 中最大的标题元素是(　　　)。
   A. < head >　　　　　　B. < title >　　　　　　C. < h1 >　　　　　　D. < h6 >
2. 下列哪种元素不能够嵌套使用?(　　　)
   A. 表格　　　　　　B. form　　　　　　C. 列表　　　　　　D. div
3. 下述元素中(　　　)都是表格中的元素。
   A. < table > < head > < th >　　　　　　B. < table > < tr > < td >
   C. < table > < body > < tr >　　　　　　D. < table > < head > < footer >
4. < title >标记应该放在(　　　)标记中。
   A. < head >　　　　　　B. < table >　　　　　　C. < body >　　　　　　D. < div >
5. 下述(　　　)表示图像元素。
   A. < img >image. gif </img >　　　　　　B. < img href = " image. gif "/>
   C. < img src = " image. gif "/>　　　　　　D. < image src = " image. gif "/>
6. 下述(　　　)表示 HTML 的网页链接元素。
   A. < a name = " ab. html">Yahoo </a >
   B. < a >http://www. baidu. com </a >

C. < a url = " http：//www. baidu. com ">百度 </a >

D. < a href = " intro/about. html">关于 </a >

7. 在编辑网页时，按 Shift + Ctrl + 空格键插入的 HTML 源代码为（   ）。

A.   B.   C. &#sbnp   D. &#sbnp;

8. 要在新窗口打开一个链接指向的网页需用到（   ）。

A. href = " _blank "   B. name = " _blank "

C. target = " _blank "   D. href = " #blank "

9. HTML 中，创建一个位于文档内部的锚点的语句是（   ）。

A. < name = " chap1" / >   B. < name = " chap1"> </name >

C. < a name = " #chap1"> </a >   D. < a id = " chap1"> </a >

10. align 属性的可取值不包括以下哪一项？（   ）

A. left   B. center   C. middle   D. right

11. 下述哪一项表示表单控件元素中的下拉框元素？（   ）

A. < select >   B. < input type = " list">

C. < list >   D. < input type = " options">

12. 在下列 HTML 中，哪个可以产生复选框？（   ）

A. < input type = " check">   B. < checkbox >

C. < input type = " checkbox">   D. < check >

13. HTML 的注释符是（   ）。

A. / * … * /   B. //   C. '   D. <! -- … -->

14. 下列哪项表述是不正确的？（   ）

A. 单行文本框和多行文本框都是用相同的 HTML 标记创建的

B. 列表框和下拉列表框都是用相同的 HTML 标记创建的

C. 单行文本框和密码框都是用相同的 HTML 标记创建的

D. 使用图像按钮 < input type = " image">也能提交表单

15. 在浏览器窗口中显示的网页内容应该放到_____标记对中。

16. 在 Dreamweaver 中，撤销操作的快捷键是_____，预览网页的快捷键是_____，保存网页的快捷键是_____。

17. colspan 是_____标记的属性，cellpadding 是_____标记的属性，target 是_____标记或_____标记的属性，< input > 标记至少会具有_____属性，< img >标记必须具有_____属性，如果作为超链接，< a >标记必须具有_____属性。

18. 下面的表单元素代码都有错误，你能指出它们分别错在哪里吗？

```
(1) < input name = "country" value = "Your country here."/>
(2) < checkbox name = "color" value = "teal"/>
(3) < input type = "password" value = "pwd"/>
(4) < textarea name = "essay" height = "6" width = "100">Your story. </textarea >
```

```
(5) < select name = "popsicle">
      < option value = "orange"/ > < option value = "grape"/ > < option value =
    "cherry"/ >
    </select >
```

19. **画出下面 HTML 代码对应的表格：**

```
< table width = "466" height = "127">
    < tr > < td > < /td > < td rowspan = "2" > < /td > < /tr >
    < tr > < td > < /td > < /tr > < /table >
```

20. **仿照图 2-48，设计一个用户注册的表单页面。**

第 3 章

XHTML 与 Web 标准

XHTML 是 eXtensible HyperText Markup Language(可扩展超文本标记语言)的缩写，2000 年年底，W3C 正式发布了 XHTML 1.0 版本。XHTML 1.0 是一种在 HTML 4.01 基础上做了少量优化和改进的新语言，是一种增强了的 HTML，是更严谨更纯净的 HTML 版本。它是在 HTML 4.0 的基础上，为了适应 XML 而重新改造的 HTML，其特点是结合了部分 XML 的强大功能及大多数 HTML 的简单特性。

3.1 XHTML 与 HTML 的区别

从 HTML 到 XHTML 的过渡变化比较小，主要是为了适应 XML。最大的变化在于文档必须是结构优良的，即所有标记必须闭合，也就是说开始标记都要有相应的结束标记。

3.1.1 文档类型的含义和选择

由于网页源文件存在不同的规范和版本，为了使浏览器能够兼容多种规范，在 XHTML 文档中，必须使用文档类型声明(DOCTYPE)来指定使用何种规范解释该文档。

目前，常用 HTML 或 XHTML 作为文档类型。而规范又规定，在 HTML 和 XHTML 中各自有不同的子类型，如严格类型(Strict)或过渡类型(Transitional)。其中，过滤类型兼容以前版本定义的，而在新版本中已经废弃的标记和属性；而严格类型则不兼容已经废弃的标记和属性。

建议读者使用 DW 默认的 XHTML 1.0 Transitional(XHTML 1.0 过渡类型)作为网页的文档类型，这样既可以按照 XHTML 标准书写符合 Web 标准的网页代码，同时在一些特殊情况下还可以使用传统的做法。

在 DW 中使用默认方式新建的网页文档在代码中的第一行都会有如下代码：

```
<!DOCTYPE html PUBLIC " - //W3C//DTD XHTML 1.0 Transitional//EN" "http://
www.w3.org/TR/xhtml1/DTD/xhtml1 - transitional.dtd">
```

这就是关于"文档类型"的声明，它告诉浏览器使用 XHTML 1.0 过渡规范来解释这个文档中的代码。其中，DTD 是 Document Type Definition(文档类型定义)的缩写。

对 XHTML 文档类型的声明,有 Transitiona、Strict 和 Frameset 三种子类型, Transitional 是过渡类型的 XHTML,表明兼容原来的 HTML 标记和属性;Strict 是严格型的 应用方式,在这种形式下,不能使用 HTML 中任何样式表现的标记(如 < font >)和属性(如 bgcolor);Frameset 则是针对框架网页的应用方式,使用了框架的网页应使用这种类型。

注意:DOCTYPE 是用于定义文档类型的指令,但并不是一个标记,因此不需要封闭。

在 DW 中新建文档时还可以选择使用其他文档类型,DW 的"新建文档"对话框如 图 3-1 所示,它的右下方有一个"文档类型"下拉选择框。

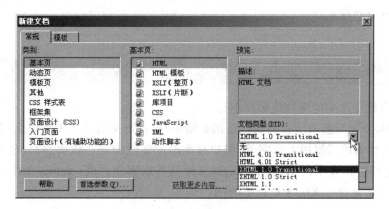

图 3-1 在 DW 中选择文档类型

3.1.2 XHTML 与 HTML 的重要区别

尽管目前浏览器都兼容 HTML,但是为了使网页能够符合标准,读者应该尽量使用 XHTML 规范来编写代码,XHTML 的代码和 HTML 的代码有如下几个重要区别。

1. XHTML 必须在文档的第一行有文档类型声明(DOCTYPE)

HTML 文档可以不写文档类型声明,但 XHTML 一定要有文档类型声明。

2. XHTML 可以定义命名空间

在 XHTML 文档中, < html > 标记通常带有 xmlns 属性,例如:

```
< html xmlns = "http://www.w3.org/1999/xhtml">
```

xmlns 属性称为 XML 命名空间(XML NameSpace),由于 XML 可以自定义标记,它 需要命名空间来唯一标识 XML 文档中的元素和实体的含义,通过特定 URL 关联命名空 间文档,解决命名冲突,而 XHTML 可看成一种特殊的 XML,通过将 xmlns 修改为自定义 命名空间文档的 URL,就可以自定义 XHTML 文档中的标记。例如,自定义一个 < author > 标记。但在一般情况下没必要修改命名空间,而且 xmlns 属性还可省略,浏览器会关联到默 认的命名空间。

3. XHTML 代码里必须具有 html,head,body,title 这些元素

对于 HTML 文档,即使代码里没有 html,head,body,title 这些基本元素仍然是正确的,但 XHTML 要求一定要有这些基本元素,否则就不正确。

4. 在 XHTML 规范的基础上,对标记的书写有一些额外的要求

1) 标记名必须小写

HTML 中标记名既可大写又可小写,例如: < BODY > < P > 这是一个段落 < /P > < /BODY >。但在 XHTML 中则必须写成: < body > < p > 这是一个段落 < /p > < /body >。

2) 属性名必须小写

例如:

```
< img src = "banner.jpg" width = "760" height = "140"/>;
```

3) 具有枚举类型的属性值必须小写

XHTML 并没有要求所有的属性值都必须小写,自定义的属性值可以大写,例如类名或 id 名的属性值可以使用大写字母,但枚举类型的属性值则必须要小写,枚举类型的值是指来自允许值列表中的值;例如,align 属性具有以下允许值: center、left 和 right。因此,下面的写法是符合 XHTML 标准的:

```
< div align = "center" id = "PageFooter"> … < /div >
```

4) 属性值必须用双引号括起来

HTML 中,属性可以不必使用引号,例如:

```
< img src = banner.jpg width = 760 height = 140 >
```

而在 XHTML 中,必须严格写成:

```
< img src = "banner.jpg" width = "760" height = "140"/>
```

5) 所有标记包括单标记都必须封闭

(1) 这是指双标记必须要有结束标记,例如: < p > 这是一个段落 < /p >。

(2) 单标记也一定要用斜杠"/"封闭,例如: < br / >、< hr / >、< img src = banner. jpg / >等。

6) 属性值必须使用完整形式

在 HTML 中,有些表单中元素的属性由于只有一个可选的属性值,通常就把这个属性值省略掉了,例如: < input checked >。

而在 XHTML 中,属性值在任何情况下都不能省略,例如:

```
< input checked = "checked"/>
```

提示:在不影响表述的前提下,本书在接下来的章节中将 XHTML 简称为 HTML,也就是说本书中所使用的 HTML 都是符合 XHTML 规范的 HTML。

3.2 Web 标准

HTML 最开始是用来控制文档的结构的,如标题、段落等标记,后来因为人们还想用它控制文档的外观,HTML 又增加了一些控制字体、对齐等方面的标记和属性,这样做的结果是 HTML 既用来描述文档的结构,又能表示文档的外观。但是 HTML 描述文档表现的能力很弱,还造成了结构和表现混杂在一起,如果页面要改变外观,就必须重新编写HTML,代码重用性低。

3.2.1 传统 HTML 的缺点

在 CSS 还没有被引入网页设计之前,传统的 HTML 要实现网页元素外观设计是十分麻烦的。例如,要在一个网页中把所有 < h2 > 标记中的文字,设置为蓝色、黑体字显示,则需要在每一个 < h2 > 标记中添加 < font > 标记,代码如下:

```
< h2 >< font color = "#0000FF" face = "黑体">h2 标记 1 </font ></h2 >
< p >CSS 标记的正文内容 1 </p >
< h2 >< font color = "#0000FF" face = "黑体"> h2 标记 2 </font ></h2 >
< p >CSS 标记的正文内容 2 </p >
< h2 >< font color = "#0000FF" face = "黑体"> h2 标记 3 </font ></h2 >
< p >CSS 标记的正文内容 3 </p >
< h2 >< font color = "#0000FF" face = "黑体"> h2 标记 4 </font ></h2 >
< p >CSS 标记的正文内容 4 </p >
```

假设,网页中有 100 个 < h2 > 标记,则需要重复添加 100 个 < font > 标记并设置属性,如果以后要将这 100 个标记的颜色修改为红色,则需要一个个修改,非常麻烦。

而使用 CSS 后,情况则完全不同,使用 CSS 实现上述功能的代码如下。

```
< html >< head >
< style >
h2 {                    /*选中所有 h2 标记*/
    font - family:"黑体";
    color:blue;   /*设置字体颜色*/
}
</style >
</head >
< body >
  < h2 > h2 标记 1 </h2 >
  < p >CSS 标记的正文内容 1 </p >
  < h2 > h2 标记 2 </h2 >
  < p >CSS 标记的正文内容 2 </p >
  < h2 > h2 标记 3 </h2 >
  < p >CSS 标记的正文内容 3 </p >
  < h2 > h2 标记 4 </h2 >
```

```
<p>CSS 标记的正文内容 4</p>
</body></html>
```

这样,只要修改上述 CSS 代码中的字体颜色属性值"blue",就可以改变页面中所有 <h2>标记的颜色。并且,CSS 还能统一设置网站中所有页面字体的风格。

3.2.2　Web 标准的含义

为了让网页的结构和表现能够分离,W3C 提出了 Web 标准,即网页由结构、表现和行为组成。用 HTML 的新版本 XHTML 描述文档的结构,用 CSS 控制文档的表现,因此 XHTML 和 CSS 就是内容和形式的关系,由 XHTML 确定网页的内容,而通过 CSS 来决定页面的表现形式。

Web 标准是指网页由结构(Structure)、表现(Presentation)和行为(Behavior)组成,为了理解 Web 标准,需要明确下面几个概念。

(1) 内容。内容就是页面实际要传达的真正信息,包含文本或者图片等。注意这里强调的"真正",是指纯粹的数据信息本身。例如:

天仙子(1)宋.张先 沙上并禽池上暝,云破月来花弄影。重重帘幕密遮灯,风不定,人初静,明日落红应满径。作者介绍张先(990—1078)字子野,乌程(今浙江湖州)人。天圣八年(1030)进士。官至尚书都官郎中。与柳永齐名,号称"张三影"。

(2) 结构。可以看到上面的文本信息本身已经完整,但是混乱一团,难以阅读和理解,我们必须给它格式化一下,把它分成标题、作者、章、节、段落和列表等。例如:

标题 天仙子(1)
作者 宋.张先
正文
沙上并禽池上暝,云破月来花弄影。
重重帘幕密遮灯,风不定,人初静,
明日落红应满径。
节 1 作者介绍
张先(990—1078)字子野,乌程(今浙江湖州)人。天圣八年(1030)进士。官至尚书都官郎中。
与柳永齐名,号称"张三影"。

(3) 表现。上面的文档虽然定义了结构,但是内容还是原来的样式没有改变,例如标题字体没有变大,正文的颜色也没有变化,没有背景,没有修饰。所有这些用来改变内容外观的东西,称为"表现"。下面对文档增加这些修饰内容外观的东西,修饰后的效果如图 3-2 所示。

很明显,可以看到我们对文档加了两种背景,将标题字体变大并居中,将小标题加粗并变成红色,等等。所有这些,都是"表现"的作用。它使内容看上去漂亮、可爱多了!形象一点的比喻:内容是模特,结构标明头和四肢等各个部位,表现则是服装,将模特打扮得漂漂亮亮。

(4) 行为。行为就是对内容的交互及操作效果。例如,使用 JavaScript 可以响应鼠标

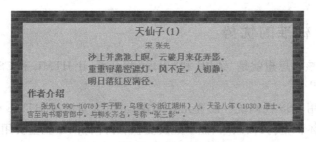

图 3-2　文档添加了"表现"后的效果

的单击和移动,可以判断一些表单提交,使操作能够和网页进行交互。

所以说,网页就是由这 4 层信息构成的一个共同体,这 4 层的作用如图 3-3 所示。

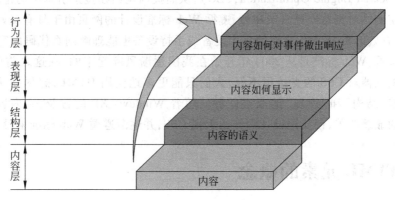

图 3-3　网页的组成

在 Web 标准中,结构标准语言是指 XML 和 XHTML,表现标准语言是指 CSS
(Cascading Style Sheets,层叠样式表),行为标准语言主要指 JavaScript。但是实际上
XHTML 也有很弱的描述表现的能力,而 CSS 也有一定的响应行为的能力(如 hover 伪
类),而 JavaScript 是专门为网页添加行为的。所以这三种语言对应的功能总体来说如
图 3-4 所示,并且这三种语言是相互关联密切配合的,它们的关系如图 3-5 所示。

图 3-4　网页的组成项及实现它们的语言

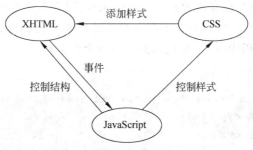

图 3-5　三种语言的相互联系

3.2.3　Web 标准的优势

Web 标准的核心思想就是"结构"和"表现"相分离,让 HTML 和 CSS 各司其职,这样做的好处有以下几点。

(1) 由于使用 CSS 代码统一设置元素样式,可以大量减少 HTML 代码的使用,从而减小网页文件的体积,使页面载入、显示速度更快,并降低网站流量费用。

(2) 使用 CSS 统一设置大量 HTML 元素的样式后,修改网页时更有效率而且代价更低。

(3) 在 Web 标准中推荐使用有语义的 HTML 元素定义内容,如使用 < h1 > 标记定义标题,这样搜索引擎就能更好地理解网页中的内容,对搜索引擎更加友好,有利于搜索引擎优化(Search Engine Optimization,SEO),从而提高网站在搜索引擎中的排名;

(4) 使网站对浏览器更具亲和力,遵循 Web 标准设计的网页由于具有良好的文档结构,使不能有效解析 HTML 文档的盲人设备或手持设备也能理解网页代码内容。

大体来看,Web 标准是从 2004 年开始在我国逐渐风靡起来的,在这之前由于 IE5.5以下版本浏览器对 CSS 的支持很不好,人们只能更多地使用 HTML,想尽办法使 HTML同时承担着"结构"和"表现"的双重任务。随着 Windows XP 的普及,它内置的 IE6 对CSS 支持的显著改善,使我国设计师开始重视 CSS,并逐渐遵循 Web 标准来设计网页了。

3.3　HTML 元素的概念

HTML 文档是由各种 HTML 元素组成的,网页中文字、图像、链接等所有的内容都是以元素的形式定义在 HTML 代码中的,因此元素是构成 HTML 文档的基本部件。元素是用标记来表现的,一般起始标记表示元素的开始,结束标记表示元素的结束。把 HTML标记(如 < p > … < /p >)和标记之间的内容组合称为元素。

HTML 元素可分为"有内容的元素"和"空元素"两种。"有内容的元素"是由起始标记、结束标记和两者之间的内容组成,其中元素内容既可以是文字内容,也可以是其他元素。如图 2-4 所示,起始标记 < b > 和结束标记 < /b > 定义元素的开始和结束,它的元素内容是文字"标记中的内容";而起始标记 < html > 与结束标记 < /html > 组成的元素,它的元素内容是另外两个元素 head 元素和 body 元素。"空元素"则只有起始标记而没有结束标记和元素内容。例如, < br / > 元素就是空元素,可见"空元素"对应单标记。

标记相同而标记中的内容不同应视为不同的元素,同一网页中标记和标记的内容都相同的元素如果出现两次也应视为两个不同的元素,因为浏览器在解释 HTML 中每个元素时都会为它自动分配一个内部 id,不存在两个元素的 id 也相同的情况。

例 2-1　在如下代码中,body 标记内共有多少个元素?

```
<html ><body >
<a href ="box.html"><img src ="cup.gif" border ="0" align ="left"/ ></ a>
<p >图片的说明内容 </p ><hr/ >
<p >图片的说明内容 </p >
</body ></html >
```

答案：5 个。即一个 a 元素、一个 img 元素、两个 p 元素和一个 hr 元素。

3.3.1　行内元素和块级元素

HTML 元素还可以按另一种方式分为"行内元素"和"块级元素"。下面是一段 HTML 代码，它的显示效果如图 3-6 所示，请注意元素中的内容在浏览器中是如何排列的。

```
<html><body>
    <h2>web 标准</h2><a href="#">w3c 主页</a>
    <img src="arrow.gif" width="16" height="16"/><b>结构</b>
    <font>表现</font><span>行为</span>
    <p>结构标准语言 XHTML</p><ul><li>表现标准语言 CSS</li></ul>
    <div>行为标准语言 JavaScript</div>
</body></html>
```

从图 3-6 中可以看到 h2、p、div 这些元素中的内容会占满一整行，而 a、img、span 这些元素在一行内从左到右排列，它们占据的宽度是刚好能容纳元素中内容的最小宽度。根据元素是否会占据一整行，可以把 HTML 元素分为行内元素和块级元素。

行内（inline）元素是指元素与元素之间从左到右并排排列，只有当浏览器窗口容纳不下时才会转到下一行，块级（block）元素是指每个元素占据浏览器一整行位置，块级元素与块级元素之间自动换行，从上到下排列。块级元素内部可包含行内元素或块级元素，行内元素内部可包含行内元素，但不得包含块级元素。另外，块级元素 <p> 元素内部也不能包含其他的块级元素。

图 3-6　行内元素和块级元素

3.3.2　<div>和<span>标记

<div>和<span>是不含有语义的标记，用来在标记中放置任何网页元素（如文本、图像等）。就像一个容器一样，当把内容放入后，内容的外观不会发生任何改变，这样有利于内容和表现分离。应用容器标记的主要作用是通过引入 CSS 属性对容器内的内容进行设置。div 和 span 唯一的区别是：div 是块级元素，span 是行内元素。下面是一段示例代码，显示效果如图 3-7 所示。

```
<html><body>
    <div>div 元素 1</div>
    <div>div 元素 1</div>
    <span>span 元素 1</span>
    <span>span 元素 2</span>
</body></html>
```

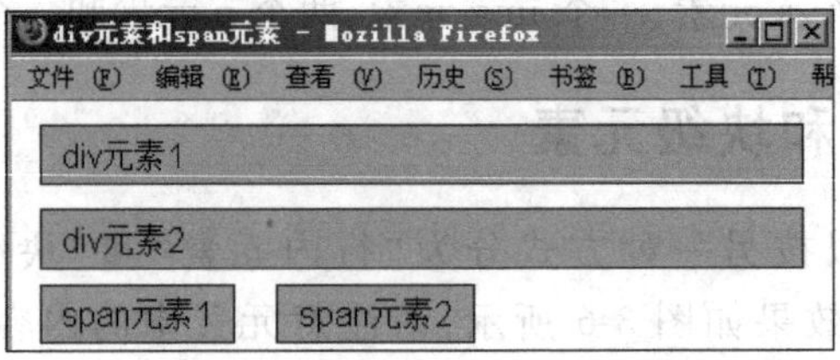

图 3-7　div 元素和 span 元素的区别（利用 CSS 为每个元素添加了背景和边框属性）

可以看出 div 元素作为块级元素会占满整个一行，两个元素间上下排列；而 span 元素的宽度不会自动伸展，以能包含它的内容的最小宽度为准，两个元素之间从左到右依次排列。

需要注意的是，div 元素并不对应于 DW 中"层"的概念，过去说的层是指通过 CSS 设置成了绝对定位的 div 元素，但实际上任何元素（如 p 元素）都可设置成绝对定位，此时其他元素也成了"层"。因此层并不对应于任何 HTML 标记，所以在 Dreamweaver CS3 中去掉了"层"的概念，将这些设置成了绝对定位的元素统称为 AP（Absolute Position）元素。

3.4 HTML 5 简介 *

HTML 5 是 HTML 的最新版本，其前身是由网页超文本应用技术工作小组（Web Hypertext Application Technology Working Group，WHATWG）于 2004 年提出的 Web Applications 1.0。在 2007 年被 W3C 接纳，并成立了新的 HTML 工作团队。HTML 5 的正式版本于 2010 年 9 月向公众推荐。

HTML 5 已经被 IE9＋，Firefox 4、Safari、Chrome 等浏览器支持，对于不支持 HTML 5 的旧版浏览器，HTML 5 也能保证旧版浏览器能够安全地忽略掉 HTML 5 代码，力图让不同的浏览器即使在发生语法错误时也能返回相似的显示结果。

3.4.1 HTML 5 新增的标记

与 HTML 4.01 相比，HTML 5 提供了一些新的标记和属性，这些新增的标记主要可分为：①文档结构标记，例如 <nav>（网站导航条区域）和 <footer>（网站底部区域）等，这些标记将有利于搜索引擎的索引整理，同时更好地帮助小屏幕装置和视障人士使用；②媒体元素标记，如 <audio> 和 <video> 标记；③表单标记等。具体如表 3-1 所示。

表 3-1　HTML 5 新增的标记

标记名	格　　式	用　　法
<video>	<video src="" width="" …> … </video>	插入视频
<audio>	<video src="" width="" …> … </video>	插入音频
<canvas>	<canvas id="" width="" …> … </canvas>	画布标记，用来绘制图形
<command>	<command type=""> … </command>	定义命令按钮

续表

标记名	格　式	用　法
< datalist >	< datalist id = " " > … < /datalist >	定义输入框的附带下拉列表
< meter >	< meter value = " " min = " " max = " " low = " " high = " " > … < /meter >	定义数值条
< progress >	< progress value = " " max = " " > … < /progress >	定义进度条
< time >	< time datetime = " " > < /time >	定义日期或时间
< summary >	< summary > … < /summary >	定义元素的摘要
< details >	< details > < summary > … < /summary > … < /details >	定义元素的细节,常与 < summary > 标记配合
< figure >	< figure > < /figure >	定义媒介内容的分组,以及它们的标题
< mark >	< p > … < mark > 突出的文本 < /mark > … < /p >	给文本加背景色以突出显示
< ruby >	< ruby > ruby 注释　< rt > 解释 < /rt > < /ruby >	定义 Ruby 语言的注释
< rt >	< ruby > ruby 注释　< rt > 解释 < /rt > < /ruby >	定义 Ruby 注释的解释
< wbr >	XML < wbr > Http < wbr > Request	页面宽度不足时,一个单词内字母换行的位置

下面是几个 HTML 5 标记的使用示例。

1. < meter > 与 < progress > 标记

< meter > 与 < progress > 属于状态交互元素,其示例代码如下,运行效果如图 3-8 所示。其中,value 属性用于设置元素展示的实际值,默认为 0;min 和 max 用于设置元素展示的最小值和最大值;low 和 high 用于设置元素展示的最低值和最高值。其范围应该在 min 和 max 值的范围以内。

```
< p > 速度: < meter value = "120" min = "0" max = "220" low = "0" high = "160">120
< /meter > km < /p >
< p > 剩余油量: < progress value = "30" max = "100">30/100 < /progress > < /p >
```

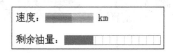

图 3-8　< meter > 与 < progress > 标记示例

2. < details > 与 < summary > 标记

< details > 元素初始时只会显示其中 < summary > 元素的内容,当用户单击 < summary > 元素时,会展开显示 < details > 元素的所有内容。示例代码如下,网页载入

时只显示"衡阳师范学院"，当用户单击"衡阳师范学院"时，其运行效果如图 3-9 所示。

```
<details>
  <summary>衡阳师范学院</summary>
    <p>湖南省直属的一所普通全日制公办本科院校</p>
</details>
```

```
▼ 衡阳师范学院
湖南省直属的一所普通全日制公办本科院校
```

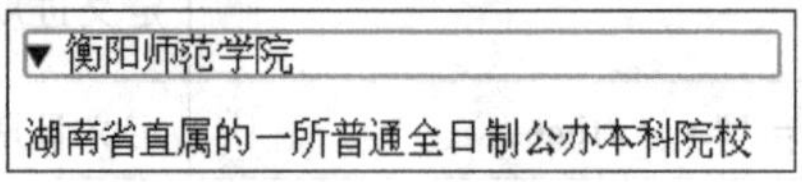

图 3-9   <details>与<summary>标记示例

提示：在 HTML 5 中，已经取消了一些过时的 HTML 4 标记。这主要包括：①字体标记，如<font>、<b>、<center>、<marquee>等，它们已经被 CSS 取代；②Java 小程序嵌入标记<applet>；③框架标记<frameset>、<frame>等。

3.4.2   HTML 5 语法的改进

HTML 5 在书写上比 XHTML 更加简洁，其具体改进如下。

1. 文档类型声明的改进

HTML 4.01 中的文档类型声明 DOCTYPE 需要对 DTD 进行引用，因为 HTML 4.01 基于 SGML。而 HTML 5 不是基于 SGML，因此不需要对 DTD 进行引用，但是需要用 DOCTYPE 来规范浏览器的行为，以便让浏览器按照它们应该的方式来运行。在所有 HTML 文档中规定 DOCTYPE 是非常重要的，这样浏览器就能了解预期的文档类型。

在 HTML 5 文档中声明文档类型（DOCTYPE）的代码通常如下：

```
<!DOCTYPE html>
```

可见它比 HTML 4.01 中的文档类型声明简单得多，因为在 HTML 4 中有三种不同类型的文档类型（过渡型、严格型和框架型），而 HTML 5 中只有一个。

2. 指定字符编码

如果想指定文档使用的字符编码，HTML 5 仍然使用 meta 属性，但代码已经简化如下了。

```
<meta charset = "utf-8">
```

3. 属性书写的简化

HTML 5 对标记和属性的写法又回归到了简化的风格，这包括：属性如果只有唯一值（如 checked），则可省略属性值，属性值两边的引号也可省略，例如，下面的写法都是正确的：

```
<input type = "text" name = "pwd" required>
<img src = foo alt = bar>
<p class = foo>Hello world</p>
```

4. 超链接可以包含块级元素

在过去,如果想给很多块级元素添加超链接,只能在每个块级元素内嵌入 < a > 标记,而在 HTML 5 中,只要简单地把所有内容都写在一个链接元素中就可以了。示例代码如下:

```
< a href = "#">
    < h2 > 标题文本 < /h2 >
    < p > 段落文本 < /p >
< /a >
```

习　题

1. 下列哪条 HTML 语句的写法符合 XHTML 规范?(　　)

    A. < br >

    B. < img src = "photo. jpg" / >

    C. < IMG src = "photo. jpg" > < /IMG >

    D. < img src = photo. jpg > < /img >

2. 下列哪条不是 XHTML 规范的要求?(　　)

    A. 标记名必须小写　　　　　　　　B. 属性名必须小写

    C. 属性值必须小写　　　　　　　　D. 属性值不能省略

3. Web 标准是关于(　　)的标准。

    A. 网络　　　　　　B. 网页　　　　　　C. 文档类型　　　　D. XHTML

4. HTML 中的元素可分为块级(block)元素和行内(inline)元素,下列哪个元素是块级元素?(　　)

    A. < p >　　　　　　B. < b >　　　　　　C. < a >　　　　　　D. < span >

5. 在 XHTML 中必须声明文档类型,以便于浏览器知道当前浏览的文档的类型,声明文档类型需使用指令_____。

6. Web 标准主要由一系列规范组成,目前的 Web 标准主要由三大部分组成:_____、_____、_____。

7. 所有 XHTML 标记必须_____和_____。

8. 在 XHTML 中,有三种文档类型声明 DTD,分别是 _____、_____和_____。

9. HTML 5 中新增的插入视频的标记是_____。

10. 写出 HTML 元素和 HTML 标记的区别。

11. 说出行内元素与块级元素的含义和区别。

12. 简述 Web 标准的含义。

第 4 章

CSS

CSS(Cascading Styles Sheets,层叠样式表)是用于控制网页样式并允许将样式信息与网页内容分离的一种标记性语言。HTML 和 CSS 的关系就是"结构"和"形式"的关系,由 HTML 组织网页内容的结构,而通过 CSS 来决定页面的表现形式。CSS 和 XHTML 都是由 W3C 负责组织和制定的。

由于 HTML 的主要功能是描述网页的结构,所以控制网页外观的能力很差,如无法精确调整文字大小、行距等,而且不能对多个网页元素进行统一的样式设置,只能一个元素一个元素地设置。使用 CSS 可实现对网页的外观和排版进行更灵活的控制,使网页更美观。

4.1 CSS 基础

CSS 样式表是由一系列样式规则组成,浏览器将这些规则应用到相应的元素上,CSS 语言实际上是一种描述 HTML 元素外观(样式)的语言,下面是一条样式规则和描述一个人的特征的规则的对比。

```
h1 {                                                  关羽 {
        color: red;              ⟹                        身高: 185cm;
        font-size: 25px;                                  体重: 95kg;
}                                                         }
```

4.1.1 CSS 的语法

一条 CSS 样式规则由选择器(Selector)和声明(Declarations)组成,如图 4-1 所示。选择器是为了选中网页中某些元素的,也就是告诉浏览器,这段 CSS 样式规则将应用到哪组元素。

选择器用来定义 CSS 规则的作用对象,它可以是一个标记名,表示将网页中所有该标记的元素全部选中。如图 4-1 中的 h1 选择器就是一个标记选择器,它将网页中所有 <h1>标记的元素全部选中,而声明则用于定义元素样式。介于花括号{ }之间的所有内容都是声明,声明又分为属性(Property)和值(Value),图 4-1 中的示例为所有 <h1>标记

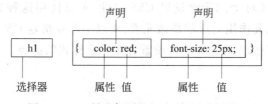

图 4-1　CSS 样式规则的组成(标记选择器)

的元素定义了两个属性,使该网页中所有 h1 元素的文本都是红色并且是 25 像素大小。

属性是 CSS 样式控制的核心,对于每个 HTML 元素,CSS 都提供了丰富的样式属性,如颜色、大小、背景、盒子、定位等,表4-1 列出了一些最常用的 CSS 属性。值指属性的值,CSS 属性值可分为数值型值和枚举型值,数值型值一般要带单位。

表 4-1　最常用的 CSS 属性

CSS 属性	含　　义	举　　例
font-size	字体大小	font-size：14px；
color	字体颜色(仅能设置字体的颜色)	color：red；
line-height	行高	line-height：160%；
text-decoration	文本修饰(如增删下划线)	text-decoration：none；
text-indent	文本缩进	text-indent：2em；
background-color	背景颜色	background-color：#ffeeaa；

CSS 的属性和值之间用冒号隔开(注意 CSS 属性和值的写法与 HTML 属性的区别)。如果要设置多个属性和值,可以书写多条声明,每条声明之间用分号隔开。

对于属性值的书写,有以下几条规则。

(1) 如果属性的某个值不是一个单词,则值要用引号引起来,如：p{font-family："sans serif"}。

(2) 如果一个属性有多个值,则每个值之间要用空格隔开,如：a{padding：6px 4px 3px}。

(3) 如果要为某个属性设置多个候选值,则每个值之间用逗号隔开,如：p{font-family："Times New Roman",Times,serif}。

4.1.2　在 HTML 中引入 CSS 的方法

HTML 和 CSS 是两种作用不同的语言,它们同时对一个网页产生作用,必须通过一些方法,将 CSS 与 HTML 挂接在一起,才能正常工作。

在 HTML 中,引入 CSS 的方法有行内式、嵌入式、导入式和链接式 4 种。

1. 行内式

所有 HTML 标记都有一个通用的属性"style",行内式就是将元素的 CSS 规则作为 style 属性的属性值写在元素的标记内,例如：

```
< td style = "color: red; text - decoration: underline" width = "92% ">
```

有时需要做测试或对个别元素设置 CSS 属性，可以使用这种方式。这种方式由于 CSS 规则就在标记内，其作用对象就是该元素，所以不需要指定 CSS 的选择器，只需要书写属性和值，但它没有体现出 CSS 统一设置许多元素样式的优势。

2. 嵌入式

嵌入式将页面中各种元素的 CSS 样式设置集中写在 < style > 和 </style > 之间，< style >标记是专用于引入嵌入式 CSS 的一个 HTML 标记，它只能放置在文档头部，即 < style > … </style > 只能放置在文档的 < head > 和 </head > 之间。例如：

```
< head >
< style type = "text/css">
   h1{
        color: red;
        font - size: 25px; }
</style >
</head >
```

对于单一的网页，这种方式很方便。但是对于包含很多页面的网站，如果每个页面都以嵌入式的方式设置各自的样式，不仅麻烦，冗余代码多，而且网站中各个页面的风格不好统一。因此一个网站通常都是编写一个独立的 CSS 文件，使用以下两种方式之一，引入到网站的所有 HTML 文档中。

3. 链接式和导入式

当样式需要应用于很多页面时，外部样式表（外部 CSS 文件）将是理想的选择。所谓外部样式表就是将 CSS 规则写入到一个单独的文本文件中，并将该文件的后缀名命名为 . css。然后使用链接式或导入式的方法将外部 CSS 文件引入到 HTML 文件中，其优点是可以让很多网页共享一个 CSS 文件。

在学习 CSS 或制作单个网页时，为了方便可采取行内式或嵌入式方法引入 CSS，但若要制作网站则主要应采用链接式引入外部 CSS 文件，以便使网站内的所有网页风格统一。而且在使用外部样式表的情况下，可以通过改变一个外部 CSS 文件来改变整个网站所有页面的外观。

链接式是在网页头部使用 HTML 标记 < link > 引入外部 CSS 文件，语法如下：

```
< link href = "style1.css" rel = "stylesheet" type = "text/css"/ >
```

而导入式是通过 CSS 规则中的 @ import 指令来导入外部 CSS 文件，语法如下：

```
< style type = "text/css">
   @ import url("style2.css");
</style >
```

此外，这两种方式的显示效果也略有不同。使用链接式时，会在装载页面主体部分之前装载 CSS 文件,这样显示出来的网页从一开始就是带有样式效果的;而使用导入式时,要在整个页面装载完之后再装载 CSS 文件,如果页面文件比较大,则开始装载时会显示无样式的页面。从浏览者的感受来说,这是使用导入式的一个缺陷。

4.1.3 选择器的分类

选择器是 CSS 中很重要的概念,所有 HTML 元素的样式都是通过不同的 CSS 选择器进行控制的。其中,基本的 CSS 选择器包括标记选择器、类选择器、ID 选择器和伪类选择器 4 种。

1. 标记选择器

标记是元素的固有特征,CSS 标记选择器用来声明哪种标记采用哪种 CSS 样式。因此,每一种 HTML 标记的名称都可以作为相应的标记选择器的名称,标记选择器形式如图 4-1 所示,它将属于该标记的所有元素全部选中。例如:

```
< style type = "text/css">
p{                      /* 标记选择器 */
    color:blue;
    font - size:18px;  }
</style >
    <p>选择器之标记选择器 1 </p>
    <p>选择器之标记选择器 2 </p>
    <p>选择器之标记选择器 3 </p>
    <h3>h3 则不适用 </h3>
```

以上所有 3 个 p 元素都会应用 <p>标记选择器定义的样式,而 h3 元素则不会受到影响。

提示: 本书对代码采用了简略写法,书中 CSS 代码主要采用嵌入式方式引入 HTML 文档中。因此,读者只要将代码中的 <style>…</style>部分放置在文档的 <head>和 </head>之间,将其他 HTML 代码放置在 <body>和 </body>之间,就能还原成可运行的原始代码。

2. 类选择器

标记选择器一旦声明,那么页面中所有该标记的元素都会产生相应的变化。例如,当声明 <p>标记为红色时,页面中所有的 <p>元素都将显示为红色。但是如果希望其中某一些 <p>元素不是红色,而是蓝色,就需要将这些 <p>元素自定义为一类,用类选择器来选中它们;或者希望不同标记的元素属于同一类,应用同一样式,如某些 <p>元素和 <h3>元素都是蓝色,则可以将这些不同标记的元素定义为同一类。也就是说,标记选择器根据元素的固有特征(标记名)分类,好比人可以根据固有特征"肤色"分为黄种人、黑种人和白种人,而类选择器是人为地对元素分类,比如人又可以分为教师、医生、公务员等这些社会自定义的类别。

要应用类选择器,首先应给相应的 HTML 元素增加一个通用 HTML 属性"class",只

要对不同的元素定义相同的类名,那么这些元素就被划分为同一类,例如:

```
<h3 class="test">将该元素划入 test 类</h3>
<p class="test">将该元素划入 test 类</p>
```

然后再根据类名定义类选择器来选中该类元素,类选择器以半角".".开头,如图 4-2 所示。
示例代码如下:

图 4-2　类选择器

```
<style type="text/css">
.one{                    /* 类选择器.one */
    color: red;          /* 字体颜色红色 */
}
.two{                    /* 类选择器.two */
    font-size:20px;      /* 文字大小 20px */
}
</style>
    <p>选择器之标记选择器 1</p>
    <p class="one">应用第一种 class 选择器样式</p>
    <p class="two">应用第二种 class 选择器样式</p>
    <p class="one two">同时应两种 class 选择器样式</p>
    <h3 class="two">h3 同样适用</h3>
```

以上定义了类别名的元素都会应用相应的类选择器的样式,其中第三行的 p 元素和
h3 元素被定义成同一类,而第四行通过 class="one two"将同时应用两种类选择器的样
式,得到红色 20px 的大字体,对一个元素定义多个类别是允许的,就好像一个人可能既属于
教师又属于作家一样。第一行的 p 元素因未定义类别名则不受影响,仅作为对比时参考。

3. ID 选择器

ID 选择器的使用方法与 class 选择器基本相同。不同之处在于一个 ID 选择器只能应
用于一个元素,而 class 可以应用于多个元素。ID 选择器以半角"#"开头,如图 4-3 所示。使
用 ID 选择器之前必须给该 HTML 元素添加一个通用 HTML 属性"id"。示例代码如下:

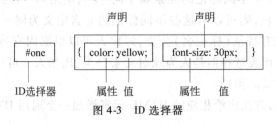

图 4-3　ID 选择器

```
< style type = "text/css">
  #one{
        font - weight:bold;              /* 粗体 */
  }
  #two{
        font - size:30px;               /* 字体大小 */
        color:#009900;                 /* 颜色 */
  }
</style >
    < p id = "one">ID 选择器 1 </p >
    < p id = "two">ID 选择器 2 </p >
    < p id = "two">ID 选择器 3 </p >
    < p id = "one two">ID 选择器 3 </p >
```

上例中,第一行应用了#one 的样式,显示为粗体。而第二行和第三行将一个 ID 选择器应用到了两个元素上,显然违反了一个 ID 选择器只能应用在一个元素上的规定,但浏览器却也显示了 CSS 样式风格且没有报错。虽然如此,在编写 CSS 代码时,还是应该养成良好的编码习惯,一个 id 最多只能赋予一个 HTML 元素,因为每个元素定义的 id 不只是 CSS 可以调用,JavaScript 等脚本语言也可以调用,如果一个 HTML 文档中有两个相同 id 属性的元素,那么将导致 JavaScript 在查找 id 时出错(如 getElementById( )函数)。

第四行在浏览器中没有任何 CSS 样式风格显示,这意味着 ID 选择器不支持像 class 选择器那样的多个类名同时使用。因为每个元素和它的 ID 是一一对应的关系,不能为一个元素指定多个 ID,也不能将多个元素定义为一个 ID。类似 id = " one two" 这样的写法是完全错误的。

关于类名和 ID 名是否区分大小写,CSS 大体上是不区分大小写的语言,但对于类名和 id 名是否区分大小写取决于标记语言是否区分大小写,如果使用 XHTML,那么类名和 id 名是区分大小写的,如果是 HTML,则不区分大小写。另外,ID 名或类名在命名时应注意第一个字母不能为数字。

4.1.4　CSS 文本修饰

文本的美化是网页美观的一个基本要求。通过 CSS 强大的文本修饰功能,可以对文本样式进行更加精细的控制,其功能远比 HTML 中的 < font > 标记强大。

CSS 中控制文本样式的属性主要有 font-属性类和 text-属性类,再加上修改文本颜色的 color 属性和行高 line-height 属性。DW 中这些属性的设置是放在 CSS 规则定义面板的"类型"和"区块"中的。下面是利用 CSS 文本属性对文章进行排版的例子(4-1. html),其显示效果如图 4-4 所示。

```
< style type = "text/css">
  h1 {
        font - size: 16px;
        text - align: center;
```

```
            letter - spacing: 0.3em; }
      p {
            font - size: 12px;
            line - height: 160%;
            text - indent: 2em; }
      .source {
            color: #999999;
            text - align: right; }
</style >
    <h1 >失败的权利</h1 >
<p class = "source">2006 年 5 月 11 日 美国《侨报》</p >
<p >自从儿子进了足球队……不亲身经历是无法体会的。</p >
<p >他们队有个传统……几乎是战无不胜的。</p >
<p > 在我看来……孩子们是当之无愧的。</p >
<p >接受孩子的失败,就给了他成功的机会。</p >
```

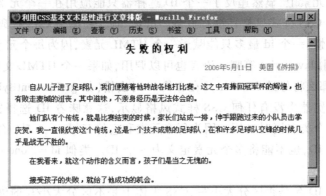

图 4-4　用 CSS 文本属性修饰文本

其中,text-indent 表示首行缩进,在每段开头空两格通常是用 text-indent：2em 来实现;text-decoration：none 表示去掉下划线;line-height：160% 表示行距为字体高度的 1.6 倍;letter-spacing 用于设置字符间的水平间距;text-align 用于设置文本的对齐方式。

由于大部分 HTML 元素的浏览器默认字体大小是 16px,显得过大;行距是单倍行距,显得过窄。因此制作网页文本时很有必要使用 CSS 文本属性对其进行调整,网页中流行的字体大小有 12px 和 14px,这两种字体大小都比较美观。

如果要设置的字体属性过多,可以使用字体属性的缩写"font",例如"font：12px/1.6 Arial；"表示 12px 字体大小,1.6 倍行距,但要同时定义字体和字号才有用,因此这条规则中定义的字体 Arial 是不能省略的。

4.1.5　伪类选择器及其应用

伪类（Pseudo-class）是用来表示动态事件、状态改变或者是在文档中以其他方法不能轻易实现的情况——例如用户的鼠标悬停或单击某元素。总的来说,伪类可以对目标元素出现某种特殊的状态应用样式。这种状态可以是鼠标停留在某个元素上,或者是访问一个超链接。伪类允许设计者自由指定元素在一种状态下的外观。

1. 常见的伪类选择器

常用的伪类有 4 个，分别是：link（链接）、：visited（已访问的链接）、：hover（鼠标悬停状态）和：active（激活状态）。其中，前面两个称为链接伪类，只能应用于链接（a）元素，后两个称为动态伪类，理论上可以应用于任何元素，但 IE6 只支持 a 元素的上述伪类。其他的一些伪类如：focus（获得焦点时的状态）因为在 IE6 中不支持，所以用得较少。伪类选择器必须指定标记名，且标记和伪类之间用"："隔开，如图 4-5 所示。

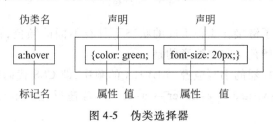

图 4-5　伪类选择器

图 4-5 中的伪类选择器作用是定义所有 a 元素在鼠标悬停（hover）状态下的样式。

2. 伪类选择器的应用——制作动态超链接

在默认情况下，网页中的超链接为统一的蓝色带下划线，被单击过的超链接则为紫色带下划线，这种传统的超链接样式看上去过于呆板。

但现在大多数网页中的超链接初始时都没有下划线，并且具有动态效果。例如，当光标移动到超链接上时，超链接会变色并添加下划线等，以提示用户这里可以单击，这样不仅美观而且对用户更友好。而在 HTML 中，只能用 < a >标记来表示链接元素，并没有设置超链接在不同状态下样式的方法。

动态超链接是通过 CSS 伪类选择器实现的，因为伪类可以描述超链接在不同状态下的样式，所以通过定义 a 元素的各种伪类具有不同的样式，就能制作出千变万化的动态超链接效果。具体来说，< a >标记有 4 种伪类，用来描述链接的 4 种状态，如表 4-2 所示。

表 4-2　超链接 < a >标记的四个伪类

伪　　类	作　　　用
a：link	超链接的普通样式风格，即正常浏览状态时的样式
a：visited	被单击过的超链接的样式风格
a：hover	鼠标指针悬停在超链接上时的样式风格
a：active	当前激活（在鼠标单击与释放之间发生）的样式风格

通过 CSS 伪类，只要分别定义 a 元素上述 4 个状态（或其中几个）的样式代码，就能实现动态超链接效果，代码如下，效果如图 4-6 所示。

```
< style type = "text/css">
a {font - size: 14px;  text - decoration: none; }        /* 设置链接的默认状态 */
a:link {color: #666;}
a:visited {color: #000; }
```

```
a:hover { color: #900; text-decoration: underline; background:#9CF;}
a:active { color: #FF3399;}
</style>

<a href="#">首 页</a><a href="#">系部概况</a><a href="#">联系我们</a>
```

图 4-6　动态超链接

上例中分别定义了链接在 4 种不同的状态下具有不同的颜色，在鼠标悬停时还将添加下划线并改变背景颜色。需要注意的是：

（1）链接伪类选择器的书写应遵循 LVHA 的顺序，即 CSS 代码中 4 个选择器出现的顺序应为 a:link→ a:visited→ a:hover→ a:active，若违反这种顺序某些样式可能不起作用。

（2）各种 a 的伪类选择器将继承 <a> 标记选择器定义的样式。

（3）a:link 选择器只能选中具有 href 属性的 <a> 标记，而 a 选择器能选中所有 <a> 标记，包括用做锚点的 <a> 标记。

4.2　CSS 的特性

CSS 具有两个特性：层叠性和继承性。利用这两大特性可大大减少 CSS 代码的编写。

4.2.1　CSS 的层叠性

所谓层叠是指多个 CSS 选择器的作用范围发生了叠加，比如页面中某些元素同时被多个选择器选中（就好像同一个案例适用于多个法律条文一样）。层叠性讨论的问题是：当有多个选择器都作用于同一元素时，CSS 该如何处理？

CSS 的处理原则是：

（1）如果多个选择器定义的规则未发生冲突，则元素将应用所有选择器定义的样式。例如，下面代码的显示效果如图 4-7 所示。

```
<style type="text/css">
p{                        /* 标记选择器 */
   color:blue;
   font-size:18px;}
.special{                 /* 类选择器 */
   font-weight: bold;   }
#underline{               /* ID选择器 */
   text-decoration: underline; }     /* 有下划线 */
</style>
```

```
< p >标记选择器 1 </p >
< p >标记选择器 2 </p >
< p class = "special">受到标记、类两种选择器作用 </p >
< p id = "underline" class = "special">受到标记、类和 ID 三种选择器作用 </p >
```

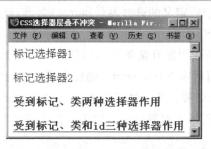

图 4-7　选择器层叠不冲突时的样式

在代码中,所有 p 元素都被标记选择器 p 选中,同时第三、四个 p 元素又被类选择器
. special 选中,第四个 p 元素还被 ID 选择器 underline 选中,由于这些选择器定义的规则
没有发生冲突,所以被多个选择器同时选中的第三、四个元素将应用多个选择器定义的
样式。

（2）如果多个选择器定义的规则发生了冲突,则 CSS 按选择器的优先级让元素应用
优先级高的选择器样式。CSS 规定选择器的优先级从高到低依次为:

行内样式 > ID 样式 > 类别样式 > 标记样式

总的原则是:越特殊的样式,优先级越高。示例代码如下:

```
< style type = "text/css">
p{                        / * 标记选择器 * /
    color:blue;           / * 蓝色 * /
    font - style: italic; / * 斜体 * /  }
.green{                   / * 类选择器 * /
    color:green;          / * 绿色 * /  }
.purple{                  / * 紫色 * /
    color:purple;         / * 紫色 * /  }
#red{                     / * ID 选择器 * /
    color:red;            / * 红色 * /  }
</style >
    < p >这是第一行文本 </p >        <!-- 蓝色,所有行都以斜体显示 -->
    < p class = "green">这是第二行文本 </p >        <!-- 绿色 -->
    < p class = " green" id = "red">这是第三行文本 </p >        <!-- 红色 -->
    < p id = "red" style = "color:orange;">这是第四行文本 </p >  <!-- 黄色 -->
    < p class = "purple green">这是第五行文本 </p >        <!-- 紫色 -->
```

由于类选择器的优先级比标记选择器的优先级高,而类选择器中定义的文字颜色规
则和标记选择器中定义的发生了冲突,因此被两个选择器都选中的第二行 p 元素将应用

.green 类选择器定义的样式,而忽略 p 选择器定义的规则,但 p 选择器定义的其他规则还是有效的。因此第二行 p 元素显示为绿色斜体的文字;同理,第三行 p 元素将按优先级高低应用 ID 选择器的样式,显示为红色斜体;第四行 p 元素将应用行内样式,显示为黄色斜体;第五行 p 元素同时应用了两个类选择器 class = "purple green",两个选择器的优先级相同,这时会以 CSS 代码中后定义的选择器(.purple)为准,显示为紫色斜体。

（3）!important 关键字。

!important 关键字用来强制提升某条声明的重要性。例如在不同选择器中定义的声明发生冲突,如果某条声明后带有!important,则优先级规则为"!important > 行内样式 > ID 样式 > 类别样式 > 标记样式"。对于上例,如果给.green 选择器中的声明后添加!important,则第三行和第五行文本都会变为绿色。在任何浏览器中预览都是这种效果。

```
.green{                    /*类选择器*/
        color:green  !important;           /*通过!important 提升该样式的优先级*/
}
```

如果在同一个选择器中定义了两条相冲突的规则,那么 IE6 总是以最后一条为准,不认!important,而 Firefox/IE7 + 以定义了!important 的为准。

```
#box {
        color:red  !important;          /*Firefox/IE7 以这一条为准*/
        color:blue;               /*IE6 总是以最后一条为准*/
    }
```

!important 用法总结：①在同一选择器中定义的多条样式发生了冲突,则 IE6 会忽略样式后的!important 关键字,总是以最后定义的那一条样式为准;②在不同选择器中定义的样式发生冲突,那么所有浏览器都以!important 样式的优先级为最高。

4.2.2　CSS 的继承性

CSS 的继承性是指如果子元素定义的样式没有和父元素定义的样式发生冲突,那么子元素将继承父元素的样式风格,并可以在父元素样式的基础上再加以修改,添加新的样式,而子元素的样式风格不会影响父元素。例如,下面代码的显示效果如图 4-8 所示。

```
<style type = "text/css">
body {
    text - align: center;
    font - size: 14px;
    text - decoration: underline;    }
.right{
    text - align: right; }
p {
    text - decoration:overline;    /*加上划线*/}
```

```
</style>
    <h2>十二星座传说</h2>
    <p><em>白羊座</em>的传说</p>
    <p>天蝎座的传说</p>
    <p class="right">双鱼座的起源</p>
```

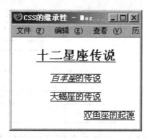

图 4-8　继承关系示意图

可见 body 标记选择器定义的文本居中,14px 字体、带下划线等属性都被所有子元素(h2 和 p)所继承,因此前 3 行完全应用了 body 定义的样式,而且 p 元素还把它继承的样式传递给了子元素 em,但第四行的 p 元素由于通过".right"类选择器重新定义了右对齐的样式,所以将覆盖父元素 body 的居中对齐,显示为右对齐。

由于浏览器对 h2 标题元素预定义了默认样式,该样式覆盖了 h2 元素继承的 body 标记选择器定义的 14px 字体样式,结果显示为 h2 元素的字体大小,粗体。可见,继承的样式比元素的浏览器默认样式的优先级还要低。如果要使 h2 元素显示为 14px 大小,需要对该元素直接定义字体大小以覆盖浏览器默认样式。

CSS 的继承贯穿整个 CSS 设计的始终,每个标记都遵循 CSS 继承的概念。可以利用这种巧妙的继承关系,大大缩减代码的编写量,并提高可读性,尤其在页面内容很多且关系复杂的情况下。例如,如果网页中大部分文字的字体大小都是 12px,可以对 body 或 td(若网页用表格布局)标记定义字体样式为 12px。这样由于其他标记都是 body 的子标记,会继承这一样式,就不需要对这么多的子标记分别定义样式了,有些特殊的地方如果字体大小要求是 14px,可以再利用类选择器或 ID 选择器对它们单独定义。

HTML 中元素的继承关系可以用如图 4-9 所示的文档对象模型(DOM)来描述。

注意:并不是所有的 CSS 属性都具有继承性,一般是 CSS 的文本属性具有继承性,而其他属性(如背景属性、布局属性等)则不具有继承性。

具有继承性的属性大致有 color、font-(以 font 开头的属性)、text-indent、text-align、text-decoration、line-height、letter-spacing、border-collapse 等。

无继承性的属性有 text-decoration:none,以及所有背景属性、所有盒子属性(边框、边界、填充)、布局属性(如 float)等。要注意的是,text-decoration 属性设置为 none 时不具有继承性,而设置为其他值时又具有继承性。

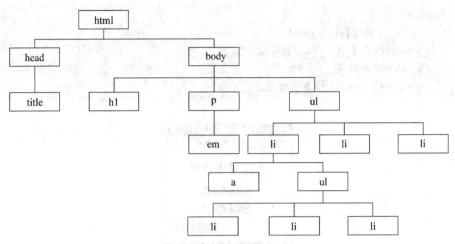

图 4-9　文档对象模型（DOM）图

4.2.3　选择器的组合

每个选择器都有它的作用范围，前面介绍的各种基本选择器，其作用范围都是一个单独的集合，如标记选择器的作用范围是具有该标记的所有元素的集合，类选择器的作用范围是自定义的一类元素的集合。有时希望对几种选择器的作用范围取交集、并集、子集以选中需要的元素，这时就要用到复合选择器了，它是通过对几种基本选择器的组合，实现更强、更方便的选择功能。

复合选择器就是两个或多个基本选择器，通过不同方式组合而成的选择器。主要有交集选择器，并集选择器和后代选择器。

1. 交集选择器

交集选择器是由两个选择器直接连接构成，其结果是选中两者各自作用范围的交集。其中第一个必须是标记选择器，第二个必须是类选择器或 ID 选择器。例如：h1.clas1；p#intro，这两个选择器之间不能有空格。其形式如图 4-10 所示。

交集选择器将选中同时满足前后二者定义的元素，也就是前者定义的标记类型，并且指定了后者的类别或 id 的元素。它的作用范围如图 4-11 所示。

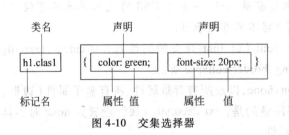

图 4-10　交集选择器

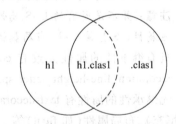

图 4-11　交集选择器的作用范围

下面的代码演示了交集选择器的作用：

```
<style type = "text/css">
p {
    color: blue;  }
.special {
    color: green;  }
p.special {
    color: red;  }
</style>
<p>普通段落文本</p>        <!--蓝色-->
<h3>普通 h3 标题文本</h3>
<p class = "special">指定了 special 类别的段落文本</p>      <!--红色-->
<h3 class = "special">指定了 special 类别的 h3 标题</h3>      <!--绿色-->
```

上例中 p 标记选择器选中了第一、三行文本；. special 类选择器选中了第三、四行文本，p. special 选择器选中了第三行文本，是两者的交集，用于对段落文本中的第三行进行特殊的控制。因此第三行文本显示为红色，第一行显示为蓝色，第四行显示为绿色。第二行不受这些选择器的影响，仅作对比。

2. 并集选择器

所谓并集选择器就是对多个选择器进行集体声明，多个选择器之间用"，"隔开，其中每个选择器都可以是任何类型的选择器。如果某些选择器定义的样式完全相同，或者部分相同，就可以用并集选择器同时声明这些选择器完全相同或部分相同的样式。其选择范围如图 4-12 所示。

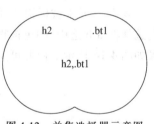

图 4-12　并集选择器示意图

下面的代码演示了并集选择器的作用：

```
<style type = "text/css">
    h1,h2,h3,p {
        font - size: 12px;
        background - color:#fcd;  }
    h2.special,.special,#one {
        text - decoration: underline;  }
</style>
    <h1>示例文字 h1</h1>
    <h2 class = "special">示例文字 h2</h2>
    <h3>示例文字 h3</h3>
    <h4 id = "one">示例文字 h4</h4>
    <p class = "special">示例段落 p</p>
```

代码中首先通过集体声明 h1、h2、h3、p 的样式，使 h1、h2、h3、p 选中的第一、二、三、五行的元素都变为紫色，12px 大小，然后再对需要特殊设置的第二、四、五行添加下划线。

图 4-13　并集选择器示例

效果如图 4-13 所示。

3. 后代选择器

在 CSS 选择器中，还可以通过嵌套的方式，对内层的元素进行控制。例如，当 b 元素包含在 a 元素中时，就可以使用后代选择器 a b{…}选中出现在 a 元素中的 b 元素。后代选择器的写法是把外层的标记写在前面，内层的标记写在后面，之间用空格隔开。下面的代码演示了后代选择器的作用：

```
<style type = "text/css">
a {
      font - size: 16px;
      color: red; }
a b {
      color: mediumpurple; }
</style>
<b>这是 b 标记中的文字 </b><br />
<a href = "#">这是 <b>a 标记中的 b <span>标记 </span></b></a>
```

其中，a 元素被标记选择器 a 选中，显示为 16px 红色字体；而 a 元素中的 b 元素被后代选择器 a b 选中，颜色被重新定义为淡紫色；第一行的 b 元素未被任何选择器选中。效果如图 4-14 所示。由此可见，后代选择器 a b{…}的选择范围如图 4-15 所示。

图 4-14　后代选择器示例

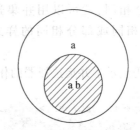

图 4-15　后代选择器的选择范围

同其他 CSS 选择器一样，后代选择器定义的样式同样也能被其子元素继承。例如在上例中，b 元素内又包含 span 元素，那么 span 元素也将显示为淡紫色。这说明子元素（span）继承了父元素（a b）的颜色样式。

后代选择器的使用非常广泛，实际上不仅标记选择器可以用这种方式组合，类选择器和 ID 选择器也都可以进行嵌套，而且后代选择器还能够进行多层嵌套。例如：

```
.special b { color: red }            /* 应用了类 special 的元素里面包含的 <b> */
#menu li { padding: 0 6px; }         /* ID 为 menu 的元素里面包含的 <li> */
td.top .ban1 strong{ font - size: 16px; }/* 多层嵌套，同样适用 */
#menu a:hover b                       /* ID 为 menu 的元素里的 a: hover 伪类里包含的 <b> */
```

提示：选择器的嵌套在 CSS 的编写中可以大大减少对 class 或 id 的定义。因为在构建 HTML 框架时通常只需给父元素定义 class 或 id,子元素能通过后代选择器选择的,则利用这种方式,而不需要再定义新的 class 或 id。

4. 复合选择器的优先级

复合选择器的优先级比组成它的单个选择器的优先级都要高。我们知道基本选择器的优先级是"ID 选择器 >类选择器 >标记选择器",所以不妨设 ID 选择器的优先级权重是 100,类选择器的优先级权重是 10,标记选择器的优先级权重是 1,那么复合选择器的优先级就是组成它的各个选择器权重值的和。例如:

```
h1{color:red;}                    /* 权重 =1 */
p em{color:blue;}                 /* 权重 =2 */
.warning{color:yellow;}           /* 权重 =10 */
p.note em.dark{color:gray;}       /* 权重 =22 */
#main{color:black;}               /* 权重 =100 */
```

当权重值一样时,会采用"层叠原则",一般后定义的会被应用。

下面是复合选择器优先级计算的一个例子:

```
< style type = "text/css">
    #aa ul li { color:red    }
    .aa { color:blue      }
</style >
< div id = "aa">
    < ul >< li class = "aa">
        CSS 常见问题之 < em class = "aa">复合选择器 < /em >的优先级
        </li >
    </ul >< /div >
```

对于 < li >标记中的内容,它同时被"#aa ul li"和". aa"两个选择器选中,由于#aa ul li 的优先级为 102,而. aa 的优先级为 10,所以 li 中的内容将应用#aa ul li 定义的规则,文字为红色,如果希望文字为蓝色,可提高. aa 的特殊性,将其改写成"#aa ul li. aa"。

另外,代码中 em 元素内的文字颜色为蓝色,因为直接作用于 em 元素的选择器只有". aa",虽然 em 也会继承"#aa ul li"选择器的样式,但是继承的样式优先级最低,会被类选择器". aa"定义的样式所覆盖。

综上所述,CSS 样式的优先级如图 4-16 所示。

其中,浏览器对标记预定义的样式是指对于某些 HTML 标记,浏览器预先对其定义了默认的 CSS 样式,如果用户没有重新定义样式,那么浏览器将按其定义的默认样式显示,常见的标记在标准浏览器(如 Firefox)中默认样式如下:

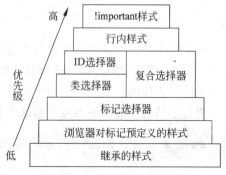

图 4-16　CSS 样式的优先级

```
body { margin: 8px; line-height: 1.12em }
h1 { font-size: 2em; margin: .67em 0 }
h2 { font-size: 1.5em; margin: .75em 0 }
h3 { font-size: 1.17em; margin: .83em 0 }
h4,p,blockquote,ul,fieldset,form,ol,dl,dir,menu { margin: 1.12em 0 }
h5 { font-size: .83em; margin: 1.5em 0 }
h6 { font-size: .75em; margin: 1.67em 0 }
h1,h2,h3,h4,h5,h6,b,strong { font-weight: bolder }
blockquote { margin-left: 40px; margin-right: 40px }
pre { white-space: pre }
```

有些元素的预定义（默认）的样式在不同的浏览器中区别很大，例如 ul、ol 和 dd 等列表元素，IE 中的默认样式是：ul,ol,dd{margin-left:40px;}。

而 Firefox 中的默认样式定义为：ul,ol,dd {padding-left:40px;}。

因此，要清除列表的默认样式，一般可以设置：

```
ul,ol,dd {
    list-style-type:none;       /*清除列表项目符号*/
    margin:0;                   /*清除 IE 左缩进*/
    padding:0;                  /*清除非 IE 左缩进*/ }
```

5. 复合选择器名称的分解

对于下面的 HTML 代码：

```
<div id="cont">
    <h3>栏目标题</h3>
    <p>栏目的内容……</p>
</div>
```

如果只想让这个 div 元素中的 <h3> 和 <p> 标记中的文字都变成红色，下面哪种写法是正确的呢？

```
① #cont h3,p {          ② #cont h3,#cont p {
      color:red;               color:red;
  }                        }
```

这实际上是一个复合选择器名称分解的问题，如果一个复合选择器名称中同时包含逗号“，”和空格“ ”等符号，那么分解的原则是：先逗号，接着空格。所以上面的例子中第二种写法是正确的。第一种写法中的选择器将分解为“#cont h3”和“p”，所以不对。

更复杂的选择器分解也应遵循这个原则，例如：

```
#menu a.class: hover b,.special b.class { … }
```

可分解为：“#menu a.class:hover b”和“.special b.class”两个选择器。

接下来找这些选择器中的空格,可发现第一个是 3 层的后代选择器,在该后代选择器的中间是一个定义了类名"class"的 < a > 标记的伪类选择器。

4.2.4 CSS 2.1 新增选择器简介

上面介绍的一些基本选择器和复合选择器都是 CSS 1.0 中就已具有的选择器,它们能被目前所有的浏览器支持。CSS 2.1 标准在 CSS 1.0 的基础上增加了一些新的选择器,这些选择器不能被 IE6 浏览器支持,但是其他浏览器(如 IE7 + 、Firefox、Safari 等)均对它们提供支持,考虑到大多数计算机都安装了 IE7 + 等新型浏览器,预计 IE6 将在一两年内被淘汰,因此有必要知道这些新选择器,它们能给 CSS 设计带来方便,而且对以后学习 jQuery 的选择器也是很有帮助的。

1. 子选择器

子选择器用于选中元素的直接后代(即儿子),它的定义符号是大于号(>),例如:

```
body > p {
    color: green;  }
< body >
    < p > 这一段文字是绿色 < /p >
    < div >< p > 这一段文字不是绿色 < /p >< /div >
    < p > 这一段文字是绿色 < /p >
< /body >
```

只有第一个和第三个段落的文字会变绿色,因为它们是 body 元素的直接后代,所以被选中。而第二个 p 元素是 body 的间接后代,不会被选中,如果把(body > p)改为后代选择器(body p),那么 3 个段落都会被选中。这就是子选择器和后代选择器的区别。后代选择器选中任何后代。

2. 相邻选择器

相邻(adjacent-sibling)选择器是另一个有趣的选择器,它的定义符号是加号(+),相邻选择器将选中紧跟在它后面的一个兄弟元素(这两个元素具有共同的父元素)。例如:

```
h2 + p {
  color: red;  }
< h2 > 下面哪些文字是红色的呢 < /h2 >
< p > 这一段文字是红色 < /p >
< p > 这一段文字不是红色 < /p >
< h2 > 下面有文字是红色的吗 < /h2 >
< div >< p > 这一段文字不是红色 < /p >< /div >    < !-- div 中的 p 和 h2 不同级,不会被
选中 -->
< p > 这一段文字不是红色 < /p >    < !-- 没有紧跟在 h2 后,不会被选中 -->
< h2 > 下面哪些文字是红色的呢 < /h2 >
这一段文字不是红色
< p > 这一段文字是红色 < /p >
< p > 这一段文字不是的 < /p >
```

第一个段落标记紧跟在 h2 之后,因此会被选中,在最后一个 h2 元素后,尽管紧接的是一段文字。但那些文字不属于任何标记,因此紧随这些文字之后的第一个 p 元素也会被选中。

如果希望紧跟在 h2 后面的任何元素都变成红色,可使用如下方法:

```
h2 + * {
color: red;  }
```

那么第二个 h2 后的 div 元素也会被选中。

3. 属性选择器

引入属性选择器后,CSS 变得更加复杂、准确、功能强大。属性选择器主要有 3 种形式,分别是匹配属性、匹配属性和值、匹配属性和值的一部分。属性选择器的定义方式是将属性和值写在方括号([ ])内。

1) 匹配属性

属性选择器选中具有某个指定属性的元素,例如:

```
a[name]{color:purple; }               /* 选中具有 name 属性的 a 元素 */
img[border]{border - color:gray;}     /* 选中具有 border 属性的 img 元素 */
[special]{color:red;}                 /* 选中具有 special 属性的任何元素 */
```

这些情况下,每个元素的具体属性值并不重要,只要给定属性在元素中出现,元素便匹配该属性选择器,还可给元素自定义一个它没有的属性名,如(< h2 special = " " > …</h2 >),那么这个 h2 元素会被[special]属性选择器选中,这时属性选择器就相当于类或 ID 选择器的作用了。

2) 匹配属性和值

属性选择器也可根据元素具有的属性和值来匹配,例如:

```
a[href = "http://www.hynu.cn"] {color:yellow; }   /* 选中指向 www.hynu.cn 的链接 */
input[type = "submit"] {background:purple; }              /* 选中表单中的提交按钮 */
img[alt = "Sony Logo"][class = "pic"] {margin:20px;}/* 同时匹配两个属性和值 */
```

这样,用属性选择器就能很容易地选中某个特定的元素,而不用为这个特定的元素定义一个 id 或类,再用 ID 或类选择器去匹配它了。

3) 匹配单个属性值

如果一个属性的属性值有多个,每个属性值用空格分开,那么就可以用匹配单个属性值的属性选择器来选中它们了。它是在等号前加了一个波浪符(~)。例如:

```
[special ~= "wo"] {  color: red;}
< h2 special = "wo shi">文字是红色 </h2 >
```

由于对一个元素可指定多个类名,匹配单个属性值的选择器就可以选中具有某个类名的元素,这才是它的主要用途。例如:

```
h2[class~="two"] {  color: red;}
 <h2 class="one two three">文字是红色</h2>
```

4. 新增加的伪类选择器

在 IE6 中,只支持 <a> 标记的 4 个伪类,即 a:link、a:visited、a:hover 和 a:active,其中前两个称为链接伪类,后两个是动态伪类。在 CSS 2.0 规范中,任何元素都支持动态伪类,所以像 li:hover、img:hover、div:hover 和 p:hover 这些伪类是合法的,它们都能被 IE7 和 Firefox 等浏览器支持。

下面介绍两种新增加的伪类选择器,它们是:focus 和:first-child。

1) :focus

:focus 用于定义元素获得焦点时的样式。例如,对于一个表单来说,当光标移动到某个文本框内时(通常是单击了该文本框或使用 Tab 键切换到了这个文本框上),这个 input 元素就获得了焦点。这种情况下,可以通过 input:focus 伪类选中它,改变它的背景色,使它突出显示,代码如下:

```
input:focus { background: yellow; }
```

对于不支持:focus 伪类的 IE6 浏览器,要模拟这种效果,只能使用两个事件结合 JavaScript 代码来模拟,它们是 onfocus(获得焦点)和 onblur(失去焦点)事件。

2) :first-child

:first-child 伪类选择器用于匹配它的父元素的第一个子元素,也就是说这个元素是它父元素的第一个儿子,而不管它的父元素是哪个。例如:

```
p:first-child{  font-weight: bold;  }
 <body>
 <p>这一段文字是粗体</p>              <!--第一行,被选中-->
 <h2>下面哪些文字是粗体的呢</h2>
 <p>这一段文字不是粗体</p>
 <h2>下面哪些文字是粗体的呢</h2>
 <div><p>这一段文字是粗体</p>          <!--第五行,被选中-->
 <p>这一段文字不是粗体</p></div>
 <div>下面哪些文字是粗体的呢
 这一段文字不是
 <p>这一段文字是粗体</p>              <!--第九行,被选中-->
 <p>这一段文字不是的</p></div>
 </body>
```

这段文字共有 3 行会以粗体显示。第一行 p 是其父元素 body 的第一个儿子,被选中;第五行 p 是父元素 div 的第一个儿子,被选中;第九行 p 也是父元素 div 的第一个儿子,也被选中,尽管它前面还有一些文字,但那不是元素。

5. 伪对象选择器

在 CSS 中伪对象选择器主要有:first-letter、:first-line 以及:before 和:after。但 IE6 不

支持。之所以称：first-letter 和：first-line 是伪对象，是因为它们在效果上使文档中产生了一个临时的元素，这是应用"虚构标记"的一个典型实例。

1）：first-letter

：first-letter 用于选中元素内容的首字符。例如：

```
p:first-letter{ font - size: 2em; float: left;}
```

它可以选中段落 p 中的第一个字母或中文字符。

2）：first-line

：first-line 用于选中元素中的首行文本。例如：

```
p:first - line{ font - weight: bold; letter - spacing: 0.3em;}
```

它选中每个段落的首行。不管其显示的区域是宽还是窄，样式都会准确地应用于首行。如果段落的首行只包含 5 个汉字，则只有这 5 个汉字变大。如果首行包含 30 个汉字，那么所有 30 个汉字都会变大。

下面是一个 p 元素的代码，如果使它同时应用上面的 p：first-letter 选择器和 p：first-line 选择器定义的样式，则效果如图 4-17 所示。

```
<p>春天来临，又到了播种耕种的季节，新皇后将炒熟了的麦子，发送给全国不知情的农夫。
已经熟透了的麦子，无论怎样浇水、施肥，当然都无法发出芽来。 </p>
```

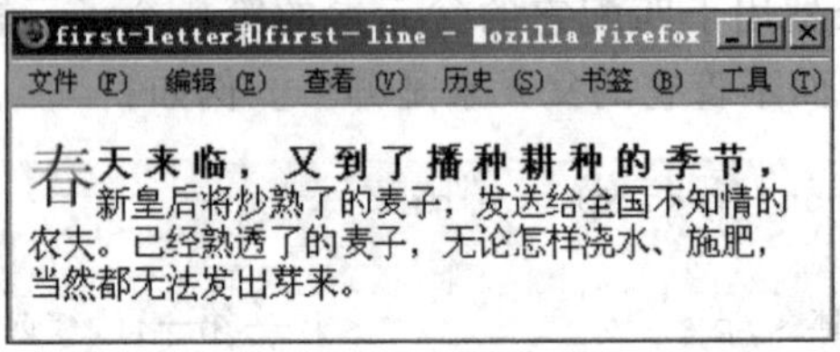

图 4-17 　：first-letter 和：first-line 的应用

注意：可供：first-line 使用的 CSS 属性有一些限制，它只能使用字体、文本和背景属性，不能使用盒子模型属性（如边框、背景）和布局属性。

3）：before 和：after

：before 和：after 两个伪对象必须配合 content 属性使用才有意义。它们的作用是在指定的元素内产生一个新的行内元素，该行内元素的内容是由 content 属性里的内容决定的。例如下面代码的效果如图 4-18 所示。

```
<style>
    p:before,p:after{content: "--";color:red;}
</style>
<p>看这一段文字的左右 </p>
<p>这一段文字左右 </p>
```

可以看到通过产生内容属性，p 元素的左边和右边都添加了一个新的行内元素，它们的内容是"--",并且设置伪元素内容的样式为红色。

还可以将:before 和:after 伪元素转化为块级元素显示,例如将上述选择器修改为:

```
p: before,p:after{content:"--";color:red; display: block;}
```

则显示效果如图 4-19 所示。

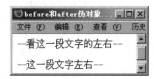

图 4-18 用:before 和:after 配合 content   图 4-19 设置伪元素为块级
          添加伪元素   元素显示的效果

利用:after 产生的伪元素,可以用来做清除浮动的元素,即对浮动盒子的父元素设置:after 产生一个伪元素,用这个伪元素来清除浮动,这样就不需要在浮动元素后添加一个空元素了,也能实现浮动盒子被父元素包含的效果。具体请参考 4.6.3 节。

6. CSS 2.1 选择器总结

下面将常用的 CSS 2.1 选择器罗列在表 4-3 中,请读者掌握它们的用法。

表 4-3 CSS 2.1 常用的选择器

选择器名称	选择器示例	作 用 范 围
通配选择符	*	所有的元素
标记选择器	div	所有 div 标记的元素
后代选择器	div *	div 标记中所有的子元素
	div span	包含在 div 标记中的 span 元素
	div .class	包含在 div 标记中类名属性为 class 的元素
并集选择器	div, span	div 元素和 span 元素
子选择器 *	div > span	如果 span 元素是 div 元素的直接后代,则选中 span 元素
相邻选择器 *	div + span	如果 span 元素紧跟在 div 元素后,则选中 span 元素
类选择器	.class	所有类名属性为 class 的元素
交集选择器	div.class	所有类名属性为 class 的 div 元素
ID 选择器	#itemid	id 名为 itemid 的唯一元素
	div#itemid	id 名为 itemid 的唯一 div 元素
属性选择器 *	a[attr]	具有 attr 属性的 a 元素
	a[attr = 'x']	具有 attr 属性并且值为 x 的 a 元素
	a[attr ~ = 'x']	具有 attr 属性并且值的字符中含有'x'的 a 元素

续表

选择器名称	选择器示例	作 用 范 围
伪类选择器	a：hover	所有在 hover 状态下的 a 元素
	a. class：hover	所有在 hover 状态下具有 class 类名的 a 元素
伪对象选择器	div：first-letter	选中 div 元素中的第一个字符

4.3 CSS 设计和书写技巧 *

4.3.1 CSS 样式总体设计原则

设计 CSS 样式时，应遵循"先普遍，后特别"的原则。首先对很多元素统一设置属性，然后为一些需要特别设置样式的元素添加 class 属性或 id 属性，并注意如下几点。

（1）善于运用后代选择器。虽然定义标记选择器最方便（不需要在每个标记中添加 class 或 id 属性，使初学者最喜欢定义标记选择器或由标记选择器组成的后代选择器），但有些标记在网页文档的各部分出现的含义不同，从而样式风格往往也不相同，例如网页中普通的文字链接和导航链接的样式就不同。为此，虽然可以将导航条内的各个 <a> 标记都定义为同一个类，但这样导航条内的所有 <a> 标记都要添加一个 class 属性，class = "nav" 要重复写很多遍。例如：

```
<div>
  <a class = "nav" href = "#">首 页 </a>
  <a class = "nav" href = "#">中心简介 </a>…
  <a class = "nav" href = "#">技术支持 </a></div>
```

实际上，可以为导航条内 <a> 标记的父标记（如 ul）添加一个 id 属性（nav），然后用后代选择器（#nav a）就可以选中导航条内的各个 <a> 标记了。这时 HTML 结构代码中的 id = "nav" 就只要写一次了，示例代码如下，显然这样代码更简洁。

```
<div id = "nav">
  <a href = "#">首 页 </a>
  <a href = "#">中心简介 </a>…
  <a href = "#">技术支持 </a></div>
```

（2）灵活运用 class 和 id。

例如，网页中有很多栏目框，所有栏目框有许多样式是相同的，因此可以将所有栏目框都定义为同一个类，然后再对每个栏目框定义一个 id 属性，以便对某个栏目框做特别的样式设置。

（3）对于几个不同的选择器，如果它们有一些共同的样式声明，就可以先用并集选择器对它们先集体声明，然后再单独定义某些选择器的特殊样式以覆盖前面的样式。例如：

```
h2,h3,h4,p,form,ul{margin:0;font-size:14px;}
h2{font-size:18px;}
```

4.3.2 DW 对 CSS 的可视化编辑支持

1. 新建和编辑 CSS 样式

DW 对 CSS 代码的新建和编辑有很好的支持,对 CSS 的所有操作都集中在如图 4-20 所示的"CSS 样式"面板中,单击"新建 CSS 规则"按钮 ，就会弹出如图 4-21 所示的对话框。

图 4-20 "CSS 样式"面板

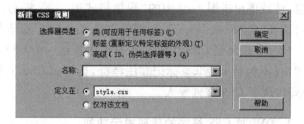

图 4-21 新建 CSS 选择器

其中,"选择器类型"中的"类"对应类选择器,"标签"对应标记选择器,"高级"对应除此之外的其他所有选择器(如 ID 选择器、伪类选择器和各种复合选择器)。确定选择器类型后,就可以在"名称"下拉框中输入或选择选择器的名称(要注意符合选择器的命名规范,即类选择器必须以点开头,ID 选择器必须以#开头),在"定义在"选项中,可以选择将 CSS 代码写在外部 CSS 文件中(如 style.css),并通过链接式引入该 CSS 文档;"仅对该文档"表示使用嵌入式引入 CSS,即把 CSS 代码作为 <style> 标记的内容写在文档头部。

定义好选择器后,单击"确定"按钮,就会弹出该选择器的 CSS 属性面板,如图 4-22 所示。所有选择器的 CSS 属性面板都是相同的。

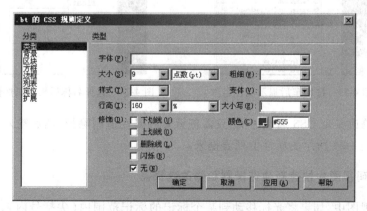

图 4-22 CSS 规则定义面板

对面板中任何一项进行赋值后，都等价于往该选择器中添加一条声明，如下划线设置为"无"，就相当于在代码视图内为该选择器添加了一条"text-decoration：none；"。

设置完样式属性后，单击"应用"按钮，可以在设计视图中看到样式应用后的效果，也可单击"确定"按钮，关闭规则定义面板并应用样式。这时在"CSS 样式"面板中将出现刚才新建的 CSS 选择器名称和其属性，如图 4-20 所示。

2. 将嵌入式 CSS 转换为外部 CSS 文件

如果在 HTML 文档头部已经用 < style > 标记添加了一段嵌入式的 CSS 代码，可以将这段代码导出成一个 CSS 文件供多个 HTML 文档引用。导出方法有以下两种。

（1）执行菜单命令"文本"→"CSS 样式"→"导出"，输入文件名（如 style.css），就可将该段 CSS 代码导出成一个 .css 文件。导出后可将此文档中的 < style > 标记部分全部删除，然后再单击图 4-20 中的"附加样式表" <img>，将刚才导出的 .css 文件引入，引入的方法可选择"链接"或"导入"，分别对应链接式 CSS 或导入式 CSS。

（2）直接复制 CSS 代码。在 DW 中新建一个 CSS 文件，将 < style > 标记中的所有样式规则（不包括 < style > 标记和注释符）剪切到 CSS 文档中，然后再单击"附加样式表"按钮 <img> 将这个 CSS 文件导入。

3. DW 对 CSS 样式的代码提示功能

Dreamweaver 对 CSS 同样具有很好的代码提示功能。在代码视图中编写 CSS 代码时，按 Enter 键或空格键都可以触发代码提示。

编辑 CSS 代码时，在一条声明书写结束的地方按 Enter 键，就会弹出该选择器拥有的所有 CSS 属性列表供选择，如图 4-23 所示。当在属性列表框中已选定某个 CSS 属性后，又会立刻弹出属性值列表框供选择，如图 4-24 所示。如果属性值是颜色，则会弹出颜色选取框；如果属性值是 URL，则会弹出文件选择框。

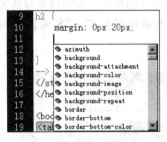
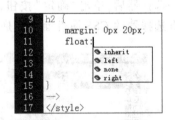

图 4-23　按回车后提示属性名称　　图 4-24　选择名称后提示属性值

如果要修改某个 CSS 属性的值，只需把冒号和属性值删除掉，然后输入一个冒号，就又会弹出如图 4-24 所示的属性值列表框来。

4. 在代码视图中快速新建选择器和修改选择器

在代码视图中，如果将光标移动到某个标记的标记范围内（尖括号内），如图 4-25 所示，再单击图 4-22 中"CSS 样式"面板中的"新建" <img> 按钮，则在弹出的如图 4-26 所示的"新建 CSS 规则"面板中，会自动为光标所在位置的元素建立选择器名，这样可免去手工书写该 CSS 选择器的名称。

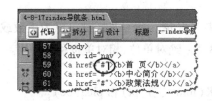
图 4-25　将光标置于标记范围内

图 4-26　新建选择器时会自动出现光标位置的元素

如果要修改某个 CSS 选择器的样式,可将光标置于这个 CSS 选择器的代码范围内,再单击如图 4-22 所示"CSS 样式"面板中的"编辑样式"按钮，就会弹出该选择器的规则定义面板(图 4-21)供修改。

4.3.3　CSS 属性的值和单位

值是对属性的具体描述,而单位是值的基础。没有单位,浏览器将不知道一个边框是 10cm 还是 10px。CSS 中较复杂的值和单位有颜色取值和长度单位。

提示:HTML 属性的值一般不要写单位,因为 HTML 属性的取值可用的单位只有像素或百分比。

1. 颜色的值

CSS 中定义颜色的值可使用命名颜色、RGB 颜色和十六进制颜色 3 种方法。

1) 命名颜色

例如:

```
p{color: red;}
```

其中,"red"就是命名颜色,能够被 CSS 识别的颜色名大约有 140 种。常见的颜色名如 red、yellow、blue、silver、teal、white、navy、orchid、oliver、purple、green 等。

2) RGB 颜色

显示器的成像原理是红(Red)、绿(Green)、蓝(Blue)3 色光的叠加形成各种各样的色彩。因此,通过设定 RGB 3 色的值来描述颜色是最直接的方法。格式如下:

```
td{ color: rgb(139,31,185); }
td{ color: rgb(12%,201,50%); }
```

其值可以取 0 ~ 255 之间的整数,也可以是 0 ~ 100% 的百分数,但 Firefox 浏览器并不支持百分数值。

3) 十六进制颜色

十六进制颜色的使用最普遍,其原理同样是 RGB 色,不过将 RGB 颜色的数值转换成了十六进制的数字,并用更加简单的方式写出来:#RRGGBB,如#ffcc33。

其参数取值范围为:00 ~ FF(对应十进制仍为 0 ~ 255),如果每个参数各自在两位上的数值相同,那么该值也可缩写成"#RGB"的方式。例如,#ffcc33 可以缩写为#fc3。

2. CSS 长度单位

为了正确显示网页中的元素，许多 CSS 属性都依赖于长度。所有长度都可以为正数或者负数加上一个单位来表示，而长度单位大致可分为 3 类：绝对单位、相对单位和百分比。

1）绝对单位

绝对单位很简单，包括英寸（in）、厘米（cm）、毫米（mm）、磅（pt）和 pica（pc）。

使用绝对单位定义的长度在任何显示器中显示的大小都是相同的，不管该显示器的分辨率或尺寸是多少。如 font-size:9pt，则该文字在任何显示器中都是 9 磅大小。

2）相对单位

顾名思义，相对单位的长短取决于某个参照物，如屏幕的分辨率、字体高度等。

有 3 种相对长度单位：元素的字体高度（em）、字母 x 的高度（ex）和像素（px）。

（1）em 就是元素原来给定的字体 font-size 的值，如果元素原来给定的 font-size 值是 14px，那么 1em 就是 14px。

（2）ex 是以字体中小写 x 字母为基准的单位，不同的字体有不同的 x 高度，因此即使 font-size 相同而字体不同，1ex 的高度也会不同。

（3）像素 px 是指显示器按分辨率分割得到的小点。显示器由于分辨率或大小不同，像素点的大小是不同的，所以像素也是相对单位。

3）百分比

百分比显得非常简单，也可看成是一个相对量。例如：

```
td{font-size:12px; line-height:160%; }    /* 设定行高为字体高度的160% */
hr{width:80%}                             /* 水平线宽度相对其父元素宽度为80% */
```

4.3.4 浏览器的私有 CSS 属性

各种浏览器除了支持 CSS 标准中定义的通用 CSS 属性外，一些浏览器厂商还为自己的浏览器设计了一些私有的 CSS 属性，特别是 IE 浏览器，定义了很多私有 CSS 属性。常见的 IE 支持的私有 CSS 属性如表 4-4 所示。

表 4-4 IE 浏览器支持的私有 CSS 属性

CSS 属性	功 能	举 例
zoom	放大或缩小 HTML 元素	img{zoom:3}
scrollbar-face-color	改变滚动条的颜色	html{scrollbar-face-color:red;}
filter	滤镜属性，可以美化网页元素	img{filter:gray}
behavior	行为属性，例如实现将网页加入收藏夹等功能	

其中，滤镜（filter）属性就是微软为增强浏览器功能而整合在 IE 中的一类功能的集合。因为它不符合 CSS 标准，所以滤镜效果只能被 IE 浏览器支持，Firefox 等其他浏览器均不支持，IE8+以上的浏览器考虑到要兼容 CSS 标准也不再支持滤镜属性了。但其他浏览器中也有些类似滤镜的私有属性能实现和某些滤镜属性相似的效果。

1. 滤镜的语法格式

滤镜属性和其他 CSS 属性的书写方法相似,语法格式为:

```
filter: 滤镜名(若干个参数)
```

IE 浏览器支持 16 种 CSS 滤镜属性值,根据滤镜是否需要参数,滤镜可分为无参滤镜和有参滤镜两类。

2. 无参滤镜举例

使用滤镜属性(filter: gray)可以使图像变成黑白的。下面的代码将 img 元素变成黑白的,当鼠标滑过时,去掉该滤镜属性,使图像恢复成彩色,并改变边框颜色。

```
< style type = "text/css">
img {
    border: 1px solid #fff;    padding: 6px;
    filter: gray;            /*使图像变黑白*/   }
a:hover img {               /* IE6 实现动态变色 */
    border: 1px solid #666;
    filter:;                /*使图像恢复彩色*/ }
</style >
< a href = "#"><img src = "images/works.jpg" border = "0"/></a >
```

提示:gray 滤镜只能使图像变黑白,要使网页整体变黑白需要使用如下代码:

```
html { filter:progid:DXImageTransform.Microsoft.BasicImage(grayscale =1); }
```

3. 有参滤镜应用举例

Alpha 滤镜可以设置对象的不透明度,它是最常用的一个滤镜。因为很多非 IE 浏览器也支持另一个设置不透明度的属性,它是 CSS 3 中的 opacity 属性,综合利用这些设置不透明度的属性就可以在所有浏览器中实现元素透明的效果。例如:

```
div.transp {              /* 使这个 div 元素呈现半透明效果 */
    opacity: 0.6;          /* Firefox,Safari(WebKit),Opera 支持 */
    filter: "alpha(opacity =60)";    /* IE8 支持 */
    filter: alpha(opacity =60);      /* IE6 和 IE7 支持 */ }
```

4.4　盒子模型及标准流下的定位

在网页的布局和页面元素的表现方面,要掌握的最重要的概念是 CSS 的盒子模型(Box Model)以及盒子在浏览器中的排列(定位),这些概念用来控制元素在页面上的排列和显示方式,形成 CSS 的基本布局。

设想有 4 幅镶嵌在画框中的画，如图 4-27 所示。可以把这 4 幅画看成是 4 个 img 元素，那么 img 元素中的内容就是画框中的画，画（内容）和边框之间的距离称为盒子的填充或内边距（padding），画的边框称为盒子的边框（border），画的边框周围还有一层边界（margin），用来控制元素盒子与其他元素盒子之间的距离。

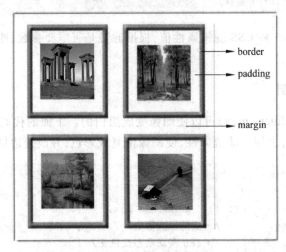

图 4-27　画框示意图

4.4.1　盒子模型基础

通过对画框中的画进行抽象，就得到一个抽象的模型——盒子模型，如图 4-28 所示。盒子模型是 CSS 的基石之一，它指定元素如何显示以及（在某种程度上）如何相互交互，页面上的每个元素都被浏览器看成是一个矩形的盒子，这个盒子由元素的内容、填充、边框和边界组成。网页就是由许多个盒子通过不同的排列方式（上下排列、左右排列、嵌套排列）堆积而成。

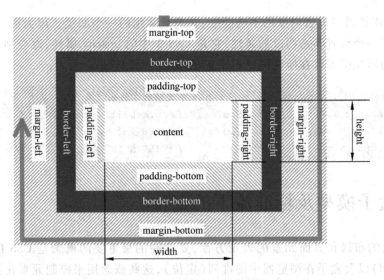

图 4-28　盒子模型及有关属性

1. 盒子模型的属性和计算

盒子的概念是非常容易理解的,但是如果要精确地利用盒子模型布局,有时候 1px 都不能差,这就需要非常精确地理解盒子大小的计算方法。盒子模型的填充、边框、边界宽度都可以通过相应的属性分别设置上、右、下、左 4 个距离的值,内容区域的宽度可通过 width 和 height 属性设置,增加填充、边框和边界不会影响内容区域的尺寸,但会增加盒子的总尺寸。

因此一个元素盒子的实际宽度如下:

实际宽度=左边界+左边框+左填充+内容宽度+右填充+右边框+右边界

例如,一个 div 元素的 CSS 样式定义如下:

```
div{
    background: #9cf;
    margin: 20px;
    border: 10px solid #039;
    padding: 40px;
    width: 200px;
    height:88px;  }
<div>盒子模型</div>
```

则该元素占据的网页总宽度是:20+10+40+200+40+10+20=340(px)。其中,该元素内容占据的宽度是 200px,高度是 88px。

由于默认情况下绝大多数元素的盒子边框是 0,盒子的背景是透明的,所以在不设置 CSS 样式的情况下元素的盒子不可见,但这些盒子依然是占据网页空间的。

通过 CSS 重新定义元素样式,可以分别设置元素盒子的 margin、padding 和 border 的宽度值,还可以设置盒子边框和背景的颜色,巧妙设置可以美化网页元素。

2. 边框 border 属性

盒子模型的 margin 和 padding 属性比较简单,只能设置宽度值,最多分别对上、右、下、左分别设置宽度值。而边框 border 则可以设置边框的宽度、颜色和样式。border 属性有 3 个子属性,分别是 border-width(宽度)、border-color(颜色)和 border-style(样式)。在设置 border 时常常需要将这 3 个属性结合起来才能达到良好的效果。

这里重点讲解 border-style 属性,它可以将边框设置为实线(solid)、虚线(dashed)、点划线(dotted)、双线(double)等。效果如图 4-29 所示。

图 4-29　边框样式(border-style 属性)的不同取值的效果

各种样式边框的显示效果在 IE 和 Firefox 中略有区别。对于 groove、inset、outset 和 ridge 这 4 种值，IE 都不支持。下面是图 4-29 对应的代码。

```
< style type = "text/css">
div {
        border:6px black;
        margin:6px;
        padding:6px;       }
</style >
< div style = "border - style:solid">The border - style of solid. </div >
< div style = "border - style:dashed">The border - style of dashed. </div >
< div style = "border - style:dotted">The border - style of dotted. </div >
< div style = "border - style:double">The border - style of double. </div >
```

还可以分别对某个边框设置样式，下面是一些例子，其显示效果如图 4-30 所示。

```
border: 4px solid red;                /* 同时设置 4 个边框 */
  /* ------------------- */
border - bottom: 6px double black;     /* 单独设置下边框为黑色双线 */
  /* ------------------- */
border:3px dotted #00f;
border - right:none;                  /* 设置右边无边框,其他边框为虚线 */
  /* ------------------- */
border:5px dashed #666;
border - width:0 5px;                 /* 设置上下无边框 */
```

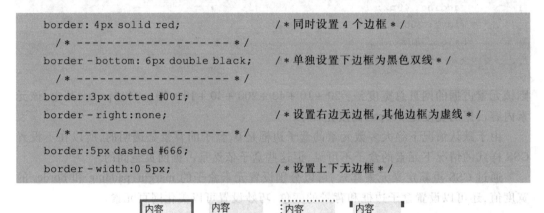

图 4-30　边框样式的设置效果

提示：当有多条规则作用于同一个边框时，则后面设置的样式会覆盖前面的设置。

实际上，边框 border 属性有个有趣的特点，即两条交汇的边框之间是一个斜角，可以通过为边框设置不同的颜色，再利用这个斜角，制作出像三角形一样的效果。例如图 4-31，第一个元素将 4 条边框设置为不同的颜色，并设置为 10px 宽，此时可明显地看到边框交汇处的斜角；第二个元素在第一个元素基础上将元素的内容设置为空，这时由于没有内容，4 条边框紧挨在一起，形成 4 个三角形的效果。第三个元素和第四个元素的内容也为空，第三个元素将左边框设置为白色，下边框设置为红色（当然也可设置上边框为白色，右边框为红色，效果一样）。第四个元素将左右边框设置为白色，下边框设置为红色，

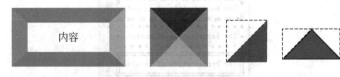

图 4-31　4 个元素的边框样式

并且左右边框宽度是下边框的一半。

　　用代码实现这些效果时,还必须将元素设置为以块级元素显示等,这些在制作缺角的导航条一节中再详细讨论。

3. 填充 padding 属性

　　填充 padding 属性,也称为盒子的内边距,位于盒子的边框和内容之间,和表格的填充属性(cellpadding)相似。如果填充属性为 0,则盒子的边框会紧挨着内容,这样通常不够美观。

　　当对盒子设置了背景颜色或背景图像后,那么背景会覆盖 padding 和内容组成的区域,并且默认情况下背景图像是以 padding 的左上角为基准点在盒子中平铺的,如图 4-32 所示。

图 4-32　背景图像覆盖 padding 区域

4. 边界 margin 属性

　　边界 margin 位于盒子边框的外侧,也称为外边距。其不会应用背景,因此该区域总是透明的。通过设置 margin,可以使盒子与盒子之间留有一定的间距,使页面不至于过于拥挤。可以统一设置 4 个边界的宽度,也可单独设置各边界的宽。例如:

```
margin:4px 8px;             /* 上下 4px,左右 8px */
margin - left: -10px;       /* 左边界 -10px */
```

5. 盒子模型属性缩写技巧

　　CSS 缩写是指将多条 CSS 属性集合写到一行中的编写方式,通过对盒子模型属性的缩写可大大减少 CSS 代码,使代码更清晰,主要的缩写方式有以下几种。

　　(1) 盒子边界、填充或边框宽度的缩写。

　　① 对于盒子 margin、padding 和 border-width 的宽度值,如果只写一个值,则表示它四周的宽度相等,例如:p{margin:0px}。

　　如果给出了 2 个、3 个或者 4 个属性值,它们的含义将有所区别,具体含义如下。

　　② 如果给出 2 个属性值,前者表示上下边距的宽度,后者表示左右边框的宽度。

　　③ 如果给出 3 个属性值,前者表示上边距的宽度,中间的数值表示左右边框的宽度,后者表示下边距的宽度。

　　④ 如果给出 4 个属性值,依次表示上、右、下、左边距的宽度,即按顺时针排序。

　　(2) 边框 border 属性的缩写。

　　边框 border 是一个复杂的对象,它可以设置 4 条边的不同宽度、不同颜色以及不同样式,所以 border 对象提供的缩写形式也更为丰富。不仅可以对整个对象进行缩写,也可以对单个边进行缩写。对于整个对象的缩写形式如下:

```
border: border - width | border - style | border - color
```

例如：

```
div{border: 1px solid blue;                    /*边框为1像素蓝色实线*/    }
```

代码中 div 对象设置成 4 个边均为 1px 宽度、实线、蓝色边框的样式。

如果要为 4 个边定义不同的样式，则可以这样缩写：

```
p{   border - width:1px 2px 3px 4px;      /*上  右  下  左*/
     border - color:white blue red;       /*上  左右  下*/
     border - style: solid dashed;        /*上下  左右*/
}
```

有时，还需要对某一条边的某个属性进行单独设置，例如，仅希望设置右边框的颜色为红色，可以写成：

```
border - right - color:red;
```

类似地，如果希望设置上边框的宽度为 4px，可以写成：

```
border - top - width:4px;
```

6. 盒子模型其他需注意的问题

关于盒子模型，还有以下几点需要注意。

（1）边界 margin 值可为负，如 margin：-480px；填充 padding 值不可为负。

（2）如果盒子中没有内容（即空元素，如＜div＞＜/div＞），对它设置的宽度或高度为百分比单位（如 width:30%），而且没有设置 border、padding 或 margin 值，则盒子不会被显示，也不会占据空间，但是如果对空元素的盒子设置的宽或高是像素值，盒子会按照指定的像素值大小显示。

（3）对于 IE6 浏览器，如果网页头部没有定义文档类型声明（DOCTYPE），那么 IE 6 将进入怪异（quirk）模式，此时盒子的宽度 width 或高度 height 等于原来的宽度或高度再加上填充值和边框值。因此，在使用了盒子模型属性后一定要有文档类型声明。

7. 各种元素盒子模型属性的浏览器默认值

所谓浏览器的默认样式就是指不设置任何 CSS 样式的情况下浏览器对元素样式的定义，例如，对于标题元素，浏览器默认会以粗体的形式显示，对元素定义 CSS 样式实际上就是覆盖浏览器对元素默认的样式定义。各种元素的浏览器的默认样式如下。

（1）绝大多数 HTML 元素的 margin、padding 和 border 属性浏览器默认值为 0。

（2）有少数 HTML 元素的 margin 和 padding 浏览器默认值不为 0。主要有 body、h1～h6、p、ul、li、form 等，因此有时必须重新定义它们的这些属性值为 0。

（3）表单中大部分 input 元素（如文本框、按钮）的边框属性默认不为 0，有时可以对 input 元素边框值进行重新定义达到美化表单中文本框和按钮的目的。

4.4.2　盒子模型的应用

学习了盒子模型以后，可以为网页中的任何元素添加填充、边框和背景等效果，只要运用得当，能很方便地美化网页。下面以美化表单和制作特殊效果表格来展示盒子模型的运用技巧。

1. 美化表单

网页中的表单控件在默认情况下背景都是灰色的，文本框边框是粗线条带立体感的，不够美观。下列代码（4-2. html）通过 CSS 改变表单的边框样式、颜色和背景颜色，让文本框、按钮等变得漂亮些。效果如图 4-33 所示。

图 4-33　CSS 美化表单效果

```
< style type = "text/css">
form{
    border: 1px dotted #999;          /* 设置 form 元素边框为点线 */
    padding: 1px 6px;
    margin: 0;                        /* 清除 form 元素的默认边界值 */
    font:14px Arial; }
input{
    color: #00008B;                   /* 对所有 input 标记设置统一的文本颜色 */}
input.txt{                            /* 文本框单独设置 */
    background - color: #fee;
    border:none;                      /* 先清除文本框的边框 */
    border - bottom: 1px solid #266980;       /* 设置文本框下边框的样式 */
    color: #1D5061;}
input.btn{                            /* 按钮单独设置 */
    color: #00008B;
    background - color: #ADD8E6;
    border: 1px outset #00008B;
    padding: 3px 2px 1px;
}
select{   /* 设置下拉框样式 */
    width: 100px;
    color: #00008B;
    background - color: #ADD8E6;
    border: 1px solid #00008B;
}
textarea{                             /* 设置多行文本域样式 */
    width: 200px;
    height: 40px;
    color: #00008B;
```

```
      background - color: #ADD8E6;
      border: 1px inset #00008B;   }
</style >
< form action = "" method = "post">
  < p >用户名: < input class = "txt" type = "text" name = "comments" size =15/ >
</p >
  < p >密码 : < input class = "txt" name = "passwd" type = "password" size =
"15"/ ></p >
  < p >所在地: < select name = "addr">
      < option value = "1">湖南 </option >
      < option value = "2">广东 </option >
      < option value = "3">江苏 </option >
      < option value = "4">四川 </option ></select ></p >
  < p >个性签名: < br/ >< textarea name = "sign" cols = "20" rows = "4">
  </textarea ></p >
  < p >< input class = "btn" type = "submit" value = "登 录"/ >
    < input class = "btn" type = "reset" value = "重 置"/ ></p >
</form >
```

在上述代码中,使用"input. txt"选中了类名为 txt 的文本框,对于支持属性选择器的浏览器,还可以使用 input[type = "text"]来选中文本框,这样就不需要添加类名。可以看到,美化表单主要就是重新定义表单元素的边框和背景色等属性,对于 Firefox,还可以为表单元素定义背景图像(background-image),但 IE 不支持。

2. 制作 1 像素带虚线边框表格

通过 CSS 盒子模型的边框属性可以很容易地制作出如图 4-34 所示的 1px 虚线边框的表格。方法是首先把表格的 HTML 边框属性设置为 0,然后给表格 table 用 CSS 添加 1px 的实线边框,再给第一行的单元格 td 用 CSS 添加虚线的下边框。为了让单元格的虚线和边框和表格的边框不交合,设置表格的间距(cellspacing)不为 0 即可。代码如下:

课程简介
电子商务专业的学生应掌握基本网页设计和制作技能。因为以后要接触到大量的修改网页的工作,至少应该为以后工作打下一个良好的基础。

图 4-34　CSS 虚线边框表格

```
< style type = "text/css">
table {
    border 1px solid #03F;    }
td.title {
    border - bottom: 1px dashed #06f;    }
</style >
< table width = "168" border = "0" cellpadding = "3" cellspacing = "8">
  < tr >< td class = "title">课程简介 </td ></tr >
  < tr >< td class = "test">电子商务专业… </td ></tr >
</table >
```

4.4.3　盒子在标准流下的定位原则

CSS 中有 3 种基本的定位机制,即标准流、浮动和定位属性下的定位。除非设置了浮动属性或定位属性,否则所有盒子都是在标准流中定位的。

顾名思义,标准流中元素盒子的位置由元素在 HTML 中的位置决定。也就是说,行内元素的盒子在同一行中水平排列;块级元素的盒子占据一整行,从上到下一个接一个排列;盒子可以按照 HTML 元素的嵌套方式包含其子元素的盒子,盒子与盒子之间的距离由 margin 和 padding 决定。在网页中添加一个 HTML 元素也就是向浏览器中插入了一个盒子。

例如,下列代码中有一些行内元素和块级元素,其中,块级元素 p 还嵌套在 div 块内。下面采用“＊”选择器让网页中所有元素显示“盒子”,效果如图 4-35 所示。

```
<html><head>
<style type="text/css">
* {border: 2px dashed #FF0066;
    padding: 6px;
    margin: 2px;}
body{ border: 3px solid blue;}
a{ border: 3px dotted blue;}
</style></head>
<body>
<div>网页的 banner(块级元素)</div>
<a href="#">行内元素1</a><a href="#">行内2</a><a href="#">行内3</a>
<div>这是无名块<p>这是盒子中的盒子</p></div></body></html>
```

在图中,最外面的虚线框是 HTML 元素的盒子,里面的一个实线框是 body 元素的盒子。在 body 中,包括两个块级元素(div)从上到下排列,以及 3 个行内元素(a)从左到右并列排列,还有一个 p 元素盒子嵌套在 div 盒子中,所有盒子之间的距离由 margin 和 padding 值控制。

1. 行内元素的盒子

行内元素的盒子永远只能在浏览器中得到一行高度的空间(行高由 line-height 属性决定,如果没设置该属性,则是内容的默认高度),如果给它设置上下 border、margin、padding 等值,导致其盒子的高度超过行高,那么盒子上下部分将和其他元素的盒子重叠,如图 4-35 所示。

从图 4-36 可以看出,当增加 a 元素的边框和填充值时,行内元素 a 占据的浏览器高度并没有增加,下面这个 div 块仍然在原来的位置,导致行内元素盒子的上下部分和其他元素的盒子发生重叠(在 Firefox 中它将遮盖住其他盒子,在 IE6 中它将被其他盒子所遮盖),而左右部分不会受影响。因此,不推荐对行内元素直接设置盒子属性,一般先设置行内元素以块级元素显示,再对它设置盒子属性。

图 4-35　盒子在标准流下的定位　　　图 4-36　增大 a 元素的高度后效果

2. display 属性

实际上，标准流中的元素可通过 display 属性来改变元素是以行内元素显示还是以块级元素显示，或不显示。display 属性的常用取值如下：

```
display: block | inline | none | list - item
```

display 设置为 block 表示为以块级元素显示，设置为 inline 表示以行内元素显示。将 display 设置为其他两项的作用如下。

1）隐藏元素 display:none;

当某个元素被设置成 display:none;之后，浏览器会完全忽略掉这个元素，该元素将不会被显示，也不会占据文档中的位置。像 title 元素默认就是此类型。在制作下拉菜单、Tab 面板时就需要用 display:none 把未激活的菜单或面板隐藏起来。

提示：使用 visibility:hidden 也可以隐藏元素，但元素仍然会占据文档中原来的位置。

2）列表项元素 display:list-item;

在 HTML 中只有 li 元素默认是此类型，将元素设置为列表项元素并设置它的列表样式后元素左边将增加列表图标（如小黑点）。

修改元素的 display 属性一般有以下用途。

（1）让一个 inline 元素从新行开始 display:block;;

（2）控制 inline 元素的宽度和高度（对导航条特别有用）display:block;;

（3）无须设定宽度即可为一个块元素设定与文字同宽的背景色 display:inline;。

3. 上下 margin 合并问题

上下 margin 合并是指当两个块级元素上下排列时，它们之间的边界（margin）将发生合并，也就是说，两个盒子边框之间的距离等于这两个盒子 margin 值的较大者。如图 4-37 所示，浏览器中两个块元素会由于 margin 合并按右图方式显示。

元素上下 margin 合并的一个例子是由几个段落（p 元素）组成的典型文本页面，第一个 p 元素上面的空白等于段落 p 和段落 p 之间的空白宽度。这说明了段落之间的上下 margin 发生了合并，从而使段落各处的距离相等了。

4. 父子元素空白边叠加问题

当一个元素包含在其父元素中时，若父元素的边框和填充为 0，此时父元素和子元素

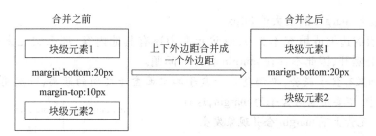

图 4-37　上下 margin 合并

的 margin 挨在一起，那么父元素的上下 margin 会和子元素的上下 margin 合并，但是左右 margin 不会合并，如图 4-38 所示。

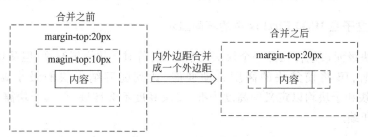

图 4-38　父子元素空白边合并

下面的代码是一个上下 margin 合并的例子，它的显示效果如图 4-39 所示。

```
<style type = "text/css">
#inner {
    margin: 30px;
    height: 50px;  width: 200px;
    background - color: #99CCFF;
    border: 1px solid #FF0000;  }
#outer {
    margin: 20px;                    /* 父元素只设置了边界，没设置边框和填充 */  }
body {  margin: 10px;}
</style>
<body>
    <div id = "outer"><div id = "inner">此处显示 id "inner" 的内容 </div></div>
</body>
```

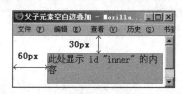

图 4-39　父子元素上下空白边叠加图

在图 4-39 中，由于父元素没有设置边框和填充值，使父元素和子元素的上下 margin 发生了合并，而左右 margin 并未合并。如果有多个父元素的边框和填充值都为 0，那么子元素会和多个父元素的上下 margin 合并。因此上例中，上 margin 等于 #inner、#outer、 body3 个元素上 margin 的最大值 30px。

若父元素的边框或填充不为 0，或父元素中还有其他内容，那么父元素和子元素的 margin 会被分隔开，因此不存在 margin 合并的问题。

提示：如果有盒子嵌套，要调整外面盒子和里面盒子之间的距离，一般用外面盒子的 padding 来调整，不要用里面盒子的 margin，这样可以避免父子元素上下 margin 合并现象发生。

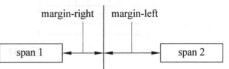

5. 左右 margin 不会合并

元素的左右 margin 等于相邻两边的 margin 之和，不会发生合并，如图 4-40 所示。

图 4-40　行内元素的左右 margin 不会合并

6. 嵌套盒子在 IE 和 Firefox 中的不同显示

当一个块级元素包含在另一个块级元素中时，若对父块设置高度，但父块的高度不足以容纳子块时，IE 将使父块的高度自动伸展，达到能容纳子块的最小高度为止。而 Firefox 对父块和子块均以定义的高度为准，父块高度不会伸展，任其子块露在外面，子块高度也不会压缩。

(a)　　　　　　　　　　　(b)

图 4-41　设置父元素和子元素高度后在 IE(a)和 Firefox(b)中的显示效果

如图 4-41 所示，其对应的代码如下：

```
#outer #inner {
    background-color: #90baff;
    margin: 8px;  padding:10px;
    height: 60px;
    font-size:24px;  font-weight:bold;
    border: 1px dashed red;  }
#outer {
    border: 1px solid #333;
    padding: 6px;
    height: 50px;
    background-color: #ff9;     }
</style>
<div id="outer">
  <div id="inner">标准流中的嵌套盒子</div>
</div>
```

从这里可以看出，Firefox 对元素的高度解释严格按照设定的高度执行，而 IE 对元素高度的设定有点自作主张的味道,它总是使标准流中子元素的盒子包含在父元素盒子当中。从 CSS 标准规范来说,IE 这种处理方式是不符合规范的,这种方式本应该由 min-height(最小高度)属性来承担。

提示:CSS 2 规范中有 4 个相关属性 min-height、max-height、min-width、max-width,分别用于设置最小、最大高度和宽度,IE6 不支持这 4 个属性,而 IE7、Firefox 等浏览器都能很好地支持它们。

7. 标准流下定位的应用——制作竖直导航菜单

利用盒子模型及其在标准流中的定位方式,就可以制作出无须表格的竖直菜单,原理是通过将 a 元素设置为块级元素显示,并设置它的宽度,再添加填充、边框和边距等属性实现。当鼠标滑过时改变它的背景和文字颜色以实现动态交互。代码如下,效果如图 4-42 所示。

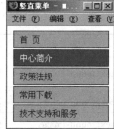

图 4-42 竖直导航菜单

```css
#nav a {
    font-size: 14px;   color: #333;
    text-decoration: none;
    background-color: #ccc;
    display: block;
    width:140px;
    padding: 6px 10px 4px;
    border: 1px solid black;
    margin: 2px;   }
#nav a:hover {
    color: White;
    background-color: #666;   }
<div id="nav">
    <a href="#">首 页</a><a href="#">中心简介</a>
    <a href="#">政策法规</a><a href="#">常用下载</a>
    <a href="#">为您服务</a><a href="#">技术支持和服务</a>
</div>
```

4.5　背景的控制

背景(Background)是网页中常用的一种表现方法,无论是背景颜色还是背景图片,只要灵活运用都能为网页带来丰富的视觉效果。

4.5.1　CSS 的背景属性

很多 HTML 元素(如 table、td)都具有 bgcolor 和 background 等 HTML 属性,可以用来设置背景颜色和背景图片,但形式比较单一。对背景图片的设定,只支持在 X 轴和 Y 轴都平铺的方式。因此,如果同时设置了背景颜色和背景图片,而背景图片又不透明,那么背景颜色将被背景图片完全挡住,只显示背景图片。

而 CSS 对元素的背景设置,则提供了更多的途径,如背景图片既可以平铺也可以不平铺,还可以仅在 X 轴平铺或仅在 Y 轴平铺,当背景图片不平铺时,并不会完全挡住背景颜色,因此可以同时设置背景颜色和背景图片将两者有机融合在一起。

CSS 的背景属性是 background,或以"background-开头",表 4-5 列出了 CSS 的背景属性及其可能的取值。

表 4-5　CSS 的背景属性及其取值

属　性	描　述	可　用　值
background	设置背景的所有控制选项,是其他所有背景属性的缩写	其他背景属性可用值的集合
background-color	设置背景颜色	命名颜色、十六进制颜色等
background-image	设置背景图片	url(URL)
background-repeat	设置背景图片的平铺方式	repeat、repeat-x repeat-y、no-repeat
background-attachment	设置背景图片固定还是随内容滚动	scroll、fixed
background-position	设置背景图片显示的起始位置(第一个值为水平位置,第二个值为竖直位置)	[left	center	right] [top	center	bottom]或[x%] [y%]或[x-pos] [y-pos]

background 属性是所有背景属性的缩写形式,5 种背景属性的缩写顺序为:

```
background: background-color || background-image || background-repeat ||
background-attachment || background-position
```

例如:

```
body {background:silver url(images/bg5.jpg) repeat-x fixed 50% 50%;}
```

可以省略其中一个或多个属性值,如省略,该属性将使用浏览器默认值,默认值如下。

```
background-color: transparent        /*背景颜色透明*/
background-image: none               /*无背景图片*/
background-repeat: repeat            /*背景默认完全平铺*/
background-attachment: scroll        /*随内容滚动*/
background-position: 0%   0%         /*从左上角开始定位*/
```

说明:

(1) background-repeat 属性值可设置为不平铺(no-repeat)、水平平铺(repeat-x)、垂直平铺(repeat-y)和完全平铺(repeat),其中 repeat-x 和 repeat-y 的效果如图 4-43 所示。

(2) background-position(背景定位)属性值单位中百分数和像素的意义不同,使用百分数定位时,是将背景图片的百分比位置和元素盒子的百分比位置对齐。例如:

```
<div style="width:100px;height:100px;background:url(hua.gif) no-repeat
50% 33%;"></div>
```

就表示将背景图片的水平 50% 处和 div 盒子的水平 50% 处对齐,竖直方向 33% 处和盒子的竖直方向 33% 处对齐。这样背景图片将位于盒子的水平中央(相当于设置为 center),垂直方向约 1/3 处。而如果设置为像素则表示相对于盒子的左边缘或上边缘(边框内侧)偏移指定的距离。图 4-44 对这两种属性值单位进行了对比。

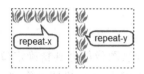
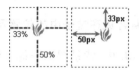

图 4-43　背景水平平铺和垂直平铺的效果　　图 4-44　背景定位属性取值单位不同的效果

background-position 的取值还可设置为负数,当背景图像比盒子还大时,设置为负数可以让盒子不显示背景图像的左边部分或上边部分的图案。

背景的所有这些属性都可以在 DW 的 CSS 面板的"背景"面板中设置,它们之间的对应关系如图 4-45 所示。

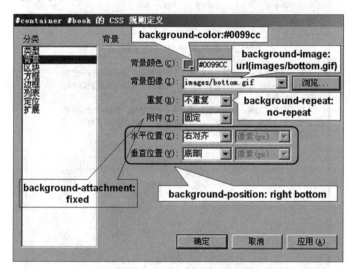

图 4-45　DW 中的"背景"面板

4.5.2　背景的基本运用技术

1. 同时运用背景颜色和背景图片

在一些网页中,网页的背景从上到下由深颜色逐渐过渡到浅颜色,由于网页的高度通常不好估计,所以无法只用一幅背景图片来实现这种渐变背景。这时可以对 body 元素同时设置背景颜色和背景图片,在网页的上部采用类似图 4-46 这样很窄的渐变图片水平平铺作为上方的背景,再用一种和图片底部颜色相同的颜色作为网页背景色,这样就实现了很自然的渐变效果,而且无论页面有多高。

图 4-46　制作网页背景渐变的顶部图片

制作的方法是在 CSS 中设置 body 标记的背景颜色和背景图片,并把背景图片设置为横向平铺就可以实现渐变背景了。CSS 代码如下:

```
body{ background:#666 url(images/body_bg.gif) repeat-x; }
```

2. 控制背景在盒子中的位置及是否平铺

在 HTML 中,背景图像只能平铺。而在 CSS 中,背景图像能做到精确定位,允许不平铺,这时效果就像普通的 img 元素一样。例如,图 4-47 网页中的茶杯图像就是用让背景图片不平铺并且定位于右下角实现的。实现的代码如下:

```
body { background: #F7F2DF url(cha.jpg) no-repeat right bottom ; }
```

图 4-47　背景图片定位在右下角且不平铺

如果希望图 4-47 中的背景图片始终位于浏览器的右下角,不会随网页的滚动而滚动,则可将 background-attachment 属性设置为 fixed,代码如下:

```
body { background: #f7f2df url(cha.jpg) no-repeat fixed right bottom ;}
```

利用背景图像不平铺的方法还可以用来改变列表的项目符号。虽然使用列表元素 ul 的 CSS 属性 list-style-image:url(arrow. gif) 可以将列表项前面的小黑点改变成自定义的小图片,但无法调整小图片和列表文字之间的距离。

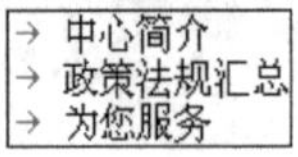

要解决这个问题,可以将小图片设置成 li 元素的背景,不平铺,且居左,为防止文字遮住图片,将 li 元素的左 padding 设置成 20px,这样就可通过调整左 padding 的值实现精确调整列表小图片和文字之间的

图 4-48　用图片自定义项目符号

距离了,代码如下,效果如图 4-48 所示。

```
ul{
    list - style - type:none; }
li{
background:url(arrow.gif) no - repeat 0px 3px;        /* 距左边 0px,距上边 3px */
padding - left:20px;        }
```

有了背景的精确定位能力,完全可以使列表项的符号出现在 li 元素中的任意位置上。

3. 多个元素背景的叠加

背景图片的叠加是很重要的 CSS 技术。当两个元素是嵌套关系时,那么里面元素盒子的背景将覆盖在外面元素盒子背景之上,利用这一点,再结合对背景图片位置的控制,可以将几个元素的背景图像巧妙地叠加起来。下面以图像可变宽度圆角栏目框的制作来介绍多个元素背景叠加的技巧。

制作可变宽度的圆角栏目框需要 4 个圆角图片,当圆角框制作好之后,无论怎样改变栏目框的高度或宽度,圆角框都能根据内容自动适应。

由于需要 4 个圆角图片制作可变宽度的圆角栏目框,而一个元素的盒子只能放一张背景图片,所以必须准备 4 个盒子把这 4 张圆角图片分别作为它们的背景,考虑到栏目框内容的语义问题,这里选择 div、h3、p、span 4 个元素,按照图 4-49 的方式设置这 4 个元素的背景图片摆放位置,并且都不平铺。然后再把这 4 个盒子以适当的方式叠放在一起,这是通过以下元素嵌套的代码实现的。

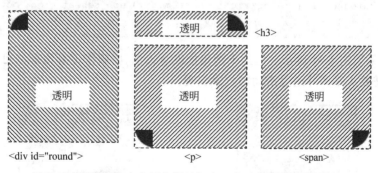

图 4-49　图像可变宽度圆角栏目框中 4 个元素盒子的背景设置

从图 4-49 中可以看出,要形成圆角栏目框,首先要把 span 元素放到 p 元素里面,这样它们两个的背景就叠加在一起,形成了下面的两个圆角,然后再把 h3 元素和 p 元素都放到 div 元素中去,就形成了一个圆角框的 4 个圆角了。因此,结构代码如下:

```
< div id = "round">
    <h3 > 圆角栏目框的标题 </h3>
    <p><span >栏目框的内容… </span></p>
</div>
```

由于几层背景的叠加,背景色只能放在最底层的盒子上,也就是对最外层的 div 元素设置背景色,否则上面元素的背景色会把下面元素的背景图片(圆角)覆盖掉。与此相反,为了让内容能放在距边框有一定边距的区域,必须设置 padding 值,而且 padding 值只能设置在最里层的盒子(span 和 h3)上。因为如果将 padding 设置在外层盒子(如 p)上,则内外层盒子的边缘无法对齐,就会出现如图 4-50 所示的错误。

接下来对这 4 个元素设置 CSS 属性,主要是将这 4 个圆角图片定位到相应的位置上,span 元素必须设置为块级元素显示,应用盒子属性才会有正确效果。CSS 代码如下:

```css
<style type = "text/css">
#round{
    font: 12px/1.6 arial;
    background: #abc276 url(images/right - top.gif) no - repeat right top; }
 #rounded h3 {
    background: url(images/left - top.gif) no - repeat;
    padding: 15px 20px 0;
    color: #fff;                  /*设置标题的文字颜色为白色*/
    margin: 0;    }
#rounded p {
    margin: 0;                    /*清除 p 元素的默认边界*/
    text - indent:2em;            /*内容部分段前空两格*/
    background: url(images/left - bottom.gif) no - repeat left bottom;      }
#rounded span{
    padding: 10px 20px 13px;
    display:block;
    background:url(images/right - bottom.gif) no - repeat right bottom;      }
</style>
```

最终效果如图 4-51 所示。但这个圆角框没有边框,要制作带有边框的可变宽度圆角框,则至少需要 4 张图片通过滑动门技术实现。

图 4-50　错误的背景图像位置

图 4-51　最终的效果

4.5.3　滑动门技术——背景的高级运用

CSS 中有一种著名的技术叫滑动门技术,它是指一个图像在另一个图像上滑动,将它的一部分隐藏起来,是一种背景的高级运用技巧,主要是通过两个盒子背景的重叠和控制背景图片的定位实现的。

滑动门技术的典型应用有制作图像阴影和自适应宽度的圆角导航条。

1. 图像阴影

阴影是一种很流行、很有吸引力的图像处理技巧，它给平淡的设计增加了深度，形成立体感。使用图像处理软件很容易给图像增添阴影。但是，可以使用 CSS 产生简单阴影效果，而不需要修改底层的图像。通过滑动门技术制作的阴影能自适应图像的大小，即不管图像是大是小都能为它添加阴影效果。这对于交友类网站很适合，因为网友上传的个人生活照片大小一般都是不一样的，而这种方法能自适应地为这些照片添加阴影。

图 4-52 展示了图像阴影的制作过程，在图 4-52 中有 6 张小图，在下面的制作步骤中为了叙述方便，用图①~⑥表示这 6 张小图。

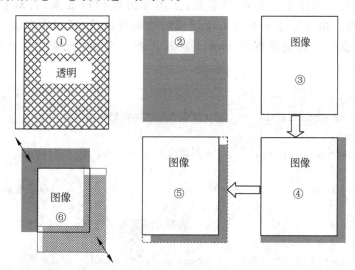

图 4-52　滑动门制作图片阴影原理图

（1）准备图①所示的 gif 图片，该图片左边和上边是白色部分，其他区域是完全透明的，将其称为"左上边图片"，然后再准备图②所示的灰色图片作背景，灰色图片的右边和下边最好有柔边阴影效果，这两张图片都可以比待添加阴影的图像尺寸大得多。

（2）把待添加阴影的图片③放到灰色图片上面，通过设置图像框的填充值使图像的右边和下边能留出一些，显示灰色的背景，如图④所示，灰色背景图片多余的部分就显示不下了。

（3）接着再把图片①插入到图像和灰色背景图片之间，使图片①和图片③从左上角开始对齐。这样它的右上角和左下角就挡住阴影了。就出现了图⑤所示的阴影效果。

（4）图片①比图像大一些也没关系，因为图片①和图像是左上角对齐的，所以其超出图像盒子的右边和下边部分就显示不下了。而图②的灰色背景图片由于是从右下角开始铺，所以超出图像盒子的左边和上边部分也显示不下了。如图⑥所示，这样图像阴影就能自适应图像大小，就好像①和②两张图片分别向右下和左上两个方向滑动一样。

也可以不用图②的图片文件作灰色的背景，而是直接将 img 元素的背景设为灰色，再设置它的背景图片为图片①，由于背景图片会位于背景颜色上方，这样就出现了没有柔边的阴影效果。代码如下，效果如图 4-53 所示。

```
img {
    background-color: #CCC;              /*灰色背景作为阴影*/
    padding:0 6px 6px 0;                 /*使右边和下边留出一部分显示灰色背景*/
    background-image: url(top-left.gif);  /*背景图像为左上边图片*/
}
<img src="works.jpg"/>
```

当然最好先给图片添加边框和填充，使图片出现相框效果，再对它添加阴影效果，这样更美观。由于阴影必须在 img 图像的边框外出现，所以在 img 元素的盒子外必须再套一个盒子。这里选择将 img 元素放入到一个 div 元素中。代码如下，效果如图 4-54 所示。

```
.shadow img {
    background-color: #FFF;       /*图像填充区的背景为白色*/
    padding: 6px;
    border: 1px solid #333;       /*图像边框为灰色*/   }
.shadow {
    background: #ccc url(top-left.gif);        /*左上边图像将叠放在灰色背景之上*/
    float: left;                  /*浮动使div宽度不会自动伸展*/
    padding:0 6px 6px 0;   }
<div class="shadow"><img src="works.jpg"/></div>
```

图 4-53　利用 img 的背景色和左上边图片制作阴影效果　　图 4-54　添加了边框后的阴影效果

由于是用背景色作的阴影，所以没有阴影渐渐变淡的柔边效果，为了实现柔边效果，就不能用背景色作阴影，而还是采用图 4-52②中一张右边和下边是柔边阴影的图像作阴影。这样 img 图像下面就必须有两张图片重叠，最底层放阴影图片（图 4-52②），上面一层放左上边图片（图 4-52①）。因为每个元素只能设置一张背景图片，要放两张背景图片，就必须有两个盒子。因此必须在 img 元素外套两层 div。

因为 PNG 格式的图片支持 alpha 透明(即半透明)效果,因此可以将左上边图片(图 4-52①)和灰色背景图像交界处的地方制作成半透明的白色,保存为 PNG 格式后引入,这样阴影就能很自然地从白色过渡到灰色,IE7 和 Firefox 中均能看到这种阴影过渡的 Alpha 透明效果,但 IE6 由于不支持 PNG 的 Alpha 透明(但能显示 PNG 格式的图片),所以看不到柔边效果。实现的代码如下,效果如图 4-55 所示。

图 4-55　通过图像实现了柔边的阴影效果

```css
.shadow img {
    background-color: White;
    padding: 6px;
    border: 1px solid #333;  }
.shadow div {
    background-image: url(top-left.png);
    padding:0 6px 6px 0;         /*留出两张背景图片的显示位置*/ }
.shadow {
    background: url(images/bottom-right.gif) right bottom;
    float: left;     }
<div class="shadow"><div><img src="works.jpg"/></div></div>
```

这样就实现了图像柔边阴影效果,由于左上边图片和 img 图像是左上角对齐,所以如果左上边图片比 img 图像大,即超过了 div 盒子的大小,那么多出的右下部分将显示不下。同样,阴影背景图像与 img 图像从右下角开始对齐,如果背景图像比盒子大,那么背景图像的左上部分也会自动被裁去。所以,可以把这两张图片都做大些,就能自适应地为任何大小的图片添加阴影效果。

2. 自适应宽度圆角导航条

现在很多网站都使用了圆角形式的导航条,这种导航条两端是圆角,而且还可以带有背景图案,如果导航条中的每一个导航项是等宽的,制作起来很简单,用一张圆角图片作为导航条中所有 a 元素的 background-image 就可以了。

但是有些导航条中的每个导航项并不是等宽的,如图 4-56 所示,这时能否仍用一张圆角图片作所有导航项的背景呢?答案是肯定的,使用滑动门技术就能实现。当导航项中的文字增多时,圆角图片就能够自动伸展(当然这并不是通过对图片进行拉伸实现的,那样会使圆角发生变形)。它的原理是用一张很宽的圆角图片给所有导航项作背景。

图 4-56　自适应宽度的圆角导航条

由于导航项的宽度不固定,而圆角总要位于导航项的两端。这就需要两个元素的盒子分别放圆角图片的左右部分,而且它们之间要重叠,所以选择在 <a> 标记中嵌入 <b> 标记,这样就得到了两个嵌套的盒子。制作步骤如下。

(1) 首先写结构代码。

```
<div id = "nav">
    <a href = "#"><b>首 页 </b></a>
    <a href = "#"><b>中心简介 </b></a>
    <a href = "#"><b>常用下载 </b></a>
    <a href = "#"><b>为您服务 </b></a>
    <a href = "#"><b>技术支持和服务 </b></a>
</div>
```

(2) 分析:a 元素的盒子放圆角图片的左边部分,这可以通过设置盒子宽度比圆角图片窄,让圆角图片作为背景从左边开始平铺盒子,那么圆角图片的右边部分盒子就容纳不下了,效果如图 4-57①所示。

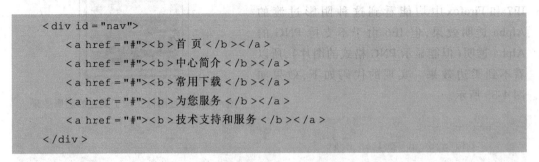

②b元素的盒子

把b元素插入到a元素中

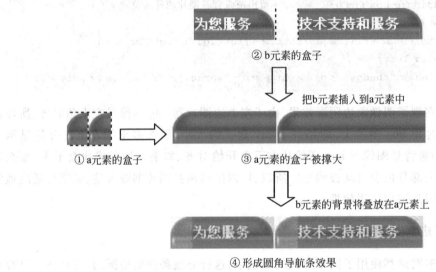

①a元素的盒子　　　　③a元素的盒子被撑大

b元素的背景将叠放在a元素上

④形成圆角导航条效果

图 4-57　滑动门圆角导航条示意图

　　b 元素盒子放圆角图片的右边一部分,由于盒子宽度小于圆角图片宽,让圆角图片作为背景从右边开始平铺盒子,那么圆角图片的左边就容纳不下了。效果如图 4-57 中②所示。

　　再把 b 元素插入到 a 元素中,这时 a 元素的盒子为了容纳 b 的盒子会被撑大,如图 4-57③所示。这样里面盒子的背景就位于外面盒子背景的上方,通过设置 a 元素的左填充值使 b 的盒子不会挡住 a 盒子左边的圆角,而 b 盒子右边的圆角(上方为不透明白色背景)则挡住了 a 盒子右边的背景,这样左右两边的圆角就都出现了,如图 4-57 中④所示。同时,改变文字的多少,能使导航条自动伸展,而圆角部分位于 padding 区域,不会影响圆角。

（3）根据以上分析设置外面盒子 a 元素的 CSS 样式：

```
#nav a {
    font - size: 14px;　color: white;
    text - decoration: none;　　　/*以上三条为设置文字的一般样式*/
    height: 32px;
    line - height: 32px;　　　　　/*设置盒子高度与行高相等,实现文字垂直居中*/
    padding - left: 24px;　　　　 /*设置左填充为 24px,防止里面的内容挡住左圆角*/
    display: block;
    float: left;　　　　　　　　　/*使导航项水平排列*/
    background: url(round.gif);　　/*背景图像默认从左边开始铺*/}
```

（4）再写里面盒子 b 元素的 CSS 样式代码：

```
#nav a b {
    background: url(round.gif) right top;　/*使用同一张背景图像但从右边开始铺*/
    display: block;
    padding - right: 24px;　　　　/*防止里面的文字内容挡住右圆角*/}
```

（5）最后给导航条添加简单的交互效果：

```
#nav a:hover {
    color: silver;　　　　　　　/*改变文字颜色*/}
```

4.5.4　背景图案的翻转——控制背景的显示区域

通过背景定位属性（background-position）可以使背景图片从盒子的任意位置上开始显示,如果设置 background-position 为负值,那么将有一部分背景移出盒子,而不会显示在盒子上;如果盒子没有背景那么大,那么只能显示背景图的一部分。

利用这些特点,可以将多个背景图像放置在一个大的图片文件里,让每个元素的盒子只显示这张大背景图的一部分,例如制作导航条时,在默认状态下显示背景图的上半部分,鼠标滑过时显示背景图的下半部分,这样就用一张图片实现了导航条背景的翻转。

把多个背景图像放在一个图像文件里有以下两点好处。

（1）减少了文件的数量,便于网站的维护管理。

（2）鼠标指针移动到某个导航项上,如果要更换一个背景图像文件,那么有可能要替换的图像还没有下载下来,就会出现停顿,浏览者会不知发生了什么,而如果使用同一个文件,就不会出现这个问题了。

例如,对于自适应宽度圆角导航条,可以把导航条鼠标离开和滑过两种状态时的背景做在同一个图像文件里,如图 4-58 所示。实现在鼠标滑过时背景图案的翻转,即当鼠标滑过时,让它显示图片的下半部分,默认时则显示图片的上半部分。

图 4-58　将正常状态和鼠标悬停状态的背景图案放在一张图片 round. gif

在自适应宽度圆角导航条的 CSS 代码中添加如下代码：

```
a:hover {
    background-position: 0 -32px;     /*让背景图片从左边开始铺，向上偏移32px*/
}
a:hover b{
    background-position: 100% -32px;  /*让背景图片从右边开始铺，向上偏移32px */
    color: red;    }
```

这样，应用了图片翻转的滑动门技术导航条就制作完成了，最终效果如图 4-59 所示。

推荐把许多背景图像放在一个图片文件里，这种技术叫做 CSS Sprite 技术。这样可减少要下载的文件数量，从而减少对服务器的请求次数，加快页面载入速度。例如，图 4-60 中就是把很多不相关的图像都放在一个大的图片文件里，通过元素的背景定位属性来调用不同的图像显示。

图 4-59　带有图片翻转效果的滑动门导航条　　　　图 4-60　很多网页元素调用的
同一张背景图片

4.5.5　CSS 圆角设计

圆角在网页设计中让人又爱又恨，一方面设计师为追求美观的效果经常需要借助于圆角，另一方面为了在网页中设计圆角又不得不增添很多工作量。在用表格设计圆角框时，制作一个固定宽度的圆角框需要一个三行一列的表格，在上下两格放圆角图案。而用表格制作一个可变宽度的圆角框则更复杂，通常采用"九宫格"的思想制作，即利用一个三行三列的表格，把 4 个角的圆角图案放到表格的左上、右上、左下、右下 4 个单元格中，把圆角框 4 条边的图案在表格的上中、左中、右中和下中 4 个单元格中平铺，在中间一个单元格中放内容。而使用 CSS 设计圆角框，则相对简单些，下面对 CSS 圆角设计分类进行讨论。

1. 制作固定宽度的圆角框（不带边框的、带边框的）

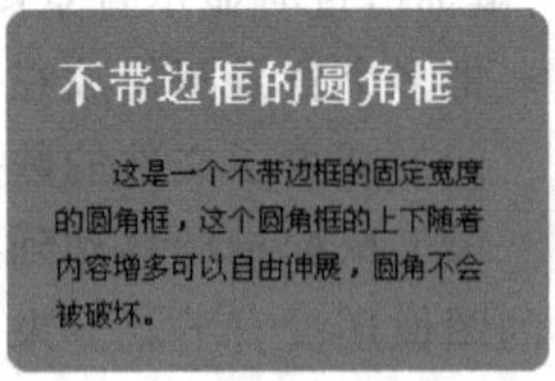

> **不带边框的圆角框**
>
> 这是一个不带边框的固定宽度的圆角框，这个圆角框的上下随着内容增多可以自由伸展，圆角不会被破坏。

用 CSS 制作不带边框的固定宽度圆角框（如图 4-61 所示）至少需要两个盒子，一个盒子放置顶部的圆角图案，另一个盒子放置底部的圆角图案，并使它位于盒子底部。把这两个盒子叠放在一起，再对栏目框设置和圆角相同的背景色就可以了。关键代码如下：

图 4-61　不带边框的圆角框

```
#rounded{
    font: 12px/1.6 arial;
    background: #cba276 url(images/bottom.gif) no-repeat left bottom;
```

```
    width: 280px;
    padding: 0 0 18px;
    margin:0 auto;   }
#rounded h3 {
    background: url(images/top.gif) no - repeat;
    padding: 20px 20px 0;
    font - size: 170%;
    color: white;
    line - height:1em;
    margin: 0;   }
< div id = "rounded">
    <h3 >不带边框的固定宽度圆角框 </h3 >
    <p > 这是一个固定宽度的圆角框… </p >
    </div >
```

制作带边框的固定宽度圆角框(如图 4-62 所示)则
至少需要 3 个盒子,最底层的盒子放置圆角框中部的边
框和背景组成的图案,并使它垂直平铺,上面两层的盒子
分别放置顶部的圆角和底部的圆角,这样在顶部和底部
的圆角图片就遮盖了中部的图案,形成了完整的圆角框。

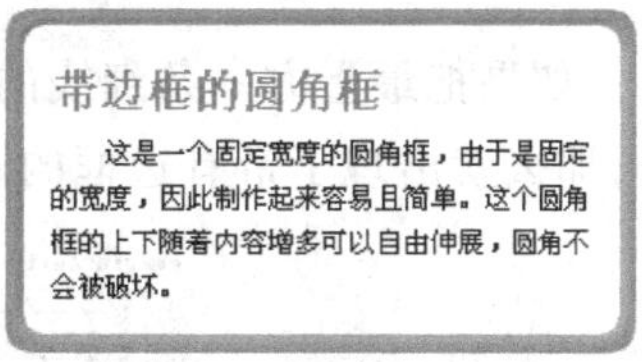

图 4-62　带边框的圆角框

```
#rounded{
    font: 12px/1.6 arial;
    background: url(images/middle - frame.gif) repeat - y;
    width: 280px;
    padding: 0;
    margin:0 auto;   }
#rounded h3 {
    background: url(images/top - frame.gif) no - repeat;
    padding: 20px 20px 0;
    font - size: 170%;
    color: #cba276;
    margin: 0;   }
#rounded p.last {
    padding: 0 20px 18px;
    background: url(images/bottom - frame.gif) no - repeat left bottom;
    height:1%;        /* 防止元素没有内容在 IE6 中不显示 */   }
< div id = "rounded">
    <h3 >带边框的圆角框 </h3 >
    <p >这是一个固定宽度的圆角框…。 </p >
    <p class = "last"></p >
</div >
```

需要说明的是,顶部的圆角图案和底部的圆角图案既可以分别做成一张图片,也可以
把它们都放在一张图片里,通过控制背景位置来实现显示哪部分圆角。

2. 不用图片做圆角——山顶角方法

如果希望不使用图片来做圆角，也是可以实现的，这需要一种称为山顶角的圆角制作方法。所谓山顶角，就是说不是纯粹意义上的平滑圆角，而是通过几个 1～2px 高的 div（水平细线）叠放起来形成视觉上的圆角，用这种方法做圆角一般采用 4 个 div 叠放，因此圆角的弧度不会很大。图 4-63 是用山顶角法制作不带边框圆角框的示意图。

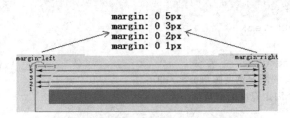

图 4-63   山顶角方法制作不带边框的圆角框

如果把最上方一条细线的颜色改为黑色，再设置下面 3 条细线的左右边框是 1px 黑色，那么就出现了带有边框的圆角框效果了，如图 4-64 所示。

图 4-64   山顶角方法制作带有边框的圆角框

下面以带边框的圆角框为例，给出它的源代码：

```css
<style type = "text/css">
.item{   width:120px;   }
.item p{
    margin:0px;                        /* 清除 p 元素的默认边界 */
padding:5px;
    background:#cc6;                    /* 设置内容区域的背景色和圆角部分背景色相同 */
    border - left:solid 1px black;     /* 为内容区域设置左右边框 */
    border - right:solid 1px black;}
.item div{
    height:1px;
    overflow:hidden;                   /* 此处兼容 IE6 浏览器 */
    background:#cc6;
    border - left:solid 1px black;     /* 设置所有细线 div 的左右边框为 1px */
    border - right:solid 1px black;}
.item .row1{
    margin:0 5px;                      /* 第一条水平线的左右边界为 5px */
    background:#000;                   /* 黑色 */        }
.item .row2{
    margin:0 3px;
```

```
       border:0 2px;  }                   /*第二条水平线左右边框粗为2px*/
 .item .row3{
     margin:0 2px;}
 .item .row4{
     margin:0 1px;
     height:2px;}                         /*第四条水平线高为2px*/
 </style>
 <div class="item">
     <div class="row1"></div><div class="row2"></div>
     <div class="row3"></div><div class="row4"></div>
     <p>Home</p>
     <div class="row4"></div><div class="row3"></div><!--下圆角-->
     <div class="row2"></div><div class="row1"></div>
 </div>
```

可见,上述代码中的下圆角部分是通过将 4 个 div(水平线)按上圆角相反的顺序排列实现的。

3. 学习圆角制作的意义

圆角比方角更具有亲和力,因此很多时候必须制作圆角框。另外,圆角框技术是制作其他不规则图案栏目框的基础。例如,如图 4-65 所示的栏目框,就可以把栏目框上面部分看成是上圆角,下面部分看成是下圆角,再按照制作圆角框的思路制作。

图 4-65　不规则图案栏目框

4.6　盒子的浮动

在标准流中,块级元素的盒子都是上下排列,行内元素的盒子都是左右排列,如果仅按照标准流的方式进行排列,就只有这几种可能性,限制太大。CSS 的制定者也想到了这样排列限制的问题,因此又给出了浮动和定位方式,从而使排版的灵活性大大提高。

例如,如果希望相邻块级元素的盒子左右排列(所有盒子浮动)或者希望一个盒子被另一个盒子中的内容所环绕(一个盒子浮动)制作出图文混排的效果,这时最简单的实现办法就是运用浮动(float)属性使盒子在浮动方式下定位。

4.6.1　盒子浮动后的特点

在标准流中,一个块级元素在水平方向会自动伸展,在它的父元素中占满一整行;而在竖直方向和其他元素依次排列,不能并排,如图 4-66 所示。使用"浮动"方式后,这种排列方式就会发生改变。

CSS 中有一个 float 属性,默认值为 none,也就是标准流通常的情况。如果将 float 属性的值设为 left 或 right,元素就会向其父元素的左侧或右侧靠紧,同时盒子的宽度不再伸展,而是收缩,在没有设置宽度时,会根据盒子里面的内容来确定宽度。

下面通过一个实验来演示浮动的作用，基础代码（4-4.html）如下，这个代码中没有使用浮动，它的显示效果如图 4-66 所示。

```
< style type = "text/css">
div{
    padding:10px;   margin:10px;
    border:1px dashed #111;
    background - color:#90baff;  }
.father{
    background - color:#ff9;
    border:1px solid #111;  }
</style >
< div class = "father">
    < div class = "son1">Box - 1 </div >
    < div class = "son2">Box - 2 </div >
    < div class = "son3">Box - 3 </div >
</div >
```

1. 一个盒子浮动

接下来在上述代码中添加一条 CSS 代码，使 Box-1 盒子浮动。代码如下：

```
.son1{ float:left; }
```

此时显示效果如图 4-67 所示，可发现给 Box-1 添加浮动属性后，Box-1 的宽度不再自动伸展，而且不再占据原来浏览器分配给它的位置。如果再在未浮动的盒子 Box-2 中添一行文本，就会发现 Box-2 中的内容是环绕着浮动盒子的，如图 4-68 所示。

图 4-66　三个盒子在标准流中

图 4-67　第一个盒子浮动

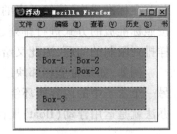
图 4-68　增加第二个盒子的内容

总结：设置元素浮动后，元素发生了如下一些改变。

（1）浮动后的盒子将以块级元素显示，但宽度不会自动伸展。

（2）浮动的盒子将脱离标准流，即不再占据浏览器原来分配给它的位置（IE6 有时例外）。

（3）未浮动的盒子将占据浮动盒子的位置，同时未浮动盒子内的内容会环绕浮动后的盒子。

提示：所谓"脱离标准流"是指元素不再占据在标准流下浏览器分配给它的空间，对于其他元素这个元素好像不存在一样。例如图 4-67 中,当 Box-1 浮动后,Box-2 就顶到了 Box-1 的位置,相当于 Box-2 视 Box-1 不存在一样。但是,浮动元素并没有完全脱离标准流,这表现在浮动盒子会影响未浮动盒子中内容的排列,例如 Box-2 中的内容会跟在 Box-1 盒子之后进行排列,而不会忽略 Box-1 盒子的存在。

2. 多个盒子浮动

在 Box-1 浮动的基础上再设置 Box-2 也左浮动,代码如下:

```
.son2{ float:left; }
```

此时显示效果如图 4-69 所示(在 Box-3 中添加了一行文本)。可发现 Box-2 盒子浮动后仍然遵循上面浮动的规律,即 Box-2 的宽度也不再自动伸展,而且不再占据原来浏览器分配给它的位置。

如果将 Box-1 的浮动方式改为右浮动,则显示效果如图 4-70 所示,可看到 Box-2 在位置上移动到了 Box-1 的前面。

图 4-69　设置两个盒子浮动

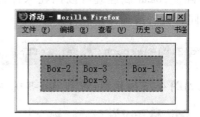
图 4-70　改变浮动方向

接下来再设置 Box-3 也左浮动,此时显示效果如图 4-71 所示。可发现 3 个盒子都浮动后,就产生了块级元素水平排列的效果。同时由于都脱离了标准流,导致其父元素中的内容为空。

总结:对于多个盒子浮动,除了每个浮动盒子都遵循单个盒子浮动的规律外,还有以下两条规律。

(1)多个浮动元素不会相互覆盖,一个浮动元素的外边界(margin)碰到另一个浮动元素的外边界后便停止运动。

(2)若包含的容器太窄,无法容纳水平排列的多个浮动元素,那么最后的浮动盒子会向下移动(图 4-72)。但如果浮动元素的高度不同,那当它们向下移动时可能会被卡住(图 4-73)。

图 4-71　三个盒子都浮动

图 4-72　没有足够的水平空间

图 4-73　被 Box-1 卡住了

4.6.2　浮动的清除

clear 是清除浮动属性，它的取值有 left、right、both 和 none（默认值），如果设置盒子的清除浮动属性 clear 值为 left 或 right，表示该盒子的左边或右边不允许有浮动的对象。值设置为 both 则表示两边都不允许有浮动对象，因此该盒子将会在浏览器中另起一行显示。

例如，在图 4-70 两个盒子浮动的基础上，设置 Box-3 清除浮动，即在 4-4. html 中添加以下 CSS 代码，效果如图 4-74 所示。

```css
.son1{  float:right;  }
.son2{  float:left;   }
.son3{  clear:both;   }
```

可以看到，对 Box-3 清除浮动（clear:both;），表示 Box-3 的左右两边都不允许有浮动的元素，因此 Box-3 移动到了下一行显示。

实际上，clear 属性既可以用在未浮动的元素上，也可以用在浮动的元素上，如果对 Box-3 同时设置清除浮动和浮动：

```css
.son3{clear:both; float:left;}
```

则效果如图 4-75 所示，可看到 Box-3 的左右仍然没有了浮动的元素。

图 4-74　对 Box-3 清除浮动

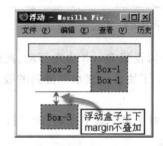
图 4-75　对 Box-3 设置清除浮动和浮动

由此可见，清除浮动是清除其他盒子浮动对该元素的影响，而设置浮动是让元素自身浮动，两者并不矛盾，因此可同时设置元素清除浮动和浮动。

由于上下 margin 叠加只会发生在标准流布局的情况下，而浮动方式下盒子的任何 margin 都不会发生叠加，所以可设置盒子浮动并清除浮动，使上下两个盒子的 margin 不叠加。在图 4-75 中，Box-3 到 Box-1 之间的垂直距离是 20px，即它们的 margin 之和。

提示：在 CSS 布局时，如果发现一个元素移动到了它原来位置的左上方或右上方，并且和其他元素发生了重叠，90% 都是因为受到了其他盒子浮动的影响，对其添加一条 clear 属性清除浮动即可。

4.6.3　浮动的浏览器解释问题

设置元素浮动后，浮动元素的父元素或相邻元素在 IE 和 Firefox 中的显示效果经常不一致,这主要是因为浏览器对浮动的解释不同产生的。在标准浏览器中,浮动元素脱离了标准流,因此不占据它原来的位置或外围容器空间。但是在 IE 中(包括 IE6 和 IE7),如果一个元素浮动,同时对它的父元素设置宽或高,或对它后面相邻元素设置宽或高,那么浮动元素仍然会占据它在标准流下的空间。下面分别讨论这两种情况。

1. 元素浮动但是其父元素不浮动

如果一个元素浮动,但是它的父元素不浮动,那么父元素的显示效果在不同浏览器中可能不同,这取决于父元素是否设置了宽或高。当未设置父元素(外围容器)的宽或高时,IE 和 Firefox 对浮动的显示是相同的,均脱离了标准流。下面是一个示例。

将 4.6.1 节中的结构代码(4-4. html)修改一下,只保留 Box-1,代码如下:

```
< div class = "father">
    < div class = "son1">Box -1 < br / >Box -1 </div >
</div >
```

然后设置 Box-1 浮动,即". son1 {float: left; }",此时在 Firefox 和 IE 中的效果如图 4-76 所示。发现两者效果基本相同。

图 4-76　不设置父元素宽度时在 Firefox 和 IE 中的效果

当设置了父元素的宽度或高度后,IE(非标准浏览器)中的浮动元素将占据外围容器空间,Firefox 依然不占据。

接下来,对父元素". father"设置宽度,即添加". father {width: 180px; }",此时在 Firefox 和 IE 中的效果如图 4-77 所示。发现在 IE 中浮动元素确实占据了外围容器空间,未脱离标准流。如果对父元素不设置宽度而设置高度,也会有类似的效果。从 CSS 标准上来说,IE 的这种显示是错误的。

图 4-77　设置父元素宽度时在 Firefox 和 IE 中的效果

2. 扩展外围盒子的高度

但是有时可能更希望得到图 4-77 中 IE 的这种效果,即让浮动的盒子仍然置于外围容器中。人们把这种需求称为"扩展外围盒子的高度",要做到这一点,对于 IE 来说只需要设置父元素的宽度或高度就可以了。但对于 Firefox 等标准浏览器,就需要在浮动元素的后面增加一个清除浮动的空元素来把外围盒子撑开。例如,把上面的结构代码修改如下:

```
<div class = "father">
    <div class = "son1">Box -1 <br / >Box -1 </div >
  <div class = "clear"></div >
</div >
```

然后为这个 div 设置样式,CSS 代码如下。

```
.father.clear {
    margin: 0;  padding: 0;  border:0;
    clear: both;}
```

这时在 Firefox 中的效果如图 4-78 所示,可看到已经实现了 IE 的这种效果。

如果不想添加一个空元素,对于支持伪对象选择器的浏览器,也可以利用父元素的:after 伪对象在所有浮动子元素后生成一个伪元素,设置这个伪元素为块级显示,清除浮动,也能达到同样的效果。代码如下:

图 4-78 对 Firefox 扩展外围盒子高度后

```
div.father:after {
  content:".";                  /*设置伪元素内容,此处可为任意内容*/
  display:block;
  font - size:0; line - height:0; height:0;
                                /*将伪元素高度等设为 0,使其不占空间*/
  clear:both;                   /*清除浮动*/
  visibility:hidden;            /*隐藏该伪元素的内容*/
}
```

扩展外围盒子高度的第三种方法是设置浮动元素的父元素的 overflow 属性为 hidden,具体请参看 4.7.7 节。

3. 元素浮动但是其后面相邻元素不浮动

如果一个元素浮动,但是它后面相邻的元素不浮动。在不设置后面相邻元素的宽或高时,IE 和 Firefox 显示效果相同。一旦设置了后面相邻元素的宽或高,则在 IE 中,浮动元素将仍然占据它原来的空间,未浮动元素跟在它后面。从本质上来看,这也是 IE 浮动的盒子未脱离标准流的问题。

下面将 4.6.1 节中的结构代码(4-4. html)修改一下,保留 Box-1 和 Box-2,代码如下:

```
<div class = "father">
    <div class = "son1">Box -1 </div >
    <div class = "son2">Box -2 <br / >Box -2 <br / >Box -2 </div >
</div >
```

然后设置 Box-1 浮动，即". son1{float：left；}"，此时在 Firefox 和 IE6 中的效果如图 4-79
所示。发现两者效果基本相同。

图 4-79　当浮动盒子后面的未浮动盒子未设置宽或高时，Firefox 和 IE6 显示基本相同

接下来，对 Box-2 设置高度，即添加". son2 {height：40px；}"，此时在 Firefox 和 IE
中的效果如图 4-80 所示。发现在 IE 中浮动元素确实占据了外围容器空间，未脱离标准
流。对 Box-2 设置宽度也有同样的效果。

图 4-80　当对未浮动的盒子设置宽或高后，Firefox 和 IE 中显示的差异

提示：为避免上述 IE 和 Firefox 显示不一致的情况发生，不要对未浮动盒子设置
width 和 height 值，如果要控制未浮动盒子的宽度，可以对它的外围容器设置宽度。表4-6
对浮动的浏览器显示问题进行了总结。

表 4-6　浮动的浏览器显示问题总结

情　　况	未浮动的盒子不设宽或高	对未浮动的盒子设置宽或高
盒子浮动，其外层盒子未浮动	IE 和 Firefox 的显示效果一致	IE 浮动盒子将不会脱离标准流，Firefox 浮动盒子仍然是脱离标准流的
盒子浮动，后面相邻盒子未浮动		

4. 浮动的浏览器解释综合问题

下面代码中，第一个盒子浮动，第二个盒子未浮动，而且对两个盒子都设置了高度和
宽度，两个盒子大小相等，代码如下，显示效果如图 4-81 所示，请分别解释在 IE 和 Firefox
中为什么会有这样的效果。

```
<style type = "text/css">
#a,#b {
background - color:#ff9;
margin: 10px;
height: 40px; width: 80px;
border: 5px solid #009;}
```

```
#a {
float: left;      }
body {border: 1px dashed red;   }
</style>
<body>  <div id="a">Box-A</div>
     <div id="b">Box-B</div></body>
```

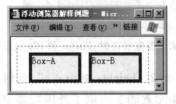 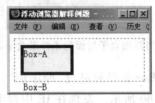

图 4-81　左边是 IE6 中的显示效果，右边是 Firefox 中的显示效果

解释如下：

（1）在 IE 中，一个盒子浮动，对它后面未浮动的盒子设置了宽或高时，浮动的盒子将不会脱离标准流，仍然占据原来的空间，因为对未浮动的盒子 B 设置了高度和宽度，所以 A 仍然占据原来的空间，B 就只能排在它后面了。

（2）在 Firefox 中，浮动的盒子总是脱离标准流，不占据空间，所以盒子 B 视 A 不存在，移动到了盒子 A 的位置，由于 A、B 大小相等，盒子 B 正好被盒子 A 挡住。而未浮动盒子的内容将环绕浮动的盒子，所以 B 的内容"Box-B"将环绕盒子 A。由于对盒子 B 设置了宽度，B 的内容"Box-B"只能移到盒子 A 下面去了，B 的内容和盒子 A 之间的距离是盒子 A 的 margin 值。在 Firefox 中，对设置了高度的盒子，其高度不会自动伸展，所以盒子 B 的内容就跑到它的外面去了。

如果要使该例中的代码在两个浏览器中显示效果相似，可设置 #b｛overflow：hidden；｝，通过溢出属性清除盒子 A 浮动对 B 的影响。具体原理请参看 4.7.7 节。

5. IE6 浮动元素的双倍 margin 错误

在 IE6 中，只要设置元素浮动，则设置左浮动，盒子的左 margin 会加倍；设置右浮动，盒子的右 margin 会加倍。这是 IE6 的一个 bug（IE7 已经修正了这个 bug）。在图 4-79 中 IE6 与 Firefox 显示效果的差别就是因为这个问题造成的。

由于两个元素的盒子是从 margin 开始对齐的，在 Firefox 中，Box-1 和 Box-2 的 margin 相等，所以它们的左边框也是重合的。而在 IE6 中，Box-1 由于左浮动导致左 margin 加倍，如图 4-82 所示，所以它的边框就向右偏移了一个 margin 的距离。

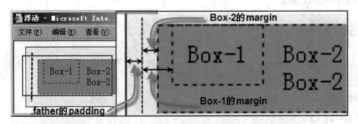

图 4-82　IE6 双倍 margin 导致的 Box-1 向右偏移

如果将 Box-2 的 margin 重新定义为 0(.son2{margin:0;}),则 Box-2 的边框会向左移一个 margin 的距离,这时可以更清楚地看到 IE6 中的双倍 margin 错误,在 Firefox 和 IE6 中的效果如图 4-83 所示。

图 4-83　IE6 双倍 margin 错误

解决 IE6 双倍 margin 错误的方法很简单,只要对浮动元素设置"display:inline;"就可了。代码如下:

```
.son1{float:left; display:inline; }
```

提示:即使对浮动元素设置"display:inline;",它仍然会以块级元素显示,因为设置元素浮动后元素总是以块级元素显示的。

当然,也可以不设置浮动盒子的 margin,而设置其父元素盒子的 padding 值来避免这个问题,在实际应用中,在可以设置 padding 的地方尽量用 padding,而不要用 margin。

4.6.4　浮动的应用举例

1. 图文混排及首字下沉效果等

(1) 如果将一个盒子浮动,另一个盒子不浮动,那么浮动的盒子将被未浮动盒子的内容所包围。如果这个浮动的盒子是图像元素,而未浮动的盒子是一段文本,那么就实现了图文混排效果。代码如下,效果如图 4-84 所示。

```
<style type="text/css">
img{
    border:1px gray dashed;
    margin:10px 10px 10px 0;
    padding:5px;
    float:left;                 /* 设置图像元素浮动 */  }
p{  margin:0;
    font:14px/1.5 "宋体";
    text-indent:2em;  }
</style>
<img src="images/sheshou.jpg"/>
<p>在遥远古希腊的大草原中,驰骋着一批半人半兽的族群,这是一个生性凶猛的族群。"半人半兽"代表着理性与非理性、人性与兽性间的矛盾挣扎,这就是"人马族"。</p>
<p>人马族里唯独的一个例外——奇伦。奇伦虽也是人马族的一员,但生性善良,对待朋友尤以坦率著称,所以奇伦在族里十分受人尊敬</p>
```

（2）在图文混排的基础上让第一个汉字也浮动，同时变大，则出现了首字下沉的效果，关键代码如下，效果如图 4-85 所示。

```
.firstLetter{
    font-size:3em;
    float:left;    }
<p><span class="firstLetter">在</span>遥远的古希腊大草原中…。</p>
```

图 4-84　图文混排效果

图 4-85　首字下沉和图文混排效果

对于 IE7、Firefox 浏览器，还可以使用伪对象选择器 p:first-letter 来选中段落的第一个字符，这样就不需要用 span 标记将段落的第一个汉字括起来了。

（3）如果将第一个段落浮动，则出现文章导读框效果，代码如下，效果如图 4-86 所示。

```
p{
    margin:0;
    font-size:14px;    line-height:1.5;
    text-indent: 2em;    }
.p1{
    width:160px;
    float:left;
    margin:10px 10px 0 0;
    padding:10px;
    border:3px gray double;
    background:#9BD;}
<p class="p1">在遥远的古希腊大草原中，驰骋着一批半人半兽的族群，这是一个生性凶猛的族群。</p>
<p>"半人半兽"代表着理性与非理性…</p>
```

从以上 3 个例子可以看出，网页中无论是图像还是文本，对于任何元素，在排版时都应视为一个盒子，而不必在乎元素的内容是什么。从以上例子可以看出，网页中无论是图像还是文本，对于任何元素，在排版时都应视为一个盒子，而不必在乎元素的内容是什么。

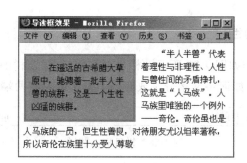

图 4-86　导读框效果

2. 菜单的竖横转换

在 4.4.3 节中,利用元素的盒子模型制作了一个竖直导航条。如果要把这个竖直导航条变为水平导航条,只要设置所有 a 元素浮动就可以了,这是因为所有盒子浮动,就能实现水平排列。当然水平导航条一般不需设置宽度,可以把 width 属性去掉。效果如图 4-87 所示。它的结构代码如下:

图 4-87　水平导航条

```
< div id = "nav">
    < a href = "#">首 页 </a >< a href = "#">中心简介 </a >
    < a href = "#">政策法规 </a >< a href = "#">常用下载 </a >
    < a href = "#">为您服务 </a >< a href = "#">技术支持和服务 </a >
</div >
```

CSS 样式代码如下:

```
< style type = "text/css">
#nav{
    font - size: 14px;}
#nav a {
    color: red;
    background - color: #9CF;
    text - align: center;
    text - decoration: none;
    display: block;
    padding:6px 10px 4px;
    margin: 0 2px;          /*设置了左右边界,使两个 a 元素间有 4px 的水平间距*/
    border: 1px solid #39F;
    float:left;             /*使 a 元素浮动,实现水平排列*/   }
#nav a:hover {
    color: White;
    background - color: #930;   }
</style >
```

3. 制作栏目框标题栏

有时,经常需要制作如图 4-88 所示的栏目框标题栏,标题栏的左端是栏目标题,右端是"more"之类的链接。如何将文字分别放在一个盒子的左右两端呢?

‖栏目标题1	more

图 4-88 栏目框标题栏

最简单的办法就是设置左边的文字左浮动,右边的文字右浮动。这时由于两个盒子都浮动,不占据外围容器的空间,所以必须设置外围盒子的高度,使它在视觉上能包含住两个浮动的盒子。结构代码如下:

```
< h3 id = "colframe">
    < span class = "title">栏目标题 1 < /span >
    < span class = "more">more < /span >
</h3 >
```

CSS 代码如下:

```
#colframe {
    width:300px;
    margin:0 auto;
    border:1px gray solid;
    height:24px;          / * 由于浮动元素脱离了外围容器,必须使外围盒子高度伸展 * /
    background - color:#CCCCCC;
    padding - top:10px;   / * 使文字垂直居中 * /
}
#colframe span.title{
    float:left;
    padding - left:16px;
}
#colframe span.more{
    float:right;
    padding - right:12px;
}
```

另一种方法是让右边的元素不浮动,把它设置为块级元素,这样该元素的盒子就能伸展到整行,而浮动元素位于其左边,再设置它的内容右对齐,则效果一样。更改的代码如下:

```
#colframe span.more{
    display:block;
    text - align:right;
    padding - right:12px;
}
```

第三种方法是将栏目标题写在"more"的后面,再设置 more 右浮动即可,要注意的是,这种方法必须将 more 写在前面,否则浮动元素会换行。

结构代码如下:

```
<h3 id = "coltitle">
    <span class = "more"> >more </span>栏目标题
</h3>
```

CSS 样式代码如下:

```
#coltitle span.more{
    float:right;
padding - right:12px;    }
```

栏目中的新闻标题和发布时间也是采用这种方式实现两端对齐的。

4. 1-3-1 固定宽度布局

在默认情况下,div 作为块级元素是占满整行从上到下依次排列的,但在网页的分栏布局中(例如 1-3-1 固定宽度布局),中间 3 栏(3 个 div 盒子)必须从左到右并列排列,这时就需要将这 3 个 div 盒子都设置为浮动。

但 3 个 div 盒子都浮动后,只能浮动到窗口的左边或右边,无法在浏览器中居中。因此需要在 3 个 div 盒子外面再套一个盒子(称为 container),让 container 居中,这样就实现了三个 div 盒子在浏览器中居中,如图 4-89 所示。

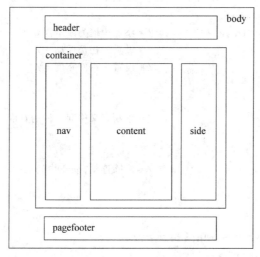

图 4-89　1-3-1 布局示意图

注意: 对于 Firefox,由于 container 里面的 3 个盒子都浮动,脱离了标准流,所以都没有占据 container 容器的空间。从结构上看应该是 container 位于 3 个盒子的上方,如图 4-90 所示,但这并不妨碍用 container 控制里面浮动的盒子居中。由于 container 占据的高度为 0,所以在任何浏览器中都看不到 container 的存在。而对于 IE,container 一般设置了宽度作为网页的宽度，所以在 IE 中 container 会包含住 3 个盒子。

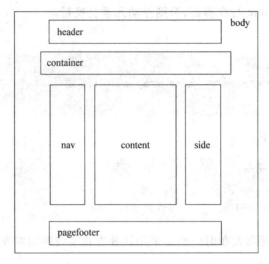

图 4-90 container 在 Firefox 中的位置

下面是 1-3-1 固定宽度布局的参考实现代码。效果如图 4-91 所示。

```
<style type="text/css">
#header,#pagefooter,#container{
    margin:0 auto;                  /*与 width 配合实现水平居中*/
    width:772px;
    border: 1px dashed #FF0000;     /*添加边框为演示需要*/
}
#navi,#content,#side{
    border:2px solid #0066FF;       /*添加边框为演示需要*/
    float:left;                     /*设置三栏都浮动*/
    width:200px;                    /*设置三栏的宽度*/
}
#content{
    width:360px;                    /*重新定义中间一栏的宽度*/
    }
#pagefooter{
    clear:both;                     /*清除浮动,防止中间三列不等高时页脚顶上去*/
}
</style>
<body>
<div id="header">id="header"</div>
<div id="container">
    <div id="navi">id="navi"</div>
    <div id="content">id="content"</div>
    <div id="side">id="side"</div>
</div>
<div id="pagefooter">id="pagefooter"</div>
</body>
```

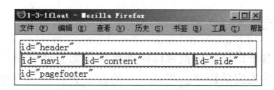

图 4-91　1-3-1 浮动方式布局效果图

　　制作 1-3-1 浮动布局的方法有很多种,实际上还可以将 pagefooter 块放到 container 块里面,这样设置 pagefooter 清除浮动后,在 IE6 和 Firefox 中就都是 container 块包含住里面的三列和 pagefooter 块了。

　　提示:注意本例中浮动的 3 列 #navi、#content 和 #side 都没有设置 margin 属性,如果要为 3 列设置 margin 属性,以使 3 列之间有间隙,则最好给 3 列都增加一条 display:inline 的属性,否则 IE6 浏览器会出现浮动盒子的双倍 margin 问题,导致最后一列移到下一行去了。

4.7　相对定位和绝对定位

　　利用浮动属性定位只能使元素浮动形成图文混排或块级元素水平排列的效果,其定位功能仍不够灵活强大。本节介绍的在定位属性下的定位能使元素通过设置偏移量定位到页面或其包含框的任何一个地方,定位功能非常灵活。

4.7.1　定位属性和偏移属性

　　为了让元素在定位属性下定位,需要对元素设置定位属性 position,position 的取值有 4 种,即 relative、absolute、fixed 和 static。其中,static 是默认值,表示不使用定位属性定位,也就是盒子按照标准流或浮动方式排列。fixed 称为固定定位,它和绝对定位类似,只是总是以浏览器窗口为基准进行定位,但 IE6 浏览器不支持该属性值。因此定位属性的取值中用得最多的是相对定位(relative)和绝对定位(absolute),本节主要介绍它们的作用。

　　偏移属性是指 top、left、bottom、right 四个属性,为了使元素在定位属性下从基准位置发生偏移,偏移属性必须和定位属性配合使用,left 指相对于定位基准的左边向右偏移的值,top 指相对于定位基准的上边向下偏移的量。它们的取值可以是像素或百分比。例如:

```
#mydiv {
    position:fixed;
    left: 50% ;
    top: 30px;  }
```

　　注意:偏移属性仅对设置了定位属性的元素有效。

4.7.2 相对定位

使用相对定位的盒子的位置依据常以标准流的排版方式为基础,然后使盒子相对于它原来的标准位置偏移指定的距离。相对定位的盒子仍在标准流中,它后面的盒子仍以标准流方式对待它。

如果对一个元素定义相对定位属性(position:relative;),那么它将保持在原来的位置上不动。如果再对它通过 top、left 等属性值设置垂直或水平偏移量,那么它将"相对于"它原来的位置发生移动。例如,图 4-92 中的 em 元素就是通过设置相对定位再设置位移让它"相对于"原来的位置向左下角偏移,同时它原来的位置仍然不会被其他元素占据。代码如下:

```
em {
        background-color: #0099FF;
        position: relative;
        left: 60px;
        top: 30px;    }
p {
        padding: 25px;
        border: 2px solid #933; background-color: #DBFDBA;}
<p>在远古时代,<em>人类与神都同样居住在地上</em>,一起过着和平快乐的日子,可是
人类愈来愈聪明,不但学会了建房子、铺道路,还学会钩心斗角、欺骗等等不好的恶习,搞得许多
神仙都受不了,纷纷离开人类,回到天上居住。</p>
```

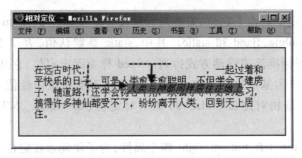

图 4-92 设置 em 元素为相对定位

可以看到元素设置为相对定位后有两点会发生:

(1) 元素原来占据的位置仍然会保留,也就是说相对定位的元素未脱离标准流;

(2) 因为是使用了定位属性的元素,所以会和其他元素发生重叠。

设置元素为相对定位的作用可归纳为两种:一是让元素相对于它原来的位置发生位移,同时不释放原来占据的位置;二是让元素的子元素以它为定位基准进行定位,同时它的位置保持不变,这时相对定位的元素成为包含框,一般是为了帮助里面的元素进行绝对定位。

4.7.3 相对定位的应用举例

1. 鼠标滑过时向右下偏移的链接

在有些网页中,当鼠标滑动到超链接上方时,超链接的位置会发生细微的移动,如向左下方偏移,让人觉得链接被鼠标拉上来了,如图 4-93 所示。

这种效果的制作原理其实很简单,主要就是运用了相对定位。在 CSS 中设置 a 元素为相对定位,当鼠标滑过时,就让它相对于原来的位置发生偏移。CSS 代码如下。

```
a:hover {
    color: red;
    position: relative;
    right: 2px;
    top: 3px; }
```

还可以给这些链接添加盒子,那么盒子也会按上述效果发生偏移,如图 4-94 所示。

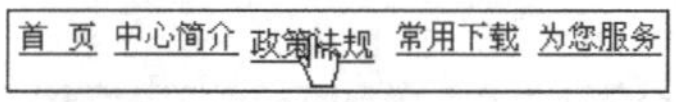

图 4-93 偏移的超链接(当鼠标悬停时   图 4-94 给链接添加盒子,同样会偏移
　　　　　 向左下方偏移)

2. 利用相对定位制作简单的阴影效果

在 4.5.3 节中,即使制作图 4-54 的简单阴影效果都需要用到一张"左上边"的图片。我们可以利用相对定位技术,不用一张图片也能制作出和图 4-54 相同的简单阴影效果。它的原理是在 img 元素外套一个外围容器,将外围容器的背景设置为灰色,作为 img 元素的阴影,同时不设置填充边界等值使外围容器和图片一样大,这时图像就正好把外围容器的背景完全覆盖。再设置图像相对于原来的位置往左上方偏移几个像素,这样图像的右下方就露出了阴影盒子右边和下边部分的背景,看起来就是 img 元素的阴影了。代码如下,效果如图 4-95 所示。

```
.shadow img {
    padding: 6px;
    border: 1px solid #465B68;
    background-color: #fff;
    position: relative;
    left: -5px;
    top: -5px;  }
div.shadow {
    background-color: #CCC;
    float:left;   /*使 div 盒子收缩,和 img 一样大*/  }
<div class = "shadow"><img src = "works.jpg"/></div>
```

图 4-95 相对定位法制作的阴影

3. 固定宽度网页居中的相对定位法

使用相对定位法可以实现固定宽度的网页居中,该方法首先将包含整个网页的容器 container 进行相对定位,使它向右偏移浏览器宽度的 50%,这时容器的左边框位于浏览器中线的位置上,然后使用负边界将它向左拉回整个页面宽度的一半,如图 4-96 所示,从而达到水平居中的目的。

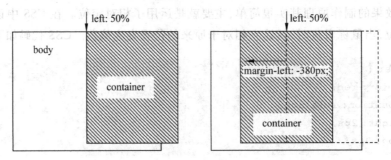

图 4-96　相对定位法实现网页居中示意图

代码如下:

```css
#container {
position:relative;
width:760px;
left:50% ;
margin - left: -380px;     }
```

这段代码的意思是,设置 container 的定位是相对于它原来的位置,而它原来默认的位置是在浏览器窗口的最左边,然后将其左边框移动到浏览器的正中央,这是通过"left:50%"实现的,这样就找到了浏览器的中线。再使用负边界法将盒子的一半宽度从中线位置拉回到左边,从而实现了水平居中。

想一想:如果把#container 选择器中(left:50% ; margin – left:-380px;)改为(right:50% ; margin – right:-380px;),还能实现居中吗?

另外,大家知道 div 中的内容默认情况下是顶端对齐的,有时希望 div 中内容垂直居中,如果 div 中只有一行内容,可以设置 div 的高度 height 和行高 line – height 相等。而如果 div 中有多行内容,更一般的方法就是上面这种相对定位的思想,把 div 中的内容放入到一个子 div 中,让子 div 相对于父 div 向下偏移 50%,这样子 div 的顶部就位于父 div 的垂直中线上,然后再设置子 div 的 margin – top 为其高度一半的负值。

4.7.4　绝对定位

绝对定位是指盒子的位置以它的包含框为基准进行定位。绝对定位的元素完全脱离标准流中。这意味着它们对其他元素的盒子定位没有影响,其他的元素就好像这个绝对定位元素完全不存在一样。

注意:绝对定位是以它的包含框的边框内侧为基准进行定位,因此改变包含框的填充值不会对绝对定位元素的位置造成任何影响。

绝对定位的偏移值是指从它的包含框边框内侧到元素的外边界之间的距离,如果修改绝对定位元素的 margin 值会影响元素内容的显示位置。

例如,如果将相对定位例子中的 em 的定位属性值由 relative 改为 absolute,那么 em 将按照绝对定位方式进行定位,从图 4-97 中可以看出它将以浏览器左上角为基准定位,配合 left、top 属性值进行偏移,同时 em 元素原来所占据的位置将消失,也就是说它脱离了标准流,其他元素当它不存在了一样。

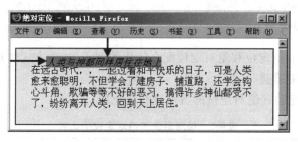

图 4-97　设置 em 元素为绝对定位

em 选择器的代码如下:

```
em {
    background-color: #0099FF;

    position:absolute;

    left: 60px;

    top: 30px;  }
```

但要注意的是,设置为绝对定位(position:absolute;)的元素,并非总是以浏览器窗口为基准进行定位的。实际上,绝对定位元素是以它的包含框为基准进行定位的,包含框是指距离它最近的设置了定位属性的父级元素的盒子。如果它所有的父级元素都没有设置定位属性,那么包含框就是浏览器窗口。

下面对 em 元素的父级元素 p 设置定位属性,使 p 元素成为 em 元素的包含框。这时,em 元素就不再以浏览器窗口为基准进行定位了,而是以它的包含框 p 元素的盒子为基准进行定位,效果如图 4-98 所示。

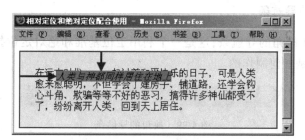

图 4-98　设置 em 为绝对定位同时设置 p 为相对定位

对应的 CSS 代码如下:

```
p {
    background - color: #dbfdba;
    padding: 25px;
    position:relative;              /*让 p 元素成为包含框*/
    border: 2px solid #6c4788;  }
em {
    background - color: #0099FF;
    position:absolute;
    left: 60px;
    top: 40px;  }
```

上述代码就是相对定位和绝对定位配合使用的例子,这种方式非常有用,可以让子元素以父元素为定位基准进行定位。

表 4-7 对相对定位和绝对定位的特点进行了比较。

表 4-7　相对定位和绝对定位的比较

	relative(相对定位)	absolute(绝对定位)
定位基准	以该元素原来的位置为基准	元素以距离它最近的设置了定位属性的父级元素为定位基准,若它所有的父级元素都没设置定位属性,则以浏览器窗口为定位基准
原来的位置	还占用着原来的位置,未脱离标准流	不占用其原来的位置,已经脱离标准流,其他元素就当它不存在一样
宽度	盒子的宽度不会收缩	盒子的宽度会自动收缩

4.7.5　绝对定位的应用举例

绝对定位元素的特点是完全脱离了标准流,不占据网页中的位置,而是浮在网页上。利用这个特点,绝对定位可以制作漂浮广告、弹出菜单等浮在网页上的元素。如果希望绝对定位元素以它的父元素为定位基准,则需要对它的父元素设置定位属性(一般都是设置为相对定位),使它的父元素成为包含框,这就是绝对定位和相对定位的配合使用。这样就可以制作出缺角的导航条、小提示窗口或下拉菜单等。

1. 制作缺角的导航条

图 4-99 是一个缺角的导航条,这是一个利用定位基准和绝对定位技术结合的典型例子,下面来分析它是如何制作的。

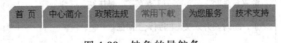

图 4-99　缺角的导航条

首先,如果这个导航条没有缺角,那么这个水平导航条完全可以通过盒子在标准流及浮动方式下的排列来实现,不需要使用定位属性。其次,缺的这个角是通过一个元素的盒子叠放在导航选项盒子上实现的,它们之间的位置关系如图 4-100 所示。

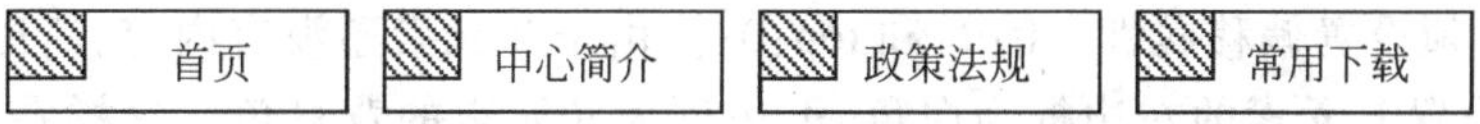

图 4-100　缺角的导航条元素盒子之间的关系

形成缺角的盒子实际上是一个空元素,该元素的左边框是 8 像素宽的白色边框,下边框是 8 像素宽的蓝色边框,它们交汇就形成了斜边效果,如图 4-101 所示。

图 4-101　缺角处是一个左白、下蓝边框的空元素

可以看出,导航项左上角的盒子必须以导航项为基准进行定位,因此必须设置导航项的盒子为相对定位,让它成为一个包含框,然后将左上角的盒子设置为绝对定位,使左上角的盒子以它为基准进行定位,这样还能使左上角盒子不占据标准流的空间。同时由于导航条不需要改变在标准流中的位置,所以应该设置为相对定位无偏移。

下面将这个实例分解成几步来做。

(1) 首先写出结构代码,我们直接用 a 元素的盒子作导航条,因为 a 元素里面还要包含一个盒子,所以应在 a 元素中添加任意一个行内元素,这里选择 b 元素,它的内容应为空,这样才能利用盒子的边框交汇作三角形。结构代码如下:

```
< div id = "nav4">
    < a href = "#"><b></b>首 页</a>
     < a href = "#"><b></b>中心简介</a>
      …
    < a href = "#"><b></b>技术支持</a>
</div>
```

(2) 因为要设置 a 元素的边框填充等值,所以设置 a 元素为块级元素显示,而要让块级元素水平排列,必须设置这些元素为浮动。当然,设置为浮动后元素将自动以块级元素显示,因此也可以将 a 元素的 display:block;去掉。同时,要让 a 元素成为其子元素的包含框,必须设置 a 元素的定位属性,而 a 元素应保持它在标准流中的位置不发生移动,所以 a 元素的定位属性值应为 relative。因此,a 元素的 CSS 代码如下:

```
#nav4 a {
    background - color: #79bcff;
    font - size: 14px;　color: #333;
    text - decoration: none;
    border - bottom:8px solid #99CC00;　/* 以上 5 条为普通 CSS 样式设置 */
    display: block;
    float: left;
    padding: 6px 10px 4px 10px;
    margin:0 2px;
    position:relative;　　　　　　　　/* 让 a 元素作为 b 元素的定位基准 */ }
```

(3) 接下来设置 b 元素为绝对定位,让它以 a 元素为包含框进行定位。由于 b 位于 a

的左上角，必须设置偏移属性 left:0;和 top:0;。由于 b 元素还没有内容，所以此时看不见 b 元素。再设置 b 元素的左边框为白色，下边框为 a 元素的背景色。这样在 Firefox 中就可以看见缺角的导航条效果了。为了在 IE 中也有此效果，需要设置 overflow：hidden;和 height：0px;，因为 IE 在默认情况下，设置了边框属性的空元素也有 12px 的高度。所以 b 元素的 CSS 代码如下：

```css
#nav4 a b {
    border - bottom: 8px solid #79bcff;
    border - left: 8px solid #ffffff;    /* 左边框和下边框交汇形成三角形效果 */
    overflow: hidden;
    height: 0px;                         /* 以上两条为了兼容 IE6,使空元素高度为 0 */
    position: absolute;
    left:0;                              /* 相对于 a 元素边框内侧的左上角定位 */
    top:0;  }
```

（4）最后为导航条添加交互效果，只需设置鼠标经过时 a 元素的字体、背景色改变，b 元素下边框颜色改变就可以了。

```css
#nav4 a:hover {
    color: #c00;
    background - color: #ccc;
    border - bottom - color: #cf3;  }
#nav4 a:hover b {
    border - bottom - color: #ccc;  }
```

这样，这个缺角的导航条就制作完成了。网上还有很多这种带有三角形的导航条，例如图 4-102 中的，只是在默认状态时将三角形隐藏，而鼠标滑过时显示三角形罢了。

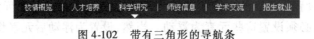

图 4-102　带有三角形的导航条

2. 制作中英文双语导航条

将缺角的导航条稍作修改就能得到如图 4-103 所示的中英文双语导航条。

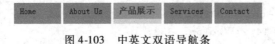

图 4-103　中英文双语导航条

首先看看它的结构代码：

```html
< div id = "nav4">
    < a href = "#"> < b > 首 页 < /b > Home < /a >
    < a href = "#"> < b > 关于我们 < /b > About Us < /a >
    < a href = "#"> < b > 产品展示 < /b > Products < /a >
    < a href = "#"> < b > 售后服务 < /b > Services < /a >
```

```
        <a href = "#"><b>联系我们</b>Contact</a>
    </div>
```

可以看到,它是把导航项的中文写在<b>标记中,通过在默认状态下隐藏 b 元素,就只能看到英文的文字了。当鼠标滑过时,为了让中文遮盖住英文,必须设置 b 元素为绝对定位,这样 b 元素的盒子就会浮在 a 元素上,挡住了 a 元素且不占据 a 元素的空间。

同样,为了让 b 元素的盒子正好完全遮盖住 a 元素的盒子,b 元素应以 a 元素为定位基准,所以设置 a 元素为相对定位,并且 b 元素应从 a 元素的左上角开始显示,因此设置 b 元素的偏移属性 left,top 都为 0,再设置 b 元素的宽度为 100%,这样 b 元素就和 a 元素一样大,就完全能把 a 元素挡住了。下面是它的 CSS 设计步骤。

(1) 在默认状态下的 CSS 代码如下:

```
#nav4 a {
    font - size: 14px;   color: #333;
    text - decoration: none;
    text - align:center;
    border - bottom:8px solid #99cc00;
    background - color: #79bcff;
    padding: 6px 10px 4px 10px;
    margin:0 2px;          /*以上8条为导航条样式的一般设置*/
    float: left;           /*使导航项水平排列*/
    width:60px;            /*由于中文和对应英文的宽度往往不同,所以要固定盒子宽度*/
    position:relative;     /*作为b元素的定位基准*/
}
#nav4 a b {
    display:none;          /*默认状态隐藏b元素,且不占据空间*/
    position: absolute;  }
```

(2) 当鼠标滑过时,显示 b 元素,并为 b 元素设置背景色,这样 b 元素的盒子不透明才能挡住 a 元素。代码如下:

```
#nav4 a:hover {
    color: #cc0000;
    border - bottom - color: #cf3;     /*文字和下边框变色*/  }
#nav4 a:hover b {
    display:block;
    left:0;
    top:0;
    padding: 6px 10px 4px;
    width: 60px;                       /*以上两条使b的盒子和a一样大*/
    background: #ccc;                  /*设置背景色,注意不能在#nav4 a b中设置*/
    }
```

这样,中英文双语导航条就做好了,但它有个缺点,就是导航项不能自适应宽度。

3. 制作小提示窗口

我们知道，几乎所有的 HTML 标记都有一个 title 属性。添加该属性后，当鼠标停留在元素上时，会显示 title 属性里设置的文字。但用 title 属性设置的提示框不太美观，而且鼠标要停留一秒钟以后才会显示。实际上，可以用绝对定位元素来模拟小提示框，由于这个小提示框必须在其解释的文字旁边出现，所以要把待解释的文字设置为相对定位，作为小提示框的定位基准。

下面是 CSS 小提示框的代码，它的显示效果如图 4-104 所示。

```css
<style type = "text/css">
a.tip{
    color:red;
    text - decoration:none;
    position:relative;              /* 设置待解释的文字为定位基准 */
}
a.tip span {display:none;}          /* 默认状态下隐藏小提示窗口 */
a.tip:hover {cursor:hand;           /* 当鼠标滑过时将鼠标指针设置为手形 */
    z - index:999;}
a.tip:hover .popbox {
    display:block;                  /* 当鼠标滑过时显示小提示窗口 */
    position:absolute;
    top:15px;
    left: -30px;
    width:100px;                    /* 以上三条设置小提示窗口的显示位置及大小 */
    background - color:#424242;
    color:#fff;
    padding:10px;
    z - index:9999;                 /* 设置很大的层叠值防止被其他 a 元素覆盖 */
  }
p {  font - size: 14px;  }
</style>
<body><p>Web 前台技术：<a href = "#" class = "tip">Ajax <span class = "popbox">
Ajax 是一种浏览器无刷新就能和 web 服务器交换数据的技术 </span></a>技术和
<a href = "#" class = "tip">CSS <span class = "popbox">Cascading Style Sheets
层叠样式表 </span></a>的关系 </p></body>
```

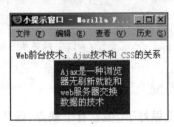

图 4-104　小提示窗口的效果

4. 制作纯 CSS 下拉菜单

下拉菜单是网页中常见的高级界面元素,过去下拉菜单一般都用 JavaScript 制作。例如,使用 Dreamweaver 中的"行为"或在 Fireworks 中"添加弹出菜单"都可以制作下拉菜单,它们是通过自动插入 JavaScript 代码实现的,但这些软件制作的下拉菜单存在代码复杂、界面不美观等缺点,因此现在更推荐使用 CSS 来制作下拉菜单,它具有代码简洁、界面美观、占用资源少的特点。

下拉菜单的特点是弹出时浮在网页上的,不占据网页空间,所以放置下拉菜单的元素必须设置为绝对定位元素,而且下拉菜单位置是依据它的导航项来定位的,所以导航项应该设置为相对定位,作为下拉菜单的定位基准。在默认状态下,设置下拉菜单元素的 display 属性为 none,使下拉菜单被隐藏起来。当鼠标滑到导航项时,显示下拉菜单。

制作下拉菜单的步骤比较复杂,下面一步步来做。

(1) 下拉菜单采用二级列表结构,第一级放导航项,第二级放下拉菜单项。首先写出它的结构代码,此时显示效果如图 4-105 所示。

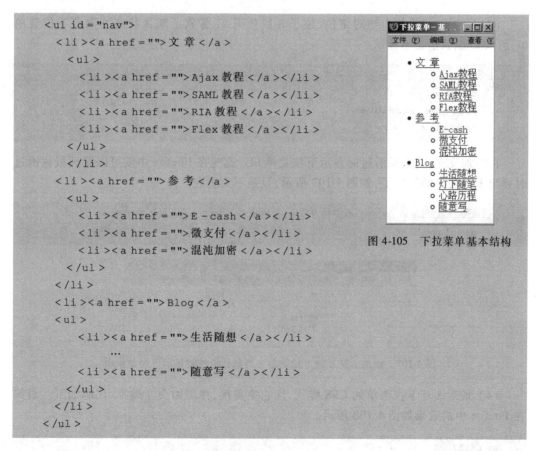

图 4-105　下拉菜单基本结构

可以看到下拉菜单被写在内层的 ul 里,只需控制这个 ul 元素的显示和隐藏就能实现下拉菜单效果。

(2) 设置第一层 li 为左浮动,这样导航项就会水平排列,同时去除列表的小黑点、填充和边界。此时显示效果如图 4-106 所示。再设置导航项 li 为相对定位,让下拉菜单以它为基准定位。代码如下：

```
#nav,#nav ul {
    padding: 0; margin: 0;
    list-style: none;  }
li {
    float: left;
    width: 160px;
    position:relative;   }
```

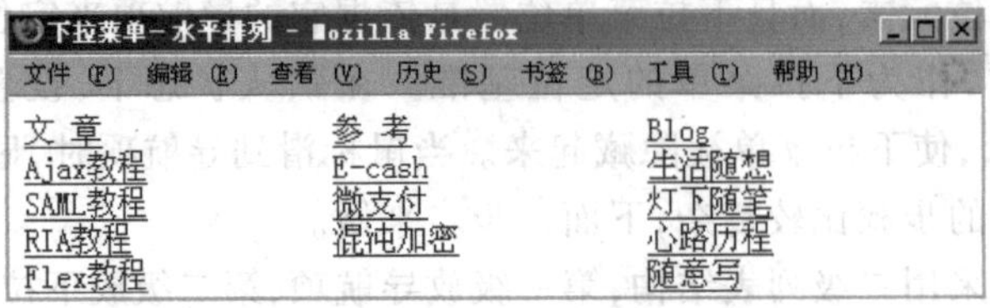

图 4-106　下拉菜单水平排列 - 设置第一级 li 左浮动

（3）设置下拉菜单为绝对定位，位于导航项下 21 像素。默认状态下隐藏下拉菜单 ul，所以 ul 默认值是不显示。

```
li ul {
    display: none;
    position: absolute;
    top: 21px;   }
```

再添加交互，当鼠标滑过时显示下拉菜单 ul。此时在 Firefox 中就可以看到鼠标滑过时弹出下拉菜单的效果了，如图 4-107 所示，只是不太美观。

```
li:hover ul {     /*IE6 不支持非 a 元素的伪类,故 IE6 不显示下拉菜单*/
    display: block;  }
```

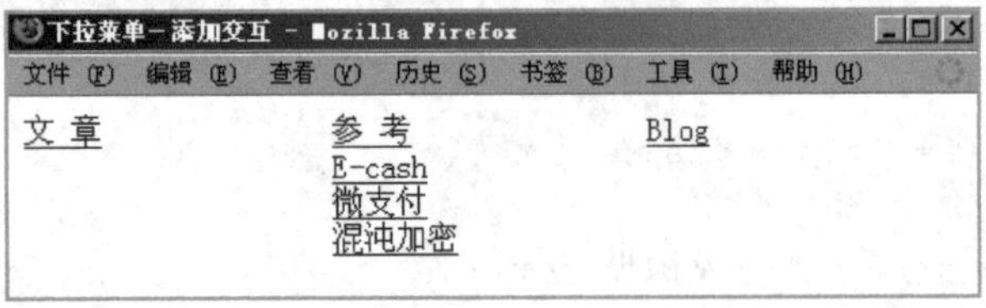

图 4-107　添加了交互的下拉菜单 - 当鼠标滑过时显示下拉菜单项

（4）最后改变下拉菜单的 CSS 样式，使它更美观，并添加交互效果，代码如下。最终在 Firefox 中的效果如图 4-108 所示。

```
ul li a{
    display:block;
    font-size:14px; color: #333;              /* 设置文字效果*/
    text-align:center;
    text-decoration: none;
```

```
    border: 1px solid #ccc;
    padding:3px;
    height:1em;                    /*解决 IE6 的 bug */
}
ul li a:hover{
    background-color:#f4f4f4;
    color:red;      }
```

图 4-108　对下拉菜单进行美化后的效果

想一想：如果把上述选择器中的（position：relative；）和（position：absolute；）都去掉还会有上面的下拉菜单效果吗？会出现什么问题呢？

（5）使下拉菜单兼容 IE6 浏览器的基本思想。

由于 IE6 浏览器不支持 li：hover 伪类，所以无法弹出菜单。一种兼容 IE6 浏览器的方法是在网页 head 部分插入下面一段 JavaScript 代码。代码如下：

```
<script>
startList = function() {
      navRoot = document.getElementById("nav");
      node = navRoot.getElementsByTagName("li");
   for (i = 0; i < node.length; i ++) {
      node[i].onmouseover = function() {
         this.className += " over";              //over 前面有个空格不能省略
           }
      node[i].onmouseout = function() {
         this.className = this.className.replace(/over/,"");
           }}}
window.onload = startList;
</script>
```

并添加一个 CSS 选择器，代码如下。使 JavaScript 能动态地为 li 元素添加、移除".over"这个类从而控制"li ul"的显示和隐藏。

```
li.over ul {  display: block;      }
```

5. 制作图片放大效果

在电子商务网站中,常常会以缩略图的方式展示商品。当浏览者将鼠标滑动到商品缩略图上时,会把缩略图放大显示成商品的大图,通常还会在大图下显示商品的描述信息,如图 4-109 所示。这种展示商品的图片放大效果非常直观友好,下面分析它是如何制作的。

图 4-109　图片放大最终效果

首先,商品的缩略图的排列可以使用标准流方式排列,但商品的大图要以缩略图为中心进行放大,所以要以缩略图为定位基准,因此商品的缩略图应设置为相对定位。而商品的大图是浮在网页上的,所以是绝对定位元素。在默认情况下,商品的大图是不显示的,当鼠标滑到缩略图上时,就显示商品的大图。

制作图片放大效果的步骤较复杂,下面分解为几步来制作。

(1) 由于有许多张图片,因此采用列表结构来组织这些图片,每个列表项放一张图片。因为图片要响应鼠标悬停,所以在它外面要套一个 <a> 标记。结构代码如下:

```
<ul id="lib">
    <li><a href="#"><img src="pic1.jpg"/></a></li>
    <li><a href="#"><img src="pic2.jpg"/></a></li>
    <li><a href="#"><img src="pic3.jpg"/></a></li>
    <li><a href="#"><img src="pic4.jpg"/></a></li>
</ul>
```

(2) 添加 CSS 代码,主要是清除列表的默认样式,为图片设置边框填充,并设置鼠标滑过时重新定义 img 元素的宽和高实现图片放大。

```
#lib {                          /* 清除列表的默认格式 */
    margin: 0px;
    padding: 0px;
    list-style-type: none;  }
#lib li {
    float: left;                /* 如果不希望图片水平排列,可去掉这句 */
    margin: 4px;  }
#lib img {
    border: 1px solid #333;
    padding: 6px;       }
#lib a:hover {
    border:1px solid #ccc;          /* 此处主要为兼容 IE6 */   }
#lib a:hover img {
    width:300px;                /* 当鼠标滑过时重新定义图片的宽和高,实现放大效果 */
    height:280px;       }
```

（3）这样就有了鼠标经过时图片变大效果，但变大后会使它后面的图片向后偏移，如图 4-110 所示。如果希望后面的图片不发生位移，就需要设置变大后的图片脱离标准流，不占据网页的空间。因此必须将 img 元素设置为绝对定位，将 a 元素设置为相对定位。

图 4-110　图片放大效果（未使用定位属性）

因此在步骤（2）基础上添加和修改的 CSS 代码如下：

```
#lib a {
    position: relative;        }
#lib a:hover {
    border:1px solid #ccc;
    z - index:1000;            /*防止放大后的图片被小图遮盖*/    }
#lib a:hover img {
    position: absolute;
    left: - 50px;
    top: - 40px;
    width:300px;
    height:280px;      }
```

要注意因为 a 是 img 的父元素，而父元素的盒子默认会叠放在子元素的下面，所以要设置#lib a:hover 的层叠值（z-index）很大，使放大后的图片不被其他图片挡住。

（4）这样图片变大之后由于脱离了标准流，因此一变大就不占据原来的空间，导致其后面的图片前移占据它原来的位置，如图 4-111 所示。这也不是我们想要的效果。

图 4-111　图片放大效果（放大后绝对定位）

怎样解决这个问题呢？我们可以给 img 的父元素 li 设置宽度和高度，这样即使 img 元素绝对定位不占据空间后，其父元素 li 由于定义了宽和高，就不会自动收缩，仍然会占据原来的位置。li 元素的宽和高应等于图片的宽和高加它的填充边界距离。这样就正好把图片给包住。在上述代码的基础上再添加下面的代码就可以了，效果如图 4-112 所示。

```
#lib li {
    float: left;
    width:164px;
    height:154px;        /*防止 a 元素绝对定位不占据空间后父元素自动收缩*/
    margin: 4px;        }
```

图 4-112　图片放大效果（设置了绝对定位元素父元素的宽和高）

如果不是对图片本身放大，而是在图片旁边弹出一张大图，则需要在 <img> 标记旁边插入一个 <span> 标记，用 <span> 标记的背景来放置大图，用"a:hover span"来控制大图的显示和隐藏，整体思路和制作小提示窗口相似，只是把文字换成图像了。

6. hover 伪类的应用总结

hover 伪类是通过 CSS 实现与页面交互的最主要形式，本节的所有实例中都用到了 hover 伪类，下面总结一下 hover 伪类的作用。

hover 伪类的作用有两种，一是定义元素在鼠标滑过时样式的改变，以实现动态效果，这是 hover 伪类的基本用法，如鼠标滑过导航项时让导航项的字体和背景变色等。

二是通过 hover 伪类控制子元素的动态效果。用 hover 伪类控制元素的子元素又可分为以下两种情况。

（1）解决 IE6 不支持非 a 元素 hover 伪类的问题。

由于 IE6 只支持 a:hover 伪类，如果要给其他元素添加动态效果，就可以在该元素外面套一个 <a> 标记，例如，在 img 元素外套一个 <a> 标记，就可以用 a:hover img 来设置鼠标滑过 img 时的动态效果了。

（2）控制子元素的显示和隐藏。

有时如果子元素通过 display:none 隐藏起来了，就没有办法利用子元素自身的 hover 伪类来控制它了，只能使用父元素的 hover 伪类对它进行控制，例如下拉菜单。

hover 伪类不能做什么：hover 伪类只能控制元素自身或其子元素在鼠标滑过时的动态效果，而无法控制其他元素实现动态效果，例如，Tab 面板由于要用 Tab 项（a 元素）控制不属于其包含的 div 元素，就无法使用 hover 伪类实现，而只能通过编写 JavaScript 代码来操纵 a 元素的行为实现。

4.7.6　DW 中定位属性面板介绍

在 DW 中,对定位属性的设置在"定位"选项面板中,其中,"宽"和"高"对应 width 和 height 属性,实际上这两项的设置在"方框"面板中也有。"裁切"可用来对图像或其他盒子进行剪切,但仅对绝对定位元素有效。"显示"(visibility)若设置为隐藏,则元素不可见,但元素所占的位置仍然会保留。这些选项对应的 CSS 属性如图 4-113 所示。

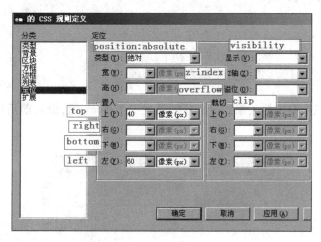

图 4-113　DW 中的定位属性面板

4.7.7　与 position 属性有关的 CSS 属性

1. z-index 属性

z-index 属性用于调整定位时重叠块之间的上下位置。与它的名称一样,想象页面为 x-y 轴,那么垂直于页面的方向就为 z 轴,z-index 值大的盒子会叠放在值小的盒子的上方,可以通过设置 z-index 值改变盒子之间的重叠次序。z-index 默认值为 0,当两个盒子的 z-index 值一样时,则保持原来的高低覆盖关系。

注意: z-index 属性和偏移属性一样,只对设置了定位属性(position 属性值为 relative 或 absolute 或 fixed)的元素有效。下面的代码是用 z-index 属性调整重叠块的次序。

```
<style type="text/css">
#block1,#block2,#block3{
    border:1px dashed black;
    padding:10px;
    position:absolute;    }
#block1{
    background-color:#fff0ac;
    left:20px;  top:30px;
    z-index:1;                    /* 层叠值 1 */  }
#block2{
```

```
    background-color:#ffc24c;
    left:40px;  top:50px;
    z-index:0;                    /* 层叠值 0 */    }
#block3{
    background-color:#c7ff9d;
    left:60px;  top:70px;
    z-index:-1;                   /* 层叠值 -1 */    }
</style>
    <div id="block1">第一个盒子 AA</div>
    <div id="block2">第二个盒子 BB</div>
    <div id="block3">第三个盒子 CC</div>
```

上述代码对三个有重叠关系的 div 分别设置了 z-index 值，设置前后的效果如图 4-114 所示。

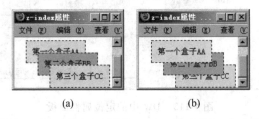

     (a)   (b)

图 4-114　设置 z-index 值前（a）和设置 z-index 值后（b）三个盒子的叠放次序

2. z-index 属性应用——制作动态改变叠放次序的导航条

利用 z-index 属性改变盒子叠放次序的功能，可以制作出如图 4-115 所示的导航条来。该导航条由几个导航项和下部的水平条组成。水平条是一个绝对定位元素，通过设置它的位置使它正好叠放在导航项下面的部分上。在正常浏览状态下，导航项的下方被水平条覆盖，当鼠标滑过某个导航项时，设置它的 z-index 值变大，这样该导航项就会遮盖住水平条，形成如图 4-115 所示的动态效果来。

图 4-115　动态改变 z-index 属性的导航条

下面分步来讲解如何制作动态改变 z-index 属性的导航条。

（1）首先，因为 z-index 只对设置了定位属性的元素才有效，所以导航项和水平条都要设置定位属性。由于每个导航项的位置应该保持在标准流中的位置不变，所以设置它们为相对定位，不设置偏移属性。而水平条要叠放在导航项的上方，不占据网页空间，因此设置它为绝对定位。而且水平条要以整个导航条为基准进行定位，所以将整个导航条放在一个 div 盒子内，并设置它为相对定位，作为水平条的定位基准。结构代码如下：

```
<div id = "nav">        <!-- 主要作用是作为底部水平条的定位基准 -->
  <a href = "#"><span>首 页</span></a>        <!-- 该导航条使用了滑动门技
  术,所以每个导航项需要两个盒子 -->
  <a href = "#"><span>中心简介</span></a>  …
  <a href = "#"><span>技术支持</span></a>
  <div id = "bott"></div>         <!-- 底部的水平条 -->
</div>
```

(2)接下来写导航条#nav 和它包含的水平条的 CSS 代码,#nav 只要设置为相对定位就可以了,作为水平条#bott 的定位基准,而#bott 设置为绝对定位后必须向下偏移28px,这样正好叠放于导航项的下部。

```
#nav {
    position:relative;        /*作为定位基准*/  }
#bott{
    background - color: #999966;
    height:6px;             /*水平条高度为6px*/
    font - size:0;          /*兼容 IE,也可用 overflow:hidden 替代*/
    clear:both;             /*由于 a 元素都浮动,所以要清除浮动*/
    position:absolute;
    width:95%;              /*绝对定位元素宽度不会自动伸展,设置宽度使其占满一行*/
    top:28px;       }
```

(3)用滑动门技术设置 a 元素和 span 元素的背景,背景图片如图 4-116 所示。其中,span 元素的背景从右往左铺,a 元素的背景从左往右铺,叠加后形成自适应宽度的圆角导航项背景。再设置 a 元素为相对定位,这是为了使 a 元素在鼠标滑过时能设置 z-index 属性。代码如下:

```
#nav a {
    position:relative;        /*设置为相对定位,为了应用 z - index 属性*/
    float: left;              /*使 a 元素水平排列*/
    padding - left: 14px;
    background: url(images/zindex.gif) 0 - 42px;  /*取下半部分的图案作背景*/
    height:34px;
    line - height:28px;       /*行高比高度小,使文字位于中部偏上*/
    color:White;
    text - decoration:none;  }
#nav span {
    padding - right:14px;
    background: url(images/zindex.gif) 100% -42px;
    font - size:14px;
    float:left;               /*此处是为兼容 IE6,防止 span 占满整行*/  }
```

图 4-116　导航条的背景图片(zindex. gif)

　　(4) 最后设置鼠标滑过时的效果,包括设置 z-index 值改变重叠次序,改变背景显示位置实现图像的翻转等。代码如下:

```
#nav a:hover {
    cursor:hand;                      /* 使 IE6 中光标变为手形 */
    background-position:0 0;          /* 取上半部分图像作为背景 */
    z-index:1000;                     /* 使鼠标悬停的导航项遮盖住水平条 */}
#nav a:hover span {
    height:34px;
    background-position:100%0;        /* 取下半部分图像作为背景,实现背景的翻转 */
    color:#ff0000;                    /* 改变文字颜色 */}
```

　　这样动态改变层叠次序的导航条就制作好了,如果将导航条的背景图片制作成具有半透明效果的 PNG 格式文件,效果可能会更好。

3. overflow 属性

　　(1) overflow 属性的基本功能是设置元素盒子中的内容如果溢出是否显示,取值有 visible(可见)、hidden(隐藏)、scroll(出现滚动条)、auto(自动)。如果不设置则默认值为 visible。将下面代码中的 overflow 值依次修改为 visible、hidden、scroll、auto 的显示效果如图 4-117 所示。

```
<style type="text/css">
#qq {
    border:1px solid #333333;
    height: 100px;
    width: 100px;
    overflow: visible;                /* 依次修改为 hidden、scroll、auto */}
</style>
<div id="qq">在一个遥远而古老的国度里,国王和王后因为性格不和而离婚,国王再娶了
一位美丽的王后。可惜,这位新后天性善妒 </div>
```

图 4-117　从左至右 overflow 属性分别设置为 visible(Firefox)、visible(IE6)、hidden、scroll、auto 的效果

由于 IE 对于空元素的默认高度是 12px，所以经常使用（overflow：hidden）使空元素在 IE 浏览器中所占高度为 0。

（2）overflow 属性的另一种功能是用来代替清除浮动的元素。

如果父元素中的子元素都设置成了浮动，那么子元素脱离了标准流，导致父元素高度不会自动伸展包含住子元素，在"扩展外围盒子高度"中说过可以在这些浮动的子元素的后面添加一个清除浮动的元素，来把外围盒子撑开。实际上，通过对父元素设置 overflow 属性也可以扩展外围盒子高度，从而代替了清除浮动元素的作用。例如：

```
< style type = "text/css">
div{
    padding:10px;   margin:10px;
    border:1px dashed #111111;
    background - color:#90baff;   }
.father{
    background - color:#ffff99;
    border:1px solid #111111;
    overflow:auto;          / * 图 4 -118 (a)是未添加这句时的效果 * /}
.son1{
    float:left;    }
</style>
< div class = "father">
       < div class = "son1">Box -1 </div >
  </div >
```

可以看到，对父元素设置 overflow 属性为 auto 或 hidden 时，就能达到在 Firefox 中扩展外围盒子高度的效果，如图 4-118（b）所示，这比专门在浮动元素后添加一个清除浮动的空元素要简单得多。

(a)   (b)

图 4-118　利用 overflow 属性扩展外围盒子高度之前（a）和之后（b）的效果

对于 IE 来说，只要设置浮动元素的父元素的宽或高，那么浮动元素就不会脱离标准流。父元素会自动伸展包含住浮动块，因此不存在扩展外围盒子高度的问题。

但当没有对父元素 box 设置宽或高时，在 IE 中父元素也不会包含住浮动块，而且对 IE 即使按上述方法设置父元素的 overflow 属性也不起作用。这时对 IE 来说，只能对盒子设置宽或高，如果不方便设置宽度，则可以针对 box 设置一个很小的百分比高度，如（height：1%），使 IE6 中的 box 也能包含住浮动块，这样就兼容了 IE6 和 Firefox 浏览器。

另外，对浮动元素后面的元素设置 overflow:hidden 也能使 Firefox 出现和 IE 中相同的效果。

4. clip 属性

在网页设计中,有时网页上摆放图片的位置不够,此时可以对图片设置宽和高等属性来缩小,也可以通过 clip 属性对图片进行裁切。clip 是裁切属性,用来设置对象的可视区域。clip 属性仅能用在绝对定位(position:absolute)元素上,例如:

```
img {
    clip: rect(20px,auto,auto,20px);
    position: absolute; }
```

表示从距左边 20px 处和距上边 20px 处开始显示图片,则左边和上边 20px 以内的区域都被裁切掉,即看不见了,但仍然占据网页空间。效果如图 4-119 所示。

(a)　　　　(b)

图 4-119　裁切前(a)和裁切后(b)

用 clip 属性不仅能裁切图像,也能裁切任何网页元素,但是要应用 clip 属性必须将元素设置为绝对定位,这可能会影响元素原来在网页中的布局方式。

实际上,如果对一个元素设置负边界值,那么这个元素会有一部分移出原来的位置不被显示,同时设置它的父元素宽和高,并设置溢出隐藏,也可以用来模拟裁切属性的作用。

4.8　CSS + DIV 布局

CSS + DIV 布局是指将网页用 DIV(或其他元素)分块,然后用 CSS 设置每块的大小和位置。

虽然普通用户看到的网页上有文字、图像等各种内容。但对于浏览器来说,它"看到"的页面内容就是大大小小的盒子。对于 CSS 布局而言,本质就是大大小小的盒子在页面上的摆放。我们看到的页面中的内容不是文字,也不是图像,而是一堆盒子。要考虑的就是盒子与盒子之间的关系,是上下排列、左右排列还是嵌套排列,是通过标准流定位还是通过浮动、绝对定位、相对定位实现,定位基准是什么等。将盒子之间通过各种定位方式排列使之达到想要的效果就是 CSS 布局的基本思想。CSS 网页布局的基本步骤如下。

(1) 将页面用 DIV 分块;

(2) 通过 CSS 设计各块的位置和大小,以及相互关系;

(3) 在网页的各大 DIV 块中插入作为各个栏目框的小块。

表 4-8 对表格布局和 CSS + DIV 布局的特点进行了比较。

表 4-8　表格布局和 CSS + DIV 布局的比较

	表 格 布 局	CSS + DIV 布局
布局方式	将页面用表格和单元格分区	将页面用 DIV 等元素分块
控制元素占据的页面大小	通过 < td > 标记的 width 和 height 属性确定	通过 CSS 属性 width 和 height 确定

续表

	表 格 布 局	CSS + DIV 布局
控制元素在页面中的位置	在单元格前插入指定宽度的单元格使元素位置向右移动,或插入行或占位表格使元素向下移动	设置元素的 margin 属性或设置其父元素的 padding 属性使元素移到指定位置
图片的位置	只能通过图片所在单元格的位置控制图片的位置	既可以通过图片所在元素的位置确定,又可以使用背景的定位属性确定图片的位置

提示:使用 CSS 布局时,先不要考虑网页的外观,而应该先思考网页内容的语义和结构。因为一个结构良好的 HTML 页面可以通过任何外观表现出来。

4.8.1　分栏布局的种类

网页的布局从总体上说可分为固定宽度布局和可变宽度布局两类。固定宽度是指网页的宽度是固定的,如 980 像素,不会随浏览器大小的改变而改变;而可变宽度是指如果浏览器窗口大小发生变化,网页的宽度也会变化,例如,将网页宽度设置为 85%,表示它的宽度永远是浏览器宽度的 85%。

固定宽度的好处是网页不会随浏览器大小的改变而发生变形,窗口变小只是网页的一部分被遮盖住,所以固定宽度布局用得更广泛,适合于初学者使用。而可变宽度布局的好处是能适应各种显示器屏幕,不会因为用户的显示器过宽而使两边出现很宽的空白区域。

以 1-3-1 式三列布局为例,它具有的布局形式如图 4-120 所示。

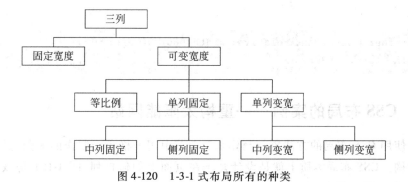

图 4-120　1-3-1 式布局所有的种类

4.8.2　固定宽度布局

1. 固定宽度分栏布局的实现

固定宽度布局的最常用方法是将所有栏都浮动,在 4.6.4 节中已经介绍了三栏浮动实现 1-3-1 布局的方法,此处不再赘述。

2. 固定宽度网页居中的方法

通常情况下我们都希望制作的网页在浏览器中居中显示,通过 CSS 实现网页居中主要有以下三种方法。

1）text-align 法

这种方法设置 body 元素的 text – align 值为 center，这样 body 中的内容（整个网页）就会居中显示。由于 text – align 属性具有继承性，网页中各个元素的内容也会居中显示，这是我们不希望看到的，因此设置包含整个网页的容器#container 的 text-align 值为 left。代码如下：

```
body{text-align: center;min-width: 990px;}
#container {margin: 0 auto;text-align: left;width: 990px;}
```

2）margin 法

通过设置包含整个网页的容器#container 的 margin 值为"0 auto"，即上下边界为 0，左右边界自动，再配合设置 width 属性为一个固定值或相对值，也可以使网页居中，从代码量上看，这是使网页居中一种最简洁的办法。例如：

```
#container { margin: 0 auto; width: 980px; }
#container { margin: 0 auto; width: 85% ; }
```

注意：如果仅设置#container ｛ margin：0 auto；｝，而不设置 width 值，网页是不会居中的，而且使用该方法网页顶部一定要有文档类型声明 DOCTYPE，否则在 IE6 中不会居中。

3）相对定位法

相对定位法居中在 4.8.3 节中已经介绍过，它只能使固定宽度的网页居中。代码如下：

```
#container { position: relative; width:980px; left: 50%;
margin-left: -490px; }
```

4.8.3　CSS 布局的案例——重构太阳能网站

本节使用 CSS 布局的方法重新制作 2.7.7 节中用表格布局制作的太阳能网站，这称为网站重构。CSS 布局本质上就是设计盒子在页面上如何排列，图 4-121 是该网站 CSS 布局示意图，制作步骤如下。

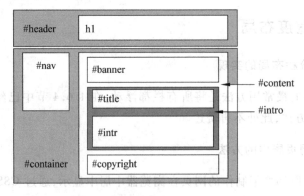

图 4-121　太阳能网站 CSS 布局示意图

1. 制作网页的头部

(1) 将网页划分为两部分,即上方的 header 部分和主体的 container 部分,如图 4-121 所示,观察 header 部分有两个背景色(绿色和白色)和一个背景图像,而一个元素的盒子最多只能设置一种背景色和一个背景图像,因此需要插入两个盒子来实现。代码如下:

```
<div id = "header"><h1 >光普太阳能网站</h1 ></div >
```

(2) 设置#header 的背景色为绿色,网页的宽度为 852 像素。

```
#header{
    background - color:#99cc00;
    width:852px;  }
```

(3) 设置 h1 的背景色为白色,并设置背景图像为 logo. jpg,通过设置 margin 使盒子向右偏移 161 像素,然后用 text-indent 方法隐藏标记中的文字。这样网页的头部就制作好了。

```
#header h1 {
    text - indent: - 9999px;             /* 隐藏 h1 中的文本 */
    width: 691px; height: 104px;
    background: #fff url(images/logo.jpg) no - repeat 64px 0;
                                         /* logo 图像左侧有 64px 空白 */
    margin: 0 0 0 161px;                 /* 向右移动 161px */  }
```

提示:将标题中的文字进行图像替换最主要的目的就是在 HTML 代码中仍然保留 h1 元素中的文字信息,这样对于网页的维护和结构完整都有很大好处,同时对搜索引擎的优化也有很大的意义,因为搜索引擎对 h1 标题中的信息相当重视。

2. 网页主体部分的分栏

(1) 页面主体部分可分为#nav 和#content 两栏,这两栏可通过均设置为浮动让它们并列排列,但问题是两栏可能不等高,需要用其他办法让它们看起来等高。解决办法是在两栏外添加一个容器#container,结构代码如下:

```
<div id = "container">
    <div id = "nav">… </div >
    <div id = "content">… </div >
</div >
```

(2) 设置整个容器#container 的背景色为绿色,设置右边栏#content 的背景色为白色,这样#content 的白色覆盖在#container 的右边,#container 的左侧栏就是绿色了,看起来左右两列就等高了。另外,设置#content 右边框为 1px 实线,作为网页的右边框。

```
#container {
    background - color:#9c0;
```

```
    width:852px;  }
#container #content {
    width:690px;
    background - color: White;
    float:left;
    border - right: #daeda3 1px solid;}          /* 网页主体部分的右边框 */
```

3. 制作左侧列导航块

（1）设置左侧列中的导航块样式。由于在表格布局中导航块宽度是 161px，而里面导航项的宽度是 143px，所以可以设置#nav 块的 width 为 152px，左填充为 9px，这样#nav 的宽度就有 161px，而它里面的导航项左右也正好有 9px 的宽度，实现水平居中。

```
#container #nav {
    float:left;
    width:152px; height:166px;
    background - color:#00801b;
    padding:15px 0 0 9px;  }
```

（2）在#nav 块中添加 6 个 a 元素作为导航项，HTML 代码如下：

```
< div id = "nav">
    < a href = "#">首 页 </a>< a href = "#">关于我们 </a>< a href = "#">产品与服
    务 </a>
    < a href = "#">新闻中心 </a>< a href = "#">职业发展 </a>< a href = "#">联系我
    们 </a>
    </div>
```

（3）然后设置这些导航项的样式，其中导航项的背景图如图 4-122 所示，设置导航项在默认状态下显示该背景图的上部，鼠标滑过时显示下部即实现了背景翻转效果。

图 4-122　a 元素导航项的背景图

```
#nav a {
    display:block;
    width:113px; height:18px;
    background:url(images/dh.jpg) no - repeat;
    padding:5px 0 0 30px;
    color:white; text - decoration:none;
    font:12px/1.1 "黑体";  }
#nav a:hover {
    color:#00801b;
    background - position:0 -23px; }
```

提示：如果要将图像作为元素的背景显示在网页中，只需设置元素的宽和高等于图像的宽和高即可，但如果对元素还设置了填充值，就必须将元素的宽和高减去填充值。例如，a 元素的背景图尺寸是143×23,但由于设置了填充值,因此将a元素的宽和高设置为113px和18px。

（4）但是当#container里的两列都浮动后,它们都脱离了标准流,此时#container不会容纳它们(IE除外),必须在它里面放置一个清除浮动的元素用来扩展#container的高度。

```
<div id = "container">
    <div id = "nav"></div>
    <div id = "content"></div>
    <div id = "clear"></div>
</div>
#container #clear {  clear:both;  }
```

当然,也可以设置#container元素(overflow:auto)来清除浮动的影响。

4. 制作右侧主要内容栏

（1）接下来设置页面主体的内容部分#content,可发现#content盒子里包含三个子盒子,分别用来放置上方的banner图片,中间的公司简介栏目,以及底部的版权信息,因此在元素#content中插入三个子div元素。代码如下:

```
<div id = "content">
    <div id = "banner"></div>
    <div id = "intro">  …   </div>
    <div id = "copyright">  …   </div>
  </div>
```

（2）设置#banner盒子的宽和高正好等于banner图片(ba1.jpg)的宽和高,再设置#banner的背景图是banner图片就完成了banner区域的样式设置。代码如下:

```
#content #banner {
background: url(images/ba1.jpg) no - repeat;
width:688px; height:181px;                    /* 宽和高正好等于ba1.jpg的大小 */}
```

（3）设置公司简介栏目#intro,可发现公司简介栏目由标题和内容两部分组成,因此在其中插入两个div。由于标题#title部分有两个背景图像,需要两个盒子,所以在#title里面再添加一个h2元素。代码如下:

```
<div id = "intro">
    <div id = "title"><h2>公司简介 </h2></div>
    <div id = "intr">光普太阳能成立于… <img src = "images/in.jpg"/>…
</div>
  </div>
```

（4）接下来设置#title的样式,由于#title上方和左边需要留一些空隙,因此设置其margin属性和width属性使其水平居中,设置其背景图像为一张小背景图像横向平铺。

```
#intro #title {
    width:90%;
    margin:16px 0 0 5%;                    /* 设置上边界和左边界,实现水平居中 */
    background:url(images/bj.jpg) repeat - x;        /* 背景图横向平铺 */}
```

（5）再对 h2 设置背景图像,因为需要对 h2 元素进行图像替代文本,设置 h2 的高度把#title 盒子撑开,再设置 margin 为 0 消除 h2 的默认边界距。

```
#intro #title h2 {
    text - indent: - 9999px;    /* 隐藏 h2 的文本 */
    background:url(images/ggd.jpg) no - repeat;
    height:41px;
    margin:0;       }
```

（6）设置公司简介栏目文本的样式,主要是设置边界、字体大小、行高、字体颜色等。

```
#content #intro #intr {
    width:90%;
    margin:21px 0 0 5%;    /* 设置上边界和左边界,实现水平居中 */
    font - size: 9pt; line - height: 18pt; color: #999;    }
```

再设置文本区域中的客服人员图片右浮动,实现图文混排。

```
#intro #intr img {                    /* 文本里的客服人员图像 */
    float:right;                       /* 右浮动,实现图文混排 */
    width:300px;  height:200px;        /* 宽和高正好等于 in.jpg 的大小 */}
```

（7）设置网页底部版权部分样式,包括用上边框制作一条水平线和设置文本样式。

```
#content #copyright {
    font - size: 9pt; color: #999; text - align:center;
    width:90%;
    margin:8px 0 0 5%;    padding:8px;
    border - top:1px solid #ccc;    }
```

总结:通过上面的代码可看出,由于要定义每个盒子在网页中的精确大小,几乎每个元素的盒子都设置了 width 和 height 属性,除了有些父元素可以被子元素撑开,此时父元素的这些属性才可以省略。

为了让元素的盒子在网页中精确定位,一般可通过元素自身的 margin 和父元素的 padding 属性使盒子精确移动到某个位置,像#header 中的 h1 元素就是通过 margin 属性移动到了右侧。

4.8.4 可变宽度布局

随着显示屏的变大,可变宽度布局目前正在变得流行起来,它比固定宽度布局有更高的技术含量。本节介绍三种最常用的可变宽度布局模式,即:两列（或多列）等比例布局,一列固定、一列变宽的 1-2-1 式布局，两侧列固定、中间列变宽的 1-3-1 式布局。

1. 两列(或多列)等比例布局

两列(或多列)等比例布局的实现方法很简单，将固定宽度布局中每列的宽由固定的值改为百分比就行了。

```
#header,#pagefooter,#container{
  margin:0 auto;
  width:85%;              /＊改为比例宽度＊/  }
#content{
  float:right;
  width:66%;              /＊改为比例宽度＊/  }
#side{
  float:left;
  width:33%;              /＊改为比例宽度＊/  }
```

这样不论浏览器窗口的宽度怎样变化，两列的宽度总是等比例的，如图 4-123 所示。

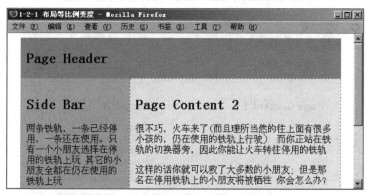

(a) 浏览器比较宽时

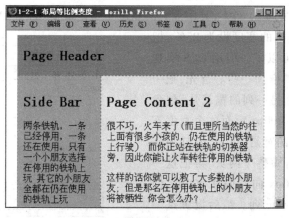

(b) 浏览器变窄后

(c) 浏览器变得很窄之后

图 4-123　等比例变宽布局时在浏览器窗口变化时的不同效果

但是当浏览器变得很窄之后，如图 4-123（c）所示，网页会变得很难看。如果不希望这样，可以对#container 添加一条 CSS 2.1 里面的"min-width：490px；"属性，即网页的最小宽度是 490px，这样对于支持该属性的 IE7 或 Firefox 来说，当浏览器的宽度小于 490px 后，网页就不会再变小了，而是在浏览器的下方出现水平滚动条。

2. 单列变宽布局——改进浮动法

一列固定、一列变宽的 1-2-1 式布局是一种在博客类网站中很受欢迎的布局形式，这类网站常把侧边的导航栏宽度固定，而主体的内容栏宽度是可变的，如图 4-124 所示。

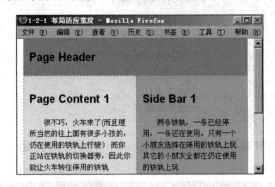

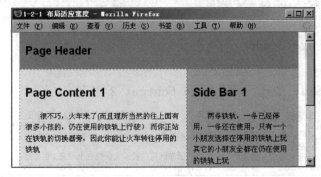

图 4-124　一列固定，一列变宽布局（右边这一列宽度是固定的）

例如，网页的宽度是浏览器宽度的 85%，其中一列的宽度是固定值 200px。如果用表格实现这种布局，只需把布局表格的宽度设为 85%，把其中一列的宽度设为固定值就可以了。但用 CSS 实现一列固定、一列变宽的布局，就要麻烦一些。首先，把一列 div 的宽度设置为 200px，那么另一列的宽就是（包含整个网页 container 宽的 100% －200px），而这个宽度不能直接写，因此必须设置另一列的宽是 100%，这样另一列就和 container 等宽，这时会占满整个网页，再把这一列通过负边界 margin-left：－200px 向左偏移 200px，使它的右边留出 200px，正好放置 side 列。最后设置这一列的左填充为 200px，这样它的内容就不会显示在网页的外边去。代码如下，图 4-125 是该布局方法的示意图。

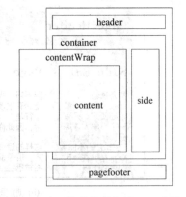

图 4-125　单列变宽布局——改进浮动法示意图

```
#header,#pagefooter,#container{
    margin:0 auto;
    width:85%;   }
#contentWrap{
    margin-left:-200px;
    float:left;
    width:100%;     }
#content{
    padding-left:200px;     }
#side{
    float:right;
    width:200px;  }
#pagefooter{
    clear:both;   }
<div id="header">…</div>
<div id="container">
    <div id="contentWrap">
        <div id="content">…</div>
    </div>
    <div id="side">…</div>
</div>
<div id="pagefooter">…</div>
```

3. 1-3-1 中间列变宽布局——绝对定位法

两侧列固定、中间列变宽的 1-3-1 式布局也是一种常用的布局形式,这种形式的布局通常是把两侧列设置成绝对定位元素,并对它们设置固定宽度。例如,左右两列都设置成 200px 宽,而中间列不设置宽度,并设置它的左右 margin 都为 200px,使它不被两侧列所遮盖。这样它就会随着网页宽度的改变而改变,因而被形象地称为液态布局。其结构代码和 1-3-1 固定宽度布局一样,代码如下:

```
<div id="header"><h2>Page Header</h2></div>
<div id="container">
    <div id="navi"><h2>Navi Bar</h2>…</div>
    <div id="content"><h2>Page Content</h2>…</div>
    <div id="side"><h2>Side Bar</h2>…</div>
</div>
<div id="footer"><h2>Page Footer</h2></div>
```

然后将 container 设置为相对定位,则两侧列以它为定位基准。如果此时对两侧列的盒子设置背景色,那么两侧列就可能和中间列不等高,如图 4-126 所示,这样很不美观。

因此不能对两侧列设置背景色,而应该对 container 设置背景色,再对中间列设置另一种背景颜色,这样两侧列的背景色实际上就是 container 的背景颜色了,而中间列的背景色覆盖在 container 的背景色上面,这样两侧列看起来就和中间列等高了,实现代码如下。

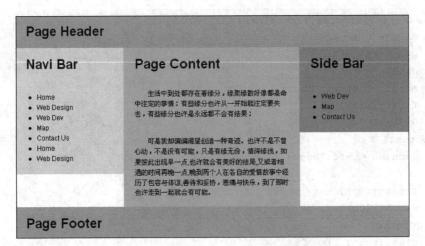

图 4-126　基本的 1-3-1 中间列变宽布局

```
#navi,#side {
    width:200px;
    position:absolute;              /*两侧列绝对定位*/
    top:0;        }
#navi {
    left:0;                          /*从#container 的左侧开始定位*/    }
#side {
    right:0;                         /*从#container 的右侧开始定位*/    }
#content {
    background:white;               /*设置中间列背景色为白色*/
    margin:0 200px;                 /*不占据两侧列的位置*/    }
#container {
    width:85%;
    margin:0 auto;                  /*网页居中*/
    background-color:orchid;        /*设置容器的背景色为淡紫色*/
    position:relative;              /*#container 作为左右两列的定位基准*/    }
```

　　上面的方法中两侧列的背景颜色总是相同的。如果希望两侧列的背景颜色不同，则需要在 container 里面再套一层 innerContainer，给 container 设置一个背景图片从左边开始垂直平铺，给 innerContainer 设置一个背景图片，从右边开始平铺。两个背景图片都只有两列宽，不会覆盖对方。它的结构代码如下，效果如图 4-127 所示。

```
<div id="container">
  <div id="innerContainer">
    <div id="navi">…</div>
    <div id="content">…</div>
    <div id="side">…</div>
  </div>
</div>
```

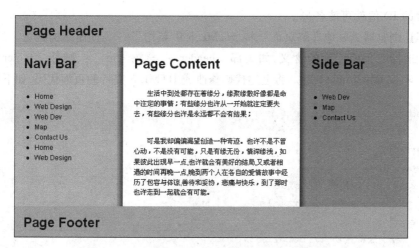

图 4-127　使用带阴影的两个背景图像的页面效果

其 CSS 代码就是在上述基础上修改了 #container 选择器并新建了 #innerContainer 选择器,代码如下:

```
#container {
    width:85%;  margin:0 auto;   /*水平居中 */
    background:url(images/bg - right.gif) repeat - y right top;
    position: relative;  /* #container 作为左右两列的定位基准 */    }
#innerContainer {
    background:url(images/bg - left.gif) repeat - y left top;  }
```

可以看到,使用这种方式还可以给两个背景色图片设置一些图像效果,例如图 4-127 中的内侧阴影效果。

4.8.5　HTML 5 新增的文档结构标记

在 CSS + DIV 布局中,通常给网页的每个区域的 DIV 都设置一个 id 属性,属性值一般是 header、footer、nav、sidebar 等。例如,下面是一个 1-2-1 布局网页的结构代码:

```
< body >
< div id = "header">页头 </div >
< div id = "nav">导航 </div >
< div id = "container">
    < div id = "siderbar">左侧栏 </div >
    < div id = "main">主栏 </div >
</div >
< div id = "footer">底部说明 </div >
</body >
```

尽管上述代码不存在任何错误,还可以在 HTML 5 环境中很好地运行,但该页面结构对于浏览器来说都是未知的,因为元素的 id 值允许开发者自己定义,只要开发者不同,那么元素的 ID 值就可能各异。

为了让浏览器更好地理解页面结构,HTML 5 中新增了一些页面结构标记。这些新标记可明确地标明页面元素的含义,如头部 < header >、导航 < nav >、脚部 < footer >、分区 < section >、文章 < article > 等。将上述代码修改成 HTML 5 支持的页面代码,如下所示。

```
< body >
< header > 页头 < /header >
< nav > 导航 < /nav >
< section >
    < aside > 左侧栏 < /aside >
    < article > 主栏 < /article >
< /section >
< footer > 底部说明 < /footer >
< /body >
```

这样就可直接对上述结构标记设置 CSS 样式,代码如下,在支持 HTML 5 的浏览器中显示效果如图 4-128 所示。

```
< style type = "text/css" >
header, nav, section,article,aside,footer{
    border:solid 1px #666;
    padding:10px;
    margin:4px auto;  }
section{padding:4px 0;}
header,nav ,footer{ width:400px }
section{width:420px;margin:6px auto;}
aside {
    float:left;
    width:60px;
    height:100px;
    margin:4px 4px 4px 0;  }
article{
    float:left;
    width:312px;
    height:100px; }
footer {
    clear:both;  }
< /style >
```

可见,在 HTML 5 中,使用 CSS 布局已经不再需要 DIV 了,也不再需要自己设置布局元素的 id 属性,从标准的元素名就可以推断出各个部分的意义。这对于音频浏览器、手机浏览器和其他非标准浏览器尤其重要。

其中, < article > 元素常用来创建一个栏目框,在该元素中还可以有自己的独立元素,如 < header > 或 < footer > 等,示例如下。这样不仅使内容区域各自分段、便于维护,而且

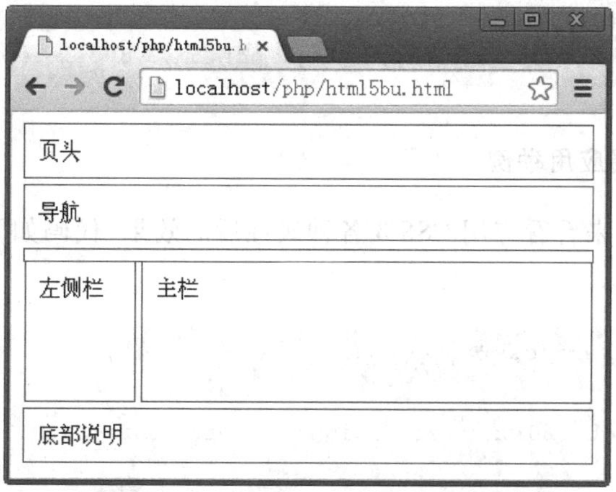

图 4-128　HTML 5 标记布局的网页

代码简单,局部修改也更方便。

```
< article >
< header >
    < h3 > HTML 5 < /h3 >
< /header >
< p > HTML 5 是下一代 HTML 的标准,目前仍然处于发展阶段。经过了 Web2.0 时代,基于互
联网的应用已经越来越丰富,同时也对互联网应用提出了更高的要求。< /p >
< footer >< p > 发表于 2014.10.18 < /p >< /footer >
< /article >
```

4.8.6　CSS 3 新增功能和属性一瞥*

2007 年,W3C 发布了 CSS 3.0 版本,CSS 3.0 具有更好的灵活性,使之前复杂的效果用 CSS 3 制作起来游刃有余,例如,在 CSS 3 中制作圆角、阴影效果等都变得很简单。尽管目前只有比较新的浏览器(如 Safari、Firefox、Chrome)能支持 CSS 3 的部分属性,但不久的将来,CSS 3 肯定会得到大多数浏览器的支持。而且可以通过第 7 章将介绍的jQuery 选择器使所有浏览器都支持 CSS 3 的选择器。

1. CSS 3 新增的属性

在 CSS 3 中新增了许多可节省设计时间的属性,例如以下几个。

(1) border-color:控制边框颜色,并且有了更大的灵活性,可以产生渐变效果。

(2) border-image:控制边框图像。

(3) border-radius:能产生类似圆角矩形的效果。

(4) text-shadow:文字投影。

(5) box-shadow:元素盒子投影。

(6) multiple backgrounds:多重背景图像,可以让一个元素有多个背景图像。例如,下面为一个元素指定了三个背景图像,并使它们的位置不同,从而三个背景图像都能看到。

```
background - image: url(01.png),url(02.png),url(03.png);
background - position: left top, -400px bottom, -800px top;
```

2. CSS 3 选择器应用举例

下面举一个例子来看看应用 CSS 3 各种属性后的效果，代码如下，它在 Safari 4 中的效果如图 4-129 所示。

```
< style type = "text/css">
div{
      line - height:60px; text - align:center; font - size:24px; font - weight:
      bold;
      width:200px; height:60px;
      border:1px solid #000000; background - color:#FFFF00;
      border - radius:20px;                          /* CSS 3 中的圆角矩形 */
      -moz - border - radius:20px;                   /* Mozilla 中的圆角矩形 */
      -webkit - border - radius:20px;                /* Safari 中的圆角矩形 */
      -webkit - box - shadow: 3px 5px 10px #333;     /* Safari 中的盒子阴影 */
      text - shadow: 3px 3px 7px #111;               /* CSS 3 中的文字阴影 */
}
</style >
< div >文字阴影效果 </div >
```

图 4-129　Safari 4 中的 CSS 3 属性演示效果

4.9　CSS 浏览器的兼容问题*

由于 CSS 样式以及页面各种元素在不同浏览器中的表现不同，所以必须考虑网页代码的浏览器兼容问题。解决兼容性问题一般可以遵循以下两个原则。

（1）尽量使用兼容属性。因为并不是所有的 CSS 属性都存在兼容的问题，所以如果使用所有浏览器都能理解一致的属性，那么兼容的问题也就不存在了。

（2）使用 CSS hack 技术。CSS hack 技术是通过被某些浏览器支持而其他浏览器不支持的语句，使一个 CSS 样式能够按开发者的目的被特定浏览器解释或者不能被特定浏览器解释。

下面介绍几种 CSS hack 的常用技术，它们是针对 IE6 及以上浏览器和 Firefox 等标准浏览器兼容问题的。

1. 使用 !important 关键字

前面已经介绍过 !important 关键字的用途,如果在同一个选择器中定义了两条相冲突的规则(注意是在同一个选择器中),那么 IE6 总是以后一条为准,不认 !important,而 Firefox/IE7 + 以定义了 !important 的为准。例如:

```
(1) .shadow div {
    background: url(images/top-left.png) no-repeat !important;
                                    /* Firefox、IE7 执行这一条 */
    background: url(images/top-left.gif) no-repeat;    /* IE6 执行这一条 */
    padding: 0 6px 6px 0;
    }
(2) div{margin:30px !important;    /* Firefox、IE7 执行这一条 */
    margin:28px;                   /* IE6 执行这一条 */
    }
```

2. 在属性前添加" +"、"_"号兼容不同浏览器

在属性前添加" +"号可区别 IE 与其他浏览器,例如:

```
#demo div{
    width:50px;        /* Firefox 有效 */
    +width:60px;       /* IE 有效 */
}
```

那么如何进一步区分 IE6 和 IE7 呢? 由于 IE7 不支持属性前加下划线"_"的写法,会将整条样式忽略,而 IE6 却不会忽略,和没加下划线的属性同样解释。例如:

```
#demo div{
    height:50px;       /* FireFox 有效 */
    +height:60px;      /* IE7 有效 */
    _height:70px;      /* IE6 有效 */
}
```

3. 使用子选择器和属性选择器等 IE6 不支持的选择器

由于 IE6 不支持子选择器和属性选择器等 CSS 选择器,可以用它们区别 IE6 和其他浏览器。例如:

```
html body { background-image:(bg.gif) }        /* IE6 有效 */
html > body { background-image:(bg.png) }       /* Firefox/IE7 有效 */
```

4. 使用 IE 条件注释

条件注释是 IE 特有的功能,能够使 IE 浏览器对 XHTML 代码进行单独处理。值得

注意的是,条件注释是一种 HTML 的注释,所以只针对 HTML,当然也可以将 CSS 通过行内式方法引入到 HTML 中,让 CSS 也可以应用到条件注释。IE 条件注释的使用方法如下:

```
<!--[if IE]>此内容只有 IE 可见,其他浏览器会把它当成注释忽略掉<![endif]-->
<!--[if IE 6.0]>此内容只有 IE6.0 可见<![endif]-->
<!--[if IE 7.0]>此内容只有 IE7.0 可见<![endif]-->
```

条件注释也支持感叹号"!"非操作。例如:

```
<!--[if !IE6.0]>此内容除了 IE6.0 之外都可见<![endif]-->
```

条件注释还可使用 gt 表示 greater than,指当前条件版本的以上版本,不包含当前版本。

gte 表示 greater than or equal,大于或等于当前条件版本,表示当前条件版本和以上的版本。

同样,lt 表示 less than,指当前条件版本的以下版本,不包含当前条件版本。

lte 表示 less than or equal,当前条件版本和它以下版本。例如:

```
<!--[if lte IE6]>此内容 IE6 及其以下版本可见<![endif]-->
<!--[if gte IE7]>此内容 IE7 及其以上版本可见<![endif]-->
```

提示: HTML 的注释符比较奇怪,它不像编程语言的注释符,只要是注释符中的内容就一定会被忽略。像 < style >标记中的注释符,只要浏览器支持 CSS 就不会忽略其中的内容,还有上面的条件注释,对于符合条件的 IE 浏览器也不会把注释符中的内容当成注释忽略。

通过以上一些方法就可以让不同浏览器应用不同的样式规则了。有时,页面中某个元素的位置在一种浏览器中显示正常,在另一种浏览器中总是有几像素的错位,但网页代码可能非常复杂,层叠关系也很复杂,在并不知道细节的情况下,很难找到问题的根源。这时使用 CSS hack 修补的方法就很方便(尽管不是最优雅完善的方法),能使各种浏览器都按设计者的意图显示。

习　题

一、作业题

1. 下列哪条是定义 CSS 样式规则的正确形式?(　　)
   - A. body {color = black}
   - B. body:color = black
   - C. body {color: black}
   - D. {body;color:black}

2. 下面哪种方式不是 CSS 中颜色的表示法?(　　)
   - A. #ffffff
   - B. rgb(255,255,255)
   - C. rgb(ff,ff,ff)
   - D. white

3. 关于浮动,下列哪条样式规则是不正确的?(　　)

　　A. img｛float：left; margin：20px;｝

　　B. img｛float：right; right：30px;｝

　　C. img｛float：right; width：120px; height：80px;｝

　　D. img｛float：left; margin-bottom：2em;｝

4. 关于 CSS 2.1 中的背景属性,下列说法正确的是(　　)。

　　A. 可以通过背景相关属性改变背景图片的原始尺寸大小

　　B. 不可以对一个元素设置两张背景图片

　　C. 不可以对一个元素同时设置背景颜色和背景图片

　　D. 在默认情况下背景图片不会平铺,左上角对齐

5. CSS 中定义 . outer｛background-color：red;｝表示的是(　　)。

　　A. 网页中某一个 ID 为 outer 的元素的背景色是红色的

　　B. 网页中含有 class = " outer" 元素的背景色是红色的

　　C. 网页中元素名为 outer 元素的背景色是红色的

　　D. 网页中含有 class = ". outer" 元素的背景色是红色的

6. 在图像替代文本技术中,为了隐藏 < h1 > 标记中的文本,同时显示 < h1 > 元素的背景图像,需要使用的 CSS 声明是(　　)。

　　A. text-indent：－9999px;　　　　　　B. font-size：0;

　　C. text-decoration：none;　　　　　　D. display：none;

7. 插入的内容大于盒子的边距时,如果要使盒子通过延伸来容纳额外的内容,在溢出(overflow)选项中应选择的是(　　)。

　　A. visible　　　　　B. scroll　　　　　C. hidden　　　　　D. auto

8. 举例说出三个上下边界(margin)的浏览器默认值不为 0 的元素 _____ 、_____ 、_____ 。

9. CSS 中,继承是一种机制,它允许样式不仅可以应用于某个特定的元素,还可以应用于它的 _____ 。

10. 如果要使网页中的背景图片不随网页滚动,应设置的 CSS 声明是 _____ 。

11. 设#title｛padding：6px 10px 4px｝,则 id 为 title 的元素左填充是 _____ 。

12. 如果要使下面代码中的文字变红色,则应填入: < h2 _____ >课程资源 </h2 >。

13. 下列各项描述的定位方式是什么?(填写 static、relative、aboslute 中的一项或多项。)

(1) 元素以它的包含框为定位基准。_____

(2) 元素完全脱离了标准流。_____

(3) 元素相对于它原来的位置为定位基准。_____

(4) 元素在标准流中的位置会被保留 _____

(5) 元素在标准流中的位置会被其他元素占据。_____

(6) 能够通过 z－index 属性改变元素的层叠次序。_____

14. 简述用 DW 新建一条 CSS 样式规则的过程。

15．有些网页中，当鼠标滑过时，超链接的下划线是虚线，你认为这是怎么实现的？

16．为图 2-39 中的栏目表格添加 CSS 代码，让栏目中的标题字体为 14px、红色、粗体，标题到单元格左边框的距离为 12px。让第二行中的文字大小为 12px，行距为文字大小的 1.6 倍，文字与单元格四周边框的距离均为 10px，段落前空两格。

17．简述制作纯 CSS 下拉菜单的原理和主要步骤。

18．CSS 中的 display 属性和 visibility 属性都可以用于对网页指定对象的隐藏和显示，它们的效果是一样的吗？请设计一个实验验证。

二、上机实践题

1．对于多个同一优先级的选择器（如三个标记选择器 p｛｝），如果同时通过嵌入式、链接式和导入式的方式引入网页中，而它们定义的样式又发生了冲突，则这三种方式的优先级是怎样的呢？请设计一个实验来验证嵌入式、链接式和导入式这三种方式的优先级（注意在代码中调整这三种方式代码的先后顺序），再用尽可能简单、严谨的表述写出结论，并附实验所用的代码。

2．在 HTML 中插入一个无序列表和一个有序列表，然后写 CSS 样式，定义无序列表中内容的字体为 14px、黑体，背景色为#fed，水平排列，无项目编号。定义有序列表中的内容的字体是 12px，下边框为 1px 红色虚线，然后使用嵌入式的方法将它插入到 HTML 代码的正确位置中，再将该 CSS 代码分别转换为链接式和行内式的形式。

3．在 HTML 代码中插入一个 a 元素，然后用 CSS 设置它的盒子属性，要求盒子的填充值为（上：6px、下：4px、左右：10px），边框为 1px 红色实线，背景为淡红色，并且该盒子能在浏览器中完全显示出来。

第 5 章

Fireworks

在图像插入到网页之前,一般需要先对图像进行处理。Fireworks 是用来设计和制作专业化网页图形的图像处理软件,目前最新版本是 Fireworks CS5,它对制作网页效果图提供了良好的支持。设计完成后,如果要在网页设计中使用,可将设计图直接输出成图像文件和 HTML 代码。在 Fireworks 中处理图像一般遵循以下流程:创建图形和图像→创建 Web 对象→优化图像→导出图像。本章按照这个流程来学习 Fireworks。

与 Photoshop(著名的位图处理软件)及 CorelDraw(著名的矢量图形绘制软件)相比,Fireworks 具备编辑矢量图形与位图图像的灵活性。Fireworks 提供了丰富的纹理和图案素材,但 Fireworks 中的滤镜效果比 Photoshop 要少很多,各种设置选项没有 Photoshop 中那么精细。因此对于网页图像处理来说,Fireworks 和 Photoshop 各有千秋。

5.1 Fireworks 基础

5.1.1 矢量图和位图的概念

在学习图像处理之前,需要知道分辨率的概念,并能区分矢量图和位图。

(1)像素(Pixel):是组成图像的最基本单位,它们是矩形的颜色块,每个像素都有一个明确的位置和颜色值,记录着图像的颜色信息。一个图像的像素越多,其包含的颜色信息也就越多,图像的效果就越好,但生成的图像文件也会更大。

(2)分辨率:是指单位长度内含有的像素点的数量,单位通常用像素/英寸(ppi)来表示。分辨率决定了位图图像细节的精细程度,相同大小的图像,如果分辨率越高,则包含的像素就越多,图像也就越清晰。

(3)位图图像:位图图像是用像素点描述图像的,在位图中,图像的细节由每一个像素点的位置和色彩来决定。位图图像的品质与图像生成时采用的分辨率有关,即在一定面积的图像上包含固定数量的像素。当图像放大显示时,图像变成马赛克状,显示品质下降,如图 5-1 所示。位图图像的优点是可以准确地表现出阴影和颜色的细微层次,因此成为照片等连续色调图像最常用的电子媒介。

（4）矢量图形：矢量图形使用称为矢量的线条和曲线（包括颜色和位置信息）描述图像。例如，一个椭圆的图像可以使用一系列的点（这些点最终形成椭圆的轮廓）描述；填充的颜色由轮廓的颜色和轮廓所包围的区域（即填充）的颜色决定。如图 5-2 所示为一个矢量图形。修改矢量图形大小时修改的是描述其形状的线条和曲线的属性，而不是像素点，所以矢量图在放大后仍然保持清晰。矢量图形与分辨率无关，它适合于保存图标、徽标、卡通图案等细节较少的图像媒介。

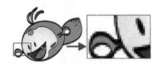

图 5-1　位图放大后变模糊（放大到　　　　图 5-2　矢量图放大后仍保持清晰（放大到
　　　　　400%后的效果）　　　　　　　　　　　　　400%后的效果）

5.1.2　认识 Fireworks 的界面

Fireworks CS3 的工作界面由 4 个部分组成："文档"窗口、"工具箱"面板、"属性"面板和集成工作面板组，如图 5-3 所示。

图 5-3　Fireworks CS3 的界面

1. 工具箱

工具箱是使用 Fireworks 的基础，大部分操作都是从使用工具箱中的工具开始的。工具箱中包含"选择"、"位图"、"矢量"和 Web 等几类工具。

当鼠标停留在工具箱中的某个按钮上时，会显示对该按钮的提示。如果某个按钮右

下角有小箭头,则单击该箭头后可看到它包含很多同类工具可以相互切换,例如,单击
"矩形工具"按钮右下角的箭头,就会弹出各种矢量形状供选
择切换,如图 5-4 所示。

图 5-4　单击"'矩形'工具"
按钮的箭头后

2. 属性面板

属性面板显示当前选中对象的属性,在属性面板中可对
当前对象进行填充、描边、透明度、滤镜等方面的设置。如果
没选中任何对象(可单击画布),则显示画布的属性。

3. 文档窗口

文档窗口是图像编辑的主要场所,和 DW 相似,Fireworks 的文档窗口也能同时打开
几个文件进行编辑,并能在"原始"视图和"预览"视图之间切换。在"原始"视图中可对
图像的内容进行编辑,在"预览"视图可预览图像的效果。文档窗口的主要部分是画布,
文档窗口任务栏右下角显示了画布的尺寸,并可设置画布的缩放比例。

4. 面板组

在 Fireworks 界面的右边是浮动面板组,它是很多面板的集合,单击每个面板左上
角的三角形或名称,可以展开或收缩该面板。在面板组中,最常用的是"层"面板,它可
以显示文档中所有的图层和网页层,并可以对层进行删除、移动、隐藏等操作。另外一
个重要的面板是"优化"面板,在这里可以设置 Fireworks 导出的文件类型,选择优化方
式等。

提示: 对于所有的浮动面板,在标题栏中都有三个小图标,单击 ▼ 可以打开/隐藏浮
动面板组,单击 ☰ 可以显示该浮动面板的所有菜单命令。用鼠标拖动 ▥ 图标可将浮动面
板拖动到窗口的任意位置。

5.1.3　新建、打开和导入文件

文档操作是一个应用程序操作的最基本部分。Fireworks 的文档操作与其他
Windows 应用程序相似,也有新建和打开文件,作为图像处理软件,它还有导入文档功能。

1. 新建文档

在开始页中单击"新建 Fireworks 文件",或执行菜单命令"文件"→"新建"都能新建
文档。Fireworks 默认创建的是 PNG 格式的文件,创建完图形之后,可以将其导出为常见
的网页图像格式(如 JPEG、GIF、PNG 或 GIF 动画),但原始的 Fireworks PNG 文件建议保
存起来,因为它保存了图层、切片等信息,方便以后对作品进行修改。

2. 打开文件

选择"文件"→"打开"菜单项,Fireworks 可打开其可读的任何图像文件格式。包括
Photoshop 格式(psd)和 Freehand、Illustrator、CorelDraw 等大部分图像处理软件创建的文件

格式。

打开文件还可以通过将文件拖动到 Fireworks 界面的任意一个区域实现,但不能拖动到其他图像文件的工作区中,那样就是导入文件了。

当打开非 PNG 格式的文件时,将基于所打开的文件创建一个新的 Fireworks PNG 文档,以便可以使用 Fireworks 的所有功能来编辑图像,然后可以选择"另存为"命令将所编辑的文档保存为新的 PNG 文件。

3. 导入文件

导入文件是把一张图片导入到另一张图片里面去,如果要在一张图片里插入其他的图片素材文件,就需要使用导入文件操作了,导入文件的步骤如下。

图 5-5 导入图片文件后

(1) 选择"文件"→"导入"命令。

(2) 在导入文件对话框中选择需要导入的文件。

(3) 在文档窗口拖动鼠标指针,将出现一个虚线矩形框,虚线矩形框总是等比例放大,保证导入的图片不会变形。松开鼠标,图片就被导入到矩形框中。导入图片大小、位置由拖动产出的矩形框决定,如图 5-5 所示。

在步骤(3)中,也可以直接在文档编辑窗口单击鼠标,图片也会被导入。单击的位置即为图片左上角的位置,但图片的大小将保持原有的尺寸不变。

导入文件还可以通过将要导入的文件拖动到图像文件的编辑窗口中实现,图片的大小也会保持原有的尺寸不变。

5.1.4 画布和图像的调整

通过上面的讲解,已经了解到 Fireworks 提供了一个画布,可以在画布上绘制矢量对象或者编辑位图对象。本节的任务是了解画布和图像的相关内容。

1. 修改画布

在新建文档时,画布的大小可以决定图像的大小。在新建文档时只能大概估计一下画布的大小,实际上,Fireworks 允许随时修改画布的大小,方法如下。

(1) 如果画布没有完全被图像所覆盖,可以在没有图像的画布区域上用全选箭头单击画布,这时在属性面板中就会出现"画布"的属性设置,如图 5-6 所示,在这里可以设置"画布颜色"、"画布大小"和"图像大小"等。单击"画布大小"按钮,会弹出如图 5-7 所示的对话框。

图 5-6 "画布"属性设置

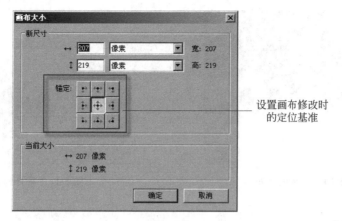

图 5-7　"画布大小"对话框

（2）如果画布完全被图像覆盖，可按 Ctrl＋D 键取消对画布中对象的选择，或执行菜单命令"修改"→"画布"→"画布大小"，也可打开"画布大小"对话框。

在对话框上面的两个文本框中分别输入新画布的宽和高，然后在下面的 9 个"锚定"按钮中选择一个，单击"确定"按钮，画布的大小就会变化了。"锚定"的作用是画布改变大小时以哪个点作为基准点剪裁或扩展画布，例如，单击"锚定"左上角按钮，就表示以左上角为基准，按照设定的新尺寸向右下方延伸画布。而单击"锚定"中心按钮，就表示向四周均匀地剪裁或扩展画布。图 5-9 是图 5-8 的画布在单击"锚定"上中按钮后，向下方和左右方剪裁画布后的效果。

图 5-8　原图

图 5-9　"锚定"上中按钮剪裁画布的效果

可以看到，调整画布大小后，图像并没有改变显示比例。因此，如果缩小画布，图像也随之被隐藏掉一部分了，如果扩大画布，就会在图像的边缘露出新扩展的画布颜色。

2. 符合画布

实际上，调整画布的大小一般是为了使画布符合图像的大小。对于这种情况，可单击属性面板中的"符合画布"按钮，或执行菜单命令"修改"→"画布"→"符合画布"，画布就自动和图像一样大了，例如，图 5-10 的画布执行"符合画布"命令后效果如图 5-11 所示。

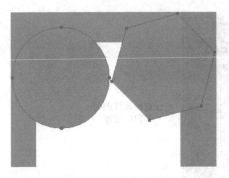

图 5-10　原来的画布

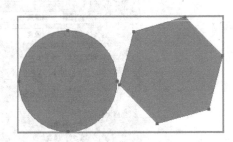

图 5-11　符合画布后

3．修剪画布

需要注意的是，"符合画布"会使画布区域外被隐藏的图像部分也显示出来。有时可能只想显示画布中的图像，同时又去掉多余的画布空白区域，这时可使用"修剪画布"命令，效果如图 5-12 所示。

4．改变画布的显示比例

画布具有一定的大小，通常单位是像素，在 Fireworks 中文档以一定的比例被显示。在工作区的右下角显示了画布的大小以及当前的显示比例，如图 5-13 所示。当显示器上一个像素正好显示画布上的一个像素时，显示比例就是 100%。

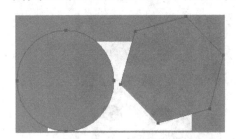

图 5-12　修剪画布

图 5-13　工作区右下角的画布显示比例

如果要改变画布的显示比例，可单击图 5-13 中的显示比例，在下拉列表中选择合适的显示比例。更快捷的方法是将鼠标指向工作区，按住 Ctrl 键，滚动鼠标的滚轮，也可以自由放大或缩小画布的显示比例了。

改变画布的显示比例通常有两种作用，一是图像很大，在工作区只能看到图像的局部，这时可以缩小显示比例，使工作区能显示整个画布，这样能从整体上观看图像；二是要对图像的细微之处进行修改，这时可将画布的显示比例放得很大，就能用鼠标精确地操作要修改之处了。

5．修改图像大小

下面介绍图像与画布的关系。这里图像是指画布上所有对象的总和，而画布只是一个底板。在 Fireworks 中打开一幅图像之后，图像对象就位于画布的上方。

在画布"属性"面板中,单击"图像大小"按钮可修改图像大小,修改图像大小会使画布为适应图像也跟着改变大小,如果是位图图像修改图像使它放大后,图像会变模糊。

注意:修改图像大小是对图像本身进行操作,而修改画布大小是对图像的载体——画布进行操作。

6. 裁剪图像

如果只需要图像中的一部分,虽然可以先将画布缩小,再通过"修剪画布"的方式来裁剪图像,但那会使画布的大小也跟着改变,不是很方便。实际上,Fireworks 提供了"裁剪"工具对图像进行裁剪,"裁剪"工具在工具箱中的位置如图 5-14 所示。

图 5-14　选择"裁剪"工具

打开一幅图像,如图 5-15 所示,我们要把图中的古代建筑给裁剪出来,方法如下。

(1)选择工具箱中的"裁剪"工具,在工作区中拖动鼠标,这样可以产生一个矩形框,如图 5-16 所示,可以用鼠标拖动矩形框四周的方形手柄,调整矩形框的位置和形状。

(2)确认无误后按 Enter 键,这样图像就裁切好了,如图 5-16 所示。

图 5-15　使用"裁剪"工具拖出一个裁剪框

图 5-16　裁剪后的图像效果

5.2　操作对象

在 Fireworks 中,只要向画布中添加内容,例如画一个矩形,插入一段文字,导入一个图像,这些都被看做是添加了一个对象。每插入一个对象,Fireworks 就会为对象插入一个图层,可以在窗口右侧的"层"面板中看到画布中所有的图层。

图层的本质:图层相当于一张在上面绘有图案的透明玻璃纸,绘有图案的地方不透明,而图案没绘制到的地方则是透明的。一幅平面上的图片实际上是由很多图层叠加起来的,例如,如图 5-17 所示的一张 Fireworks 格式的图片就是由如图 5-18 所示的两个图层叠加而成。图层与图层之间相互独立,这使得对图像的修改很方便,如修改或删除一个图层不会影响图像的其他图层,还可以将图层暂时隐藏起来。

图 5-17　一张 Fireworks 格式
　　　　的图片

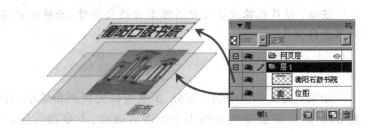

图 5-18　图层示意图

5.2.1　选择、移动和对齐对象

当需要对对象进行操作时，首先要保证对象被选中，在工具箱的选择部分有一个全选箭头（ ），如图 5-19 所示，它用来选中对象。用全选箭头单击对象，此时对象四周会有一个带手柄的蓝色矩形框，表示它被选中了，如图 5-20 所示。选中之后可以拖动对象进行移动等操作，也可以拖动蓝色框四周的顶点调整它的大小。

图 5-19　全选箭头在工具箱中的位置

图 5-20　对象被选中后

提示：全选箭头用于选中整个对象，而"部分选定"箭头一般用于选中对象的路径。

如果要对齐多个对象，可以按住 Shift 键使用全选箭头选中多个对象，然后执行菜单命令"修改"→"对齐"，根据需要选择一种对齐方式即可。当然也可以在属性面板中，将多个对象的坐标值（X 或 Y）设置为相同的数值，这样这些对象也就对齐了。

5.2.2　变形和扭曲

1. 变形工具的使用

当选中任意一个对象后，可以使用"缩放"工具、"倾斜"工具或"扭曲"工具对选中的对象进行变形处理，这三个工具的作用介绍如下。

（1）"缩放"工具：可以放大或缩小图像。

（2）"倾斜"工具：可以将对象沿指定轴倾斜。

（3）"扭曲"工具：可以通过拖动选择手柄的方向来移动对象的边或角。

三种变形工具在工具箱中的位置如图 5-21 所示。

当使用任何变形工具或"变形"菜单命令时，Fireworks 会在所选对象周围显示变形手柄和中心点，如图 5-22 所示。在旋转和缩放对象时，对象将围绕中心点转动或缩放。

使用变形操作工具的方法如下。

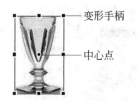

图 5-21　变形工具组　　　　图 5-22　选中对象后使用变形工具时的状态

（1）缩放对象。选择缩放工具后，拖动变换框 4 条边的中心点可以在水平方向或垂直方向改变对象的大小，如图 5-23 所示；拖动 4 个角上的控制点，可以同时改变宽度和高度并保持比例不变；如果在缩放时按住 Shift 键，可以约束比例；若要从中心缩放对象，可以按住 Alt 键拖动任何手柄。

提示：也可以在对象的属性面板中通过修改对象的宽和高实现缩放对象操作。

（2）倾斜对象。选择倾斜工具后，拖动变换框 4 条边的中心点可以在水平方向或垂直方向倾斜对象，使对象变为菱形，如图 5-24 所示；拖动 4 个角上的控制点，可以将对象倾斜为梯形状，如图 5-25 所示。

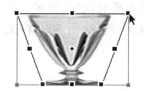

图 5-23　垂直缩放　　　　图 5-24　菱形倾斜　　　　图 5-25　梯形倾斜

（3）扭曲对象。扭曲变换集中了缩放和倾斜，并能根据需要任意扭曲对象。拖动变换框 4 条边的中心点可以缩放对象，拖动 4 个角上的控制点可以扭曲对象，如图 5-26 所示。

（4）旋转对象。使用变形工具组中的任何一样工具，都可以旋转对象，将鼠标指针移动到变换框之外的区域，指针变成旋转的箭头，拖动鼠标，就可以以中心点为轴旋转对象了，如图 5-27 所示。

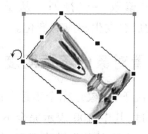

图 5-26　扭曲　　　　图 5-27　旋转

变形操作完毕后，按 Enter 键或在对象之外区域双击鼠标，可去除变形框。

2. 数值变形

如果要精确地对对象实行变形操作，可以使用"数值变形"面板来缩放或旋转所选对象,方法如下。

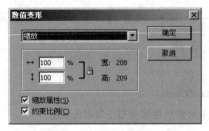

图 5-28 "数值变形"对话框

（1）执行菜单命令"修改"→"变形"→"数值变形",将打开"数值变形"对话框,如图 5-28 所示。

（2）从下拉列表框中可选择变形操作类型:"缩放"、"调整大小"或"旋转"。

（3）选中"缩放属性"复选框,将使对象的填充、笔触和效果连同对象本身一起变形。这在通常情况下是需要的。取消该复选框,则只对路径进行变形。

（4）选中"约束比例"复选框,在缩放或调整选区大小时将保持水平和垂直等比例变化。

（5）输入要使选区变形的精确数值,单击"确定"按钮即可。

5.2.3　改变对象的叠放次序

在默认情况下,后面绘制的对象总是会叠放在前面绘制的对象的上方,若要改变对象的叠放次序,需要在"层"面板中选中某一对象所在层,然后按住鼠标向上或向下拖动,例如,图 5-29 将文字层拖放到了背景层的上方,改变前后的效果如图 5-30 所示。

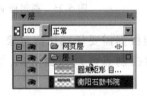

图 5-29　改变对象的叠放次序

图 5-30　叠放次序改变前后的效果

改变对象的叠放次序,还可通过菜单命令实现。方法是选中要改变叠放次序的对象,执行菜单命令"修改"→"排列",从子菜单中选择一种方式即可。设置完成后可发现"层"面板中的层会发生相应的变化。

5.2.4　设置对象的不透明度

在默认情况下,对象是完全不透明的。有时为了让对象有一种若隐若现的效果,可以为它设置透明度,其中,100 表示完全不透明,0 表示完全透明,中间的数值则表示半透明（Alpha 透明）。方法是首先选中对象,然后在如图 5-31 所示的属性面板右侧"不透明度"选项中,设置不透明度。

例如图 5-32 就是设置花朵所在层的不透明度为 70,使它变得半透明,从而可隐约看见位于其下方的古建筑所在的层。

图 5-31　设置对象的不透明度　　　　图 5-32　设置不透明度为 70 的效果

5.2.5　操作对象的快捷键

在 Fireworks 中操作对象时还可以使用快捷键来提高效率,总结如下:

(1) 当使用全选箭头选中对象后,使用键盘的方向键可以移动对象,每按一次方向键就使对象在该方向上移动一个像素,这在对对象进行精确位置调节时很方便。如果按住 Shift 键,再按方向键移动,可每次移动 10 像素。

(2) 如果要选中多个对象,需要按住 Shift 键(多选键),再用全选箭头就可以同时选中多个对象了,此时多个对象外围都会出现选择框,这样可同时对多个对象进行移动等操作。

(3) 如果要复制某个对象,可先选中再按住 Alt 键拖动某个对象,即可对其进行复制,这比选中对象再用 Ctrl + C、Ctrl + V 键复制快多了。

(4) 对于所有形状绘制工具而言,按住 Shift 键进行绘制,可以保证其宽、高比始终为原始比例。这对于绘制圆形或正方形是必要的。

5.3　编辑位图

综合来说,网页设计中对图像处理的操作可分为两类。一类是找到一些素材,例如照片,对它们进行加工后放置到网页的适当区域;另一类则是需要网页设计师自己绘制一些矢量图形。设计师经常需要对素材进行一些加工,例如把照片中的背景去掉等。本节首先解决对素材进行加工的问题,而素材一般都是位图,即对位图进行编辑加工的问题,5.4 节介绍如何自己绘制图形。

在 Fireworks 中,用户处理的对象主要分为两类,一类是位图图像,另一类是矢量图形。无论是处理位图还是矢量图像,用户都应该了解一个基本原则,就是"先选择,后操作",就是说要先选中一个对象,这个对象可以是一个多边形对象,也可以是一些像素组成的位图区域,然后才能对它进行操作。

5.3.1　创建和取消选区

位图是由很多像素点组成的图像,因此可以对位图上一部分像素点组成的区域进行操作，而操作之前应先选中它们。这就是创建选区的操作。

在 Fireworks 中一共有 5 种工具可以用于位图图像的选取，它们的功能如下。

- "选取框"工具(▢)：在图像中选择一个矩形像素区域。
- "椭圆选取框"工具(◯)：在图像中选择一个椭圆形像素区域。
- "套索"工具(♪)：在图像中选择一个不规则曲线形状像素的区域。
- "多边形套索"工具(▷)：在图像中选择一个直边的自由变形像素区域。
- "魔术棒"工具(✎)：在图像中选择一个像素颜色相似的区域。

上面 5 种位图选择工具，可以绘制要定义所选像素区域的选区选取框。绘制了选区选取框后，可以移动选区，向选区添加内容或在该选区上绘制另一个选区；可以编辑选区内的像素，向像素应用滤镜或者擦除像素而不影响选区外的像素；也可以创建一个可编辑、移动、剪切或复制的浮动像素选区。

1. "选取框"或"椭圆选取框"工具

"选取框"工具和"椭圆选取框"工具位于工具箱的同一个按钮位置，选取框工具用于创建矩形的选区，而"椭圆选取框"工具用于选择"椭圆形"选区。

首先在工具箱中选择选取框工具，然后在画布上按住鼠标左键拖动鼠标就可以绘制一个选取框，选取框中的长方形或椭圆选区就是被选中的位图区域，选取框会以闪烁的黑白虚线表示，如果要绘制多个选区，可以按住 Shift 键绘制。图 5-33 是按住 Shift 键绘制了多个选区的效果。

图 5-33　绘制选区

当绘制了选区后，"属性"面板中将显示选区的属性选项，如图 5-34 所示。

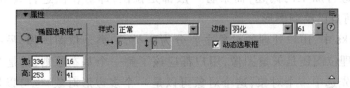

图 5-34　椭圆选取框的"属性"面板

其中，"边缘"选项有三种选择，它们的功能如下。

- "实边"创建的选取框将严格按照鼠标操作产生区域。
- "消除锯齿"防止选取框中出现锯齿边缘。

- "羽化"可以柔化像素选区的边缘。

下面演示"羽化"的选区效果,首先绘制一个圆形选区(按住 Shift 键可以绘制正圆),然后在属性面板中将"羽化"选项调整为 20,再按 Del 键,将选区中的内容删除,这时选区中的像素都变成透明,并且边缘可以看到有明显的羽化效果,如图 5-35 所示。

技巧:在默认情况下,是从左上角开始绘制选取框,如果希望从中心点绘制选取框,可以在绘制时按住 Alt 键。

2. 反向选择

实际上还可以对选区进行反向选择。例如,首先在图片上绘制一个圆形选区,然后在选区内右击,执行右键菜单命令"修改选取框"→"反选",这时就将除这个圆形外的画布其他区域都选中了。接下来将选取框的边缘调整为"羽化"、"50%",再按 Del 键,将选区中的内容删除,就得到如图 5-36 所示的效果了。

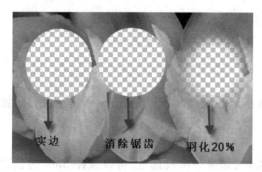

图 5-35　边缘选项的部分

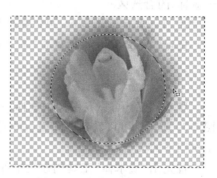

图 5-36　反向选择羽化效果

3. 取消选取框

如果要取消选取框,可以执行下列操作之一来实现。
- 绘制另一个选取框;
- 用"选取框"工具或"套索"工具在当前选区的外部单击;
- 按 Esc 键。

4. "套索"和"多边形套索"工具

"套索"工具和"多边形套索"工具是两个类似的工具,它们在工具箱的同一位置中,如图 5-37 所示。"套索"工具用于创建曲线形的选区,而"多边形套索"工具是以直线为边界的多边形选区。

1)"套索"工具

选择工具栏中的"套索"工具,在画布中位图上某一点按住鼠标左键拖动,那么沿鼠标指针移动的路径就会产生一个选区,松开鼠标,选区将闭合。当在起点附近松开鼠标时,终端将连接到起点,如图 5-38 所示。

2)"多边形套索"工具

"多边形套索"工具的使用方法如下。

图 5-37　"套索"工具和"多边形套索"工具　　图 5-38　使用"套索"工具创建的不规则选区

（1）选择"多边形套索"工具。

（2）在位图上依次单击鼠标，产生一条闪烁的折线，它就是选区的轮廓。

（3）最后执行下列操作之一闭合多边形选区。

① 将鼠标指针移动到起点附近，如果套索工具光标右下角出现方形黑点，此时可单击鼠标，闭合选区。

② 在工作区双击鼠标，可以在任何位置闭合选区。

技巧：按住 Shift 键可以将"多边形套索"选取框的各边限量为 45°增量。

5. 魔术棒工具

魔术棒工具可以在图像中选择一个像素相似的区域。下面先打开一幅位图图片，如图 5-39 所示。可以看到该图显示的是清晨的天空，在这里先把天空删除，然后再换成一个夕阳下的天空效果。

首先用"魔术棒"工具创建天空部分的选区，如果一次没选全，可以按住 Shift 键创建多个选区。

接下来把天空部分的像素删除，这样以后可以更换天空背景。执行下列操作之一删除。

- 按 Del 键或 BackSpace 键；
- 选择菜单栏"编辑"→"清除"命令；
- 按 Ctrl + X 键剪切。

这时可以看到的效果如图 5-40 所示，原来的天空部分变成了灰白交替的格子图案，它的含义就是这个部分没有图像，从而露出了透明的背景色。

图 5-39　用"魔术棒"工具选择天空区域

图 5-40　删除选区中的像素后

技巧：在"魔术棒"工具的"属性"面板中，可以设置颜色容差，容差可以确定要选中的色相范围。容差越小，选中的颜色范围越小，容差越大，选中的颜色范围也就越大。因此，如果要选择的像素区域颜色相似度不是很高，可以把容差值适当调大一些。

6. 填充选区

"油漆桶"工具是专门用来填充选区的，接下来运用它来填充该选区，步骤如下。

（1）在工具栏里选择油漆桶工具（），此时鼠标光标变为油漆桶样式。

（2）在如图 5-41 所示的属性面板中对油漆桶工具的填充方式进行设置，这里选择线性渐变方式，选中"填充选区"复选框，这样将一次填充整个选区。

（3）在选区内单击，选区部分就会以油漆桶设定的填充方式和填充颜色进行填充，如图 5-42 所示。

图 5-41 "油漆桶"工具的"属性"面板

图 5-42 用渐变填充色填充选区

5.3.2 复制和移动选区中的内容

前面介绍的操作会把一个选区中的内容删除。但更多时候我们需要把图像上的某个区域的内容移动或复制到图像的其他位置上。

1. 复制选区中的内容

复制选区中的内容的操作原理和复制文字是相同的，也是先使用选取框选中要复制的区域，然后按 Ctrl + C 键（复制）和 Ctrl + V 键（粘贴），这样就复制了一份选区中的内容。

但是由于粘贴的位置和图像原来的位置相同，所以从画面上是看不出变化的。我们可以留意"层"面板，如图 5-43 所示，可以看到只要粘贴一次层面板中就多了一个层。新复制出来的层在原有图层的上方。

如果要移动新复制的图层，首先应在"层"面板中选中这个图层。此时新复制的图层四周会出现蓝色边框，然后用全选箭头拖动该图层就可以移动其位置，如图 5-44 所示。

提示：用选区选中某个区域后，按住 Alt 键，使用全选箭头拖动选区也能复制选区中的内容。但复制的选区不会存放在新图层里，而是和原图位于同一图层中。

图 5-43　复制选区后"层"
面板中的变化

图 5-44　复制并移动选区中的内容

2. 移动选区中的内容

有时需要把某个区域的图像移动到图像中的其他位置上。操作方法是：先用选取框选中要移动的图像内容，然后使用全选箭头拖动该选取框即可，如图 5-45 所示，可以看到原来的选区位置会产生一个"空洞"，即这部分像素被删除掉了。

图 5-45　移动选区中的内容

提示：复制、剪切、粘贴这些操作不仅可以在一个图像文件中使用，也可以在不同图像文件之间使用，也就是说可以把一个图像的选区中内容粘贴到另一个图像文件中去。

5.3.3　编辑选区中的像素区域

1. 用"滴管"工具拾取颜色

"滴管"工具是用来拾取颜色的，在 Fireworks 和 Dreamweaver 等很多软件中都有这个工具，有时如果想把选区中的颜色替换成屏幕中的另一种颜色，但又不知道这种颜色确切的颜色值，则可以单击填充工具中的颜色选取框，这时鼠标指针会变成"滴管"样式，将"滴管"移动到屏幕任意一个地方，颜色选取框中的颜色就会改变成当前光标位置的颜色，如图 5-46 所示。选择好颜色后，单击鼠标左键，就将这个颜色拾取下来了。接下来使用"油漆桶"工具就能将这个颜色填充到选区。

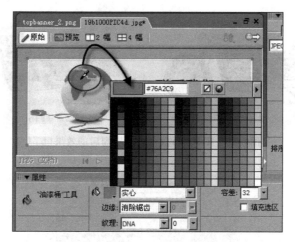

图 5-46 使用"滴管"工具拾取颜色

2. 调整颜色

执行菜单命令"滤镜"→"调整颜色"可对整个位图或选区调整颜色。如果要对选区调整颜色,将像素的颜色变黑白,则首先使用选取框工具将位图区域选中,然后执行菜单命令"滤镜"→"调整颜色"→"色相/饱和度",则弹出如图 5-47 所示的对话框。将饱和度手柄的值调到"-100",则选区中的像素颜色将完全变黑白。在此基础上如果再将对话框右侧的"彩色化"复选框选上,则图像会呈现出水墨画的效果。

图 5-47 "色相/饱和度"对话框

3. 模糊效果

Fireworks 滤镜中的模糊效果主要有"模糊"、"高斯模糊"、"运动模糊"、"缩放模糊"和"放射状模糊"等几种。其中,"模糊"将使图像具有朦胧感,"高斯模糊"主要用来模糊图像边缘,而"运动模糊"、"缩放模糊"和"放射状模糊"将使图像具有动感。

下面以"运动模糊"为例进行说明。首先向画布中导入一张摩托车的图片,如图 5-48(a)所示。然后选中该图层,执行菜单命令"滤镜"→"模糊"→"运动模糊",则弹出如图 5-49 所示的对话框。为了使该摩托车有向前运动的感觉,将"角度"调整为 180°,"距离"调整为 20,此时摩托车图层的效果如图 5-48(b)所示,如果为其配上背景图层,动感效果会更逼真。

(a)　　　　　　　　　　　　　(b)

图 5-48　图片(a)执行运动模糊后的效果(b)

图 5-49　"运动模糊"对话框

5.4　绘制矢量图形

在网页设计中，仅使用现成的图片进行加工是远远不够的，有时还需要自己绘制一些图形，比如制作一个网站徽标(logo)等，这时 Fireworks 的矢量绘图工具就非常有用了。

5.4.1　创建矢量图形

"矢量图形"是使用矢量线条和填充区域来进行描述的图形，它的组成元素是一些点、线、矩形、多边形、圆和弧线等。Fireworks 提供了很多绘制矢量对象的工具，包括"直线"、"钢笔"、"矩形工具组"、"文本"4 种矢量图形绘制工具，以及"自由变形"和"刀子"两种矢量图形编辑工具，它们位于工具箱的"矢量"部分中。

1. 矢量图形的基本构成

矢量图形可分为笔触和填充两个部分。而要认识矢量图形，就必须了解另一个几何概念——路径。

图 5-50 显示了路径、笔触和填充的含义。"路径"是用矢量数据来描述的线条，它本身是看不见的，但是在 Fireworks 中，为了便于编辑，将会使用彩色线条来表示它；沿着路径添加某种颜色样式，得到的线状结果就是"笔触"；而在路径围成的区域中应用某种颜色样式，得到的块状结果就是"填充"。

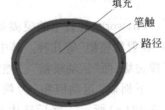

图 5-50　路径、笔触和填充

2. "直线"、"矩形"和"椭圆"工具

使用"直线"工具╱、"矩形"工具▢或"椭圆"工具◯，可以快速绘制基本矢量形状。

以"矩形"工具为例,从工具箱中选择"矩形"工具,在画布上按住鼠标左键拖动,就可以绘制出一个矩形。

绘制好形状后,可以在"属性"面板中对它进行进一步设置。先使用"全选箭头"工具选中画布上的矢量形状,就会出现它的"属性"面板,如图 5-51 所示。

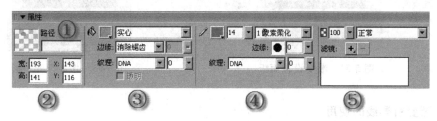

图 5-51　设置矢量图形的属性

从图中可见,矢量形状的"属性"面板分为 5 个区域,各个区域的功能如下。

① 为矢量形状命名。

② 设置矢量形状的几何属性,包括位置和大小,可以输入数值进行修改。

③ 设置矢量形状的填充内容和形式。

④ 设置矢量形状的笔触内容和形式。

⑤ 设置矢量形状的透明度、混合模式和滤镜效果。

通过对这些属性进行设置,就可以得到各种各样的矢量图形效果了。

5.4.2　填充和笔触属性

矢量图形的填充方式主要有三种,即"实心"、"渐变"和"图案",下面分别介绍。

1. 实心方式填充

首先在填充类别下拉框中选择"实心",然后单击"颜色选取框"按钮█,设置一种填充颜色,这时整个图形内部都将采用同一种颜色填充。

2. 渐变方式填充

渐变就是用两种或两种以上的颜色自然过渡进行填充,如果要使用渐变填充,则首先在填充类别下拉框中选择"渐变",然后在弹出菜单中选择一种渐变方式,这里选择"线性",此时颜色选取框会变成渐变设置框,单击█按钮,将弹出渐变设置面板(图 5-52)。

在如图 5-52 所示的渐变设置面板中,上面部分的颜色条是渐变控制条,控制条上方和下方各有两个手柄,其中上面的手柄用于调整渐变填充两头的透明度,默认是都不透明,而下面两个手柄用于调整渐变填充两头的颜色。

单击左右两个渐变手柄之间的区域,可以在渐变条上增加渐变手柄,如图 5-53 所示。这样就能实现多种颜色渐变效果了。

如果要删除渐变手柄,只需把它们往左右两边拖,使它们和左右两边的手柄重合就可以了。

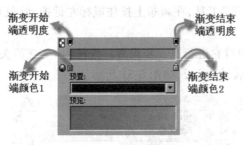

图 5-52　渐变设置面板

图 5-53　增加渐变手柄

3. 渐变引导线的使用

在默认情况下，渐变方向是从左到右的渐变，如果想把渐变方向调整为从上到下渐变或其他方向渐变，则要调节渐变引导线，方法如下。

（1）用全选箭头选中矢量图形，这时图形上会自动出现渐变引导线，如图 5-54 所示。

（2）如果要旋转渐变引导线，可以单击渐变线一头的方点拖动，或将鼠标移动到渐变线上方，此时光标会变成旋转形状，可按住鼠标拖动旋转，如果按住 Shift 键旋转，可保证渐变引导线以 45°增量为单位旋转。

（3）如果要改变渐变线的长度，可以拖动渐变线一头的方点延长或缩短。

（4）如果要改变渐变线的位置，则需要拖动另一头的菱形点，渐变线将发生平移。

（5）渐变线的长度可以比矢量图形更长。双击菱形点，可使渐变引导线恢复到最初的状态。

4. 图案方式填充

在 Fireworks 中预置了大量的填充图案素材，可以使用它们对矢量图形进行填充，如图 5-55 所示。

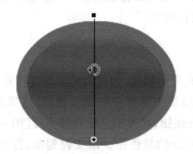

图 5-54　调节渐变引导线

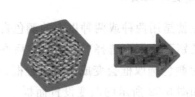

图 5-55　使用图案填充的矢量图形

5. 使用纹理对填充进行修饰

在应用"实心"、"渐变"或"图案"方式中的任意一种对矢量图形进行填充之后，还可以使用纹理效果对填充进行修饰。Fireworks 中预置了大量的纹理效果，可以单击图 5-56 中"纹理"后的下拉框选择需要的纹理样式，"纹理"后的第二个下拉框可以设置纹理的不透明度，默认值是 0，因此在通常情况下看不到填充区域的纹理。

下面绘制一个圆角矩形,然后把其填充选项设置为如图 5-56 所示,其中纹理设置为 DNA,纹理的不透明度设置为 65%,此时效果如图 5-57 所示。

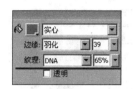

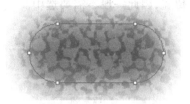

图 5-56　纹理属性设置选项　　　　　　　图 5-57　圆角矩形设置了纹理后的填充效果

6. 纹理应用举例——用纹理制作电视扫描线效果

扫描线效果可以使用 Fireworks 的纹理来制作,具体步骤如下。

(1) 在 Fireworks 中打开或导入一幅要处理的图片,如图 5-58 所示。然后绘制一个与图片大小、位置都相同的矩形作为纹理层,并且填充任意一种较深的颜色,这里选择深灰色(#333333)。

(2) 设置该矩形的纹理为"水平线 3"、不透明度为 100%。

(3) 设置整个矩形所在层的不透明度为 10%,即实现水平线效果,最终效果如图 5-59 所示。

图 5-58　打开原图　　　　　　　　　图 5-59　添加纹理层后

7. 笔触属性设置

在图 5-51 的属性面板中,可以在区域④中设置笔触。选中需要设置笔触的对象,在属性面板中将显示用于笔触设置的各种属性(图 5-60),其中用得最多的是描边颜色、描边粗细和描边类型选项。

单击"描边类型"下拉框,可看到共有 13 种笔触类型可供选择。其中,"铅笔"笔触是 Fireworks 的默认笔触类型,它没有任何修饰,选择"铅笔"→"1 像素柔化"可以使描边不产生锯齿。其他笔触效果读者可通过实际操作得知。

如果要清除笔触,单击"描边类型"下拉框的最上面一项,选择"无"即可。

在"描边类型"下拉框的最下面一项是"笔触选项",选择它将弹出如图 5-61 所示的笔触选项面板,在这里可以对笔触进行更加详细的设置。图 5-61 中"居中于路径"表示笔触以路径为中心进行绘制,在该下拉菜单中还有两个选项是"路径内"和"路径外",表示笔触位于路径之内或路径之外。如果选中"在笔触上方填充"复选框,将使路径内的笔触被填充所覆盖,因此一般不需要选中。

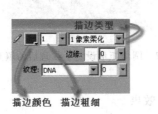

图 5-60　笔触属性设置选项　　　　　　　　图 5-61　笔触选项面板

5.4.3　自由形状工具

Fireworks 提供了大量的自由形状,如圆角矩形、星形、箭头、螺旋形等图形,都在"矩形"工具组中,还可以使用钢笔工具自己绘制形状。

1. 圆角矩形工具

下面以圆角矩形为例,讲解自由形状工具的一般使用方法。

从"矩形"工具的弹出菜单中,选择"圆角矩形"工具,在画布上按住鼠标左键拖动,绘制出圆角矩形。选中画布中的圆角矩形,可以看到有两种辅助点,如图 5-62 所示,一种是青蓝色的实心点,叫做"缩放点",按住它们拖放,可以对形状进行缩放;另一种是黄色填充的点,叫"控制点",将鼠标指针移动到控制点上,如图 5-63 所示,就会出现该控制点的功能提示。

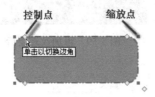

图 5-62　圆角矩形的控制点和缩放点　　　　图 5-63　查看控制点提示

在这里显示的控制点功能是"单击以切换边角",所以按住控制点进行左右拖动,就可以改变圆角的弧度。单击该控制点还可以在圆角、斜角和凹角之间进行切换,如果要对单独一个角进行操作,可以按住 Alt 键对控制点进行调整。图 5-63 就是按住 Alt 键后向外拖动下方两个角的控制点使其变成直角了。

2. 钢笔工具

钢笔工具可用来绘制各种矢量图形,包括点、直线和曲线等。下面介绍它的使用方法。

（1）绘制点：使用钢笔工具在画布上单击，即绘制了一个点，接下来不要移动鼠标，在这个点附近（光标右下角带有"^"形时）双击鼠标结束或按住 Ctrl 键单击结束。

（2）绘制直线：使用钢笔工具在画布上单击，即放置了第一个点，然后移动鼠标，再单击即放置了第二个点，一条直线段会将这两个点连接起来。继续绘制点，直线段将连接每个节点。执行下列操作之一可以结束绘制：在最后一个点处双击完成绘制一条开放路径；在所绘制的第一个点处单击完成绘制一条封闭路径。

（3）绘制曲线：使用钢笔工具在绘制点处按住鼠标并拖动；或者单击绘制第一个点后，移动鼠标，在绘制第二个点时按住鼠标并拖动，继续绘制点，在绘制最后一个点之前松开鼠标，单击绘制最后一个点，接着在最后一个点处双击完成绘制一条曲线，如图 5-64 所示。

（4）绘制直线和曲线的混合曲线：在直线节点后绘制曲线，单击并拖动鼠标即可。在曲线节点后绘制直线，单击即可，如图 5-65 所示。其中，路径上的空心圆点表示曲线节点，空心方形点表示直线节点。将鼠标移动到曲线节点上单击鼠标可将其转换为直线节点；将鼠标移动到直线节点上时，光标右下角出现"-"号，此时单击可将该直线节点删除。

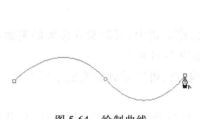
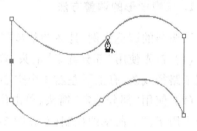

图 5-64　绘制曲线　　　　　　　　图 5-65　绘制曲线和直线的混合曲线

（5）增加节点：将钢笔移动到路径的线条上时，光标右下角将出现"＋"号，如图 5-66 所示，此时单击鼠标可在该处增加一个直线节点。增加节点后，需要再次双击路径上的最后一个节点以结束绘制。

（6）删除节点：将钢笔工具移动到路径的节点上时，钢笔工具右下角会出现"^"号，此时单击节点可选中该节点，节点变为实心状态，这时不要移动鼠标，可看见钢笔工具右下角会出现"-"号，此时单击可删除节点。

闭合曲线：如果要闭合的曲线两端都是直线节点，则在开始节点处单击即可用直线闭合；如果要闭合的曲线两端分别是直线节点和曲线节点，则在开始节点处单击只能用曲线闭合，如果希望用直线闭合，可以先用"部分选定"箭头选中曲线，然后使用工具箱中的"直线工具"连接它的两个端点，如图 5-67 所示。

图 5-66　增加节点　　　　　　图 5-67　用直线闭合曲线

（7）修改路径：对于已经绘制好的路径，可以用"部分选定"箭头单击路径上的某个节点，此时该节点会变为实心，表示被选中，此时按住并拖动鼠标，即可调整路径的形状，也可使用键盘上的方向箭头以 1 像素为单位精确移动节点。

提示：

① 钢笔工具可对任何矢量路径进行修改，例如矩形、圆等矢量图形的路径，方法是先用"部分选定"箭头选中路径，再选择钢笔工具就能对路径进行修改了。

② 钢笔工具绘制完路径后一般要使用"部分选定"箭头对路径进行调整。很多路径不一定非要使用钢笔绘制，利用现有的矢量路径（例如矩形、圆等工具）绘制后再调整可能事半功倍。例如，要得到一些环状或带缺口的路径，使用打孔可能会更容易一些；对于复杂的大路径，单个画好联合一下可能会降低绘制难度。

5.4.4 调整矢量线条

使用"部分选定"箭头 可以对矢量图进行进一步的调整。移动矢量线条的控制点可以更改该对象的形状；拖动控制柄可以确定曲线在控制点处的曲率，决定曲线的走向。

1. 矢量图形的调整方法

以椭圆的调整为例，具体调整步骤如下。

（1）首先使用"部分选定"箭头，单击矢量形状，将其选中，可以看到椭圆的笔触内部出现了路径线条，有上下左右 4 个空心的控制点，如图 5-68 所示。

（2）使用"部分选定"箭头，单击位于上方的控制点，可以看到它变成了实心的，而且出现了用于调节曲率的控制柄，如图 5-69 所示。

（3）使用"部分选定"箭头，按住右方的控制点进行拖动，可以看到路径的形状随着控制点的移动而改变，如图 5-70 所示。

（4）使用"部分选定"箭头，按住控制柄的端点进行拖动，可以改变曲线的走向，如图 5-71 所示。

   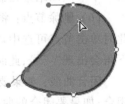

图 5-68 显示路径　　图 5-69 选中控制点　　图 5-70 移动控制点　　图 5-71 调整曲线走向

2. 案例——露水滴图标

下面通过一个实例，绘制一滴露水，如图 5-72 所示，练习矢量线条的调整。

（1）绘制露水滴的原形。在工具箱中选择"椭圆"工具，按住 Shift 键在画布上绘制一个圆形。在属性面板中，将圆形的填充颜色设置为绿色（#6bcc03），笔触设置为"无"，如图 5-73 所示。

（2）调节露水滴的外形。保持圆形的选中状态，在工具箱中选择"钢笔"工具。将鼠标指针移动到顶部的控制点，指针就变成了钢笔的形状，单击圆形顶部的控制点，注意单击的时候不要移动鼠标，效果如图 5-74 所示，它就变成了一个角点。

　图 5-72　水滴效果　　　　图 5-73　单击圆形的控制点　　　　图 5-74　调节控制点

（3）调节露水滴顶端的控制点位置。保持顶端控制点的选中状态，按键盘的向上方向键，使控制点的位置向上移动一些，让露水滴更加修长，如图 5-75 所示。

（4）复制露水滴用来制作水滴的高光效果。使用全选箭头，选中刚才绘制的露水滴形状，按 Ctrl＋C 和 Ctrl＋V 键复制，这时"层"面板上就多了一个新露水滴的图层。下面将调整新露水滴的形状，因此可以把原来的露水滴图层在"层"面板中先锁定起来，如图 5-76 所示。

　　图 5-75　调节水滴外形效果　　　　图 5-76　复制露水滴图层并锁定原图层

（5）调节新露水滴的控制点。选中复制出来的露水滴，在属性面板中，将填充颜色设置为白色。使用"部分选定"箭头，单击白色露水滴右端的控制点，使用向左方向键将其推动到原来的左半部分中，如图 5-77 所示。

接下来，调整其他三个控制点的位置，让各个控制点都向水滴的中心移动一个或者两个像素，使背面绿色露水滴的边缘露出来，如图 5-78 所示，这样露水滴的高光效果就基本制作好了。

（6）调节高光控制点，完善效果。首先按住 Alt 键，调整最下方控制点的右侧控制柄，将其旋转到左侧，使其更符合光线的反射效果，形成高光效果，如图 5-79 所示。

　图 5-77　调节右端控制点　　　图 5-78　调整其他三个控制点　　　图 5-79　形成高光效果

提示：按住 Alt 键拖动曲线点的控制柄，可以让曲线点的两个控制柄指向不同的方向，形成相互独立的两个控制柄。

（7）添加阴影效果，使用全选箭头选中绿色露水滴，在属性面板右侧的"滤镜"处，单击"＋"按钮,在弹出菜单中选择"阴影和光晕"→"投影"命令。在弹出的对话框中设置投影效果,将阴影颜色设置为水滴的绿颜色,其他设置见图5-80。这样一幅简单的水滴效果图就绘制好了,最终效果如图5-81所示。

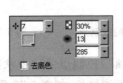　　　　　　　

图5-80　设置投影效果　　　　　　　图5-81　最终效果

5.4.5　路径的切割和组合

1. 路径切割

"刀子"工具 用于切割矢量图形的路径。下面以"刀子"工具切割圆角矩形为例介绍其使用步骤。

(1)绘制一个圆角矩形,然后用"部分选定"箭头单击圆角矩形的边缘,这样就将圆角矩形的路径选中了,如图5-82所示。此时工具箱中的"刀子"工具会变为可用。

提示:刀子工具只能用于切割路径,所以必须先用"部分选定"箭头选中路径。

(2)选择"刀子"工具,在路径上拖动鼠标,会出现一条切割路径,如图5-83所示。

(3)松开鼠标后,会发现"刀子"经过的地方多了两个空心的控制点,如图5-84所示,这表明路径已经被切割成两部分了。

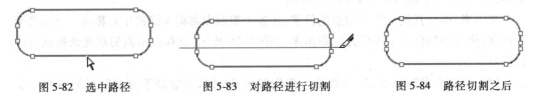

图5-82　选中路径　　　　图5-83　对路径进行切割　　　　图5-84　路径切割之后

(4)接下来用"部分选定"箭头在路径外的任意区域单击,取消对路径的选定,然后再在圆角矩形上方的路径上单击,选中该路径,这时将它往上拖动,会发现圆角矩形的路径确实已经分割成两部分了,如图5-85所示。

(5)最后对上半部分的路径填充颜色,再用"部分选定"箭头选中下半部分路径,按Del键删除该路径,最终效果如图5-86所示。

图5-85　向上移动切割后的路径　　　　图5-86　对路径进行填充

注意：一定要用"部分选定"箭头选中路径，全选箭头是无法选择路径的。

2. 路径组合

绘制多个路径对象后，可以将这些路径组合成单个路径对象，通过路径组合能制作出一些不规则的图形出来。在 Fireworks 中，路径组合主要有以下几种方式。

1）联合

绘制多个路径对象后，可以将这些路径合并成单个路径对象。图 5-87 展示了联合的效果。联合操作可使两个开口路径联合成单个闭合路径，或者结合多个路径来创建一个复合路径。在执行联合操作后，所有的开放路径都将自动转化为闭合路径。

（1）按住 Shift 键用全选箭头选中两个或多个对象。

（2）执行菜单命令"修改"→"组合路径"→"联合"，此时，选中的所有对象即会融合成一个对象，如图 5-87 所示。

2）相交

使用相交操作可以从多个相交对象中提取重叠部分。如果对象应用了笔触或填充效果，则保留位于最底层对象的属性。

（1）按住 Shift 键用全选箭头选中两个或多个对象。

（2）执行菜单命令"修改"→"组合路径"→"交集"。此时，选中对象的重叠部分将被保留，其他部分则被删除，如图 5-88 所示。

图 5-87　联合效果

图 5-88　交集效果

3）打孔

打孔操作可在对象上打出一个具有某种形状的孔。

（1）打孔时，孔对象需要放置在需打孔对象的上层。然后用全选箭头选中这两个对象。

（2）执行菜单命令"修改"→"组合路径"→"打孔"。此时，下层对象将会删除与最上层对象重叠的部分，达到打孔的效果，如图 5-89 所示。

4）裁切

与打孔操作正好相反，裁切操作可以保留与上层对象重叠的部分。

（1）制作一个裁切形状的对象，将其重叠放在需裁切对象的顶层。然后用全选箭头选中这两个对象。

（2）执行菜单命令"修改"→"组合路径"→"裁切"。此时，下层对象将会删除与上层对象不重叠的部分，达到裁切的效果，如图 5-90 所示。

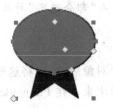

图 5-89　打孔效果　　　　　　　　　　　　图 5-90　裁切效果

3. 路径修改实例——花瓣按钮

（1）用椭圆工具在画布上绘制一个椭圆。

（2）复制椭圆，并按 Ctrl + V 键两次粘贴两个椭圆。

（3）这时三个椭圆重叠在一起，在画布中不好选中单个。所以在"层"面板中选中任意一个椭圆的图层，执行菜单命令"修改"→"变形"→"数值变形"。从打开的对话框中设置变形类型为"旋转"，角度为 120°。

（4）用同样方式，选中另外一个椭圆，将它旋转 240°。此时效果如图 5-91 所示。

（5）用全选箭头按住 Shift 键选中三个椭圆，执行"修改"→"组合路径"→"联合"命令，将三个椭圆组合成花瓣形的路径，如图 5-92 所示。

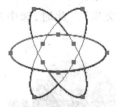

图 5-91　复制并旋转椭圆　　　　　　图 5-92　联合效果

（6）选中组合路径，设置它的填充方式为"渐变"→"放射状"，渐变颜色为从玫瑰红到淡红的渐变，此时效果如图 5-93 所示。

（7）在属性面板中选择"滤镜"、"斜角和浮雕"、"内斜角"命令，设置斜角宽度为 6，其他保持默认。最终效果如图 5-94 所示。

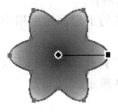

图 5-93　渐变填充效果　　　　　　图 5-94　最终效果

5.4.6　路径和选区的相互转换

1. 路径转换为选区

路径转换为选区是选择像素的一个非常好的方法。我们知道，使用套索或多边形套索工具可以选择不规则区域的像素,但是用它们创建的选区一旦创建好之后就不能对选区的边缘再进行修改了。如果拖动鼠标时有一点点地方没拖动好,导致选区没选择精确,就必须取消选区后再重新开始绘制。这是个很大的问题,因为有些图形的边缘是很复杂的,想要一次性用套索工具沿着边缘移动准确几乎是不可能的。

对于这种情况比较好的方法就是使用"钢笔"工具绘制路径,绘制完路径后可以用"部分选定"箭头或钢笔工具对路径进行修改,直到该路径准确地围绕不规则图形的边缘为止,然后将路径转换为选区,就可以精确地选中需要的像素范围了。具体操作步骤如下。

(1)打开一幅位图图像。

(2)选择矢量工具栏中的"钢笔"工具,在图像中按汽车的轮廓进行绘制,效果如图 5-95 所示。绘制轮廓前可以将画布的显示比例先放大到 400%,以便能更方便地进行绘制。

(3)然后用"部分选定"箭头单击路径的节点,拖动鼠标对没绘制好的轮廓进行移动修改。如果要增加节点,可以用钢笔工具在路径上单击。

图 5-95 使用钢笔工具绘制路径

(4)执行菜单命令"修改"→"将路径转换为选取框",会弹出对话框,要求选择转换后选取框的边缘,这里选择"消除锯齿",单击"确定"按钮,路径即转换为选区,效果如图 5-96 所示。

(5)把选区中的像素复制出来,得到的效果如图 5-97 所示。可以看出这是实现抠图的一种简单方法。

图 5-96 将路径转换为选区后的效果

图 5-97 将选区中的内容复制到空白画布中

有了路径转换为选区的功能,任何选区都能先用路径绘制再转换为选区。因此绘制选区的工具除"魔术棒"外,均可用绘制矢量路径的工具取代。但用得最多的还是用钢笔工具取代套索工具,因为它除了绘制的路径可以修改外,还能同时绘制曲线和直线边缘的路径。

2. 选区转换为路径

将选区转换为路径刚好是逆向操作,通过使用这个命令,可以快速得到矢量形状,帮助用户进行矢量设计。例如,有时希望得到位图图形的轮廓,以便将其放大很多倍后也不会产生变模糊,这时可以使用选区转换为路径得到它的矢量轮廓。

选区转换为路径的具体操作如下。

(1) 打开一幅位图图像,该图像具有很相似的背景颜色。

(2) 选择位图工具栏中的"魔术棒"工具,在位图图像中的背景颜色上单击,这样就选中了整个背景颜色区域,效果如图 5-98 所示。

(3) 执行菜单命令"选择"→"反选"(快捷键为 Shift + Ctrl + I),选中图像中的树叶。

(4) 执行菜单命令"选择"→"将选取框转换为路径",选区即可转换为路径,如图 5-99 所示。

图 5-98　使用魔术棒工具选择背景像素区域　　　　图 5-99　将选区转换为路径后的效果

将选区转换为路径后,Fireworks 会新建一个层,用于放置转换后的路径,该层位于位图图层的上方。

5.5　文本对象的使用

在网页的很多地方,如标志(logo)和栏目框标题等处,都需要使用经过美化的文字作装饰,在 Fireworks 中修饰文本的一般步骤如下。

(1) 选择合适的字体,有时只要选择一款漂亮的字体,无须太多修饰也能显得很美观。

(2) 书写文字,并调整间距。

(3) 对文本进行填充和描边处理。

(4) 对文本应用滤镜效果,如投影、发光等。

5.5.1　文本编辑和修饰的过程举例

下面以制作一款带有描边和阴影效果的文字为例说明美化文本的基本过程。

1. 安装字体

Windows 自带的字体种类较少,而且一般都不具有艺术效果。要使文本看起来美观,首先要选择一款美观的字体。常见的比较流行的中文字体库有"方正字体"、"文鼎字体"、"经典字体"和"汉鼎字体",在百度上输入字体名进行搜索可以下载到这些字体。

下载完字体后,必须安装才能使用。字体文件的扩展名为 TTF,将该文件复制到 Windows 的字体目录(通常是 C:\WINDOWS\Fonts)下即可自动安装。

本例中要使用的字体是"经典综艺体简",所以将下载的字体文件"经典综艺体简.TTF"复制到 Windows 的字体目录,重新启动 Fireworks 就能在 Fireworks 中使用该字体了。

2. 添加文字并设置文字水平间距

首先要在画布上书写文字,即在画布中插入文本对象,步骤如下。

(1) 新建一个画布。选择工具箱中的文本工具 **A**。

(2) 在文本起始处单击,将会弹出一个小文本框;或者拖动鼠标绘制一个宽度固定的文本框。

(3) 在其中输入文本,也可以粘贴文本。

(4) 单击文本框外的任何地方,或在工具面板中选择其他工具,或按 Esc 键都将结束文本的输入。

如果要修改文本,则首先要使用全选箭头 选中这个文本对象,此时文本对象周围会出现带顶点的蓝色矩形框,如图 5-100 所示。然后用文本工具 **A** 单击并拖动选中其中的文字,就可以对选中的文字进行修改了,如图 5-101 所示。例如,调整大小、水平间距、颜色等。

图 5-100　用全选箭头选中文本对象 　　　　图 5-101　用文本工具选中其中的文本

(4) 将文字反选后,在属性面板中改变文字大小、颜色和字体,并修改水平间距(A\V)为 10,如图 5-102 所示。

3. 给文字描边

给文字描边要使用"笔触"选项,文本的描边工具位于图 5-103 所示的区域,单击颜色按钮,在这里可以选择描边使用的颜色,并选择"路径外"表示在文字的外面描边。再单击颜色面板中下方的"笔触选项"会弹出如图 5-103 所示的笔触面板。

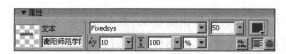

图 5-102　设置文本的大小、颜色和水平间距

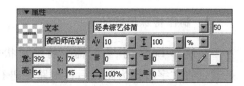

图 5-103　文本属性面板中笔触选项的位置

在笔触面板中,选择"铅笔"、"1 像素柔化",笔尖大小选择 2,表示边缘的宽度是 2 像素。描边颜色选择白色,如图 5-104 所示。

4. 添加投影

接下来仍然使用全选箭头选中文本对象,在属性面板右侧的"滤镜"中,单击"＋"按钮,在弹出菜单中选择"阴影和光晕"→"投影"命令。这时会弹出"投影"效果的设置框,如图 5-105 所示。将投影的颜色设置为文本的颜色,其他选项保持默认就可以了,用鼠标在对话框外单击就能关闭并保存设置的投影选项。如果以后要编辑投影效果,双击"滤镜"下拉框中的"投影"一项就可以了。

图 5-104　笔触选项面板

图 5-105　投影效果选项面板

5. 插入背景

单击"矩形"工具组右下角的箭头,在其中选择"圆角矩形"工具。插入一个圆角矩形,再在属性面板中设置圆角矩形的填充为"实心"、"蓝色"(#33CCFF),"边缘"为"羽化","羽化总量"设置为 70。效果如图 5-106 所示。

由于"圆角矩形"是在文字之后插入的,因此用"圆角矩形"羽化后制作的背景会覆盖在文字图层之上,必须改变这两个图层的叠放次序,方法是在"层"面板中选中文字图层,将它拖放到背景图层之上就可以了,最终效果如图 5-107 所示。

图 5-106　边缘羽化后的圆角矩形

图 5-107　最终效果

5.5.2　特殊文字效果制作举例

1. 制作特殊形状的字

在制作 Logo 时,有时需要特殊形状的文字以达到美化的效果,如图 5-108 所示。这是通过将文字转换为路径后再对路径进行调整实现的,具体制作步骤如下。

(1) 使用"文本"工具书写几个文字,将字体设置为粗体,字体大小为 56。

图 5-108　艺术字效果

　　(2) 用全选箭头选中该文本对象,执行菜单命令"文本"→"转换为路径"。文本即转换为路径,以后就不能再对文字内容、字体大小等进行修改了。

　　(3) 使用"部分选定"箭头单击选中一个文字,可发现文字的轮廓变成环绕的路径了。

　　(4) 使用"钢笔"工具修改路径。将画布的显示比例放大,然后用钢笔工具单击并拖动"网"字左上角的顶点,如图 5-109 所示,这样就能将直线的轮廓变成曲线轮廓了。

　　(5) 接下来用"部分选定"箭头选中"设"字,用钢笔工具在其右上角的路径上单击,为其增加两个路径点,如图 5-110 所示。再将钢笔工具移动到其右上角的路径点,可发现钢笔工具右下角会出现" - "号,此时单击该路径点即可将其删除,删除路径点后效果如图 5-111 所示,可看见"设"字的直角轮廓变为斜角了。"计"字的右上角也用同样的方法制作。

图 5-109　将直线路径变为曲线　　　图 5-110　增加路径点　　　图 5-111　删除路径点

　　(6) 用"部分选定"箭头选中"页"字,再用"部分选定"箭头拖动其左下角和右下角的路径点,效果如图 5-112 所示。用全选箭头选中"页"字,将其下移一些即实现了最终的效果。

2. Fireworks 倒影字

　　通过对文字进行垂直翻转和渐变填充,可以实现如图 5-113 所示的倒影字的效果,制作步骤如下。

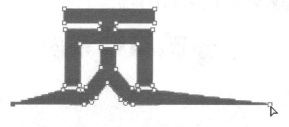

图 5-112　拖动路径点　　　　　　　　图 5-113　倒影字效果

（1）使用"文本"工具书写几个文字，将字体设置为粗体，字体大小为 56。

（2）用全选箭头选中该文本对象，按住 Alt 键向下拖动复制一个，并将复制的文本对象摆放在它的正下方，作为倒影用。

（3）选中下方的文本对象，执行菜单命令"修改"→"变形"→"垂直翻转"，翻转后效果如图 5-114 所示。

（4）设置下方文本对象渐变填充。选中下方的文本对象，单击文本属性面板中的颜色选取框█，在弹出的颜色面板中选择"填充选项"，在填充面板中选择"渐变"、"线性"。此时，文本对象上会出现渐变引导线，按住 Shift 键旋转渐变引导线，把渐变引导线调整成垂直。然后拖动渐变线下方的方形节点使其长度缩短，再拖动渐变线上方的菱形节点使其向上移动，最后设置渐变颜色为从文字颜色到白色的渐变。调整后效果如图 5-115 所示。

图 5-114　垂直翻转　　　　　　　　　图 5-115　对文字进行渐变填充

（5）选中下方的文本对象，在属性面板右侧调整其不透明度为 40，使倒影文字看起来颜色淡一些。就得到了图 5-113 的最终效果。

制作文字效果很多时候还必须依赖渐变填充和蒙版，这些将在下面几节中看到。它们可以使文字的填充不再是单一的颜色，从而更美观。

5.5.3　将文本附加到路径

在 Fireworks 中将文本附加到路径后，或将文本转换为路径后，就可以像编辑路径一样利用路径修改工具将文本变为任意形状和方向，形成各种特殊效果。

文本附加到路径后仍然可以编辑文本，同时还可以编辑路径的形状。将文本附加到路径的操作步骤如下。

（1）在画布上绘制需要附着的矢量路径，这里为了制作文本环绕效果，绘制了一个椭圆。

（2）创建文本对象，并设置好文本的各项属性值。

（3）按住 Shift 键使用"部分选定"箭头同时选中文本和路径，效果如图 5-116 所示。

（4）执行菜单命令"文本"→"附加到路径"，效果如图 5-117 所示。

图 5-116　同时选中文本和路径　　　　　图 5-117　执行"附加到路径"命令后

（5）默认情况下，文本附加到路径后的文本方向是"依路径旋转的"，如果要调整文本方向，可以选择"文本"→"方向"子菜单中的命令，改变文本在路径上的方向，共有 4 种方向设置，其中图 5-118 是文本方向"垂直"的效果，图 5-119 是文本方向"垂直倾斜"的效果。

| 图 5-118   文本方向"垂直"的效果 | 图 5-119   文本方向"垂直倾斜"的效果 |

如果要分离附加到路径的文本，可以选中该文本，执行菜单命令"文本"→"从路径分离"，即可将文本与路径分离。

5.6   蒙版

"蒙版"一词来源于生活，也就是"蒙在上面的板子"的意思。蒙版可分为矢量蒙版和图层蒙版。在 Fireworks 中，蒙版就是能够隐藏图像的一部分（矢量蒙版）或者使图层不同部位的透明度发生相应变化（图层蒙版），网页中很多创意效果都离不开蒙版的使用。

5.6.1   使用"粘贴于内部"创建矢量蒙版

矢量蒙版有时也被称为"粘贴于内部"，它能将其下方的对象裁剪成其路径的形状，从而产生图像位于形状中的效果，图 5-120 和图 5-121 是两个例子。

图 5-120   心形图像

图 5-121   图片窗格效果

1. 制作心形图像

如图 5-120 所示的心形矢量蒙版效果图具体制作步骤如下。

（1）制作用于轮廓的心形，用椭圆工具绘制一个圆。

（2）用"部分选定"箭头单击圆形上方的控制点，如图 5-122 所示。将其选中后向下拖动，也可按键盘的向下键移动。按照同样的方法选中下方的控制点，也将其向下拖动，得到如图 5-123 所示的形状。

（3）接下来要将心形上方和下方的中间点都变尖，方法是分别选中中间的控制点后，可看见它们的控制柄是一条水平的横线，将控制柄两端的端点往中心拉，当控制柄缩短以后，心形的上方和下方就变尖了。接下来再分别选中左右两端的两个控制点，可看到它们的控制手柄是一条竖直的线，将这条线的上方端点向内拉使控制柄倾斜，并拉长手柄，使左右两边变圆，此时效果如图 5-124 所示。这样一个心形就做好了。

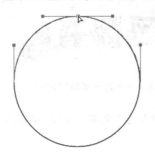　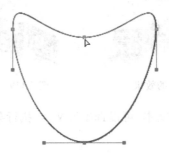　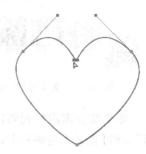

图 5-122　绘制一个圆形　　　图 5-123　调整圆形的上下控制点　　　图 5-124　调整形状的控制手柄

（4）导入一幅位图，在"层"面板中将这幅位图所在的层拖动到心形图层的下方，

图 5-125　将位图置于心形下方

如图 5-125 所示。因为被蒙版层必须要位于遮罩层的下方。然后调整其位置，使其要显示的区域大致位于心形范围内，再用全选箭头选中这幅位图，按 Ctrl + X 键将其剪切。如果要使用"复制"的方法，必须先将心形的图层隐藏，再用全选箭头选中图片，按 Ctrl + C 键进行复制。

（5）接下来可以把这幅位图所在的层先隐藏起来，然后用全选箭头单击心形的边缘以选中心形。右击，在如图 5-126 所示的右键菜单中选择"编辑"→"粘贴于内部"命令即可，此时效果如图 5-127 所示。

图 5-126　"粘贴于内部"命令　　　　　　　　图 5-127　执行"粘贴于内部"
　　　　　　　　　　　　　　　　　　　　　　　　　　　　命令后

（6）此时如果用全选箭头拖动心形，会发现其中的位图和心形一起移动。如果要使拖动时心形的位置固定，而它下面的位图发生移动，需将"层"面板中蒙版层内两个对象之间的"铁链"图标去掉，如图 5-128 所示。

这样就可以调整心形中显示的位图区域。例如，可以把位图中的人物拉到心形的右边一些显示，并将心形的笔触设为无，效果如图 5-129 所示。

图 5-128　"层"面板中的蒙版层

图 5-129　去除"铁链"后拖动位图的位置

（7）打开矢量蒙版的属性面板。只要在"层"面板中选中蒙版层，再单击铁链后面的蒙版对象，蒙版对象将被选中，如图 5-128 所示，此时属性面板中将显示蒙版的各种属性设置，如图 5-130 所示。可以给它添加"发光"的滤镜效果，将发光的颜色改为绿色就实现了如图 5-131 所示的效果。

图 5-130　蒙版的属性面板

提示：如果要将蒙版层中的两个对象合并成位图，可以选中铁链后面的蒙版对象，按 Del 键删除，此时会弹出提示框"在删除前，应用蒙版到位图？"，选择"应用"，则蒙版层中的两个对象就合并成位图了。

（8）如果在矢量蒙版的属性面板中选择"灰度外观"单选项，这时候蒙版将同时具有矢量蒙版和图层蒙版的效果，再设置填充为放射状渐变，颜色为由白到黑，则效果如图 5-132 所示，可看到心形中的位图出现了减淡的效果。

图 5-131　为蒙版对象添加发光滤镜

图 5-132　为蒙版对象添加灰度外观

提示：如果要取消蒙版，可以在"层"面板中选中蒙版层，执行菜单命令"修改"→"取消组合"即可。

2. 制作相片撕裂效果

制作相片撕裂效果的思路是首先制作一个相片撕裂后的图形框路径，然后将位图图像粘贴于该图形框内部即得到相片撕裂的效果。

为了制作相片撕裂的图形路径，先使用套索工具手绘一个含有不规则锯齿的选取框，然后将这个选取框转换为路径。复制到另一个工作区的画布中去。接下来反选这个选取框，然后将反选后的选取框也转换为路径，同样复制到另一个工作区画布中去。这样两个撕裂的相片框路径就制作好了，然后再微调路径的位置，并将其中一个略微倾斜一点，这样就更逼真了。具体制作步骤如下。

（1）新建一个空白画布，大小建议值：500×350。

（2）使用套索工具从画布的中间开始移动画一条不规则锯齿出来，然后绕画布的左边一周，绕的时候套索工具不需要紧贴画布的边缘，如图 5-133 所示，因为绘制好后，选择框会自动紧挨画布的边缘，如图 5-134 所示。

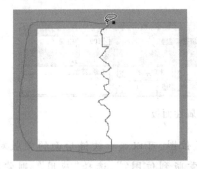
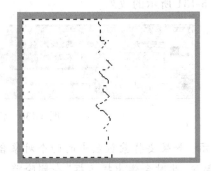

图 5-133　用套索工具绘制选取框　　　　　图 5-134　选取框绘制好之后

（3）绘制好选取框后，执行菜单命令"选择"→"将选取框转换为路径"，选取框就转换为矢量路径了，效果如图 5-135 所示。然后按 Ctrl+C 键复制该选取框到另外一个画布中。之所以要将该选取框保存到另一个文档中，是因为接下来要执行撤销操作。

（4）按 Ctrl+Z 键撤销转换为路径的操作，此时回到如图 5-134 所示的选取框状态，然后再执行菜单命令"选择"→"反选"，选取框将选取画布的另一半，如图 5-136 所示。

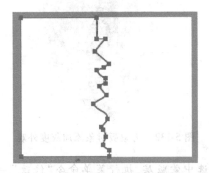

图 5-135　选取框转换为路径　　　　　　图 5-136　对选取框执行反选操作

（5）同样将这个选取框也转换为路径，并复制到第二个画布中，此时，在第二个画布中就有两个锯齿形的路径了。

（6）将第二个锯齿形路径向右移动 4 个像素，使其和第一条路径之间有一点距离，如图 5-137 所示。

（7）将第二个锯齿形路径用缩放工具旋转一点角度，然后再添加投影效果，设置完毕后如图 5-138 所示。

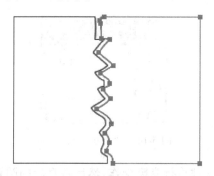

图 5-137　调整第二个选取框位置

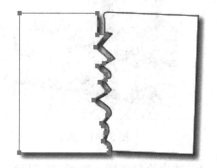

图 5-138　将第二个选取框倾斜并添加投影

（8）在当前画布中导入位图图片，在"层"面板中将它置于底层。然后选中并按 Ctrl + X 键剪切，将它分别粘贴到两个锯齿形矢量图形内部，即得到最终效果，如图 5-139 所示。

（9）如果将该撕裂框与心形路径执行交集操作，则得到心形的撕裂框，将位图粘贴于心形的撕裂框中效果如图 5-140 所示。

图 5-139　最终效果

图 5-140　心形撕裂框效果

可以将该撕裂框路径单独保存成一个文件，以后对于任意图像都可以使用该撕裂框为位图添加撕裂效果。

3. 制作图片窗格效果

图片窗格效果就是将一张图片粘贴到很多个圆角矩形组成的路径内部，除了涉及矢量蒙版外，本例需要用到的另一个知识点就是"历史记录"，通过历史记录功能可以快速执行大量重复的操作，本例使用历史记录快速复制和排列圆角矩形。制作图片窗格效果的步骤如下。

（1）首先打开一幅素材图片，如图 5-141 所示。

（2）在上面绘制一个圆角矩形，将它的宽和高均设置为 60，位置 X 和 Y 均为 0，笔触为 1 像素灰色（#666666）。

（3）打开窗口右侧的"历史记录"面板，如图 5-142 所示。单击面板右上角的弹出菜单按钮,选择"清除历史记录"命令,这样即可将"历史记录"中存储的所有操作记录全部清空,清除历史记录后就无法执行撤销(Ctrl + Z)操作了。

图 5-141　素材图片

图 5-142　"历史记录"面板

（4）选中绘制的圆角矩形,按 Shift + Ctrl + D 键执行克隆操作,然后将克隆的圆角矩形使用键盘方向键向右移动 66 像素。此时"历史记录"面板如图 5-143 所示。

提示:"克隆"操作和复制、粘贴操作基本相同,只是复制会将对象保存到剪贴板中,而克隆操作不会,在这里也可以使用复制、粘贴操作复制一个。

（5）按住 Shift 键同时选中"克隆"和"移动"两个步骤,然后单击面板下方的"重放"按钮,可发现又多了一个排列好的圆角矩形,这是因为 Fireworks 重做了刚才克隆圆角矩形和移动两步,连续单击"重放"按钮,就迅速生成了一排圆角矩形,如图 5-144 所示。

选中步骤单击"重放"按钮

图 5-143　重放历史操作步骤

图 5-144　得到一排圆角矩形

（6）按住 Shift 键将这一排圆角矩形都选中,然后对其执行克隆操作,接着将克隆的一排圆角矩形向下移动 66 像素。此时"历史记录"面板中又会记录下刚才的"克隆"和"移动"两个步骤。参照第(5)步的方法将这两个操作重放几次,就迅速得到了很多排的圆角矩形。

（7）按 Ctrl + A 键全选画布中所有的层,这样就选中了所有的圆角矩形和素材图片,接下来按住 Shift 键单击素材图片,就取消了对素材图片的选择。执行菜单命令"修改"→"组合"(快捷键 Ctrl + G),将所有的圆角矩形组合成一个矢量图形。

（8）然后选中素材图片和圆角矩形组合,执行菜单命令"修改"→"蒙版"→"组合为蒙版",即可得到图片窗格效果,接下来可以在"层"面板的蒙版层中选中铁链后面的蒙版对象,在属性面板中为其添加投影特效,最终效果如图 5-121 所示。

4. 制作图像背景的文字

由于文本也是一种矢量,所以也能将位图图像粘贴于文本内部,达到图像背景文字的效果,其制作步骤如下。

(1)导入一幅位图图片,这里导入一幅树叶的图片。

(2)选择文本工具绘制文本,由于需要通过文本的轮廓看到背景,所以文本最好设置为粗体,字体设置得大一些,如图 5-145 所示。

(3)用全选箭头选中位图,按 Ctrl + X 键剪切。

(4)用全选箭头选中文本,右击,在右键菜单中选择“编辑”→“粘贴于内部”命令即可,此时效果如图 5-146 所示。

图 5-145　将文本层放在位图层上方   图 5-146　粘贴于内部后效果

5.6.2　创建图层蒙版

图层蒙版主要用来制作从清晰过渡到透明的图像渐隐效果,这样可以使两幅图片融合在一起。图层蒙版通常是用一个由黑到白渐变的图像覆盖在被蒙版对象之上,那么被纯黑色覆盖的区域将变得完全透明而不可见,纯白色覆盖的区域将保持原状(完全不透明),黑白之间过渡色覆盖的区域将变得半透明。

1. 图层蒙版创建的步骤

下面通过制作图像渐隐效果演示图层蒙版的创建过程,具体步骤如下。

(1)打开或导入一幅位图图片,图片如图 5-147 所示。

(2)使用“矩形”工具绘制一个和画布尺寸一样的矩形,设置填充为线性渐变,按住 Shift 键旋转渐变线,将渐变色的方向设置为垂直方向,最上方填充白色,最下方填充黑色,如图 5-148 所示。

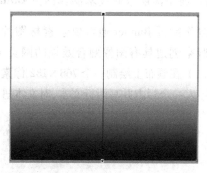

图 5-147　打开准备好的位图素材   图 5-148　绘制矩形,填充线性渐变色

（3）为了使位图上方的图像完全不受影响，可以将渐变填充上方白色的区域增大一些，方法是将渐变控制面板中白色一端的手柄拉到中间一些，如图 5-149 所示。

（4）在"层"面板中按住 Ctrl 键的同时选中这个矩形和位图，注意矩形（遮罩层）要位于位图（被蒙版层）的上方，执行菜单命令"修改"→"蒙版"→"组合为蒙版"，即可得到如图 5-150 所示的效果。

图 5-149　将白色渐变手柄向中间拉　　　　图 5-150　"组合为蒙版"后的效果

（5）这时在"层"面板中可以选中蒙版层中铁链后面的蒙版对象，此时属性面板中将显示蒙版的各种属性设置。如果要将"组合为蒙版"后图像的透明区域增大，仍然可以在填充选项中修改渐变手柄的位置，如图 5-149 所示。

（6）此时可以在画布中再导入一张如图 5-151 所示位图，在"层"面板中将它拖动到蒙版层的下方，可看到两幅图片很好地融合在了一起，效果如图 5-152 所示。

图 5-151　导入作为底层的位图　　　　　图 5-152　图像融合后的效果

2. 利用图层蒙版技术制作网页 Banner

制作网页 Banner 通常要求素材图片能和网页 Banner 的背景融为一体，下面利用图层蒙版来创建具有图像融合效果的网页 Banner，步骤如下。

（1）在画布上绘制一个 768×132 像素的矩形，将它的填充颜色设置为蓝色（#9FC6E8），在上面导入一个标志并写两行文本，对文本进行描边和填充后效果如图 5-153 所示。

图 5-153　网页的 Banner

（2）导入一幅素材图片,调整好该图片大小后将素材图片放置在矩形的右边,此时效果如图 5-154 所示。可看见素材图片的边缘很明显,整个 Banner 没有浑然一体而不美观。

图 5-154　导入素材图片到 Banner

（3）接下来在素材图片的上方绘制一个和它一样大的矩形,设置填充为线性渐变,渐变色的方向为水平方向,可以略微将渐变线旋转一定角度,为了让左边区域变得透明一些,左边填充黑色,右边填充白色,并在渐变控制面板中拉动白色手柄到中间让白色的区域大一些,如图 5-155 所示。

图 5-155　绘制矩形,填充线性渐变色

（4）在“层”面板中按住 Ctrl 键选中这个矩形和素材图片,执行菜单命令“修改”→“蒙版”→“组合为蒙版”,即可得到如图 5-156 所示的效果。可看到素材图片和网页 Banner 图片很好地融合在了一起。

图 5-156　最终完成的效果

3. 制作蒙版层叠放于图像之上的网页 Banner

上例做出来的效果是一个从透明到不透明渐变的图像位于 Banner 的右侧,但更多的 Banner 是左边一个从不透明到透明的渐变层叠放在右边的图像之上。这种效果的制作步骤如下。

首先在图 5-154 右侧的图像上绘制一个矩形,填充方式为“实心”、蓝色(#9FC6E8),该图像右侧可不覆盖,如图 5-157 所示。然后在层面板中将该矩形复制一份,将复制的矩形填充方式设置为线性渐变,左边的渐变颜色为白色,右边的渐变颜色为黑色,确保该矩形叠放在原来的蓝色矩形之上,如图 5-158 所示,作为蒙版的遮罩层。

图 5-157　在图像上绘制一个实心矩形

图 5-158　将复制的矩形设置为线性渐变填充

在"层"面板中按住 Shift 键同时选中上述两个矩形（蓝色矩形和渐变矩形）的层，执行菜单命令"修改"→"蒙版"→"组合为蒙版"，就会得到如图 5-159 所示的效果，可看到是一个从不透明蓝色到透明的渐变层覆盖在右边的图像之上。

图 5-159　对左侧实心矩形应用蒙版并叠放在右侧图像上的效果

5.7　简单 GIF 动画的制作 *

GIF 格式允许将多张图片循环播放形成简单的动画效果，此时用于动画的每张图片称为一个帧。在 Fireworks 中，可以通过补间实例自动生成位于两个元件之间的过渡帧，然后将这些帧连续播放形成 GIF 动画。

5.7.1　使用补间实例制作动画

下面通过一个简单的直线运动动画的例子，来讲述通过补间实例制作动画的原理。制作步骤如下。

（1）选择"直线"工具并按住 Shift 键绘制一条水平直线，将直线的笔触颜色设置为黑色。

（2）用全选箭头选中直线，执行菜单命令"修改"→"元件"→"转换为元件"（快捷键为 F8），在弹出的元件属性对话框中保持默认设置即可，此时可发现直线上多了一个箭头，表示它已转换为元件了。

（3）按 Shift + Ctrl + D 键将直线"克隆"出一个新的，这样就有两个直线元件了。

（4）选中新克隆出的直线，执行菜单命令"修改"→"变形"→"数值变形"，在数值变形对话框中选择"旋转"，输入角度为 255°，再使用缩放工具，将直线缩短一些，然后移动到如图 5-160 所示的位置。

图 5-160　克隆元件并调整新元件的位置

（5）接下来在"层"面板中同时选中两个元件，执行菜单命令"修改"→"元件"→"补间实例"，在如图 5-161 所示的对话框中，输入步骤为 15，取消选择"分散到帧"复选框。单击"确定"按钮后效果如图 5-162 所示。

（6）可看到补间实例的作用就是根据前后两个元件的形状和位置产生很多个过渡的元件，查看"层"面板可发现新增了 15 个元件。如果把这些补间实例产生的元件分散到帧就会产生动画效果。

接下来按 Ctrl + Z 键撤销刚才补间实例的操作，然后再执行"补间实例"命令，这一次把"补间实例"对话框中"分散到帧"复选框选上，这样就形成了很多个帧组成的动画了。

图 5-161 "补间实例"对话框

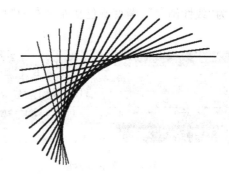

图 5-162 增加补间实例后的效果

单击工作区状态栏中的"播放"按钮(图 5-163),就能播放动画了,可看见一条直线在旋转。

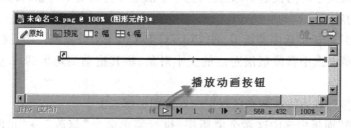

图 5-163 播放动画

(7)导出动画。为了使动画可以在浏览器中播放,必须将它导出为 GIF 动画文件。方法是打开 Fireworks 右侧的"优化"面板,在第一个下拉框中选择"动画 GIF 接近网页 128 色"。然后执行菜单命令"文件"→"导出",在"导出"对话框中,不要选中"仅当前帧",单击"导出"按钮就可以了。将导出的 GIF 文件在浏览器中播放也能看到动画效果了。

5.7.2 制作遮罩动画

字幕滚动动画是电视剧结尾经常看到的一种动画效果,表现为一行行文字滚动着逐渐显示又逐渐消失,如图 5-164 所示。这种动画效果不仅用 Flash 可以作,用 Fireworks 制作 GIF 动画功能也能实现,制作步骤如下。

(1)新建一个文件,将画布背景色设置成黑色。

(2)用文本工具输入一段文字,执行菜单命令"文本"→"编辑器",在文本编辑器中将文本的方向改为"垂直文本"和"文本自右至左流向",如图 5-165 所示。

图 5-164 最终效果

(3)按 F8 键将文本对象转换为图形元件。

(4)在文本上方绘制一个和文本对象一样大的矩形作为遮罩层,设置该矩形的填充方式为"线性渐变"，渐变颜色从左至右为"黑色－白色－黑色"，如图 5-166 所示。

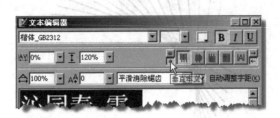

图 5-165　文本编辑器

图 5-166　矩形遮罩层

（5）在"层"面板中选中文本对象和矩形，执行菜单命令"修改"→"蒙版"→"组合为蒙版"。

（6）将蒙版层中间的铁链图标去掉，选中蒙版层左边的文本对象，将其拖动到矩形的左边，使文本均看不见。

（7）在"层"面板中选中蒙版层，按 Ctrl + C 和 Ctrl + V 键复制一个，这时可以把原来的蒙版层先隐藏。选中新蒙版层左边的文本对象，将其拖动到矩形的右边，使文本均看不见。

（8）文本排列好后将这两个蒙版层的铁链图标都选上。

（9）在"层"面板中选中这两个蒙版层，执行菜单命令"修改"→"元件"→"补间实例"，输入步骤为 25，选择"分散到帧"复选框。这样就出现了如图 5-164 所示的最终效果。

5.8　切片及导出

切片就是将一幅大图像分割为一些小的图像切片，并将每部分导出为单独的文件。导出时，Fireworks 还可以创建一个包含表格代码的网页文件，该网页文件通过间距、边框和填充为 0 的表格重新将这些小的图像无缝隙地拼接起来，成为一幅完整的图像。

5.8.1　切片的作用

读者首先要理解为什么要进行切片，切片的基本作用有以下几点：

（1）网页中有很多边边角角的小图片，如果对这些小图片一张张单独绘制，不仅很麻烦，而且也很难保证它们可以 1 像素不差地拼成一张大图片。而通过切片，只需绘制一张整体的大图片，再将它们按照布局的要求切割成需要的小图片即可，这样开发效率得到很大提高。

（2）在过去，切片还有一个作用，就是通过对网页效果图进行切片，自动生成整张网页的 HTML 文档。但是这种方式生成的 HTML 文档是用表格排版的，而且代码有很多冗余。因此现在不建议采用切片生成的 HTML 文档，设计师一般都是在 DW 中重新制作网页。所以现在切片的唯一目的就是为了得到制作网页需要的小图片。

（3）有人还喜欢对切片添加链接或交互效果，如添加下拉菜单或图像翻转效果。但这些都可以在 DW 中通过编写 JavaScript 或 CSS 实现,而且代码更简洁,因此不推荐在 Fireworks 中为切片添加交互或链接。

上述基本作用是必须进行切片的原因。实际上,切片还能带来以下一些衍生的好处。

(1)当网页上的图片文件较大时,浏览器下载整个图片需要花很长时间,切片使得整个图片分为多个不同的小图片同时开始下载(IE 浏览器可以同时下载 5 个文件),这样下载的时间就大大缩短了。

(2)如果使用 Fireworks 制作整幅的网页效果图,将网页效果图转换为网页的过程中,网页效果图中的很多区域需要丢弃,例如,绘制了文本的区域需要用文本替代,网页效果图中单一颜色的区域可以用 HTML 元素的背景色取代等,这时必须把这些区域的图片切出来,才能够将它们删除,或者使切片不包含这些区域。

(3)优化图像。完整的图像只能使用一种文件格式,应用一种优化方式,而对于作为切片的各幅小图片来说,就可以分别对其优化,并根据各幅小图片的特点将其保存为不同的文件格式。这样既能够保证图片质量,又能够使图片变小。

切片的原理虽然很简单,但是在实际进行切片时有很多技巧,这些需要在实践中逐渐体会发现。切片还需要对网页布局技术非常了解,对于同一个网页效果图,使用表格布局和使用 CSS 布局就需要不同的图片和切片方式,因此在切片之前要先考虑如何对网页布局。

5.8.2　切片的基本操作

切片工具位于 Fireworks 工具箱中的 Web 部分,如图 5-167 所示。

1. 创建切片

在工具箱中单击"切片"工具后,在图片上拖动鼠标就能创建切片,如图 5-168 所示。创建的切片被半透明的绿色所覆盖,切片到图片四周都有红色的连接线,这些线被称为"切片引导线"。因为切片工具就像剪刀,只能从图片的边缘开始把中间一块需要的图形剪出来,而不能对图片进行打孔把中间的图片挖出来,所以会产生切片引导线。

图 5-167　切片工具

图 5-168　创建切片

由于需要最终可以用 HTML 把切片和未切片区域拼成完整的图像,因此切片区域和未切片区域都必须是矩形,Fireworks 以产生矩形最少的方式自动绘制切片引导线。

提示:如果要调整切片的大小,可以先用全选箭头选中切片,然后用它拖动切片 4 个角上的方形点。也可以在切片的属性面板中调整切片的大小和位置。

在 Fireworks 中,每一个切片被当作一个网页层放置在"层"面板中,如果要隐藏某个切片,可以在"层"面板中单击该切片前的"眼睛"。

图 5-169 在放置文本的区域上创建切片，是为了将这个区域位置的图片删除，然后导

图 5-169　对图形切片的另一种方式

出时选择导出包括未切片区域，则四周未创建切片的图像也将会保存成图像，把中间的白色切片图像丢弃以便在该位置放置文本。对于栏目框来说一种更常用的切片方法如图 5-169 所示，它将这个固定宽度的圆角栏目框切成上、中、下三部分。其中中间一部分只切一小块，只要将这一小块作为背景图片垂直平铺就能还原出中间部分出来，而且还能自适应栏目框的高度。

图 5-169 中没有将栏目框上方的标题隐藏起来，就直接切片，这样切出来的图片由于有文字在上面而只能应用于这个栏目。为了使栏目框能用于网页中所有的栏目，可以将栏目框标题隐藏起来再切，以后在 HTML 中插入文本作栏目框标题。

2. 导出切片

切片完成后，就可以导出切片了，导出切片有以下几种方法。

（1）用全选箭头单击选中某个切片，在右键菜单中选择“导出所选切片”命令，如图 5-170 所示。可将当前选中的切片导出，这种方式适合于单独导出一些小图标文件。

（2）用全选箭头选中某个图层对象，在右键菜单中选择“插入切片”命令，Fireworks 将自动为当前对象绘制一个最合适的切片。

（3）执行菜单命令“文件”→“导出”，在弹出的如图 5-171 所示的“导出”对话框中，可以选择导出切片，如果选中“包括无切片区域”复选框，则切片区域的图片和被切片引导线分割的区域都会导出成切片，如果不选中该项，则只有切片区域的图片会被导出。另外，最好选中“将图像放入子文件夹”复选框，这样图像就会存放在与网页同级目录的 images 文件夹下。单击导出对话框中的“选项”按钮，将打开“HTML 设置”面板，可以在“文档特定信息”中设置切片文件的命名方式等。

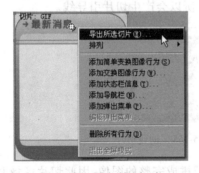

图 5-170　导出所选切片

图 5-171　“导出”对话框中的“切片”设置

3. 切片的基本原则

（1）绘制切片时一定要和所切内容保持同样的尺寸，不能大也不能小。这可以通过选中所切对象后，右击，选择右键菜单中的“插入矩形切片”命令实现。

（2）切片不能重叠。

（3）各个切片之间的引导线尽量对齐,特别是要水平方向对齐,这样才容易通过网页代码将这些切片拼起来。

（4）单色区域不需要切片,因为可以写代码生成同样的效果。也就是说,凡是写代码能生成效果的地方都不需要切片。

（5）重复性的图像只需要切一张即可。例如,网页中有很多圆角框都是采用的相同的圆角图片,就可以只切一个圆角框。又如导航条中所有导航项的背景图片都是相同的,就只要切一个导航项的背景图片就可以了。

（6）多个素材重叠的时候,需要先后进行切片。例如,背景图像上有小图标,就需要先单独把小图标切出来,然后把小图标隐藏,再切背景图像。

如果网页效果图非常复杂,无法布局,那么最简单的解决办法就是切片成一张大的图片即可。例如,效果图中带有曲线轮廓的部分就可以这样处理。

5.8.3　切片的实例

下面以如图 5-172 所示的网页效果图为例介绍切片的步骤。

图 5-172　网页效果图

1. 隐藏网页效果图中可以用 HTML 文本替换的文本对象

首先把效果图中需要用 HTML 文本替换的文本隐藏起来,隐藏后如图 5-173 所示。

图 5-173　隐藏网页效果图中的普通文本对象

2. 把网页中的小图标先单独切出来

这里以栏目框前的小图标为例，需要对它单独切割，步骤如下。

（1）用切片工具在小图标上绘制一个刚好包含住它的切片，如图 5-174 所示。

（2）设置小图片的背景色透明。我们知道只有 GIF 和 PNG 格式的图片支持透明效果。因此，在导出之前，需要先在"优化"面板中设置，步骤如下。

① 首先在如图 5-175 所示的透明效果下拉框中选择"索引色透明"。

图 5-174　在小图标上绘制切片　　　　　图 5-175　设置索引色透明

② 然后单击"优化"面板左下角的"选择透明色"吸管,在小图标附近的背景区域单击,这样就将该背景色设置为了索引色,导出后将使该索引色区域透明。

(3)用全选箭头选中小图标上的切片,右击,在右键菜单中选择"导出所选切片"命令,这样就将小图标导出成一幅透明的 GIF 图片了。

(4)用同样的方法将网页头部的标题文字也用这种方式切片导出,切片前应先将 Banner 图片隐藏,否则会将背景也一起导出,如图 5-176 所示。然后选择"索引色透明",索引色为白色。

图 5-176　对网页标题文字进行切片

提示:使用上述方法制作的背景透明的 GIF 图片,将它插入到网页中时,会发现图像边缘有白色的毛边,如图 5-177 所示,很影响美观。

图 5-177　GIF 透明图像边缘的白边

解决的办法是在对图像进行优化时,在如图 5-175 所示的"优化"面板的"色版"选项中,选择和网页背景一样的颜色,这样所有白边的颜色就会转换为网页的背景色,而且仍然能保持背景透明的效果。

3. 重复的图像只切一个

导航部分有很多重复的导航项图片,只切出一个即可。切之前也要将导航条背景的图层隐藏。为了使切片的大小和导航项图片的大小正好一样大,可以选中一个导航项,然后右击,选择右键菜单中的"插入矩形切片"命令,这样绘制的矩形切片就会和图片一样大。当然,也可以将画布放大显示比例后按照图像的大小仔细绘制切片。

为了实现导航项背景图片的翻转,可以再选一个导航项图片,将其背景色设为另外一种,把这个导航项也单独切出来,如图 5-178 所示。

图 5-178　导航项背景只切一个

4. 重复的图像区域只切一小块

在这个例子中,网页的背景图案可看成是由一个小图案平铺得到的,而导航条的背景是一小块图案水平平铺得到的。对于这些可以用背景平铺实现的大图片，都只要切出大图片的一小块即可。

以导航条的背景为例，只要切出很窄的一块，可在属性面板中设置其宽为 3 像素。再选中该切片，单独导出成文件即可，如图 5-179 所示，然后通过将该图像作为背景图像水平平铺就还原出导航条的背景了。

5．对网页整体进行切片

将上述需要单独切片的区域切出来保存好之后，就可以在"层"面板中将这些切片删除掉。接下来对网页整体进行切片，切片方法如图 5-180 所示。需要注意以下两点。

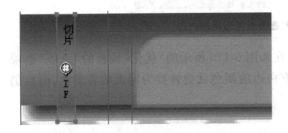

图 5-179　对导航条背景进行切片　　　　图 5-180　对整体进行切片后的效果

（1）切片生成的各种图片应分别优化。在这里，由于网页 Banner 的背景图片颜色比较丰富，所以在"优化"面板中，将它导出成"JPEG-较高品质"；而其他切片，例如栏目框的圆角，因为颜色不丰富，所以就导出成默认的 GIF 格式了。

（2）栏目框的阴影属于栏目框图像的一部分，创建切片时应包含住阴影部分。

切片完成后，执行菜单命令"文件"→"导出"，将这些切片一次性导出成图片文件，在导出对话框中，不要选择"包括无切片区域"，并且导出的内容可以选择"仅图像"，即不需要 Fireworks 自动生成的 HTML 文件。

通过这个实例，可以看出切片的原则是"先局部，后整体"，即先把网页中需要特殊处理的地方单独切出来，然后再对整个网页进行切片。

切片完成后，制作网页所需要的图片就都准备好了。接下来可以在 Dreamweaver 中按照网页效果图中的效果编写代码将这些图片都组装到网页中去，并在文本区域添加文字就将网页效果图转化成真实的网页了。

习　题

一、作业题

1. 在 Fireworks 中,要将鼠标拖动起始点作为圆心画正圆,正确的操作是(　　)。

　　A. 拖动鼠标的同时,按下 Shift 键

　　B. 拖动鼠标的同时按下 Shift + Ctrl 键

　　C. 在拖动鼠标的同时,按下 Alt 键

　　D. 在拖动鼠标的同时,按下 Shift + Alt 键

2. 从颜色弹出窗口中采集颜色时(　　)。

　　A. 只能采集文档内的颜色　　　　　　B. 只能采集 Fireworks 窗口中的颜色

　　C. 只能采集当前打开的图像的颜色　　D. 可从屏幕的任何位置采集颜色

3. 如果将滤镜应用在矢量图像上,则(　　)。

　　A. 无法进行

　　B. 可以直接使用

　　C. 会提示把矢量图像转换为位图对象,然后再进行

　　D. 矢量对象的路径和点信息不受影响

4. 要制作背景透明的卡通图片,则在图像优化输出时,应该选用(　　)格式。

　　A. BMP　　　　　　B. GIF　　　　　　C. JPEG　　　　　　D. PSD

5. 在 Fireworks 中将一个对象转化为元件之后还可编辑(　　)属性。

　　A. 设置笔触　　　　　　　　　　B. 设置透明度

　　C. 设置填充与渐变　　　　　　　D. 应用滤镜

6. 在 Fireworks 中使用(　　)工具可进行位图编辑模式。

　　A. 钢笔　　　　　　B. 直线　　　　　　C. 套索　　　　　　D. 文本

7. 下面关于将文本转化为路径的叙述,错误的是(　　)。

　　A. 除非使用撤销命令,否则不能撤销

　　B. 会保留其原来的外观

　　C. 可以和普通的路径一样进行编辑

　　D. 可以重新设置字体、字型、颜色等文本属性

8. 下面对切片说法正确的是(　　)。

　　A. 切片技术的应用不能改变图像的下载时间

　　B. 在导出的时候,只能对切片对象生成图像文件

　　C. 能对切片对象进行自动命名

　　D. 不能在切片对象上添加弹出菜单

9. 图像的变形包括对图像进行_____、_____、_____和扭曲操作,如果要对图像进行精确变形,可以使用_____。

10. 使用滤镜时,如果要对图层的某一部分应用滤镜,则应选择_____;如果要对

整个图层应用滤镜,则选择_____。

二、上机实践题

1. 启动 Fireworks 8,认识界面组成,并练习工具箱中的矢量和位图工具的使用。

2. 练习对文本进行描边、渐变填充和添加投影效果。

3. 用"部分选定"箭头和钢笔工具练习绘制书的翻页效果。

4. 使用图层蒙版将两张图片融合在一起。

5. 绘制一张网页效果图,再用切片工具对该效果图进行切片。

第 6 章

网站开发和网页设计过程

学习网页设计的最终目的是为了能够制作网站。而在网站的具体建设之前,需要对网站进行一系列的构思和分析,然后根据分析的结果提出合理的建设方案,这就是网站的规划与设计。规划与设计非常重要,它不仅是后续建设步骤的指导纲领,也是直接影响网站发布后能否成功运营的关键因素。

6.1 网站开发的过程

与传统的软件开发过程类似,为了加快网站建设的速度和减少失误,应该采用一定的制作流程来策划、设计和制作网站。通过使用制作流程确定制作步骤,以确保每一步顺利完成。好的制作流程能帮助设计者解决策划网站的烦琐性,减小网站开发项目失败的风险,同时又能保证网站的科学性、严谨性。

开发流程的第一阶段是规划项目和采集信息,接着是网站规划和设计网页,最后是上传和维护网站阶段。在实际的商业网站开发中,网站的开发过程大致可分为策划与定义、设计、开发、测试和发布 5 个阶段。在网站开发过程中需明确以下几个概念。

6.1.1 基本任务和角色

在网站开发的每一个阶段,都需要相关各方人员的共同合作,包括客户、设计师和编程开发人员等不同角色,如图 6-1 所示。每个角色在不同的阶段有各自承担的任务。如表 6-1 所示为网站建设与网页设计中各个阶段需要参与的人员角色。

图 6-1　网站开发过程中的人员角色:客户(Client)、设计师(Designer)和程序开发员(Programmer)

表 6-1　网站开发过程中的人员角色分工

策划与分析	设计	开发	测试	发布
客户 设计师	设计师	设计师 程序开发员	客户 设计师 程序开发员	设计师 程序开发员

（1）在策划和分析阶段，需要客户和设计师共同完成。通常，客户会提出他们对网站的要求，并提供要在网站中呈现的具体内容。设计师应和客户充分交流，在全面理解客户的想法之后，和客户一起协商确定网站的整体风格、网站的主要栏目和主要功能。

由于客户一般是网站制作的外行，对网站应具有哪些栏目和功能可能连他自己都没有想到，也可能客户的美术鉴赏水平比较低，提出的网站风格方案明显不合时宜。设计师此时既应该充分尊重客户的意见，又应该想到客户的潜在需要，理解客户的真实想法，提出一些有价值的意见，或提供一些同类型的网站供客户进行参考，引导客户正确表达对网站的真实需求。因为根据客户关系理论，只有客户的潜在需求得到满足后客户才能高度满意。

（2）在设计阶段，由设计师负责进行页面的设计，并构建网站。

（3）在开发阶段，设计师负责开发网页的整体页面效果图，并和程序开发员交流网站使用的技术方案，程序开发员开发程序并添加动态功能。

（4）在测试阶段，需要客户、设计师和程序开发员共同配合，寻找不完善的地方，并加以改进，各方人员满意后再把网站发布到互联网上。

（5）在发布阶段，由程序开发员将网站上传到服务器上，并和设计师一起通过各种途径进行网站推广，使网站迅速被目标人群知晓。

经过十余年的发展，互联网已经深入到社会的各个领域，伴随着这个发展过程，网站开发已经成为一个拥有大量从业人员的行业，从而整个工作流程也日趋成熟和完善。通常开发网站需要经过如图 6-2 所示的流程，下面对其中的每一个环节进行介绍。

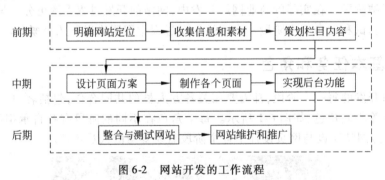

图 6-2　网站开发的工作流程

6.1.2　网站开发过程的各环节

1. 明确网站定位

在动手制作网站之前一定要给网站找到一个准确的定位，明确建站的目的是什么。谁能决定网站的定位呢？如果网站是制作给自己的，例如一个个人网站，那么你主要想表达哪一方面的内容给大家就是网站的定位;如果是为客户建立网站,那么一定要与客户的决策层人士共同讨论,要理解他们的想法,他们真正的想法才是网站定位。

在进行网站目标定位之前,先要问自己三个问题:

(1) 建设这个网站的目的是什么?

(2) 哪些人可能会访问这个网站?

(3) 这个网站是为哪些人提供服务的?

网站目标定位是确定网站主题、服务行业、用户群体等实质内容。综合体现在网站为用户提供有价值信息、内容,符合用户体验标准,这样网站才得以长期发展。

1) 网站行业定位

网站不但要好看,符合用户的视觉品味,而且还要考虑用户需要哪些内容,满足大部分用户需求,提高用户转化率。网站要给用户带来实际信息与用户想了解的内容。

2) 网站用户定位

不管把网站定位成娱乐站、新闻站、知识站、小说站、音乐站等哪类网站,都不要把网站做得很广泛,因为目前互联网网站与信息不计其数,想把网站做得很广,不是靠"采集＋复制＋粘贴"能完成的,要考虑是否有足够的实力与人员。不如把网站目标用户精细化,主要为某类用户服务,定位好市场群体,把网站做精做强大。

3) 网站设计定位

网站设计是网站与用户最直接的沟通,要组织性地对网页进行架构,排列对齐,广告与内容合理搭配,树立网站形象。最好网站页面符合搜索引擎友好性标准,网站从颜色到布局再到用户群体,逐一在网站设计中完善。如果可以应先调查网站目标群体对网站的评价与建议。

4) 网站推广定位

推广网站的方法有很多种,各式多样,按照如何利用资源,初步分为以下 4 个阶段。

(1) 搜索引擎提交收录

(2) 定位网站与栏目关键词;

(3) 提高搜索引擎网站排名;

(4) 提高网站流量,增加网站转化率。

综上所述,网站目标定位是网站制作成功和推广策划的前提,也是提高网站流量的法宝。

2. 收集信息和素材

在明确建站目的和网站定位以后,开始收集相关的意见,要结合客户各方面的实际情况,这样可以发挥网站的最大作用。

这一步实际上是前期策划中最为关键的一步,因为网站是为客户服务的,所以全面收集相关的意见和想法可以使网站的信息和功能趋于完善。收集来的信息需要整理成文档,为了保证这个工作的顺利进行,可以让客户相关部门配合提交一份本部门需要在网站上开辟的栏目的计划书。这份计划书一定要考虑充分,因为如果把网站作为一个正式的站点来运营,那么每个栏目的设置都应该是有规划的。如果考虑不充分,会导致以后突如其来的新加内容破坏网站的整体规划和风格。当然,这并不意味着网站成形之后不允许添加栏目,只是在添加的过程中需要结合网站的具体情况,过程更加复杂,所以最好是当初策划时尽可能地考虑全面。

3. 策划栏目内容

对收集的相关信息进行整理后,要找出重点,根据重点以及客户公司业务的侧重点,结合网站定位来确定网站的栏目。开始时可能会因为栏目较多而难以确定最终需要的栏目,这就需要展开另一轮讨论,需要所有的设计和开发人员在一起阐述自己的意见,一起反复比较,将确定下来的内容进行归类,形成网站栏目的树状列表结构用以清晰表达站点结构。

对于比较大型的网站,可能还需要讨论和确定二级栏目以下的子栏目,对它们进行归类,并逐一确定每个二级栏目的栏目主页需要放哪些具体的内容,二级栏目下面的每个小栏目需要放哪些内容,让栏目负责人能够很清楚地了解本栏目的细节。讨论完成后,就应由栏目负责人按照讨论过的结果编写栏目规划书。栏目规划书要求写得详细具体,并有统一的格式,以便网站留档。这次的策划书只是第一版本,以后在制作的过程中如果出现问题应及时修改策划书,并且也需要留档。

4. 设计页面方案

接下来需要做的就是让美术设计师(也称为美工)根据每个栏目的策划书来设计页面。这里需要强调的是,在设计之前,应该让栏目负责人把需要特殊处理的地方跟设计人员说明,让网站的项目负责人把需要重点推介的栏目告诉设计人员。在设计页面时设计师要根据网站策划书把每个栏目的具体位置和网站的整体风格确定下来。在这个阶段设计师也可通过百度搜索同主题的网站或同类型的页面以作设计上的参考。

为了让网站有整体感,应该在页面中放置一些贯穿性的元素,即在网站中所有页面中都出现的元素。最终要拿出至少三种不同风格的方案。每种方案都应该考虑到公司的整体形象,与公司的企业文化相结合。确定设计方案后,经讨论后定稿。最后挑选出两种方案给客户选择,由客户确定最终的方案。

5. 制作页面

方案设计完成后,下一步就是制作静态页面,由程序开发员根据设计师给出的设计方案制作出网页,并制作成模板。在这个过程中需要特别注意网站的页面之间的逻辑,并区分静态页面部分和需要服务器端实现的动态页面部分。

在制作页面的同时,栏目负责人应该开始收集每个栏目的具体内容并进行整理。然后制作网站中各种典型页面的模板页,一般包括首页、栏目首页、内页等几种典型页的模板。如图 6-3 所示是一个网站的各种典型页。

(1)首页:首页是网站中最重要的页面,也是所有页面中最复杂的,需要耗费最多制作时间的页面。首页主要要考虑整体页面风格,导航设计,各栏目的位置和主次关系等。

(a) 网站首页

(b) 客户服务栏目首页

图 6-3　网站典型页

(c) 客户服务内页

图 6-3　（续）

（2）各栏目的首页（也称为框架页）：当在导航条上单击一个导航项或单击一个栏目框的标题时，就会进入各栏目的首页，各栏目的首页风格应既统一，又有各个栏目的特色。小型网站的各个栏目首页也可以采用一个相同的模板页，各栏目的首页所有图片占的网页面积一般应比首页要小，否则就会喧宾夺主了。

（3）内页：内页就是网站中最多的显示新闻或其他文字内容的页面，内页的内容以文字为主，但也应搭配适当的小图片，内页应能方便地链接到首页和分栏目首页以及和内页相关的页面。

当模板页制作完成后，由栏目负责人向每个栏目里面添加具体内容。对于静态页面，将内容添加到页面中即可；对于需要服务器端编程实现的页面，应交由编程人员继续完成。

6. 实现后台功能

商业网站一般都需要采用动态页面，这样能方便地添加和修改网页中的栏目和文字。将静态模板页制作完成后，接下来需要完成网站的程序部分。在这一步中，可以由程序员根据功能需求来编写网站管理的后台程序，实现后台管理等动态功能。由于完全自己编写后台程序的工作量很大，现在更流行将静态页面套用一个后台管理系统（也称为 CMS，内容管理系统），这样开发程序的工作量就小多了。

7. 整合与测试网站

当制作和编程工作都完成以后，就需要把实现各种功能的程序（如留言板、论坛、访问统计系统)和页面进行整合。整合完成后,需要进行内部测试,测试成功后即可上传到服务器上,交由客户检验。通常客户会提出一些修改意见,这时根据客户的要求修改完善即可。

如果这时客户提出会导致结构性调整的问题,修改的工作量就会很大。客户并不了解网站建设的流程,很容易与网站开发人员产生分歧。因此最好在开发的前期准备阶段就充分理解客户的想法和需求,同时将一些可能发生的情况提前告诉客户,这样就容易与客户保持愉快的合作关系。

8. 网站维护和推广

网站制作完成后,要经常进行页面内容的更新,如果一个网站的内容长时间没有更新,那么浏览者通常就不会再访问。同时要不断对网站进行推广,主要方式是使各大搜索引擎能搜索到网站,并且在搜索结果中的排名尽量靠前,和其他网站交换链接及在论坛上宣传网站。

以上谈论的是商业化的网站开发,对于初学者来说,更多情况下是要由个人独立开发一个网站。独立开发网站和商业化的网站开发有很多相同之处,也需要进行需求分析,思考网站定位,收集信息和素材和策划栏目内容等前期工作。不同的是,这些工作大部分由开发者一个人完成,因此,开发者在每一步应充分思考,将每一步的结果用说明书的形式写在纸上,这样可防止以后忘记或遗漏,为后续开发工作带来很多便利。

6.2 遵循 Web 标准的网页设计步骤

6.2.1 网页设计步骤概述

网页设计是网站开发中耗时最多,也是最为关键的一个环节,下面介绍的是从零开始遵循 Web 标准的理念设计一个页面的过程。我们可以把一个页面的完整设计过程分为 7 个步骤,如图 6-4 所示。

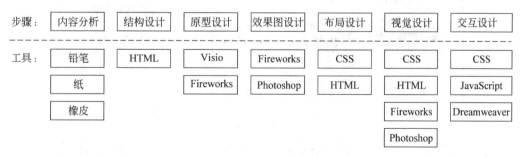

图 6-4　遵循 Web 标准的网页设计步骤

(1) 内容分析:仔细研究需要在网页中展现的内容,梳理其中的逻辑关系,分清层次,以及重要程度。

(2) 结构设计:根据内容分析的成果,搭建出合理的 HTML 结构,保证在没有任何 CSS 样式的情况下,在浏览器中保持高度可读性。

258

（3）原型设计：根据网页的结构，绘制出原型线框图，对页面进行合理的分区布局，原型线框图是设计负责人与客户交流的最佳媒介。

（4）效果图设计：在确定的原型线框图基础上，使用美工软件，设计出具有良好视觉效果的页面设计方法。

（5）布局设计：使用 HTML 和 CSS 对页面进行布局。

（6）视觉设计：使用 CSS 并配合美工设计元素，完成由设计方法到网页的转化。

（7）交互设计：为网页增添交互效果，如鼠标指针经过和单击时的一些特效等。

下面以某大学"信息与网络中心"为案例来介绍其完整的开发过程，该网站首页的效果图如图 6-5 所示。需要说明的是，除了描述技术细节，本书还会讲解遵循 Web 标准的网页设计流程。请读者按照这个案例自己动手制作一遍。

图 6-5　完成后的首页

6.2.2　内容分析

设计一个网页的第一步是明确这个网页的内容,如网页需要传递给浏览者的信息,各种信息的重要性,各种信息的组织架构等。以"信息与网络中心"首页为例进行说明。

对于这个页面,首先要有明确的网站名称和标志(logo),此外,要使浏览者能方便地了解这个网站所有者的信息,包括指向自身的介绍("关于我们")、联系方式等内容的链接。然后再思考制作这个网站的目的是什么,因为这个网站的根本目的是为了对外宣传网络中心这个部门,给全校师生员工提供更便捷的网络和信息化服务,实现数字化校园,信息化教学。那么这些目的就是该网站的定位。

接下来可以根据网站的定位确定该网站具有的栏目结构,并把每个第一级栏目的标题作为导航条的导航项。对于网络中心来说,栏目通常都是以类别方式组织的,可以分成"中心简介"、"网络建设"、"政策法规"、"常用下载"和"技术支持"几大类,为了使浏览者能注意到最新的工作动态或通知,应该设置"最新动态"栏目,并将它配合图片放置在首页中间的醒目位置,这样还能使浏览者更容易发现网站的更新。同时,在网站上设置站内信息搜索框,使浏览者可以快速找到他们需要了解的信息。

因此,这一网站要展示的内容大致应包括下面几项。

- 标题
- 标志
- 主导航条
- 次导航条
- 最新动态
- 各种栏目:"中心简介"、"网络建设"、"政策法规"、"常用下载"和"技术支持"
- 站内信息搜索框
- 常用下载
- 特别提示信息
- 版权信息

对于一个网站而言,最重要的核心不是形式,而是内容。作为网页设计师,在设计各网站之前,一定要先问一问自己是不是已经真正理解了这个网站的目的,只有真正理解了这一点才有可能制作出成功的网站,否则无论网站的外观多漂亮和花俏,都不能算做成功的作品。

因此要强调的是,制作网站的第一步应该明确的是这个网站的内容,而不是网站的外观。确定内容后,就可以根据以上要展示的内容进行 HTML 结构设计了。

6.2.3　HTML 结构设计

在 6.2.2 节充分理解了网站的基础上,可以开始构建网站的内容结构。因为我们要实现结构和表现相分离,所以现在完全不要管 CSS,而是完全从网页的内容出发,根据上面列出的要点,通过 HTML 搭建出网页的内容结构。

如图 6-6 所示的是搭建的 HTML 在完全没有使用任何 CSS 设置的情况下,使用浏览器观察的效果,图中左侧使用线条表示了各个项目的构成。实际上图中显示的就是图 6-5 的网页在删除所有 CSS 样式时的样子。

对于任何一个页面,应该尽可能保证在不使用 CSS 的情况下,依然保持良好结构和可读性。这不仅对访问者很有帮助,而且有助于网站被 Google、百度这样的搜索引擎了解和收录,这对于提升网站的访问量是至关重要的。

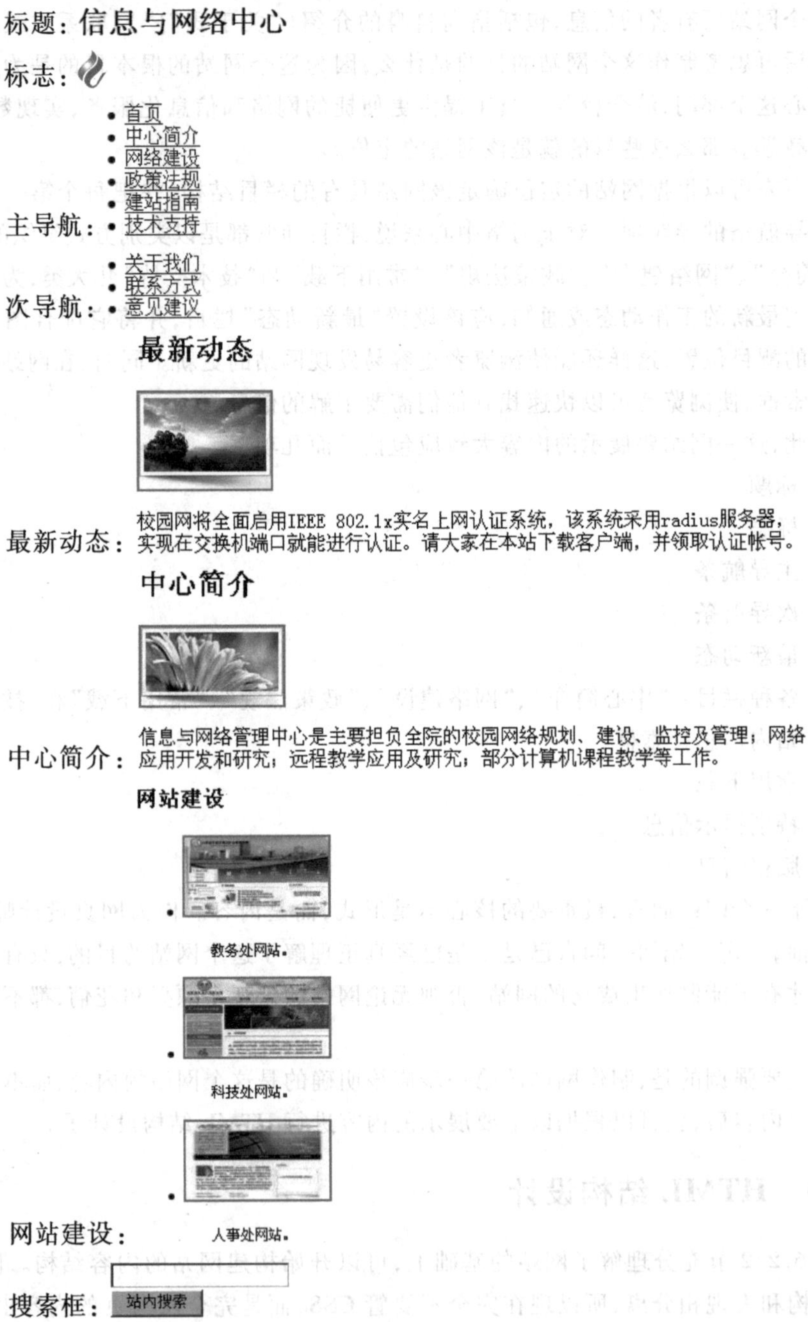

标题：**信息与网络中心**

标志：

主导航：
- 首页
- 中心简介
- 网络建设
- 政策法规
- 建站指南
- 技术支持

次导航：
- 关于我们
- 联系方式
- 意见建议

最新动态

最新动态：校园网将全面启用IEEE 802.1x实名上网认证系统,该系统采用radius服务器,实现在交换机端口就能进行认证。请大家在本站下载客户端,并领取认证帐号。

中心简介

中心简介：信息与网络管理中心是主要担负全院的校园网络规划、建设、监控及管理；网络应用开发和研究；远程教学应用及研究；部分计算机课程教学等工作。

网站建设

教务处网站。

科技处网站。

网站建设： 人事处网站。

搜索框： 站内搜索

图 6-6 HTML 结构

常用下载

- 办公系统
- 杀毒软件
- 认证客户端
- ARP防火墙

常用下载：

特别提示

特别提示：请使用了认证软件上网的用户保管好帐户密码

网站首页 ｜ 邮箱登录 ｜ 加入收藏 ｜ 留言薄

版权信息：版权所有 © 2009 信息与网络中心 Email：tangsix@163.com

图 6-6　（续）

图 6-6 对应的 HTML 代码如下：

```html
<body>
<h1>信息与网络中心</h1>
<img src="images/logo.jpg" alt="信息与网络中心"/>
<ul>
<li><a href="#">首页</a></li>
<li><a href="#">中心简介</a></li>
<li><a href="#">网站建设</a></li>
<li><a href="#">政策法规</a></li>
<li><a href="#">常用下载</a></li>
<li><a href="#">技术支持</a></li>
</ul>
<ul>
<li><a href="#">关于我们</a></li>
<li><a href="#">联系方式</a></li>
<li><a href="#">意见建议</a></li>
</ul>
</div>

<h2>最新动态</h2>
<a href="#"><img src="images/pix1.jpg"/></a>
<p>校园网将全面启用 IEEE 802.1x…</p>
<h2>中心简介</h2>
<a href="#"><img src="images/pix2.jpg" width="121" height="63"/></a>
<p>信息与网络管理中心是主要担负全院的校园网络规划…</p>
<h2>网站建设</h2>
<ul>
<li><a href="#"><img src="images/wz1.jpg" width="121" height="63"/>
</a>
<p>教务处网站…</p></li>
<li><a href="#"><img src="images/wz2.jpg" width="121" height="63"/>
</a>
<p>科技处网站…</p></li>
```

```
<li><a href = "#"><img src = "images/wz3.jpg" width = "121" height = "63"/>
</a>
<p>人事处网站…</p></li>
</ul>
<form action = "" method = "get"><input type = "text" size = "20"/>
<input type = "submit" name = "Submit" value = "站内搜索"/>
</form>
<h2>常用下载</h2>
<ul><li><a href = "#">办公系统</a></li>
<li><a href = "#">杀毒软件</a></li>
<li><a href = "#">认证客户端</a></li>
<li><a href = "#">ARP 防火墙</a></li>

</ul>
<h2>特别提示</h2>
<p>请使用了认证软件上网的用户保管好账户密码</p>
<p><a href = "#">网站首页</a> | <a href = "#">邮箱登录 | <a href = "#">加入收
藏</a> | <a href = "#">留言簿</a></p>
<p>版权所有 &copy; 2009 信息与网络中心 Email: tangsix@ 163.com</p>
</body>
```

可以看到，这些 HTML 代码非常简单，使用的都是最基本的 HTML 标记，包括 <h1>、<h2>、<p>、<ul>、<li>、<form>、<a>、<img>。这些标记都是具有一定含义的 HTML 标记，也就是具有一定的语义。例如，<h1>表示 1 级标题，对于一个网页来说，这是最重要的内容，而在下面具体某一项的内容，比如"最新动态"中，标题则用 <h2>标记，表示次一级的标题。这类似于在 Word 软件中写文档，可以把文章的不同内容设置为不同的样式，比如"标题 1"、"标题 2"等，通过这样的设置使搜索引擎能明白网页中各部分内容的含义，对搜索引擎和一些只能显示文本的浏览器更友好。

而在代码中没有出现任何 <div>标记。因为 <div>是不具有语义的标记，在最初搭建 HTML 的时候，只要考虑语义相关的内容，这不需要 <div>这样的标记。

此外，<ul>列表在代码中出现了多次，当有若干个项目是并列关系时，<ul>是一个很好的选择。如果仔细研究一些做得好的网页，会发现它们都有很多 <ul>标记，它可以使页面的逻辑关系非常清晰。

从本节可以看出，在完全没有考虑网页外观的前提下，就已经将 HTML 代码写出来了，这是 Web 标准带来的网页设计流程的变革。接下来，我们要考虑如何把这些内容合理地放置在网页上。

6.2.4 原型设计

首先，在设计任何一个网页的版面布局之前，都应该有一个构思的过程。对网页的版面布局、内容排列进行全面的分析。如果有条件，应该制作出线框（Wireframe）图，线框图通俗地说就是设计草图，这个过程专业上称为"原型设计"。例如，在 6.2.3 节将首页的内容放置在 HTML 结构代码之后，就可以先画一个如图 6-7 所示的网页线框图（草图），以后再按照这个草图绘制具体的网页效果图。

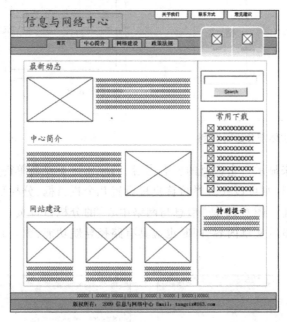

图 6-7　信息与网络中心首页的原型线框图

网页原型设计也是分步骤实现的。例如，首先可以考虑把一个页面从上至下依次分为三个部分，如图 6-8 所示。

然后再将每个部分逐步细化，例如页头部分，如图 6-9 所示。

图 6-8　页面总体布局

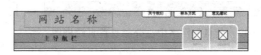

图 6-9　细化页头部分

中间的部分分为左右两列，如图 6-10 所示，然后再进一步细化成如图 6-11 所示的样子。

页脚部分比较简单，不需要再细化了。这时把三个部分组合在一起，再确定每个栏目中图片或标题的位置，就形成了如图 6-7 所示的样子了。

设计完首页的原型框线图后，接下来可以设计分栏目首页的原型框线图和内页的原型框线图。

图 6-10　对主体部分进行分列

图 6-11　对每列进一步细化

　　分栏目首页用来显示一个栏目的所有内容，因此比首页要简单得多，如果一个栏目下还有多个二级子栏目，则可以在分栏目首页里设置几个栏目框，分栏目首页还应具有搜索功能和路径导航功能。图 6-12 是"信息与网络中心"的分栏目首页。

　　内页主要用来显示文章内容，同时也应具有路径导航功能，图 6-13 是"信息与网络中心"的内页。

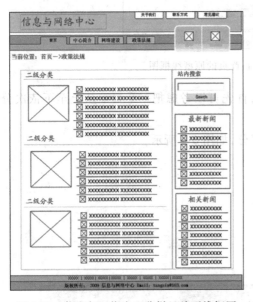

图 6-12　信息与网络中心分栏目首页线框图

图 6-13　信息与网络中心的内页

　　注意：如果是为客户设计的网页，那么使用原型线框图与客户交流沟通是最合适的方式。既可以清晰地表明设计思路，又不用花费大量的绘制时间，因为原型设计阶段往往要经过反复修改，如果每次都使用完成以后的网页效果图交流，反复修改就需要花费大量的时间和工作量，而且在设计的开始阶段，往往交流沟通的中心并不是设计的细节，而是结构、功能等策略性的问题，因此使用这种线框图是非常合适的。

　　绘制原型线框图可以使用叫做 Axure RP 的软件，这个软件专门用来作原型设计，而且可以方便地设计动态过程的原型。如果没有 Axure RP，也可以使用一般的绘图软件，如 Visio、Fireworks 等，甚至可以用手工的方式在纸上绘制。

6.2.5　网页效果图设计

根据设计好的原型线框图,就可以在 Fireworks 中设计真正的页面方案了,图 6-14 是在 Fireworks 中绘制完成的网页效果图。

图 6-14　在 Fireworks 中完成的网页效果图

这一步的设计核心任务是美术设计,通俗地说就是让页面更美观、更漂亮。在一些比较大的网页开发项目中,通常都会有专业的美工参与,这一步就是美工的任务。而对于一些小规模的项目,可能往往没有明确的分工,所有工作都由一个人完成。没有很强美术功底的人要设计出漂亮的页面并不是一件很容易的事,对于这样的情况,一般把页面设计得简洁些也许更好些,因为对美术没有太多了解的人把页面设计得太花哨反而容易弄巧成拙。当然也可以适当学习网页配色等方面的美术知识,要掌握这些方面的知识其实并不难,然后要培养自己良好的美术鉴赏能力。

下面简单讲解效果图中各部分的制作过程。

1. 导航条的设计

在这个网页中,导航部分采用圆角导航项形式,这样既美观又简洁,如图 6-15 所示。它的制作过程如下。

(1) 首先绘制一个圆角矩形,选中圆角矩形,将这个圆角矩形复制三次(可按住 Alt 键用全选箭头拖动对象实现快速复制),就得到 4 个圆角矩形。然后分别选中每个圆角矩形在属性面板中观察它们的 X、Y 坐标位置,确保它们在同一水平位置上,并且它们之间的间距相等。

图 6-15　导航部分的图层对象

（2）接下来分别对每个圆角矩形进行填充和描边。填充选择"实心"填充方式，第一个圆角矩形的填充颜色为土黄色（#FFCC66），其他圆角矩形的填充颜色为淡蓝色（#B9E1F2）。然后再使用"笔触"工具为圆角矩形描边，描边颜色选择深灰色（#333333），笔尖大小选择"1"，表示描出来的边线宽度是 1 像素，描边种类选择"铅笔"中的"1 像素柔化"。所有填充和描边在属性面板中的设置如图 6-16 所示。

图 6-16　属性面板中的填充和描边选项

（3）在圆角矩形上添加文本。这一步很简单，使用"文本"工具在圆角矩形区域插入一个文本框添加文本即可，文本大小设置为 14（像素），字的水平间距（A\V）设置为 12。文本对象将作为一个图层覆盖在圆角矩形上，接下来，同样可以选中该文本对象，按住 Alt 键拖动鼠标将该文本对象复制三次，分别放置在其他三个导航项上，将它们的位置排列整齐。

（4）绘制导航项下方的支撑条。选择"矩形"工具绘制一个高为 24，宽为网页宽的矩形，填充颜色设置为"首页"导航项的颜色，调整该矩形的位置使它遮盖住圆角导航项的下半部分，使圆角导航项只能看到上面的圆角部分和文字。

（5）最后再绘制导航条右侧的导航图标。绘制一个圆角矩形，将它的填充方式设置为"渐变"，调整渐变手柄使渐变形式为从上到下由蓝往白的渐变，按住 Alt 键用鼠标拖动下方的黄色顶点，将它下方的两个圆角拖动成直角。再对圆角矩形进行描边，将它的边缘设置为 4 像素宽的白色边。最后选择"直线"工具，按住 Shift 键在它的中央绘制一条垂直的直线，设置该直线的边缘也为 4 像素框白色。最后在圆角矩形左右分别导入两个小图标即可。

2. 右侧圆角框的设计

为了搭配网页中的圆角导航项，这个网页侧边栏里的栏目框采用了圆角栏目框形式，如图 6-17 所示，它们的制作方法如下。

图 6-17　圆角栏目框

（1）首先绘制一个圆角矩形，将其填充设为实心，淡红色（#ffeeee）。然后对它进行描边，使它具有 1 像素宽蓝色的边。

（2）接下来将该圆角矩形复制一份，选中复制的圆角矩形，在属性面板中将它的宽和高都比原来的圆角矩形小 8 个像素，并调整它的位置使它位于原来那个圆角矩形的中央，再调整它的颜色为土黄色，这样就得到了内侧的圆角栏目框了。

（3）最后可以按住 Shift 键，用全选箭头将这两个圆角矩形都选中，执行右键菜单中的"平面化所选"命令就可以合并这两个图层。这样可以方便以后对该栏目框进行移动等操作。

3. 页脚部分的设计

精心设计的页脚是有很大作用的,不要将页脚想象成一条多出来的"尾巴",而应该将它看做是一个支撑点,支撑着上述所有内容的一个区域。页脚区域中放置的内容一般也比较固定,如链接、联系信息及标志等。

在网页的整体设计中,层次感是非常重要的,如果将页脚和页头设计成相同的比重,给人的感觉就没有主次,它会分散读者的注意力,弱化了版面的力量感,因此网页的页脚部分面积一般应比页头部分小,颜色应比页头部分浅,字体应比较小。

因为浏览者的眼睛永远会集中在中心区域内,所以这里要放置最重要的信息,而页脚处于周边位置,因此它主要放置的是支持性的内容。

这个网页的页脚比较简单,只放置了两行文字,而没有在页脚的右方放置网站的标志,如图 6-18 所示。其中第一行采用了带有水平条纹的背景图案。它的制作过程如下。

图 6-18　页脚部分

首先绘制一个高为 38,宽度和网页等宽的矩形,将填充颜色设置为土黄色,然后将填充选项下的纹理设置为"水平线 3",纹理图案的透明度设置为 50% 即可,如图 6-19 所示。

图 6-19　在属性面板中设置"纹理"

网页左侧的主要内容栏中的栏目制作比较简单,主要是插入文字和图片,只要精心调整好它们的位置就实现了网页效果图中的样子,要注意的是在制作过程中应善于利用复制命令复制文本框或相同的图形,这样可以大大加快绘制效果图的速度。

6.2.6　布局设计

在布局设计这一步中,任务是把各种元素通过 CSS 布局放到适当的位置,而暂不涉及对页面元素美化这些细节的因素。

1. 整体样式设计

首先对整个页面的共有属性进行一些设置,例如字体、margin、padding 等属性都进行初始设置,以保证这些内容在各个浏览器中有相同的表现。

```
body{
     margin:0;        padding:0;
     background: white url(images/bg.gif) repeat - x;   / * 设置页面背景 * /
     font:12px/1.6 Arial     }
ul{ margin: 0px;                                         / * 列表的标准化设置 * /
     padding: 0px;
```

```
    list - style - type: none;    }
a { color: #999900;
    text - decoration: none;    }
p{text - indent:2em;                            /＊段落首行缩进两个字符宽＊/    }
```

在 body 中设置了该网页的背景图像,这是利用一个很窄的图片进行水平平铺实现的,而且还设置了背景颜色为白色,这使得背景图片可以很自然地过渡到背景颜色。

2. 页头部分

下面开始对页头部分的设计进行讲解,现在一共有三种资源:"HTML 代码"、"原型线框图"和"网页效果图"。首先根据原型线框图中设定的各个部分,对 HTML 进行加工,代码如下,其中粗体的内容是在原 HTML 代码的基础上新增加的内容。

```
<div id = "header">
<h1 >信息与网络中心 </h1 >
<div id = "logo"><img src = "images/logo.jpg" alt = "信息与网络中心"/></div >
<ul id = "nav">
    <li class = "current"><a href = "#">首页 </a></li >
    <li ><a href = "#">中心简介 </a></li >
    <li ><a href = "#">网络建设 </a></li >
    <li ><a href = "#">政策法规 </a></li >
    <li class = "icon"><a href = "#">常用下载 </a></li >
    <li class = "icon"><a href = "#">技术支持 </a></li >
</ul >
<ul id = "topnav">
    <li ><a href = "#">关于我们 </a></li >
    <li ><a href = "#">联系方式 </a></li >
    <li ><a href = "#">意见建议 </a></li >
</ul ></div >
```

和前面的代码相比,可以看到增加了如下一些设置。

(1) 将整个页头部分放入一个 div 中,为该 div 设定 id 名称为"header";

(2) 将标志图像放入一个 div 中,为该 div 设定 id 名为"logo";

(3) 为主导航条的列表设定类别名称为"nav";

(4) 为主导航条的第一个项目设定类别名为"current";

(5) 为顶部部门介绍的链接列表设定类别名为"topnav"。

增加这些 div 和类别名称是为了给它们设定相应的 CSS 样式。

(1)下面为整个页头部分设定样式,代码如下:

```
#header {
  position: relative;
  width:768px;
background:url(images/header.gif) no - repeat;    }
```

header 部分的代码中,将 position 属性设置为 relative,目的是使其包含的子元素使用绝对定位时,以页头而不是浏览器窗口为定位基准,然后设定它的宽度 width 等于网页的宽。页头 header 部分的背景图片如图 6-20 所示。

图 6-20　#header 元素的背景图片

(2) 然后设置 h1 标题,将 margin 设置为 0 即可。

```
h1{  margin: 0px;  }
```

(3) 接着将标志(logo)图片所在的 div 位置设置为绝对定位,这样它就能浮在页头部分图片的上方。

```
#header #logo {
    position: absolute;
    top: 10px;
    right: 85px;  }
```

(4) 将次导航的列表也设置为绝对定位,右上角对齐到 header 的右上角。

```
#header #topnav {
    position: absolute;
    top:10px;
    right:40px;     }
```

(5) 将主导航条的列表项设置为左浮动,从而使它们水平排列,并使得列表项直接有一定的间隔。

```
#header #topnav li {
    float: left;
    padding:4px 10px 2px;
    margin:0 4px;   }
```

这时的效果如图 6-21 所示,可以看到各个部分基本上已经按照原型设计的要求放到了适当的位置,当然还有许多具体的设置需要细化,但是从布局的角度来说,已经实现了原型设计的要求。

图 6-21　页头部分布局设计完成后的效果

3. 内容部分

在原型线框图中，内容部分为左右两列，下面首先对 HTML 代码进行改造，然后设置相应的 CSS 代码，实现左右分栏的要求。代码如下（粗体部分为新增代码）。

```html
<div id="content">
    <div id="maincontent">   <!-- 左边主要内容栏 -->
        <div class="recom">   <!-- 左边栏目框 1 -->
<h2>最新动态</h2>
<a href="#"><img src="images/pix1.jpg"/></a>
<p>校园网将全面启用 IEEE 802.1x…</p>
        </div>
        <div class="recom">   <!-- 左边栏目框 2 -->
<h2>中心简介</h2>
<a href="#"><img src="images/pix2.jpg" width="121" height="63"/></a>
<p>信息与网络管理中心是主要担负全院的校园网络规划…</p>
        </div>
        <div class="recom">   <!-- 左边栏目框 3 -->
<h2>网站建设</h2>
<ul>
<li><a href="#"><img src="images/wz1.jpg" width="121" height="63"/>
</a>
    <p>教务处网站…</p></li>
    <li><a href="#"><img src="images/wz2.jpg" width="121" height="63"/>
</a>
    <p>科技处网站…</p></li>
    <li><a href="#"><img src="images/wz3.jpg" width="121" height="63"/>
</a>
    <p>人事处网站…</p></li>
</ul>
        </div>
    </div>

    <div id="sidebar">   <!-- 右边侧栏 -->
        <div class="search">   <!-- 右边搜索框 -->
<form action="" method="get"><input type="text" size="20"/>
    <input type="submit" name="Submit" value="站内搜索"/>
</form>
        </div>
        <div class="down">   <!-- 右边常用下载栏目 -->
<h2>常用下载</h2>
<ul>
<li><a href="#">上网申请表</a></li>
    …
```

```
<li><a href="#">ARP 防火墙</a></li>
</ul>
        </div>
        <div class="extxa">    <!-- 右边特别提示栏目 -->
<h2>特别提示</h2>
<p>请使用了认证软件上网的用户保管好账户密码</p>
        </div>
    </div>
</div>
```

接下来进行 CSS 布局设计,这里采用两栏浮动的方式实现固定宽度的两列布局。

```
#content{
    width:760px;
    margin:0 auto;  }
#maincontent{
    float:left;
    width:540px;  }
#sidebar{
    float:right;
    width:200px;
    margin:20px 10px 0 0;
    display:inline;          /* 解决 IE6 bug */  }
```

外层的 content 这个 div 宽度固定为 760 像素,居中对齐。里面的两列分别为 maincontent 和 sidebar,两列都设置了固定宽度,并分别左右浮动,从而实现 1-2-1 式固定宽度布局。由于侧列 sidebar 设置了右 margin,为了解决 IE6 中浮动盒子的 margin 加倍错误,设置其 display 属性为 inline。

这时内容区域就已经实现了左右两列布局,此时的效果如图 6-22 所示。同样样式的细节还没有设置完成,但是初步的布局已基本完成。

4. 页脚部分

最后设置页脚部分,为页脚部分增加一个 div,并将其 ID 名称设置为"footer"。

```
<div id="footer">
    <p><a href="#">网站首页</a> | <a href="#">邮箱登录 | <a href="#">加
入收藏</a> | <a href="#">留言簿</a></p>
    <p>版权所有 &copy; 2009 信息与网络中心 Email: tangsix@ 163.com</p>
</div>
```

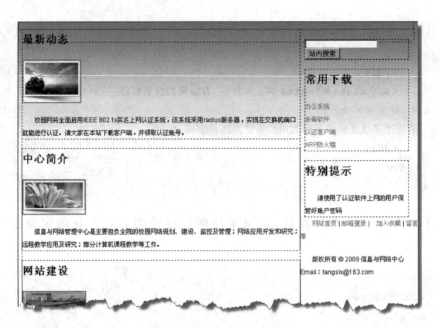

图 6-22　内容部分的两列布局

设置相应的 CSS 样式如下：

```
#footer {
    clear: both;
    height:58px;
    margin:0;
    background: #ddf0f9 url(images/footer.png) repeat - x;
    text - indent: 0;                    /* 覆盖 p 元素的首行缩进设置 */
    text - align: center;   }
#footer p {
    margin: 10px 0;   }
```

这里要特别注意的是不要忘记设置 clear 属性，以保证页脚内容在页面的下端。此外，这里也同样通过背景图像横向平铺设置了页脚的背景，效果如图 6-23 所示。

图 6-23　页脚部分及其背景图片

至此，布局设计就完成了，这是一个典型的固定宽度的 1-2-1 布局。

6.2.7　视觉设计

页面总体的布局设计完成后，就要开始对细节进行设计了，整个设计过程是按照从内容到形式，逐步细化的思想来进行的。视觉设计主要是使用 Fireworks 切图再把切好的图放置到页面元素的背景中实现的。

1. 页头部分

下面首先对页头部分进行细节设计,在 Fireworks 中,把需要的部分切割出来,如图 6-24 所示。

图 6-24　在 Fireworks 中对页头部分进行切片

(1) 首先,对 h1 标题的文字进行图像替换,由 Fireworks 切片生成的标题图像如图 6-25 所示。

为页头部分的 h1 标题设置 CSS 样式。这里设置的代码如下:

图 6-25　用于替换 h1 标题的图像

```
#header h1{
    background: url(images/title.png) no-repeat;
    height:46px;
    margin:20px 0 0 160px;      }
```

这里设置的高度就是背景图像的高度,并设置了左边界和上边界使 h1 元素出现在标志右侧。这时的效果如图 6-26 所示。

图 6-26　对 h1 元素设置了背景图像

可以看到图像已经出现在正确的位置,但是原来的标题文字还在上面,这时为了隐藏原来的文字,需要在 HTML 中为文字套一层 <span> 标记,代码如下:

```
<h1><span>信息与网络中心</span></h1>
```

然后在 CSS 中通过 display 属性将它隐藏起来,代码如下:

```
#header h1 span { display: none; }
```

这样标题部分的视觉设计就设置完成了。对标题文字进行图像替换最核心的作用就是在 HTML 代码中仍然保留 h1 元素的文字信息,这样对于网页的维护和结构完整都有很大好处,同时对搜索引擎的优化也有很大的意义。

(2) 接下来对导航条部分进行设置。首先使用 Fireworks 将导航项的圆角背景图片切出来。由于导航项上的文字是在 HTML 代码中添加进去的,所以要把效果图上的文字隐藏起来再切。方法是用全选箭头选中文本图层，再在右侧的"层"面板中将选中层前面的"眼睛"图标单击去掉，如图 6-27 所示。

　　而且除了首页一项的背景图片不同外，其他导航项的背景图片都完全相同。因此只需要切出两个导航项的背景图片即可，注意两个导航项图片要切成一样大小。

　　当然最好将这两张导航项图片拼接成一张图片，这样就能使用背景翻转方式制作导航条的翻转效果了；而且应该将导航项图片的中间部分延长一些，如图 6-28 所示，这样就可以使用滑动门技术制作可变宽度的导航项了。

图 6-27　在"层"面板中将文本图层隐藏

图 6-28　Fireworks 中导出的圆角导航项图片

　　下面将使用背景翻转和滑动门技术为导航项添加圆角背景。为了实现滑动门，就需要为文字再增加一个 < span > 标记，以使得 < a > 标记和 < span > 标记分别设置左右侧的背景图像。HTML 代码如下：

```
< ul id = "nav">
    < li class = "current">< a href = "#">< span >首页 </ span ></ a ></ li >
    < li >< a href = "#">< span >中心简介 </ span ></ a ></ li >
    …
</ ul >
```

a 元素的 CSS 代码如下：

```
#header #nav a{
    display: block;
    line - height: 28px;
    padding: 0 0 0 14px;
    background: url(images/hover.png) no - repeat;
    float: left;              /* 解决 IE6 的错误 */     }
```

　　上面代码中的要点是将 a 元素由行内元素变为块级元素，设置行高的目的是使文字能垂直居中显示。设置左侧 padding 为 14 像素，可以保证露出左侧的圆角，将上面制作好的图像设置为 a 元素的背景图像。最后一条语句是为了解决在 IE6 中，即使设置成了块级元素，仍不能在元素盒子范围内触发链接的错误。

　　接下来，设置 a 元素里面的 span 元素的样式，代码如下：

```
#header #nav a span{
    display: block;
    padding: 0 14px 0 0;
    background: url(images/hover.png) no-repeat right;    }
```

将 span 元素由行内元素变为块级元素,然后将右侧的 padding 设置为 14 像素,这样可以不让文字遮住右侧的圆角。此外,为 span 元素设置背景图像,使用的是和 a 元素相同的图像,区别是从右端开始显示,这样就会露出右侧的圆角了。

接下来对“current”类别 li 中的 a 元素和 span 元素设置背景图像,代码如下:

```
#header #nav .current a{
    background-position:0 -28px;    }
#header #nav .current a span {
    background-position:100% -28px;    }
```

由于“current”类别 li 中的 a 元素也会像普通 li 中的 a 元素一样被“#header #nav a”选择器选中,所以它将应用前面的所有样式,而只需补充一句代码就能实现背景图片的显示位置向上方偏移 28 像素,使下半部分的背景图片正好显示在 a 元素中,从而实现了背景图片的翻转,对于 span 元素也类似,区别是它是从右端开始显示的。这样整个页头部分就完全设计好了,在浏览器中预览的效果如图 6-29 所示。

图 6-29　页头部分的视觉设计完毕

2. 左侧主要内容列

下面开始设计网页中间的内容区域。前面已经完成了基本的布局设计,现在就在此基础上继续细化视觉设计。

(1)首先为图片设置边框样式,这样可以使图像看起来更精致。代码如下:

```
#content a img{
    padding: 5px;
    background: white;
    border: 1px #deaf50 solid;    }
```

(2)然后对左侧主要内容栏进行设置,从最终的效果可以看出,左侧列分为上、中、下三部分,它们都各有特点。

① 上面的"最新动态"栏目中，图像居左，文字居右；

② 中间的"中心简介"栏目中，图像居右，文字居左；

③ 下面的"网站建设"中，内容又分为三列，每一列中图像居上，文字居下。

因此，可以考虑为这三种栏目分别设置一个类别，结构代码修改如下。

```
<div id = "maincontent">
    <div class = "recom img - left">
<h2 >最新动态 </h2 >
<a href = "#"><img src = "images/pix1.jpg"/ ></a >
<p >校园网将全面启用…认证账号。 </p >
    </div >
    <div class = "recom img - right">
<h2 >中心简介 </h2 >
<a href = "#"><img src = "images/pix2.jpg" width = "121" height = "63"/ ></a >
<p >信息与网络管理中心是…课程教学等工作。 </p >
    </div >
    <div class = "recom multiColumn">
<h2 >网站建设 </h2 >
<ul >
<li ><a href = "#"><img src = "images/wz1.jpg" width = "121" height = "63"/ >
</a >
<p >教务处网站… </p ></li >
<li ><a href = "#"><img src = "images/wz2.jpg" width = "121" height = "63"/ >
</a >
<p >科技处网站… </p ></li >
<li ><a href = "#"><img src = "images/wz3.jpg" width = "121" height = "63"/ >
</a >
<p >人事处网站… </p ></li >
</ul >
    </div >
  </div >
```

可以看到，三种栏目分别增加了一个类别名，依次为"img-left"、"img-right"和"multiColumn"，同时并没有删除原来的类别名"recom"，这样能精简很多代码。

下面开始设定每种类的样式，对于 img-left，即图像居左的栏目，要使里面的图像向左浮动，并使图像和文字之间的间隔是 12 像素，实现图文混排的效果。代码如下：

```
.img - left img {
   float: left;
   margin - right:12px;      }
```

对于 img-right，即图像居右的栏目，要使里面的图像向右浮动，并使图像和文字之间的间隔是 12 像素。代码如下：

```
.img - right img {
   float: right;
   margin - left:12px;       }
```

对于 multiColumn,即分为三列的栏目,要设定每个列表项(li 元素)具有固定宽度,然后使用浮动方式实现并列排列,代码如下:

```
.mutiColumn li {
   text - align: center;
   float: left;
   width: 160px;
   margin:0 10px;
   display:inline;              /*解决 IE6 浮动元素双倍 margin 错误*/    }
```

可以看到,上述代码设定了三个栏目中的 img 元素浮动,那么 img 元素将不占据栏目框 div 元素的空间,div 元素的高度以能容纳其中文本的最小高度为准。若 img 元素的高度大于 div 元素的高度,那么下面的 div 元素会位于 img 元素的右侧来。因此需要在 recom 中设置三个栏目的清除浮动属性。为了使读者看清楚清除浮动前后每个栏目框 div 的位置,这里还设置了边框属性,它仅作为测试用。代码如下:

```
.recom {
   clear: both;
   border: 2px dashed red;              /*仅作测试用,测试完后应删除这条语句*/
}
```

清除浮动前和清除浮动后的效果分别如图 6-30 和图 6-31 所示。

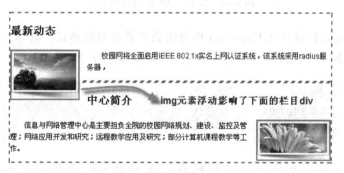

图 6-30　清除浮动前

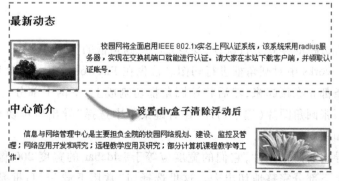

图 6-31　清除浮动后

可以看到,这时栏目框中内容的排列已基本正确了。只要去掉图 6-31 中的红色边框就和网页效果图中的样子差不多了。

（3）接下来对栏目框中 h2 标题的样式进行设置,需要按照效果图中的效果为它添加左侧的小图标和下划线,使它显得更精致一些。代码如下:

```
.recom h2 {
    padding: 20px 0 1px 26px;              /* 设置左填充是为了给装饰性图标留出位置 */
    color: #069;
    border-bottom: 1px #deaf50 solid;          /* 设置下划线 */
    font: bold 22px/24px "楷体_GB2312";
    background: transparent url(images/rose.png) no-repeat left bottom;
                                                  /* 设置装饰性图标 */
}
```

在上面的代码中,主要设置了字体大小、字体颜色、增加了下划线（下边框）,以及左侧的一个装饰花图标。效果如图 6-32 所示。

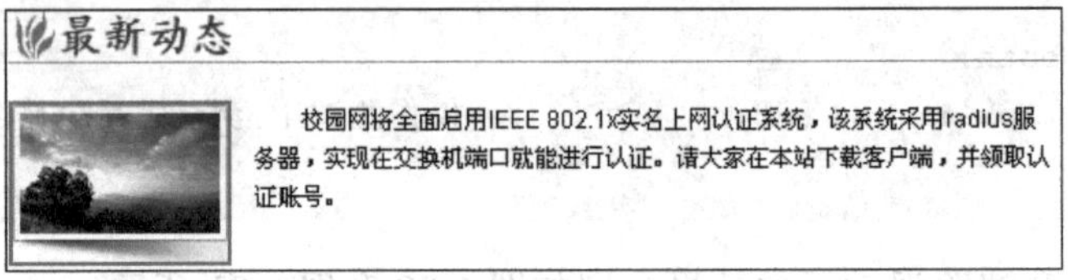

图 6-32　设置了 h2 标题后的效果

注意装饰花图标应该在 Fireworks 中导出为背景透明的形式。具体方法参看 5.8 节。

（4）然后再对"网络建设"栏目中文字的间距和对齐方式进行微调。代码如下:

```
.mutiColumn li p {
    margin: 0 0 10px 0;
    text-align:left;          }
```

这时的效果如图 6-33 所示。可以看出左侧主要内容列的视觉设计已经全部完成。

3. 右边栏

接下来对右边栏的样式进行设计,要点是一组圆角框的实现方法。

（1）在 Fireworks 中对圆角框进行切图。首先在 Fireworks 中,将"常用下载"栏目框中的文字和线条都先隐藏起来,然后将该圆角框切割成上、下两个部分,如图 6-34 所示。再分别导出这两张圆角图片（选中切片,在右键菜单中选择"导出所选切片"命令）,导出后的两张图片如图 6-35 所示。

通过切图导出的两张图片,它们的宽度应等于 #sidebar 的宽度 200 像素。实际上就是将圆角框的上下部分完整地切出来。这里选择切"常用下载"栏目框是因为这个栏目框最高,方便接下来使用滑动门技术实现自适应高度的圆角框。

图 6-33　左侧主要内容列的视觉设计完成后的效果

图 6-34　对圆角框进行切片　　　　　　图 6-35　导出后的圆角框图片

需要指出的是，以上只是制作固定宽度圆角框的一种方式，实际上还可以使用三个图像或一个图像通过滑动门技术制作固定宽度的圆角框。具体方法参考 4.5.5 节。

接下来改造 HTML 代码。右边栏包括三个部分："搜索框"、"常用下载"和"特别提示"。每个部分都放在一个圆角框中。因此，为每一个部分增加一个 < div > 标记，并设置三个栏目各自的类名和一个公共的类名"side"。

此外，为了使用滑动门技术使圆角框能够灵活地自适应内容的长度，自动伸缩，需要为每一部分再增加一层 < div > 标记。修改后的代码如下：

```
< div id = "sidebar" >
< div class = "side search" >
< div >
< form action = "" method = "get" >< input type = "text" size = "20" / >
```

```
    < input type = "submit" name = "Submit" value = "站内搜索"/ >
</form >
</div >
</div >


<div class = "side downbox">
<div >
<h2 >常用下载 </h2 >
<ul >
<li ><a href = "#">上网申请表 </a ></li >
<li ><a href = "#">办公系统 </a ></li >
<li ><a href = "#">杀毒软件 </a ></li >
<li ><a href = "#">认证客户端 </a ></li >
<li ><a href = "#">ARP 防火墙 </a ></li >
</ul >
</div >
</div >


<div class = "side extxa">
<div >
<h2 >特别提示 </h2 >
<p >请使用了认证软件上网的用户保管好账户密码 </p >
</div >
</div >
</div >
```

下面开始设置 CSS 样式。

```
.side {
margin - top:20px;
background:transparent url(images/bottombox.png) no - repeat bottom;
}
.side div {
padding:10px;
background:transparent url(images/topbox.png) no - repeat;
}
```

可以看到代码很简单,就是两个 div 元素,分别设定一个背景元素。外面 div 使用的是下半部分的背景图像,里面 div 使用的是上半部分的背景图像,因为. side div 在. side 里面,所以. side div 的背景图像就在. side 背景图像的上面,因此它就遮盖住了顶部,从而实现了圆角框的效果。这时右边栏的效果如图 6-36 所示。

(2)圆角框内部样式设计。接下来具体设置每一个圆角框中的样式。首先对侧边栏的 h2 标题进行统一设置,代码如下:

图 6-36　右边栏设置了圆角框后的效果

```
#sidebar h2 {
    margin:0px;
    font:bold 22px/24px "楷体_GB2312";
    color:#069;
    text-align:center;  }
```

然后对搜索框进行设置,使文本输入框和按钮都居中对齐,并设置上下间距,改变边框和背景颜色,使其显得精致。代码如下:

```
#sidebar .search {
    text-align: center;  }
#sidebar form {          /*使 IE 和 Firefox 中 form 元素的边界值一致*/
    margin:5px 0;  }
#sidebar input {
    margin:5px 0;
    border:1px solid #069;
    background-color:#FFeeee;  }
```

再设置"常用下载"栏目框的列表样式。

```
#sidebar .downbox li {
    font:14px "宋体";
    height:25px;
    line-height:25px;
    border-top:1px solid white;          /*设置列表项之间的水平线*/  }
#sidebar .downbox li a{
    display:block;
    padding-left:35px;                    /*为装饰性图标留出位置*/
    background:transparent url(images/bullet.gif) no-repeat 10px center;
                                          /*设置装饰性图标*/
    height:25px;  }
```

这时效果如图 6-37 所示。

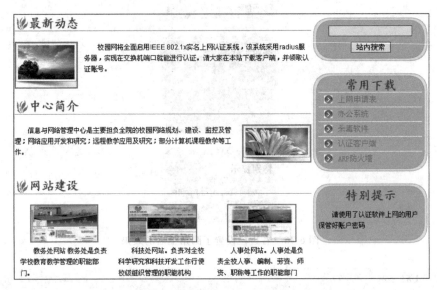

图 6-37 设置圆角框内的样式完成后

到这里，整个页面的视觉设计就完成了。可以看出，在这个过程中反复运用的都是一些常用方法，比如滑动门、列表的背景等，只是它们在不同的地方产生了不同的效果。只要把这一些基本的方法掌握熟练，就可以灵活运用到各种页面的设计中去。

6.2.8 交互效果设计

最后进行一些交互效果的设计，这里主要是为网页元素增加鼠标指针经过时的效果，这些简单的交互效果可以用 CSS 的伪类完成，而不需要使用 JavaScript。例如，在鼠标经过导航项的时候，导航项的背景图案会改变，这是通过背景的翻转实现的。背景的翻转在 CSS 背景一节中已详细介绍过，这里不再赘述。

1. 为"常用下载"中项目设置鼠标经过时效果

在鼠标指针经过"常用下载"栏目某一项时，这一项的图标和背景颜色都会改变，如图 6-38 所示。

在它的 hover 伪类中同时改变背景图标和背景颜色就可以实现这种效果。代码如下：

图 6-38 为"常用下载"中项目设置鼠标经过时效果

```
#sidebar .downbox li a:hover{
    background: #ffeeee url(images/bullet2.gif) no-repeat 10px center;
                        /* 注意同时改变了背景颜色和作为小图标的背景图像 */
    color:#CC6633;          /* 改变文字颜色 */ }
```

2. 图像边框动态改变

接下来实现当鼠标经过某个展示的图像时,边框发生变化效果,如图 6-39 所示。

图 6-39 为图像设置鼠标经过时边框变化的效果

可以看到,当鼠标经过一张展示图片时,图像的边框颜色由土黄色变为蓝色,背景色也由白色变为蓝色,形成图中的效果。在 Firefox 中实现这种效果,只需对 a 元素的 hover 属性进行设置即可,代码如下:

```
#content a:hover img{
    padding: 5px;
    background: #3d81b4;
    border: 1px #3d81b4 solid;  }
```

但测试一下会发现,上述代码在 Firefox 中效果正常,在 IE6 中却没有效果,这是因为 IE6 的 hover 伪类需要某些 CSS 属性触发才能生效,这是 IE6 的一个 bug。解决的办法是增加如下代码:

```
#content a:hover{          /* 解决 IE6 bug */
    color:#fff;  }
```

这时,在 IE6 中下面"网站建设"中三个图像可以实现鼠标经过时边框变化的效果了,但对于上面两个图像,还是没有效果。这其中的区别是上面的两个图像使用了浮动。在 IE6 中当 img 元素使用了浮动属性后就不能触发 hover 效果了。解决的办法是在图像外再套一层 div,然后让这个 div 浮动,那么图像就不用使用浮动了。这样就可以实现我们希望的效果。

例如,对于"中心简介"栏目的图像,原来的 HTML 代码是:

```
<div class = "recom img - right">
    <h2>中心简介</h2>
    <a href = "#"><img src = "images/pix2.jpg" width = "121" height = "63"/>
</a>
    <p>信息与网络管理中心是主…</p>
</div>
```

现在修改为:

```
< div class = "recom">
    < h2 >中心简介 < / h2 >
    < div class = "img - right">
        < a href = "#">< img src = "images/pix2.jpg" width = "121" height = "63"/ >
        < /a >
    < /div >
    < p >信息与网络管理中心是主… < /p >
< /div >
```

请读者对比两者的区别，然后将原来的 CSS 代码：

```
.img - right img {
    float: right;
    margin - left:12px;  }
```

修改为：

```
.img - right {
    float: right;
    margin - left:12px;   }
```

这时在 IE6 中，"中心简介"栏目的图像也可以实现鼠标经过时变化边框的效果了。

6.2.9　CSS 布局的优点

使用 CSS 进行布局的最大优点是非常灵活，可以方便地扩展和调整。例如，当网站随着业务的发展，需要在页面中增加一些内容时，不需要修改 CSS 样式，只需要简单地在 HTML 中增加相应的结构模块就可以了。

不但如此，设计得足够合理的页面可以非常灵活地修改样式。例如，只需要将两列布局的浮动方向交换，就可以立即得到一个新的页面，如图 6-40 所示。可以看到左右两列

图 6-40　左右两列调换后的效果

交换了位置。

试想如果没有一开始良好的结构设计,那么稍微修改一下内容都是非常复杂的事。这类布局的优点,是表格布局的网页所无法做到的。

6.3 网站的风格设计

所谓网站风格,就是指某一网站的整体形象给浏览者的综合感受,是站点与众不同的特色,它能透露出设计者与企业的文化品位。这个整体形象包括网站的 CI(Corporate Identity,企业形象,包括标志、色彩、字体、标语)、版面布局、浏览方式、交互性、文字、语气、内容价值、存在意义、站点荣誉等诸多因素。

风格是有人性的,通过网站的外表、内容、文字、交流可以概括出一个站点的个性、情绪,是温文儒雅,是执着热情,是活泼易变,是放任不羁。像诗词中的"豪放派"和"婉约派",可以用人的性格来比喻站点。

风格的形成需要在开发中不断强化、调整和修饰,也需要不断向优秀网站学习。具体设计时,对于不同性质的行业,应体现出不同的网站风格。一般情况下,政府部门的网站风格应比较庄重沉稳,文化教育部门的网站应该高雅大方,娱乐行业的网站可以活泼生动一些,商务网站可以贴近民俗,而个人网站则可以不拘一格,更多地结合内容和设计者的兴趣,充分彰显个性。

6.3.1 网站风格设计的基本原则

1. 尽可能地将网站标志放在每个页面最突出的位置

网站标志可以是英文字母、汉字,也可以是符号、图案等。标志的设计创意应当来自网站的名称和内容。如果网站内有代表性的人物、植物或是小动物等,则可以用它们作为设计的蓝本,加以艺术化;专业性较强的网站可以选择本专业有代表的物品作为标志等。最常用和最简单的方式是用自己网站的英文名称作标志,采用不同的字体或字母的变形、组合等方式就可以了。

2. 使用统一的图片处理效果

图片虽然有营造网页气氛、活泼版面、强化视觉效果的作用,但也存在以下缺点:一是图片文件比较大,使网页打开的速度减慢,浪费浏览者的时间,甚至使他们感到不耐烦;二是如果图片太多则意味着信息量有可能会减少,还可能会影响到网页的整体效果;另外,图片尤其是照片的色调一般都比较深,如果处理不好,可能会破坏网站的整体风格。因此,在处理网站图片时要注意主要图片阴影效果的方向、厚度、模糊度等都必须尽可能地保持一致,图片的色彩与网页的标准色搭配也要适当。

3. 突出主色调

主色调是指能体现网站形象和延伸内涵的色彩,主要用于网站的标志、标题、主菜单和主色块。无论是平面设计,还是网页设计,色彩永远是其中最重要的一环。当用户离显示器有一定距离的时候,看到的不是美丽的图片或优美的版式,而是网页的色彩。色彩简洁明快、保持统一、独具特色的网站能让用户产生较深的印象,从而不断前来访问。一般来说,一个网站的主色调不宜超过三种,太多会让人眼花缭乱。

4. 使用标准字体

和主色调一样,标准字体是指用于标志、标题、主菜单的特有字体。一般网页默认的字体是宋体。为了体现网站的独特风格和与众不同,在标题和标志等关键部位,可以根据需要,选择一些特别的字体,而普通文本一般都使用默认的字体。

风格设计包含的内容很多,其中影响网站风格最重要的两个因素是网页色彩的搭配和网页版式的布局设计。下面两节就分别来讨论这两个方面。

6.3.2　网页色彩的搭配

网页不只是传递信息的媒介,同时也是网络上的艺术品。如何让浏览者以轻松惬意的心态吸收网页传递的信息,是一个值得设计师思考的问题。

任何网页创意使用的视觉元素归纳起来不外乎三种:文字、图像、色彩。三者选用搭配适当,编排组合合理,将对网页的美化起到直接的效果。

在这三者中,色彩的作用不可小觑。色彩决定印象,当浏览者观看网页时,首先看到的就是网页的色彩搭配。在这一瞬间,对网页的整体印象就已经确定下来了,色彩形成的印象非常稳固,不知不觉间,就像被牢牢锁定了一样。

1. 色彩的基本知识

在实用美术中,常有"远看色彩近看花,先看颜色后看花,七分颜色三分花"的说法。这就是说,在任何设计中,色彩对视觉的刺激起到第一信息传达的作用。因此,对色彩的基础知识有良好的掌控,在网页设计中才能做到游刃有余。

为了对网页配色分析更易于理解,先来了解色彩的 RGB 模式和 HSB 模式。

1) RGB 模式

RGB 表示红色、绿色和蓝色。又称为三原色光,英文为 R(Red)、G(Green)、B(Blue),在计算机中,RGB 的所谓"多少"就是指亮度,并使用整数来表示。

提示:不能用其他色混合而成的色彩叫做原色。用原色可以混出其他色彩。

原色有两种,一种是色光方面的,即光的三原色,指红、绿、蓝;还有一种是色素方面的,即色素三原色,它是指红、黄、蓝。这两种三原色都可以通过混合产生各种不同的颜色,因此都可以称为原色。对于计算机来说,三原色总是指红、绿、蓝。而在美术学中,三原色是指红、黄、蓝。

由于通过红色、绿色、蓝色的多少可以形成各种颜色,所以在计算机中用 RGB 的数值可以表示任意一种颜色。下面举几个 RGB 表示颜色的例子。

(1) 只要绿色和蓝色光的分量为 0,就表示红色,所以 rgb(255,0,0)(十六进制表示为#ff0000)和 rgb(173,0,0)(十六进制表示为#ac0000)都表示红色,只是后面一种红色要暗一些。

（2）由于红色和绿色混合可产生黄色，所以 rgb(255,255,0)（十六进制表示为 #ffff00）表示纯黄色，而 rgb(160,160,0) 表示暗黄色，可以看成是黄色中掺了一些黑色。rgb(255,111,0) 表示红色光的分量比绿色光要强，也可看成黄色中掺了一些红色，所以是一种橙色。

（3）如果三种颜色的分量相等，则表示无彩色，所以 rgb(255,255,255)（十六进制表示为#ffffff）表示白色，而 rgb(160,160,160) 表示灰白色，rgb(60,60,60) 表示灰黑色，rgb(0,0,0) 表示纯黑色。

2）HSB 模式

HSB 是指颜色分为色相、饱和度、明度三个要素，英文为 H(Hue)、S(Saturation)、B(Brightness)。饱和度高的色彩较艳丽；饱和度低色彩就接近灰色。明度高色彩明亮，明度低色彩暗淡，明度最高得到纯白，最低得到纯黑。一般浅色的饱和度较低，明度较高，而深色的饱和度高而明度低。

（1）色相

色相(Hue)是指色彩的相貌，也称色调。基本色相为：红、橙、黄、绿、蓝、紫 6 色。在各色中间加插一两个中间色，按光谱顺序为：红、橙红、黄橙、黄、黄绿、绿、绿蓝、蓝绿、蓝、蓝紫、紫、红紫，形成十二基本色相。

要理解色相的数值表示方法，就离不开色相环的概念。图 6-41 是计算机系统中采用的色相环。色相的数值其实是代表这种颜色在色相环上的弧度数。

我们规定红色在色相环上的度数为 0°，所以用色相值 H＝0 表示红色。从这个色相环上可看出，橙色在色相环上的度数为 30°，所以用色相值 H＝30 表示橙色。类似地可看出黄色的色相值为 60，绿色的色相值为 120。色相环度数可以从 0°到 360°，所以色相值的取值范围可以是 0～360。

但是在计算机中是用 8 位二进制数表示色相值的，8 位二进制数的取值范围只能是 0～255，这样为了能用 8 位二进制数表示色相值，还要把原来的色相值乘以 2/3，即色相值的取值范围只能是 0～240。那么橙色的色相值为 30×2/3＝20，黄色的色相值就为 40 了。表 6-2 列出了几种常见颜色的色相值和在计算机中的色相值。

图 6-41 计算机颜色模式的色相环

表 6-2 常见颜色的色相值和在计算机中的色相值

颜色	色相值	在计算机中的色相值
红色	0	0
橙色	30	20
黄色	60	40
绿色	120	80
蓝色	240	160

在色相环中,各种颜色实际上是渐变的,如图 6-42 所示。两者距离小于 30°的颜色称为同类色,距离在 30°～60°之间的颜色称为类似色。与某种颜色距离在 180°的颜色称为该颜色的对比色,即它们正好位于色相环的两端;在对比色左右两边的颜色称为该颜色的补色。若在色环上三种颜色之间的距离相等,均为 120°,这样的三种颜色称为组色。使用组色搭配会对浏览者造成紧张的情绪。一般在商业网站中,不采用组色的搭配。

图 6-42　同类色、类似色、对比色和补色

(2) 明度

明度(Brightness)是色彩的第二属性,是指色彩的明暗程度,也叫亮度,体现颜色的深浅。明度是全部色彩都具有的属性。明度越大,色彩越亮;明度越低,颜色越暗。

(3) 饱和度

饱和度(Saturation)也叫纯度,是指色彩的鲜艳程度。原色最纯,颜色的混合越多则纯度逐渐减低。如某一鲜亮的颜色,加入了白色、黑色或灰色,使得它的纯度低,颜色趋于柔和、沉稳。无彩色由于没有颜色,所以饱和度为 0,它们只能通过明度相区别。

在如图 6-43 所示的 DW 或 Fireworks 的颜色选择面板中,提供了 RGB 和 HSB 两种色彩选择模式,可以根据需要使用任何一种色彩模式选色,还可以观察两种色彩模式之间的联系。

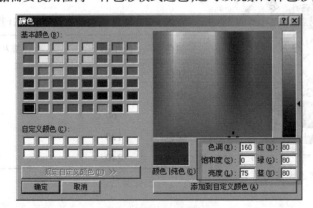

图 6-43　颜色选择面板

2. 色彩的特质

色彩的特质指的是色彩和色彩组合所能引发的特定情绪反映。我们依靠光来分辨颜色,再利用颜色和无数种色彩的组合来表达思想和情绪。色彩具有以下几种特质。

1) 色彩的艳素感

色彩是艳丽还是素雅,首先取决于亮度,其次是饱和度。亮度高、饱和度高,色彩就艳丽;反之,色彩素雅。

2) 色彩的冷暖感

红、橙、黄等色都给人以温暖感,称为暖色;而蓝、绿、青给人以凉爽感,称为冷色。暖色的色彩饱和度越高,其暖的特性越明显,冷色的色彩亮度越高,冷的感觉更甚。

在制作网站时,如果公司希望展现给客户的是一个温暖、温馨的形象,那么可以考虑选择暖色制作公司的网站。例如,一家以经营沙发、家具为主的公司(http://www.ory.cn),在制作网站时,选择了温馨的暖色,客户浏览网站的时候感到了一种深切的温暖,给人一种家的感觉。

如果公司希望给客户一种沉稳、专业的印象,那么可以选择使用冷色系作为网站的主要颜色。例如,IBM 公司的网站(http://www.ibm.com)选择使用冷色系的蓝色作为网站的主要颜色。

冷与暖是对立统一的,没有暖便没有冷,没有冷便无所谓暖,但色彩中的冷暖并不是绝对的,而是相对的。色彩的冷暖是在画面上比较出来的,有时黄颜色对于青是暖色的,而它和朱红相比,又成了偏冷的色,在实际的色彩搭配中,一定要灵活运用冷暖变化规律,而不是机械简单地套用一些模式。

3) 色彩的轻重感

物体表面的色彩不同,看上去也有轻重不同的感觉,这种与实际重量不相符的视觉效果,称为色彩的轻重感。感觉轻的色彩称为轻感色,如白、浅绿、浅蓝、浅黄色等;感觉重的色彩称重感色,如藏蓝、黑、棕黑、深红、土黄色等。色彩的轻重感既与色彩的色相有关,也与色彩的浓淡有关,浅淡的颜色给人以轻快飘逸之感,浓重的颜色给人以沉重稳妥之感。色相不同的颜色在视觉上由重到轻的次序为:红、橙、蓝、绿、黄、白。

色彩给人的轻重感觉在不同行业的网页设计中有着不同的表现。例如,工业、钢铁等重工业领域可以用重一点的色彩;纺织、文化等科学教育领域可以用轻一点的色彩。

色彩的轻重感主要取决于明度上的对比,明度高的亮色感觉轻,明度低的暗色感觉重。另外,物体表面的质感效果对轻重感也有较大影响。

在网站设计中,应注意色彩轻重感带来的心理效应,如网站上灰下艳、上白下黑、上素下艳,就有一种稳重沉静之感;相反,上黑下白、上艳下素,则会使人感到轻盈、失重、不安。

4) 色彩的前进感和后退感

红、橙、黄等暖色有向前冲的特性,在画面上使人感觉距离近;蓝、绿、青等冷色有向后退的倾向,在画面上使人感觉距离远。在网页配色时,合理利用色彩的进退特性可有效地在平面的画面上造就纵深感。

5) 色彩的膨胀感和收缩感

首先,光波长的暖色具有膨胀感;光波短的冷色具有一种收缩感,比较清晰。例如,红色刺激强烈，脉冲波动大，自然有一种膨胀感；而绿色脉冲弱，波动小，自然有收缩感。所以我们平时注视红、橙、黄等颜色时，时间一长就感到边缘模糊不清，有眩晕感；当我们看青、绿色时感到冷静、舒适、清晰，眼睛特别适应。

其次，色彩的膨胀与收缩感，不仅与波长有关，而且与明度有关。同样粗细的黑白条纹，其感觉上白条纹要比黑条纹粗；同样大小的方块，黄方块看上去要比蓝方块大些。设计一个网页的字体，在白底上的黑字需大些，看上去醒目，过小了就太单薄，看不清。如果是在黑底上的白字，那么白字就要比刚才那种黑字要小些，或笔画细些，这样显得清晰可辨，如果与前面那种黑字同样大，笔画同样粗，则含混不清。

3. 色彩的心理感觉

自然界每种色彩带给人们的心理感觉是不同的，只是平时可能没太在意这些。下面分析各种常见颜色给人带来的心理感觉。

1）红色

红色是一种激奋的色彩，刺激效果强，它能使人产生冲动、愤怒、热情、活力的感觉。

在众多颜色里，红色是最鲜明生动的、最热烈的颜色。因此红色也是代表热情的情感之色。鲜明的红色极容易吸引人们的目光。

红色在不同的明度、纯度的状态（粉红、鲜红、深红）下，给人表达的情感是不一样的。例如，深红色比较容易制造深邃、幽怨的故事气氛，传达的是稳重、成熟、高贵、消极的心理感受。粉红色鲜嫩而充满诱惑，传达着柔情、娇媚、温柔、甜蜜、纯真、诱惑的心理感受，多用于女性主题，如，化妆品、服装等。

在网页颜色的应用几率中，根据网页主题内容的需求，纯粹使用红色为主色调的网站相对较少，多用于辅助色、点睛色，达到陪衬、醒目的效果，通常都配以其他颜色调和。

2）绿色

绿色在黄色和蓝色（冷暖）之间，属于较中庸的颜色，这样使得绿色的性格最为平和、安稳、大度、宽容，是一种柔顺、恬静、满足、优美、受欢迎之色，也是网页中使用最为广泛的颜色之一。它和金黄、淡白搭配，可以产生优雅，舒适的气氛。

绿色与人类息息相关，是永恒的欣欣向荣的自然之色，代表了生命与希望，也充满了青春活力。绿色象征着和平与安全、发展与生机、舒适与安宁、松弛与休息，有缓解眼部疲劳的作用。

绿色本身具有一定的与自然、健康相关的感觉，所以也经常用于与自然、健康相关的站点。绿色还经常用于一些公司的公关站点或教育站点。

绿色能使人们的心情变得格外明朗。黄绿色代表清新、平静、安逸、和平、柔和、春天、青春、升级的心理感受。

3）橙色

橙色具有轻快、欢欣、收获、温馨、时尚的效果，是快乐、喜悦、能量的色彩。

在整个色谱里，橙色具有兴奋度，是最耀眼的色彩，给人以华贵而温暖，兴奋而热烈的感觉，也是令人振奋的颜色。橙色具有健康、富有活力、勇敢自由等象征意义，能给人庄严、尊贵、神秘等感觉。橙色在空气中的穿透力仅次于红色，也是容易造成视觉疲劳的颜色。

在网页颜色里,橙色适用于视觉要求较高的时尚网站,属于注目、芳香的颜色,也常被用于味觉较高的食品网站,是容易引起食欲的颜色。

4) 黄色

黄色具有快乐、希望、智慧和轻快的个性,它的明度最高。

黄色是阳光的色彩,具有活泼与轻快的特点,给人十分年轻的感觉,象征光明、希望、高贵、愉快。浅黄色表示柔弱,灰黄色表示病态。黄色和其他颜色配合很活泼,有温暖感,具有快乐、希望、智慧和轻快的个性,有希望与功名等象征意义。黄色也代表着土地、象征着权力,并且还具有神秘的宗教色彩。

纯黄色的性格冷漠、高傲、敏感,具有扩张和不安宁的视觉印象。

浅黄色系明朗、愉快、希望、发展,它的雅致、清爽属性,较适合用于女性及化妆品类网站。

中黄色有崇高、尊贵、辉煌、注意、扩张的心理感受。

深黄色给人高贵、温和、内敛、稳重的心理感受。

5) 蓝色

蓝色是最具凉爽、清新、专业的色彩。它和白色混合,能体现柔顺、淡雅、浪漫的气氛,让人联想到天空。

蓝色是色彩中比较沉静的颜色,象征着永恒与深邃、高远与博大、壮阔与浩渺,是令人心境畅快的颜色。

蓝色的朴实、稳重、内向性格,衬托那些性格活跃、具有较强扩张力的色彩,运用对比手法,同时也活跃页面。另一方面又有消极、冷淡、保守等意味。蓝色与红、黄等色运用得当,能构成和谐的对比调和关系。

蓝色是冷色调最典型的代表色,是网站设计中运用得最多的颜色,也是许多人钟爱的颜色。

蓝色表达着深远、永恒、沉静、无限、理智、诚实、寒冷等多种感觉。蓝色会给人很强烈的安稳感,同时还能够表现出和平、淡雅、洁净、可靠等特性。

6) 紫色

紫色是一种在自然界中比较少见的颜色,象征着女性化,代表着高贵和奢华、优雅与魅力,也象征着神秘与庄重、神圣和浪漫。另一方面又有孤独等意味。紫色在西方宗教世界中是一种代表尊贵的颜色,大主教身穿的教袍便采用紫色。

紫色的明度在有彩色的色度中是最低的。紫色的低明度给人一种沉闷、神秘的感觉。在紫色中红的成分较多时,显得华丽和谐。紫色中加入少量的黑,给人沉重、伤感、恐怖、庄严的感觉。紫色中加入白,变得优雅、娇气,并充满女性的魅力。

紫色通常用于以女性为对象或以艺术作品介绍为主的站点,但很多大公司的站点中也喜欢使用包含神秘色彩的紫色,但都很少大面积使用。

不同色调的紫色可以营造非常浓郁的女性化气息,在白色的背景色和灰色的突出颜色的衬托下,紫色可以显示出更大的魅力。

7) 灰色

灰色是一种中立色,给人中庸、平凡、温和、谦让、中立和高雅的心理感受。在灰色中掺入少许彩色,也被称为高级灰。灰色是经久不衰、最经看的颜色。它可以和任何一种颜色进行搭配,因此是网页中用得最多的一种颜色。

灰色介于黑色和白色之间,属于中等明度、无色彩、极低色彩的颜色。灰色能够吸收其他色彩的活力,削弱色彩的对立面,而制造出融合的作用。

任何色彩加入灰色都能显得含蓄而柔和。但是灰色在给人高品味、含蓄、精致、雅致耐人寻味的同时,也容易给人颓废、苍凉、消极、沮丧、沉闷的感受,如果搭配不好页面容易显得灰暗、脏。

从色彩学上来说,灰色调又泛指所有含灰色度的复合色,而复合色又是三种以上颜色的调和色。色彩可以有红灰、黄灰、蓝灰等上万种彩色灰,这都是灰色调,而并不单指纯正的灰色。

8）黑色

黑色给人深沉、神秘、寂静、悲哀和压抑的感受。

黑色是暗色,是纯度、色相、明度最低的非彩色。象征着力量,有时感觉沉默、虚空,有时感觉庄严肃穆,有时又意味着不吉祥和罪恶。自古以来,世界各族都公认黑色代表死亡、悲哀,黑色具有能吸收光线的特性,别有一种变幻无常的感觉。

黑色能和许多色彩构成良好的对比调和关系,运用范围很广。因此,黑色是最有力的搭配色。

每种色彩在饱和度、透明度上略微变化就会令人产生不同的感觉。以绿色为例,黄绿色有青春、旺盛的视觉意境,而蓝绿色则显得幽宁、阴深。

9）白色

白色给人以洁白、明快、纯真、清洁的感受。

白色是表达最完美平衡的颜色;人们经常将白色同上帝、天使联系起来。白色给人们带来的正面联想有:清洁、神圣、洁白、纯洁、纯真、完美、美德、柔软、庄严、简洁、真实、婚礼。白色给人们带来的负面联想有:虚弱、孤立。

黑、白色:这两种色在不同时候给人的感觉是不同的,黑色有时给人沉默、虚空的感觉,但有时也给人一种庄严肃穆的感觉。白色也是同样,有时给人无尽的希望感觉,但有时也给人一种恐惧和悲哀的感受。具体还是要看与哪种色配在一起使用。

还有一些纯度不同的色,例如含灰色的绿色使人联想到淡雾中的森林,天蓝会令人心境畅快,淡红会给人一种向上的感觉。

需要注意的是,色彩的细微变化有时能给人带来完全不一样的感觉。

在网页选色时,除了考虑色彩的上述特性和心理感觉之外,还应注意的一个问题是:由于国家和种族的不同,宗教信仰的不同,地理位置和文化修养的差异,不同的人群对色彩的偏好也有很大差异。例如,一般生活在草原上的人喜欢红色,生活在都市中的人喜欢淡雅的颜色,生活在沙漠中的人喜欢绿色等,在设计时应考虑主要对象群的背景和构成。

4. 色彩的 4 种角色

在戏剧和电影中,角色分为主角和配角。在网页设计中不同的色彩也有不同的作用。根据色彩所起的作用不同,可将色彩分为主色调、辅色调、点睛色和背景色。

1）主色调

主色调是指页面色彩的主要色调、总趋势,其他配色不能超过该主要色调的视觉影响。

在舞台上,主角站在聚光灯下,配角们退后一般来衬托他。网页配色上的主角也是一样,其配色要比配角更清楚、更强烈,让人一看就知道是主角,从而使视线固定下来。画面结构的整体统一,也可以稳定观众的情绪。将主角从背景色中分离出来,达到突出而鲜明的效果,从而能很好地表达主题。

2)辅色调

辅色调是仅次于主色调的视觉面积的辅助色,是烘托主色调、支持主色调、起到融合主色调效果的辅助色调。

3)点睛色

点睛色是在小范围内点上强烈的颜色来突出主题效果,使页面更加鲜明生动,对整个页面起到画龙点睛的作用。

4)背景色

舞台的中心是主角,但是决定整体印象的却是背景。因此背景色起到衬托环抱整体的色调,协调、支配整体的作用。在决定网页配色时,如果背景色十分素雅,那么整体也会变得素雅;背景色如果明亮,那么整体也会给人明亮的印象。

注意:当使用花纹或具体图案作为网页背景时,效果类似于使用背景色。色彩运用合理也能够表现出稳重的格调。运用细花纹可表现出安静和沉稳的效果,运用对比强烈的色调则会产生传统和信心十足的感觉。使用图案作为背景,对希望表现出趣味性、高格调的网站比较合适,但对于商业网站来说便不太匹配了,因为图案背景一般会冲淡商业性的印象。

在设计网页时,一定要首先确定页面的主色调,再根据主色调找与之相配的各种颜色作为其他颜色角色,在配色过程中,要做到主色突出、背景色较为宁静,辅色调与主色调对比感觉协调的效果。

需要注意的是,色彩的4种角色理论并不是说网页中一定要具有4种颜色分别充当这4种角色。网页中使用的颜色数和色彩的角色理论是没有关联的。例如,有时网页中的辅色调和背景色可能采用同一种色,或者网页中的辅色调有几种,还可以是点睛色由几种颜色组成,这都使得网页的颜色数并不局限于4种。

5. 色彩的对比和调和

在日常生活中能看到“万绿丛中一点红”这样强烈对比的颜色,也能看到同类或邻近的颜色,如晴朗的天空与蔚蓝的大海。网页中总是由具有某种内在联系的各种色彩,组成一个完整统一的整体,形成画面色彩总的趋向,通过不同颜色的组合产生对比或调和的效果就是形式美的变化与统一规律。

色彩的对比和调和理论是深入理解色彩搭配方法的前提。通过色彩的对比可以使页面更加鲜明生动,而通过色彩的调和使页面中的颜色有一种稳定协调的感觉。

1)色彩的对比

两种以上的色彩,以空间或时间关系相比较,能比较出明显的差别,并产生比较作用,被称为色彩对比。色彩的对比规律大致有以下几点。

(1)色相对比:因色相之间的差别形成的对比。当主色相确定后,必须考虑其他色彩与主色相是什么关系，要表现什么内容及效果等，这样才能增强其表现力。

（2）明度对比：因明度之间的差别形成的对比。例如，柠檬黄明度高，蓝紫色的明度低，橙色和绿色属中明度，红色与蓝色属中低明度。

（3）纯度对比：一种颜色与另一种更鲜艳的颜色相比时，会感觉不太鲜明，但与不鲜艳的颜色相比时，则显得鲜明。

（4）补色对比：将红与绿、黄与紫、蓝与橙等具有补色关系的色彩彼此并置，使色彩感觉更为鲜明，即产生红的更红，绿的更绿的感觉。纯度增加，称为补色对比（视觉的残像现象明显）。

（5）冷暖对比：由于色彩感觉的冷暖差别而形成的色彩对比。例如，红、橙、黄使人感觉温暖；蓝、蓝绿、蓝紫使人感觉寒冷；绿与紫介与其间。另外，色彩的冷暖对比还受明度与纯度的影响，白光反射高而感觉冷，黑色吸收率高而感觉暖。

2）色彩的调和

两种或两种以上的色彩合理搭配，产生统一和谐的效果，称为色彩调和。色彩调和是求得视觉统一，达到人们心理平衡的重要手段。调和就是统一，下面介绍的几种方法能够达到调和页面色彩的目的。

（1）同类色的调和

同类色的调和指相同色相、不同明度和纯度的色彩调和，使之产生秩序的渐进，在明度、纯度的变化上，弥补同种色相的单调感。

同类色给人的感觉是相当协调的。它们通常在同一个色相里，通过明度的黑白灰或者纯度的不同来稍微加以区别，产生极其微妙的韵律美。为了不至于让整个页面呈现过于单调平淡，有些页面则是加入极其少的其他颜色作点缀。

例如，以黄色为主色调的页面，采用同类色调和，就使用了淡黄、柠檬黄、中黄，通过明度、纯度的微妙变化产生缓和的节奏美感。因此，同类色被称为最稳妥的色彩搭配方法。

（2）类似色的调和

在色环中，色相越靠近越调和。这主要是靠类似色之间的共同色来产生作用的。类似色的调和指色相接近的某类色彩，如红与橙、蓝与紫等的调和。类似色相较于同类色色彩之间的可搭配度要大些，颜色丰富、富于变化。

（3）对比色的调和

对比色的调和指色相相对或色性相对的某类色彩，如红与绿、黄与紫、蓝与橙的调和。对比色调和主要有以下方法。

① 提高或降低对比色的纯度；

② 在对比色之间插入分割色（金、银、黑、白、灰等）；

③ 采用双方面积大小不等的处理方法，以达到对比中的和谐；

④ 对比色之间加入相近的类似色，也可起到调和的作用。

6．网页中色彩的搭配

1）色彩搭配的总体原则

色彩总的应用原则应该是"总体协调，局部对比"，也就是：主页的整体色彩效果应该是和谐的，只有局部的、小范围的地方可以有一些强烈色彩的对比。

打个比喻,网页中不同的色彩可以看成是不同的人物,要让他们协调地在一起工作就必须考虑这些人各自的特点。纯色好比是个性非常鲜明的人,因为个性太鲜明了所以不容易把各种纯色组织在一起工作,而灰色好比是性格中庸的人,所以能和任何人协调工作,但一个团队中又至少需要一两个个性鲜明的人,这样才能添加活力。

同样,网页中的色彩种类不能太多,就好像太多人不好组织在一起工作一样。而且相似的色彩比色彩相差太远要容易搭配一些,这就好比是同类型的人或相似的人更加容易相处在一起些。

又如在色彩对比中,两种对比色的面积大小不能相当,这就好比两类对立的人不能势均力敌,要一强一弱,才能保持稳定。

2)色彩搭配的最简单原则

如果不能够深入理解色彩的对比和调和理论,也有一些最简单的原则供初学者使用,使用这些原则可以保证色彩搭配出的效果不会差,但也不会设计出让人惊艳的效果。

(1)用一种色彩。这里是指先选定一种色彩,然后调整透明度或者饱和度(说得通俗些就是将色彩变淡或则加深),产生新的色彩,用于网页。这样的页面看起来色彩统一,有层次感。

(2)用两种色彩。先选定一种色彩,然后选择它的对比色。但要注意这两种颜色面积不能相当,应以一种为主,另一种作点缀,或在它们之间插入分割色。这样整个页面色彩显得丰富但不花哨。

(3)用一个色系。简单地说就是用一个感觉的色彩,例如淡蓝,淡黄,淡绿;或者土黄,土灰,土蓝。因为这些色彩中都掺入一些共同的颜色,可以起到调和的作用。

(4)边框和背景的颜色应相似,且边框的颜色较深,背景的颜色较浅。

3)网页配色的忌讳

(1)不要将所有颜色都用到,尽量控制在三种色彩以内。

(2)一般不要用两种或多种纯色,大部分网站的颜色都不是纯色。

(3)背景和前文的对比尽量要大(绝对不要用花纹繁复的图案作背景),以便突出主要文字内容。

7. 网页配色软件和配色方案表

对于美术基础不好的人,还有一些网页配色软件可以自动产生配色方案,如PlayColor、ColorSchemer 等。这些软件在选择一种颜色后,会给出适合于与这种颜色搭配的一组颜色(通常是三种),但是仍然需要自己分析用哪种颜色作主色,哪种颜色作辅助色和背景色等。

6.3.3 网页版式设计

网页版式设计是指如何合理美观地将网页中各种元素安排在网页上。网页版式设计和平面设计既有相同点,也有自己的一些特点。网页版式设计的基本原则有以下几条。

(1)网页中的文字应采用合理的字体大小和字形。

(2)确保在所有的页面中导航条位于相同的位置

(3)确保页头和页尾部分在所有的页面中都相同。

（4）不要使网页太长，特别是首页。

（5）确保浏览器在满屏显示时网页不出现水平滚动条。

（6）要在网页中适当留出空白，当浏览一个没有空白的页面时，用户会感到页面很拥挤，而造成心理的紧张。"空白"元素实际上与其他页面布局元素有紧密关联，甚至是其他元素的一部分，如行间距等。空白在网页设计中非常重要，它能够使网页看起来简洁、明快，阅读舒畅，是网页设计中必不可少的元素。

总的来说，网页版式设计应从整体上考虑，达到整个页面和谐统一的效果，使得网页上的内容主次分明，中心突出。内容的排列疏密有度，错落有致，并且图文并茂，相得益彰。

1. 页面大小的考虑

网页设计者应考虑的第一个问题是网页应在不同分辨率的屏幕上都能有良好的表现。目前显示器的分辨率一般是 1024×768 或更大，适合它们的网页宽度是 990 像素。如果网页宽度太小，则显示器两边会有很宽的留白。另一种方案是制作可变宽度的网页，以自适应各种显示器屏幕，但技术要求也较高。

2. 网页的版式种类

1）T 型布局

T 型布局是指页面顶部为横条网站标志和广告条，下方左半部分为导航栏，即导航栏纵向排列的网页，右半部分为显示内容的布局。因为菜单背景较深，整体效果类似英文字母 T，所以称之为 T 型布局。T 型布局根据导航栏在左边还是在右边，又分为左 T 型布局（图 6-44）和右 T 型布局（图 6-45）。T 型布局是网页设计中使用最广泛的一种布局方式。其优点是页面结构清晰，主次分明，是初学者最容易学习的布局方法；缺点是规矩呆板，如果把握不好，在细节和色彩搭配上不注意，容易让人看了之后感到乏味。

图 6-44　左 T 型布局

图 6-45　右 T 型布局

2）"口"型布局

"口"型布局是页面上方有一个广告条,下方有一个色块,左边是主菜单,右边是友情链接等内容,中间是主要内容,如图 6-46 所示。其优点是充分利用了版面,信息量大;缺点是页面拥挤,不够灵活。

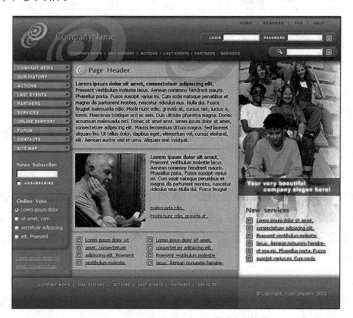

图 6-46　"口"型布局

3）"三"型布局

"三"型布局具有简洁明快的艺术效果,适合于艺术类、收藏类、展示类网站。这种布局往往采用简单的图像和线条代替拥挤的文字,给浏览者以强烈的视觉冲击,使其感觉进入了一幅完整的画面,而不是一个分门别类的超市,如图 6-47 所示。它的一级页面和二级页面的链接都按行水平排列在页面的中部,网站标志非常醒目。需要注意的是,有时"三"型布局和"口"型布局之间的区别并不明显。

图 6-47　"三"型布局

4)"二"型布局

"二"型布局是通过不同的色彩将页面分割成左右两列,这种布局在色彩上更加简洁明快,适合于公司类网站,如图 6-48 所示。

5)"POP"布局

"POP"布局就像一张宣传海报,以一张精美图片作为页面的设计中心,在适当位置放置主菜单,常用于时尚类站点,如图 6-49 所示。这种布局方式不讲究上下和左右的对称,但要求平衡有韵律,能达到动感的效果,其优点是漂亮吸引人,缺点是速度慢。

6)变化型布局

采用上述几种布局的结合与变化,布局采用上、下、左、右结合的综合型框架,再结合 Flash 动画,使页面形式更加多样,视觉冲击力更强。

在实际的网页版式布局中,可以参考上述几种常见的版式布局,但又不必过于拘泥于某种版式。

图 6-48　"二"型布局

图 6-49　"POP"布局

6.4　网站的栏目规划和目录结构设计

　　网站中的内容是根据网站的栏目组织起来的,所以网站栏目相当于网站的逻辑结构,而通常都要将网站每个栏目中的网页分门别类地放在不同的网站子目录中,所以网站的目录结构可看成是网站的物理结构。本节将分别讨论网站的栏目规划和目录结构设计。

6.4.1　网站的栏目规划

栏目规划的主要任务是对所收集的大量内容进行有效筛选，并将它们组织成一个合理的易于理解的逻辑结构。成功的栏目规划不仅能给用户的访问带来极大的便利，帮助用户准确地了解网站所提供的内容和服务，以及快速找到自己所感兴趣的网页，还能帮助网站管理员对网站进行更为高效的管理。

1. 建立层次型结构

网站通常都采用层次型的栏目结构，即从上到下逐级确定每一层的栏目。首先是确定第一层，即网站分为哪几个主栏目，然后对其中的重点栏目进行进一步规划，确定它们所必需的子栏目，即二级栏目。以此类推直至栏目不需要再细分为止。将所有的栏目及其子栏目连在一起就形成了网站的层次型结构。

例如 6.2 节中的"信息与网络中心"网站，它在第一层设置了"中心简介"、"网络建设"、"政策法规"、"常用下载"4 个重点栏目和"技术支持"、"联系我们"和"办公系统"三个其他栏目，然后对每一个重点栏目又进行了更细的规划，比如"中心简介"又分为"部门简介"、"机构设置"和"人员简介"三个二级栏目。将这些栏目及其子栏目连在一起，就可以清楚地看到这个网站的层次型结构，如图 6-50 所示。

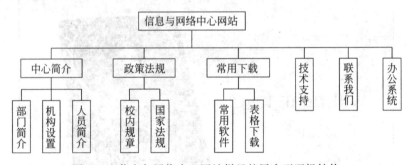

图 6-50　信息与网络中心网站栏目的层次型逻辑结构

2. 设计每一个栏目

层次型逻辑结构的建立只是对网站的栏目进行了总体的规划，接下来要做的是对每个栏目或者子栏目进行更细致的设计。设计一个栏目通常需要做以下三件事情。

首先是描述这个栏目的目的、服务对象、内容、资料来源等。

其次是设计这个栏目的实现方法，即设计这个栏目的网页构成。各个网页之间的逻辑关系等。

最后还要设计这个栏目和其他栏目之间的关系，虽然网站分为不同的栏目，栏目与栏目之间相对独立，但有时各个层次之间的栏目还存在着某种关联，比如"技术支持"栏目中的某些内容是告诉浏览者怎样使用某个软件的，这时可以在该页中放置"常用软件"栏目中提供的相关软件供浏览者下载；又如最好让"中心简介"下的各个栏目页打开都能看到"联系我们"栏目中的联系方式,使浏览者在了解网络中心的同时就能知道它的联系方式。所以设计栏目之间关联的工作,就是找出各个栏目之间可以共享的内容,并确定采用什么样的方式将它们串联起来。

6.4.2　网站的目录结构设计

目录结构也可称为网站的物理结构,它是解决如何在硬盘上更好地存放包括网页、图片、Flash 动画、视音频文件、脚本文件、数据库等各种资源在内的所有网站资源。

目录结构是否合理,对网站的创建效率会产生较大的影响,但更主要的是会对未来网站的性能、网站的维护及扩展产生很大的影响。例如,如果将所有的网页文件和资源文件都放在同一个目录下,那么当文件很多时,WWW 服务器的性能会急剧下降,因为文件很多时查找一个文件需要很长的时间,而且网站管理员在区分不同性质的文件和查找某个特定的文件时也会变得非常麻烦,这不利于网站的维护。

1. 目录结构设计的原则

目录结构对用户来说是不可见的,它只针对网站管理员,所以它的设计是为了让网站管理员能从文件的角度更好地管理网站的所有资源。目录结构的设计需要遵循以下原则。

1)网站应有一个主目录

每一个网站都有一个主目录(也叫网站根目录),网站里的所有内容都要存放在该主目录以及它的子目录下。

2)不要将所有的文件都直接存放在网站根目录下

有的网站设计人员为了贪图刚创建网站时的方便,将所有的文件都直接放在网站根目录下。这样做首先很容易造成文件管理混乱,因为网站里的文件都不能用中文命名,文件增多后很容易连自己都搞不清每个文件的用途;其次还会对 WWW 服务器的性能造成非常大的影响。

3)根据栏目规划来设计目录结构

一般情况下,可以按照网站的栏目规划来设计网站的目录结构,使两者具有一一对应的关系。

4)每个目录下都建立独立的 images 子目录

将图片文件都放在一个独立的 images 目录下,可以使目录结构更加清晰。如果很多网页都需要用到同一图片,比如网站标志图片,那么将这个图片放到网站根目录下的 images 子目录下。

5)目录的层次不要太深

网站的目录层次以 3~4 层为宜。

6)不要使用中文文件名或中文目录名

很多时候,使用中文文件名或中文目录名都会导致各种各样的错误,特别是使用了动态服务器技术的网站。虽然有时用中文命名的网页在本机上预览不会有问题,但上传到服务器后就出现问题。所以网站的所有目录名和文件名,都必须使用半角英文命名。

7) 将可执行文件和不可执行文件分开放置

将可执行的动态服务器网页文件(如 asp 文件)和不可执行的静态网页文件分别放在不同的目录下,然后将存放不可执行文件所在的目录的执行权限在 Web 服务器中设置为"无",这样可提高网站抗攻击的能力。

8) 数据库文件单独放置

对于动态网站来说,最好将它的数据库文件单独存放在一个目录下。

2. 站点结构图

站点结构图是一种有关站点结构、组织方式的示意图。如果新建了网站,则在 DW 窗口右侧的"文件"面板中,可显示网站的目录结构,单击"文件"面板右侧的"展开以显示本地和远端站点"图标，会弹出如图 6-51 所示的"站点结构图"。在该图右侧的窗口选择一个文件作为首页文件,然后执行菜单命令"站点"→"设成首页",就把该文件在 DW 中标记为首页了,然后单击"站点地图"按钮,就能在左侧窗口显示该站点文件之间的链接结构,对于一个严格按照层次目录结构建立的网站来说,可看出文件的链接结构也是分层的。

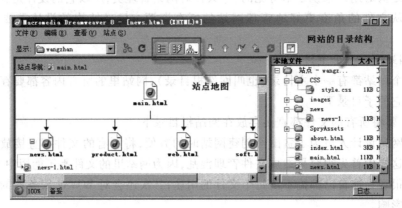

图 6-51　DW 中的站点结构图

6.5　网站的导航设计*

在现实生活中,我们到一个大型商场购物,总是希望能以最短、最快、最舒适的路线找到所需要的东西,而不在商场中迷失方向。这就需要导航,导航就是帮助我们找到最快到达目的地的路径。

在访问网站的时候也一样,用户期望在任何一个网页上都能清楚地知道目前所处的位置,并且能快速地从这个网页切换到想要访问的网页。但访问网站的时候,经常会因为单击过多的网页而迷失方向。因此网站的导航设计对于一个网站来说非常必要和重要,它是衡量一个网站是否优秀的重要标志。

6.5.1 导航的实现方法

1. 导航条

导航最常用的实现方法就是"导航条",导航条应该出现在网站每一个页面的相同位置。导航条由一组导航项组成,它的作用是引导浏览者快速浏览网站中重要的栏目和内容,或确定自己当前所处的位置。导航条中的导航项应该包括主页、联系方式、反馈信息及其他一些用户感兴趣的内容,这些内容应该是与站点的主要栏目相关联的。

导航条在设计上应注意以下几点。

(1)导航条应使用醒目的颜色,例如可以使用网站的主色调,导航条好比是网页的"眼睛",它要能牢牢抓住浏览者的目光,使浏览者目光在第一时间就集中在导航条上。

(2)使用图片的导航条比单纯使用文字的导航条效果更佳,所以可以为导航条添加背景图片或背景颜色。

(3)当前页面所对应的导航项应该相应地变色、突出显示或以其他方式表示出来。

(4)导航条可以采用横向或纵向方式,对于导航项比较多的导航条采用横向方式更为合理。

2. 路径导航

路径导航就是在网页上显示这个网页在网站层次型结构上的位置,比如"首页 >新闻中心 >国际新闻 >新闻正文"。通过路径导航,用户不仅能了解当前所在的位置,还可以迅速地返回到当前网页以上的任何一层网页,比如单击"新闻中心",就会回到新闻中心网页。图6-52是一家家电公司网站的路径导航。

图 6-52　路径导航

在国外,路径导航常常被形象地称为面包屑(Crumb)导航,就像那个著名的童话故事的一样,用户能够通过面包屑找到自己回去的路。

3. 其他导航方式

除了使用上述"导航条"和"路径导航"实现导航外,导航还有其他一些实现方法,如重点导航、相关导航,这些导航在形式上看就是普通链接。例如,很多新闻网站在每个新闻内容网页的底部都有一个区域,里面罗列着与这个新闻相关的新闻超链接,这就是"相关导航",有些网页上还有"重点导航",即在网页醒目的地方用一个图案或按钮链接到重要的网页中去。

4. 搜索——没有导航的导航

导航的根源在于分类,当有几十条信息的时候,可以分类导航;当有上万条信息的时候,无论怎么分类有时还是难以寻找。这时,对于使用了数据库技术的网站来说,可以考虑设置搜索框,使用户能对站内信息进行搜索,如图 6-53 所示。所以搜索是对于导航的合理补充。

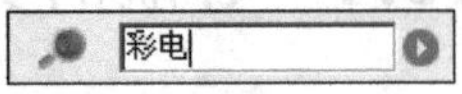

图 6-53　网页上的搜索框

6.5.2　导航的设计策略

虽然导航有以上几种实现方法,但并不是所有的网站都要使用这些方法,这通常取决于网站的规模。下面就是在设计网站导航时,可以采用的一些基本策略。

首先,任何网站都要有一个主导航条。如果主栏目下面还有很多内容,可以分很多子栏目,那么可以进一步设计栏目下的导航条,例如,采用下拉菜单形式或侧边栏导航形式放二级导航条。

其次,如果网站的层次很深,比如 4 层以上(主页作为第一层),最好要有路径导航。路径导航可以从第三层的网页开始出现。如果网站的层次只有两层或三层,可以不使用路径导航。

其他方式的导航只是作为辅助的导航手段,视实际需要而定。

6.6　网站的环境准备[*]

网站环境准备是指为网站的运行准备必要的软、硬件环境,主要包括运行空间的准备、网络接入条件准备、域名及 IP 地址的申请等。对于中小型网站来说,主要是指主机空间准备和域名申请两项。

6.6.1　架设网站的基本条件

在网站制作完成之后,接下来需要把网站发布到互联网上,让世界各地的浏览者都可以通过 Internet 访问。发布网站必须具备以下两个基本条件。

1. 要有主机或主机空间

主机这里指 Web 服务器。我们知道,用户能浏览网站上的网页实际上是从远程的 Web 服务器上读取了一些内容,然后显示在本地计算机上的过程。因此如果要使网站能被访问就必须把网站的所有文件放到 Web 服务器上。把网站放到 Web 服务器上又可分为以下两种情况。

(1) 使用本机作为 Web 服务器。Web 服务器实际上就是安装有 Web 服务器软件(如 IIS)的计算机,虽然可以在自己的计算机上安装 IIS 使它成为一台 Web 服务器,但实际上,Web 服务器还必须有一个固定的公网 IP 地址,这样浏览者才能通过这个固定的 IP 地址访问到这台服务器。但是我们一般使用的宽宽拨号上网的 IP 地址是动态分配的,而不是固定的,而在校园网上网的 IP 都是内网的 IP,因此如果把自己的计算机当成 Web 服务器,会因为缺少固定的公网 IP 地址而不可行。另外,Web 服务器还必须 24 小时不间断开机运行,这对于个人计算机来说也是很难做到的。所以通常使用下面一种方法。

(2) 将网站上传到专门的 Web 服务器上。在 Internet 上,有很多主机服务提供商专门为中小网站提供服务器空间。只要将网站上传到他们的 Web 服务器上,就能够被浏览者访问。由于主机服务提供商的每一台 Web 服务器上通常都放置了很多个网站,但是这对于浏览者来说是感觉不到的,所以这些网站的存放方式被称为"虚拟主机"。当然用户也可以租用一台专用的主机,只放置用户自己的网站,但这种方式费用会比较昂贵。

2. 要有域名

由于使用"虚拟主机"方式存放的网站是不能通过 IP 地址访问到的(因为一个 IP 地址对应有很多个网站,输入 IP 地址后 Web 服务器并不知道你要请求的是哪个网站),所以必须要申请一个域名,Web 服务器就可以通过域名信息来辨别请求的是哪个网站。而且有了域名后浏览者只要输入域名就可以访问到你的网站了,也便于浏览者记忆。

6.6.2　购买主机空间和域名

1. 购买主机空间

如果要将网站上传到主机服务提供商的 Web 服务器上去,就必须先购买主机空间。一种比较好的方法是在淘宝网(http://www.taobao.com)上搜索"虚拟主机",就会列出很多"虚拟主机"的产品及其价格,在选择"虚拟主机"产品时,要考虑它们的性价比、空间大小、支持的动态服务器技术是否能满足网站的要求,还要看提供"虚拟主机"服务的Web 服务器是位于我国南方还是北方,如果网站主要是为南方客户服务的,就选择位于南方的服务器,这样他们访问的速度会快一些。购买了主机空间后一般会提供一个免费的二级域名供测试访问。

以学习为目的购买主机空间,可以选择尽可能便宜的产品,但很便宜的产品一般性能都不是很好,也可以在网上搜索看是否有免费的主机空间申请。

2. 选择和购买域名

网站制作好之后,就可以申请一个域名。目前域名有英文域名和中文域名,由于很多浏览器对中文域名的支持不好,也不符合大多数人的上网习惯,所以不建议申请。通常情况下都是选择一个英文域名,申请的过程是:首先想好一个好记又有意义的域名,即域名尽量短些,而且有意义,例如域名是网站名的英文或拼音的第一个字母,或者有特色,这样便于浏览者记住该域名。然后到提供域名服务的网站,例如在万网(http://www.net.cn)查询这个域名有没有被注册,如果没有被注册,就说明还可以申请。

为了以更加实惠的方式注册域名,比较好的方法还是在淘宝网上搜索"域名注册",就会列出很多"域名"的产品及其价格,可以将要申请的域名告诉卖家并购买开通。需要注意的是,同一个域名只要没注册就可以在任何提供域名注册的卖家处购买。

6.6.3　配置主机空间和域名

在购买了主机空间后,服务提供商会告知该主机空间管理的入口地址(就是一个网址),以及用户名和密码,使用该用户名和密码可以登录进入主机空间的控制面板。在控制面板中,需要"绑定域名",输入要存放在该主机空间中网站对应的域名即可。通常一个主机空间可以绑定多个域名，使用任何一个绑定的域名都可以访问该网站。接下来还可以设置"修改默认首页"，把首页名修改成你的网站设定的首页名即可。有些主机空间还提供了"网站打包/还原"功能，在上传网站时可以上传整个网站的压缩包，然后再利用这个功能解压缩网站，这样比一个个文件上传要快得多。

主机空间配置好后，接下来要配置域名控制面板了。在购买了域名后，域名提供商会告知该域名管理的入口地址以及登录密码，使用域名和密码可以登录进入域名控制面板。在域名控制面板中需要设置 A 记录，即设置域名解析。所谓 A 记录就是域名到 IP 地址转换的记录。以万网（http://diy.hichina.com）的域名控制面板为例，在域名控制面板左侧选择"设置 DNS 解析"后，就会出现如图 6-54 所示的 A 记录设置区域。

图 6-54　在域名控制面板中创建 A 记录

只要在域名（图 6-54 中的 gptyn.cn）前的文本框中输入主机名，再在 IP 地址一栏中输入域名对应的 IP 地址，单击"创建"按钮就创建了一条 A 记录（DNS 解析记录），图 6-55 中创建了三条 A 记录，主机名分别是"www"、空和"ec"，这样浏览者就可以分别使用这三个带主机名的域名访问其对应的网站了。域名控制面板中的 TTL 称为"生存时间"（Time To Live），它表示 DNS 记录在 DNS 服务器上的缓存时间，一般保持其默认值（3600s）即可。

图 6-55　用 IE6 登录 FTP 服务器

注意：对于 DNS 解析设置的修改并不会立即生效，创建一条 A 记录或删除一条 A 记录的操作有时需要等两三个小时以后才会生效。这时不要以为是系统出故障了，只需过几个小时再测试看是否生效。

6.6.4　上传网站

最后需要将网站目录中的所有文件上传到 Web 服务器上去，目前一般采用 FTP 上传文件。在购买了主机空间后，主机服务提供商会告知一个 FTP 的地址及登录的用户名和密码。通过这些就可以用 FTP 方式登录到主机空间并上传或下载文件了。

FTP 上传一般使用浏览器或专门的 FTP 软件进行上传。

如果用 IE6 浏览器上传，则在浏览器的地址栏中输入 FTP 地址，例如图 6-55 中的（ftp://011.seavip.cn），这时会弹出"登录身份"对话框要求输入用户名和密码，输入正确后,就会显示如图 6-55 所示的资源管理器界面,把本地网站目录中的文件复制到该窗口中的 web 文件夹下就可以了。还可以对文件或文件夹进行新建、删除等操作,方法和 Windows 资源管理器的操作相同。

提示:如果浏览器是 IE7 以上版本,则不能从浏览器地址栏中输入 FTP 地址,而应该打开"我的电脑"(或"计算机"),在"我的电脑"地址栏中输入 FTP 地址。

专业的 FTP 软件一般有 CuteFtp、Flashfxp 或 DW 等。在连接 FTP 服务器成功后,这些软件一般会显示左、右两个窗口,分别代表本地目录和远程目录,只要将本地目录中的文件拖动到远程目录中就可实现上传了,并且还具有断点续传功能。

通过以上几步之后,浏览者就能通过 Internet 访问到你架设的网站了。网站架设好之后还需要做大量的网站维护和推广工作,例如经常更新网页,向各大搜索引擎提交网站信息等。如果网站的服务器位于中国境内,则需要在工业和信息化部的备案管理系统上对网站进行备案,备案系统的网址是 http://www.miibeian.gov.cn,否则网站可能会被关闭。

习 题

一、作业题

1. 进行网站设计的第一件事是(   )。
    A. 进行网站的需求分析
    B. 网站的外观设计
    C. 网站内容设计
    D. 网站功能设计

2. 在建立网站的目录结构时,最好的做法是(   )。
    A. 将所有的文件都放在根目录下
    B. 目录层次选在 3 或 4 层
    C. 按栏目内容建立子目录
    D. 最好使用中文目录

3. 某小型企业建设公司网站,考虑到经济性及稳定性,应该选择以下哪种接入方式?(   )
    A. 专线接入   B. ADSL 接入   C. 主机托管   D. 虚拟主机

4. 在网站内容的结构安排上,第一步需要确定的是(   )。
    A. 设计思想   B. 设计手段   C. 设计目的   D. 设计形式

5. 要想使网站能被 Internet 上的访问者访问,一般需要有_____和_____。

6. 网站规划(网站目录设置,链接结构和网页文件命名)时应注意哪些问题?

二、上机实践题

×××系的网站规划与设计。

要求:

(1) 确定该网站的主题;

(2) 规划该网站的内容和栏目(分层设计);

(3) 规划该网站的目录结构;

(4) 规划该网站的风格(色彩搭配、版面布局),并绘制效果图;

(5) 规划该网站的导航设计;

(6) 用 CSS 布局制作该网站。

第 7 章

JavaScript

JavaScript 是一种脚本语言。脚本(Script)是一段可以嵌入到其他文档中的程序,用来完成某些特殊的功能。脚本既可以运行在浏览器端(称为客户端脚本),也可以运行在服务器端(称为服务器端脚本)。本章以 JavaScript 为基础介绍客户端脚本编程。

7.1 JavaScript 简介

客户端脚本经常用来检测浏览器,响应用户动作,验证表单数据及动态改变元素的属性等,由浏览器对客户端脚本进行解释执行。由于脚本程序驻留在客户机上,因此响应用户动作时无须与 Web 服务器进行通信,从而降低了网络的传输量和 Web 服务器的负荷。

7.1.1 JavaScript 的特点

JavaScript 是一种基于对象的语言,基于对象的语言含有面向对象语言的编程思想,但比面向对象语言简单。

面向对象程序设计力图将程序设计为一些可以完成不同功能的独立部分(对象)的组合体。相同类型的对象作为一个类(Class)被组合在一起,(例如,"小汽车"对象属于"汽车"类)。基于对象的语言与面向对象语言的不同之处在于,它自身已包含一些创建完成的对象,通常情况下都是使用这些已创建好的对象,而不需要创建新的对象类型——"类"来创建新对象。

JavaScript 是事件驱动的语言。当用户在网页中进行某种操作时,就产生了一个"事件"(Event)。事件几乎可以是任何事情:单击一个网页元素、拖动鼠标等均可视为事件。JavaScript 是事件驱动的,当事件发生时,它可以对之做出响应。具体如何响应某个事件由编写的事件处理函数完成。

JavaScript 是浏览器的编程语言,它与浏览器的结合使它成为最流行的编程语言之一。由于 JavaScript 依赖于浏览器本身,与操作系统无关,因此它具有跨平台性。

提示:虽然 JavaScript 在语言名称上包含"Java"一词,但它和 Java 语言或 JSP(Java Server Pages)并没有什么关系,也不是 Sun 公司的产品,而是 Netscape 公司为了扩充 Netscape Navigator 浏览器的功能而开发的一种嵌入 Web 页面的编程语言。

7.1.2 JavaScript 的用途

本书仅讨论浏览器中的 JavaScript,即 JavaScript 作为客户端脚本使用。为了让读者对 JavaScript 的用途有个总体性认识,下面来讨论 JavaScript 可以做什么和不能做什么。

1. JavaScript 可以用来做什么

JavaScript 可以完成以下任务。

(1) JavaScript 为 HTML 提供了一种程序工具,弥补了 HTML 作为描述性语言不能编写程序的不足,JavaScript 和 HTML 可以很好地结合在一起,为 HTML 提供程序。

(2) JavaScript 可以为 HTML 页面添加动态内容,例如:document. write("< h1 >" + name + "</h1 >"),这条 JavaScript 语句可以向一个 HTML 页面写入一个动态的内容。其中,document 是 JavaScript 的内部对象,write 是方法,向页面(document)中写入内容。

(3) JavaScript 能响应一定的事件。因为 JavaScript 是基于事件驱动机制的,所以若浏览器或用户的操作发生一定的变化,触发了事件,JavaScript 都可以做出相应的响应。

(4) JavaScript 可以动态地获取和改变 HTML 元素的属性或 CSS 属性,从而动态地创建网页内容或改变内容的显示,这是 JavaScript 应用最广泛的领域。

(5) JavaScript 可以检验表单数据,因此在客户端就能验证表单。

(6) JavaScript 可以检测用户的浏览器,从而为用户提供合适的页面。

(7) JavaScript 可以创建和读取 Cookie,为浏览者提供更加个性化的服务。

2. JavaScript 不能做什么

JavaScript 作为客户端语言使用时,设计它的目的是在用户本地计算机上执行任务,而不是在服务器上。因此,JavaScript 有一些固有的限制,这些限制主要出于安全原因。

(1) JavaScript 不允许读写客户端机器上的文件。唯一的例外是,JavaScript 可以读写浏览器的 Cookie 文件,但是也有一些限制。

(2) JavaScript 不允许写服务器上的文件,也不能访问本网站外的脚本和资源。

(3) JavaScript 不能从来自另一个服务器的已经打开的网页中读取信息。换句话说,网页不能读取已经打开的其他窗口中的信息,因此无法探察访问这个站点的浏览者还在访问其他哪些站点。

(4) JavaScript 不能操纵不是由它自己打开的窗口。这是为了避免一个站点关闭其他任何站点的窗口,从而独占浏览器。

(5) JavaScript 调整浏览器窗口大小和位置时也有一些限制,不能将浏览器窗口设置得过小或将窗口移出屏幕之外。

7.1.3 JavaScript 的代码结构

JavaScript 是事件驱动的语言。当用户在网页中进行某种操作时,就产生了一个“事件”(Event)。事件几乎可以是任何事情:单击一个网页元素、拖动鼠标等均可视为事件。JavaScript 是事件驱动的,当事件发生时,它可以对之做出响应。具体如何响应某个事件由编写的事件处理程序决定。

因此，一个 JavaScript 程序一般由"事件＋事件处理程序"组成。根据事件处理程序所在的位置，在 HTML 代码中嵌入 JavaScript 有以下三种方式。

1. 将脚本嵌入到 HTML 标记的事件中（行内式）

HTML 标记中可以添加"事件属性"，其属性名是事件名，属性值是 JavaScript 脚本代码。例如（7-1.html）：

```
<html><body>
  <p onclick = "alert('Hello,The Web World!');">Click Here</p>
</body></html>
```

其中，onclick 就是一个 JavaScript 事件名，表示单击鼠标事件。alert(…);是事件处理代码，作用是弹出一个警告框。因此，当在这个 p 元素上单击鼠标时，就会弹出一个警告框，运行效果如图 7-1 所示。

图 7-1　警告框运行效果

2. 使用 < script > 标记将脚本嵌入到网页中（嵌入式）

如果事件处理程序的代码很长，则一般把事件处理程序写在一个函数（称为事件处理函数）中，然后在事件属性中调用该函数。下面代码的运行效果与 7-1.html 完全相同。

```
<html><head>        <!-- 7-2.html -->
<title>第一个 JavaScript 程序</title>
<script>
  function msg () {                //定义函数 msg
    alert ("Hello, the WEB world!") ;   }
</script></head>
<body>
<p onclick = "msg()">Click Here</p><!--通过事件调用函数 -->
</body></html>
```

其中，"onclick = "msg()""表示调用函数 msg。可见，调用 JavaScript 函数可写在 HTML 标记的事件属性中，但函数的代码必须写在 < script > </script >标记之间。

将 JavaScript 代码写成函数的一个好处是，可以让多个 HTML 元素或不同事件调用同一个函数，从而提高了代码的重用性。

说明：

（1） < script >标记是专门用来在 HTML 中嵌入 JavaScript 代码的标记。建议将所有的 JavaScript 代码都写在 < script > </script >标记之间，而不要写在 HTML 标记的事件属性内。这可实现 HTML 代码与 JavaScript 代码的分离。

（2）在 DW 中可以自动插入 < script >标记对，方法是执行菜单命令"插入"→HTML

→"脚本对象"→"脚本",在弹出的"脚本"对话框中,单击"确定"按钮即可。

（3）JavaScript 语句通常以分号";"结束。

（4）代码中的"//"是 JavaScript 语言的注释符,可以在其后添加单行注释。如果要添加多行注释,则应该使用多行注释符:/ * … * /（多行注释符与 CSS 注释符相同）。

（5）虽然 < script > </script >标记可以位于 HTML 文档的任意位置,但比较好的做法是将所有包含自定义函数的 JavaScript 脚本放在 < head > </head >部分。

因为 HTML 代码在浏览器中是从上到下解释的。放在 head 部分的脚本比放在 body 中的脚本会先执行。这样,浏览器在未载入页面主体之前就先载入了这些函数,确保了 body 中的元素能够调用这些函数。

但是,如果 JavaScript 脚本中有获取 HTML 元素的语句,那么要么把脚本放置在要获取的 HTML 元素的后面,要么确保这些 HTML 元素先于脚本执行,否则由于页面还没载入这些 HTML 元素,就用脚本去获取,就会发生"对象不存在"的错误。

3. 使用 < script > 标记的 src 属性链接外部脚本文件（链接式）

如果有多个网页文件需要共用一段 JavaScript,则可以把这段脚本保存成一个单独的 .js 文件（JavaScript 外部脚本文件的扩展名为"js"）,然后在网页中调用该文件,这样既提高了代码的重用性,也方便了维护,修改脚本时只需单独修改这个 js 文件的代码。

引用外部脚本文件的方法是使用 < script > 标记的 src 属性来指定外部文件的 URL。示例代码如下（7-3. html 和 7-3. js 位于同一目录下）,运行效果如图 7-1 所示。

```
-----------------7-3.html 的代码------------------
<html ><body >
<script type = "text/JavaScript" src = "2-4.js "></script >
<p onclick = "msg()">Click Here </p >
</body ></html >
        -------------------------7-3.js 的代码----------------
function msg () {          //定义函数 msg
      alert ("Hello,the WEB world!") ; }
```

从上面的几个例子可以看出,网页中引入 JavaScript 的方法其实和引入 CSS 的方法有很多相似之处,也有嵌入式、行内式和链接式。不同之处在于,用嵌入式和链接式引入 JavaScript 都是用的同一个标记 < script >,而 CSS 则分别使用了 < style > 和 < link > 标记。

7.1.4 事件监听程序

实际上,事件除了可写在 HTML 标记中外,还可以"对象.事件"的形式出现,这称为事件监听程序。其中,对象可以是 DOM 对象、浏览器对象或 JavaScript 内置对象。下面采用事件监听程序的方式重写 7-2. html,代码如下:

```
<html><head>              <!—错误代码 -->
<script>
    var demo=document.getElementById("demo");    /*获取 ID 为 demo 的 HTML
元素,由于该 HTML 元素的代码在后面,此时尚未载入,会发生"对象不存在"的错误*/
    demo.onclick=msg;           //demo 对象单击时执行 msg 函数
    function msg()  {
        alert ("Hello, the WEB world!");
    }
</script></head>
<body>
<p id="demo">Click Here</p>
</body></html>
```

其中,为 p 元素添加了一个 ID 属性,是为了使 JavaScript 脚本方便获取该元素。通过 document. getElementById("demo")方法就可根据 id 访问这个元素,该方法返回的结果是一个 DOM 对象:demo。

然后,通过"DOM 对象. 事件名 = 函数名"就能设置该对象在事件发生时将执行的函数。

但该程序运行会出错,原因在于:浏览器是从上到下依次执行网页代码的。当执行到获取 id 为 demo 的 HTML 元素时,由于该 HTML 元素的代码在下面,浏览器此时尚未载入该元素,就会发生对象不存在的错误。要解决该错误,有以下两种办法。

(1) 把 JavaScript 脚本放在该 HTML 元素代码的下面。代码修改如下:

```
<html><body>
<p id="demo">Click Here</p>
<script>
    var demo=document.getElementById("demo");  //将该语句放在 demo 元素的后面
    demo.onclick=msg;
function msg()  {
        alert ("Hello, the WEB world!");
}
</script>
</body></html>
```

运行该程序,就能得到如图 7-1 所示的运行结果了。

(2) 把获取 HTML 元素的代码写在 windows. onload 事件中,这样就可避免只能把 JavaScript 代码写在 HTML 元素下面的麻烦。其中,windows. onload 事件表示浏览器载入网页完毕时触发,这时所有的 HTML 元素都已经载入到浏览器中,无论将 JavaScript 代码放置到任何位置都不会产生找不到对象的错误了。修改后的代码如下:

```
<html><body>
<script>
window.onload=function(){              //表示在网页载入完毕后执行函数
```

```
        var demo = document.getElementById("demo");
}
demo.onclick = msg;
function msg()  {
        alert ("Hello, the WEB world!");
}
</script>
<p id = "demo">Click Here </p>
</body></html>
```

提示：

（1）程序中的“对象.事件名”后只能接函数名，而绝对不能接函数名加括号。例如，demo. onclick = msg 绝对不能写成 demo. onclick = msg( )，因为函数名表示调用函数，而函数名带括号表示运行函数。

（2）demo. onclick = msg；可放在 window. onload = function( ){…}语句外，因为单击事件发生时网页肯定已载入完毕了。

（3）使用事件监听程序后，HTML 标记中不再含有任何 JavaScript 代码，实现了结构代码与程序的完全分离，在编写 JavaScript 程序时，推荐采用这种方式编写。

7.1.5　开发和调试 JavaScript 的工具

编写 JavaScript 可以使用任何文本编辑器，但为了具有代码提示功能和程序调试功能，推荐使用下列 JavaScript 开发工具：①Dreamweaver CS4，DW 从 CS4 版本开始增加了对 JavaScript 的代码提示功能；②Aptana，它除了支持 JavaScript，还支持 jQuery、Dojo、Ajax 等开发框架；③1st JavaScript。

IE 和 Firefox 都具有 JavaScript 程序调试功能。要使用 Firefox 调试程序，可执行菜单命令“工具”→“Web 开发者”→“Web 控制台”，即可打开如图 7-2 所示的“控制台”，如果 JavaScript 程序在运行中发生错误，在 JS 标签页中都可以看到（调试之前最好单击“清空”按钮将以前的错误提示清除）。

图 7-2　Firefox 的 Web 控制台

如果要使用 IE 来调试 JavaScript 程序，可以执行 IE 的菜单命令“工具”→“Internet 选项”，选择“高级”选项卡，将其中的“显示每个脚本错误的通知”复选框选中，这样每次打开网页就会提示 JavaScript 程序的错误了。并且其错误提示的范围比 Firefox 的错误控制台更大。

如果要获得更加强大的调试功能，可以对 Firefox 安装 Firebug 插件，它不仅能调试程序，还具备 DOM 查看、CSS 可视化查看、HTTP 监控和 JavaScript 性能测试等功能。

提示：JavaScript 存在的浏览器兼容问题比 CSS 更加严重，因此 JavaScript 程序一定要通过 Firefox 和 IE6 两种浏览器的测试检验。

7.2 JavaScript 语言基础

熟悉 Java 或 C 等语言的开发者会发现 JavaScript 的语法很容易掌握，因为它借用了这些语言的语法。而且由于是基于对象语言，没有了类的定义，比面向对象语言更简洁。但 JavaScript 中的一切数据类型都可以看成是对象，并可以模拟类的实现，功能并不简单。

7.2.1 JavaScript 的变量

JavaScript 的变量是一种弱类型变量，所谓弱类型变量是指它的变量无特定类型，定义任何变量都是用"var"关键字，并可以将其初始化为任何值，而且可以随意改变变量中所存储的数据类型（当然为了程序规范应避免这样操作）。下面是一些变量定义与赋值的例子：

```
var name = "Six Tang";        //定义了一个字符串变量
var age = 28;                 //定义了一个数值型变量
var male = True;              //将变量赋值为布尔型
```

JavaScript 还可以不定义变量直接使用，它的解释程序会自动用该变量名创建一个全局变量，并初始化为指定的值。但我们应养成良好的编程习惯，变量在使用前应当声明。另外，变量的名称必须遵循下面 5 条规则。

（1）首字符必须是字母、下划线（_）或美元符号（$）；

（2）余下的字母可以是下划线、美元符号、任意字母或者数字；

（3）变量名不能是关键字或保留字；

（4）变量名区分大小写；

（5）变量名中不能有空格、回车符或其他标点字符。

例如：5zhao，tang-s，tang's，this 都是非法的变量名。

提示：为了符合编程规范，推荐变量的命名方式是：当变量名由多个英文单词组成时，第一个英文单词全部小写，以后每个英文单词的第一个字母大写，如 var myClassName。

7.2.2 JavaScript 的运算符

运算符是指完成操作的一系列符号。运算符用于将一个或多个值运算成结果值，使用运算符的值称为算子或操作数。在 JavaScript 中，常用的运算符可分为 4 类。

1. 算术运算符

算术运算符所处理的对象都是数字类型的操作数。在对数值型的操作数进行处理之后,返回的还是一个数值型的值。算术运算符包括 + 、 - 、 * 、 / 、% (取模,即计算两个整数相除的余数)、++(递增运算,递加 1 并返回数值或返回数值后递加 1,取决于运算符的位置)、--(递减运算)。

2. 关系运算符

关系运算符(见表 7-1)用于检查两个操作数之间的关系,即是否相等、大于还是小于等。关系表达式的返回值只能是 true 或 false。

表 7-1　基本关系(比较)运算符

运算符	说　　明	例　子	结果
==	是否相等(只检查值)	x = 5, y = "5"; x == y	true
===	是否全等(检查值和数据类型)	x = 5, y = "5"; x == = y	false
! =	是否不等于	5 ! = 8	true
! ==	是否不全等	x = 5, y = "5"; x! == y	true
> 、< 、>= 、<=	大于、小于、大于等于、小于等于	x = 5, y = 3; x > y	true

另外,还有两个特殊的关系运算符: in 和 instanceof。

(1) in 运算符用于判断对象中是否存在某个属性,例如:

```
var o = {title: "Informatics", author: "Tang"}
"title" in o                 //返回 ture,对象 o 具有 title 属性
"pub" in o                   //返回 false,对象 o 不具有 pub 属性
```

in 运算符对左右两个操作数的类型要求比较严格。in 运算符要求左边的操作数必须是字符串类型或可以转换为字符串类型的其他类型,而右边的操作数必须是对象或数组。只有左边操作数的值是右边操作数的属性名,才会返回 true,否则返回 false。

(2) instanceof 运算符用于判断对象是否为某个类的实例,例如:

```
var d = new Date();
d instanceof Date;           //返回 true
d instanceof object;         //返回 true,因为 Date 类是 object 类的实例
```

3. 逻辑运算符

逻辑运算符包括与、或、非(表 7-2),它的运算结果只能是 true 或 false。

表 7-2　逻辑运算符

运算符	说明	例子	结　　果
&&	逻辑与	x = 6, y = 3	(x < 10 && y > 1)返回 true
||	逻辑或	x = 6, y = 3	(x == 5 || y == 5)返回 false
!	逻辑非	x = 6, y = 3	!(x == y)返回 true

4. 赋值运算符

JavaScript 基本的赋值运算符是 " = " 符号,它将等号右边的值赋给等号左边的变量,

如"x = y"，表示将 y 的值赋给 x。除此之外，JavaScript 还支持带操作的运算符，给定 x = 10 和 y = 5，表 7-3 解释了各种赋值运算符的作用。

表 7-3　赋值运算符

运算符	例子	等价于	结果	运算符	例子	等价于	结果
=	x = y		x = 5	* =	x * = y	x = x * y	x = 50
+=	x + = y	x = x + y	x = 15	/ =	x/ = y	x = x/y	x = 2
-=	x - = y	x = x - y	x = 5	% =	x% = y	x = x% y	x = 0

5. 连接运算符

JavaScript 的连接运算符是"+"号，用于对字符串进行连接操作，例如：

```
txt1 = "What a very"; txt2 = "nice day!";
txt3 = txt1 + " " + txt2;
```

则变量 txt3 的值是："What a very nice day!"。

注意：连接运算符"+"和加法运算符"+"的符号相同，如果运算符左右的操作数中有一个是字符串类型，那么"+"表示连接运算符；如果所有操作数都为数值型，"+"才表示加法运算符。例如：

```
var a = 1, b = 2;
var txt1 = "这个月是" + a + b + "月。";
var txt2 = "这个月是" + (a + b) + "月。";
document.write(txt1);        //输出"这个月是 12 月。"
document.write(txt2);        //输出"这个月是 3 月。"
```

从上例可以看出，只要表达式中有字符串或字符串变量，那么所有的"+"就都会变成连接运算符，表达式中的数值型数据也会自动转换成字符串。如果希望数值型数据中的"+"仍为加法运算符，可以为它们添加括号，使加法运算符的优先级增高。

6. 其他运算符

JavaScript 还支持一些其他的运算符，主要有以下几种。

1）条件操作符"？："

条件运算符是 JavaScript 中唯一的三目运算符，即它的操作数有三个，用法如下：

```
x = (condition)? 100 : 200;
```

它是 if…else…语句的一种简写形式，例如，上述表达式等价于：

```
if (condition) x = 100;
else x = 200;
```

2）typeof 运算符

typeof 运算符返回一个用来表示表达式的数据类型的字符串,如"string"、"number"、
"object"等。例如:

```
var a = "abc";        alert(typeof a);        //返回 string
var b = true;         alert(typeof b);        //返回 boolean
```

3）函数调用运算符"( )"

函数调用运算符是"( )",该运算符之前是被调用的函数名,括号内部是由逗号分隔
的参数列表,如果被调用的函数没有参数,则括号内为空。示例代码如下:

```
function f (x, y)   {return x + y;}      //此处括号不是函数调用运算符,是定义函数
alert (f (2,3));                          //返回值为5,此处括号是函数调用运算符
alert((function(x,y){return x + y;})(2,3));      //调用匿名函数,返回值为5
```

4）逗号运算符","

多个表达式之间可以用逗号分开,其中用逗号分开的表达式值分别计算,但整个表达
式的值是最后一个表达式的值。例如:a = (5 − 3, c = 8),则 a 的值是8。

说明:逗号运算符的优先级最低,因此,如果将上例中的括号去掉,即"a = 5 − 3, c =
3",则会先执行赋值运算符,使 a 的值为2。又如:alert(2 * 5, 2 * 4);,将输出10,这是因
为函数调用运算符比逗号运算符优先级高,如果要输出最后一个表达式的值,应写成 alert
((2 * 5, 2 * 4));。

不是所有的逗号都是逗号运算符,例如,声明多个变量间的逗号、函数参数间的逗号
都不是逗号运算符。

5）new 运算符

new 运算符用来创建一个对象或生成一个对象的实例。例如:

```
var a = new Object;       //创建一个 Object 对象,对于无参数的构造函数括号可省略
var dt = new Date();      //创建一个新的 Date 对象
```

7. 运算符的优先级

JavaScript 中的运算符优先级是一套规则。该规则在计算表达式时控制运算符执行
的顺序。具有较高优先级的运算符先于较低优先级的运算符执行。例如,乘法的执行先
于加法。

圆括号可用来改变运算符优先级所决定的求值顺序。这意味着圆括号中的表达式应
在其用于表达式的其余部分之前全部被求值。例如:

```
var x = 5, y = 7;
z = (x + 4 > y)?x ++ : ++ y;          //返回值为5
```

代码中对 z 赋值的表达式中有6个运算符:= , + , > , ( ), ++ , ?:。根据运算符优先
级的规则,它们将按下面的顺序求值:( ), + , > , ++ , ?:, = 。因此运算过程是:首先对

圆括号内的表达式求值。先将 x 和 4 相加得 9,然后将其与 7 比较是否大于,得到 true,接着执行 x ++ ,得到 5,最后把 x 的值赋给 z,所以 z 返回值为 5。

8. 表达式

表达式是运算符和操作数的组合。表达式是以运算符为基础的,表达式的值是对操作数实施运算符所确定的运算后产生的结果。表达式可分为算术表达式、字符串表达式、赋值表达式以及逻辑表达式等。

7.2.3 JavaScript 数据类型

JavaScript 支持字符串、数值型和布尔型三种基本数据类型,支持数组、对象两种复合数据类型,还支持未定义、空、引用、列表和完成等类型。其中,后三种类型仅作为 JavaScript 运行时的中间结果的数据类型,因此不能在代码中使用。JavaScript 中任何数据类型都是对象,本节介绍一些常用的数据类型及其属性和方法。

1. 字符串

字符串(String)由零个或多个字符构成,字符可以是字母、数字、标点符号或空格。字符串必须放在单引号或双引号中。例如:

```
var course = "data structure"
```

字符串常量必须使用单引号或双引号括起来,如果一个字符串中含有双引号,则只能将该字符串放在单引号中,例如:

```
var case = 'the birthday"19801106"'
```

更通用的方法是使用转义字符“\”实现特殊字符按原样输出,例如:

```
var score = " run time 3 \' 15 \""              //输出 3' 15"
```

2. JavaScript 中的转义字符

在 JavaScript 中,字符串都必须用引号引起来,但有些特殊字符是不能写在引号中的,如(")如果字符串中含有这些特殊字符就需要利用转义字符来表示,转义字符以反斜杠开始表示。表 7-4 中是一些常见的转义字符。

表 7-4　JavaScript 的转义字符

代码	输出	代码	输出	代码	输出
'	单引号	\	反斜杠“\”	\t	Tab,制表符
"	双引号	\n	换行符	\b	后退一格
\&	&	\r	返回,Esc	\f	换页

3. 字符串对象的属性和方法

字符串对象具有下列属性和方法,下面先定义一个示例字符串 myString:

```
var myString = "This is a sample";
```

由于 JavaScript 中一切数据类型皆对象,因此字符串 myString 也是一个对象,可以使用"对象.属性"或"对象.方法( )"的格式调用字符串对象的属性或方法。

(1) length 属性:它是字符串对象唯一的属性,将返回字符串中字符的个数。例如:

```
alert (myString.length);              //返回 16
```

即使字符串中包含中文(双字节),每个中文也只算一个字符。

(2) charAt 方法:它返回字符串对象在指定位置处的字符,第一个字符位置是 0。例如:

```
myString.charAt(2);                   //返回 i
```

(3) charCodeAt:返回字符串对象在指定位置处字符的十进制的 ASCII 码。例如:

```
myString.charCodeAt(2);               //返回 i 的 ASCII 码 105
```

(4) indexOf 方法:用于查找和定位子串,它返回要查找的子串在字符串中的位置。例如:

```
myString.indexOf("is");               //返回 2
```

如果找不到则返回 −1。还可以加参数,指定从第几个字符开始找。

```
myString.indexOf("i",2);     //从索引为 2 的位置"i"后面的第一个字符开始向后查找,返回 2
```

(5) lastIndexOf 方法:要查找的子串在字符串对象中的倒数位置。例如:

```
myString.lastIndexOf("is");      //返回 5
myString.lastIndexOf("is",2)     //返回 2
```

(6) substr 方法:根据开始位置和长度截取子串。例如:

```
myString.substr(10,3);                //返回"sam",10 表示开始位置,3 表示长度
```

(7) substring 方法:根据起始位置截取子串。例如:

```
myString.substring(5,9);              //返回"is a",5 表示开始位置,9 表示结束位置
```

(8) split 方法:根据指定的符号将字符串分割成一个数组。例如:

```
var a = myString.split(" ");
//a[0] = "This" a[1] = "is" a[2] = "a" a[3] = "sample"
```

（9）replace 方法：替换子串。例如：

```
myString.replace("sample","apple");          //结果"This is a apple"
```

（10）toLowerCase 方法：将字符串变成小写字母。例如：

```
myString.toLowerCase();                      //this is a sample
```

（11）toUpperCase 方法，将字符串变成大写字母。例如：

```
myString. toUpperCase();                     //THIS IS A SAMPLE
```

4. 数值型

在 JavaScript 中，数值型（number）数据不区分整型和浮点型，数值型数据和字符型数据的区别是数值型数据不要用引号括起来。例如，下面都是正确的数值表示法。

```
var num1 =23.45;
var num2 =76;
var num3 =-9e5; //科学计数法,即 -900000
```

5. 布尔型

布尔型（boolean）数据的取值只有两个：true 和 false。布尔型数据不能用引号引起来，否则就变成字符串了。用方法 typeof( )可以很清楚地看到这点，typeof( )返回一个字符串，这个字符串的内容是变量的数据类型名称。

```
var married =true;
document.write(typeof(married) + "<br/ >");          //输出 boolean
```

6. 数据类型转换

在 JavaScript 中除了可以隐式转换数据类型之外（将变量赋予另一种数据类型的值），还可以显式转换数据类型。显式转换数据类型，可以增强代码的可读性。显式类型转换的方法有以下两种：将对象转换成字符串和基本数据类型转换。

1）数值转换为字符串

常见的数据类型转换是将数值转化为字符串，这可以通过 toString( )方法，或直接用加号在数值后加上一个长度为空的字符串。例如：

```
var a =4;                        //a 是数值型
var b =a +"";                    //b 是字符串型
var c =a.toString();             //c 是字符串型
var d ="stu" +a;                 //d 是字符串型
alert(typeof(a) +" " +typeof(d)); //返回"number string"
var a =b =c =5;
alert(a +b +c.toString());       //返回字符串"105"
```

2）字符串转换为数值

字符串转换为数值是通过 parseInt( ) 和 parseFloat( ) 方法实现的，前者将字符串转换为整数，后者将字符串转换为浮点数。如果字符串中不存在数字，则返回 NaN。例如：

```
document.write(parseInt("4567red") + "<br>");          //返回 4567
document.write(parseInt("53.5") + "<br>");             //返回 53
document.write(parseInt("0xC") + "<br>");              //直接进制转换,返回 12
document.write(parseInt("tang@ tom.com") + "<br>");    //返回 NaN
```

parseFloat( ) 方法与 parseInt( ) 方法的处理方式类似，只是会转换为浮点数（带小数），读者可把上例中的 parseInt( ) 都改为 parseFloat( ) 测试验证。

7.2.4 数组

数组是由名称相同的多个值构成的一个集合，集合中的每个值都是这个数组的元素。例如，可以使用数组变量 rank 来存储论坛用户所有可能的级别。

1. 数组的定义

在 JavaScript 中，数组使用关键字 Array 来声明，同时还可以指定这个数组元素的个数，也就是数组的长度，例如：

```
var rank = new Array(12);              //第一种定义方法
```

如果无法预知某个数组中元素的最终个数，定义数组时也可以不指定长度，例如：

```
var myColor = new Array();
myColor[0] = "blue";     myColor[1] = "yellow";  myColor[2] = "purple";
```

以上代码创建了数组 myColor，并定义了三个数组项，如果以后还需要增加其他的颜色，则可以继续定义 myColor[3]、myColor[4] 等，每增加一个数组项，数组长度会动态增加。定义数组的第二种方式是用参数创建数组，例如：

```
var Map = new Array("China","USA","Britain");          //第二种定义方法
Map[4] = "Iraq";
```

则此时动态数组的长度为 5，其中 Map[3] 的值为 undefined。

除了用 Array 对象定义数组外，数组还可以直接用方括号定义，如：

```
var Map = ["China","USA","Britain"];          //第三种定义方法
```

2. 数组的常用属性和方法

在操作数组时，经常需要用到的属性和方法如下。

（1）length 属性：用来获取数组的长度，数组的位置同样是从 0 开始的。例如：

```
var Map = new Array("China","USA","Britain");
alert(Map.length + " " + Map[2]);                //返回 3 Britain
```

(2) toString 方法:将数组转化为字符串。例如:

```
var Map = new Array("China","USA","Britain");
alert(Map.toString() + " " + typeof(Map.toString()));
```

(3) concat 方法:在数组中附加新的元素或将多个数组元素连接起来构成新数组。例如:

```
var a = new Array(1,2,3);
var b = new Array(4,5,6);
alert(a.concat(b));         //输出 1,2,3,4,5,6
alert(a.length);            //长度不变,仍为 3
```

也可以直接连接新的元素,例如:

```
a.concat(4,5,6);
```

(4) join 方法:将数组的内容连接起来,返回字符串,默认用“,”连接,例如:

```
var a = new Array(1,2,3);
alert(a.join());            //输出 1,2,3
```

也可用指定的符号连接,如:

```
alert(a.join("-"));         //输出 1 - 2 - 3
```

(5) push 方法:在数组的结尾添加一个或多个项,同时更改数组的长度。例如:

```
var a = new Array(1,2,3);
a.push(4,5,6);
alert(a.length);            //输出为 6
```

(6) pop 方法:返回数组的最后一个元素,并将其从数组中删除。例如:

```
var a1 = new Array(1,2,3);
alert(a1.pop());            //输出 3
alert(a1.length);           //输出 2
```

(7) shift 方法:返回数组的第一个元素,并将其从数组中删除。例如:

```
var a1 = new Array(1,2,3);
alert(a1.shift());          //输出 1
alert(a1.length);           //输出 2
```

（8）unshift 方法：在数组开始位置插入元素，返回新数组的长度。例如：

```
var a1 = new Array(1,2,3);
a1.unshift(4,5,6)
alert(a1);                          //输出 4,5,6,1,2,3
```

（9）slice 方法：返回数组的片断（或者说子数组）。该方法有两个参数，分别指定开始和结束的索引（不包括第二个参数索引本身）。如果只有一个参数则返回从该位置开始到数组结尾的所有项。如果任意一个参数为负的，则表示是从尾部向前的索引计数。比如 -1 表示最后一个，-3 表示倒数第三个。例如：

```
var a1 = new Array(1,2,3,4,5);
alert(a1.slice(1,3));               //输出 2,3
alert(a1.slice(1));                 //输出 2,3,4,5
alert(a1.slice(1,-1));              //输出 2,3,4
alert(a1.slice(-3,-2));             //输出 3
```

（10）splice 方法：从数组中替换或删除元素。第一个参数指定删除或插入将发生的位置。第二个参数指定将要删除的元素数目，如果省略该参数，则从第一个参数的位置到最后都会被删除。splice() 会返回被删除元素的数组。如果没有元素被删，则返回空数组。例如：

```
var a1 = new Array(1,2,3,4,5);
alert(a1.splice(3));                //输出 4,5
alert(a1.length);                   //输出 3
var a1 = new Array(1,2,3,4,5);
alert(a1.splice(1,3));              //输出 2,3,4
alert(a1.length);                   //输出 2
```

（11）sort 方法：对数组中的元素进行排序，默认是按照 ASCII 字符顺序进行升序排列。例如：

```
var a1 = new Array(1,4,23,3,5);
alert(a1.sort());                   //输出 1,23,3,4,5
var a2 = ["HTML","CSS","JavaScript","DOM"];
alert(a2.sort());                   //输出 CSS,DOM,HTML,JavaScript
```

如果要使数组中的数值型元素按大小进行排列，可以对 sort 方法指定其比较函数 compare(a,b)，根据比较函数进行排序，例如：

```
function compare(a,b) {
    return (b-a);      }          //b-a 是正数,表示逆序排列
var a1 = new Array(1,4,23,3,5);
alert(a1.sort(compare));            //输出 23,5,4,3,1
```

（12）reverse 方法：将数组中的元素逆序排列。

```
var a1 = new Array(1,4,23,3,5);
```

```
alert(a1.reverse());              //输出 5,3,23,4,1
```

7.2.5 JavaScript 语句

1. 条件语句

条件语句可以使程序按照预先指定的条件进行判断,从而选择需要执行的任务。在 JavaScript 中提供了 if 语句、if…else 语句和 switch 语句三种条件判断语句。

1) if 语句

if 语句是最基本的条件语句,它的格式为:

```
if(条件表达式)  {语句块;}
```

如果要执行的语句只有一条,可以省略大括号,例如:

```
if(a==1) a++;
```

如果要执行的语句有多条,就不能省略大括号,因为这些语句构成了一个语句块。例如:

```
if(a==1) {a++; b--}
```

2) if…else…语句

如果还需要在表达式值为假时执行另外一个语句块,则可以使用 else 关键字扩展 if 语句。if…else 语句的格式为:

```
if(条件表达式)  {语句块 1} else  {语句块 2}
```

实际上,语句块 1 和语句块 2 中又可以再包含条件语句,这称为条件语句的嵌套,程序设计中经常需要这样的语句嵌套结构。

3) if…else if…else…语句

除了用条件语句的嵌套表示多种选择,还可用 else if 语句获得这种效果,语法如下:

```
if (表达式 1)
     {  语句块 1;     }
else if (表达式 2)
     {  语句块 2;     }
…
else{  语句块 n;     }
```

这种格式表示只要满足任何一个条件,则执行相应的语句块,否则执行最后一条语句。下面是 if 语句的例子:根据时间显示不同的问候语(7-4.html)。

```
<script>
    var d=new Date();  var time=d.getHours();
    if (time<10){
        document.write("<b>早上好!</b>");}
```

```
    else if (time >10 && time <16) {
        document.write("<b>中午好!</b>");}
    else document.write("<b>下午好!</b>");
</script>
```

4）switch/case 语句

如果条件语句的分支很多,这种情况下使用 switch 语句比较直观清晰（虽然也可使用 if…else if…else…语句）。switch 语句的格式:

```
switch (表达式) {
    case 值1:语句1;      break;
    case 值2:语句2;      break;
      …
    case 值n:语句n;      break;
    default:语句;        }
```

每个 case 都表示如果表达式的值等于某个 case 的值,就执行相应的语句,关键字 break 会使代码跳出 switch 语句。如果没有 break,代码就会继续进入下一个 case,把下面所有 case 分支的语句都执行一遍。关键字 default 表示表达式不等于其中任何一个 case 的值时所进行的操作。

2. 循环语句

循环语句用于在一定条件下重复执行某段代码。在 JavaScript 中提供了一些与其他编程语言相似的循环语句,包括 for 循环语句、for…in 语句、while 循环语句以及 do…while 循环语句,同时还提供了 break 语句用于跳出循环,continue 语句用于终止当次循环并继续执行下一次循环,以及 label 语句用于标记一个语句。下面分别来介绍。

1）for 语句

for 循环语句是不断地执行一段程序,直到相应条件不满足,并且在每次循环后处理计数器。for 语句的格式:

```
for (初始表达式;循环条件表达式;计数器表达式)
    { 语句块 }
```

for 循环最常用的形式是 for(var i =0; i < n; i ++) {statement},它表示循环一共执行 n 次,适合于已知循环次数的循环。for 循环示例如下(7-5. html),运行结果如图 7-3 所示。

```
<table cellpadding = "6" cellspacing = "0" style = "border - collapse:
collapse; border:none;">
<script>
for(var i =1;i <10;i ++){         //乘法表一共9行
  document.write("<tr>");         //每行是 table 的一行
    for(j =1;j <10;j ++)          //每行都有9个单元格
      if(j <=i)                   //有内容的单元格
        document.write("<td style = 'border:2px solid #004B8A; background:
white;'>"+i +"×"+j +"="+ (i * j) + "</td>");
```

```
        else            //没有内容的单元格
            document.write("<td style = 'border:none;'></td>");
    document.write("</tr>");
}
</script></table>
```

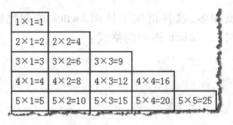

图 7-3　打印九九乘法表

2）for…in 语句

在有些情况下，开发者根本没有办法预知对象的任何信息，更谈不上控制循环的次数。这个时候用 for…in 语句可以很好地解决这个问题。for…in 语句通常用来枚举对象的属性，例如 document、window 等对象的属性，它的语法如下：

```
for(属性或数组下标 in 对象或数组)   {   语句块 }
```

下面是 for…in 循环的例子（遍历数组（7-6. html））：

```
var mycars = new Array();
mycars[0] = "Audi";mycars[1] = "Volvo";mycars[2] = "BMW";
for (x in mycars)   {
    document.write(mycars[x] + "<br />");   }
```

3）while 语句

while 循环是前测试循环，就是说是否终止循环的条件判断是在执行内部代码之前，因此循环的主体可能根本不会被执行，其语法如下：

```
while(循环条件表达式)   {语句块}
```

下面是 while 循环的例子：计算 1 + 2 + 3 + … + 100 的和（7-7. html）。

```
var i = iSum = 0;
while(i <= 100){
  iSum += i;
  i ++;      }
document.write(iSum);
```

4）do…while 语句

do…while 循环将条件判断放在循环之后，这就保证了循环体中的语句块至少会被执行一次。下面的例子当用户输入 0 时就退出，否则将用户输入的数字相加（7-8. html）。

```
var aNumbers = new Array();
var sMessage = "你输入了: \n";
var iTotal = 0, i = 0, userInput;
do{
     userInput = prompt("输入一个数字,或者'0'退出","0");
     aNumbers[i] = userInput;
     i ++;
     iTotal += Number(userInput);
     sMessage += userInput + " \n";
}while(userInput ! = 0);              //当输入 0 时退出循环体
sMessage += "总数:" + iTotal;
alert(sMessage);
```

5) break 和 continue 语句

break 和 continue 语句为循环中的代码执行提供了退出循环的方法,使用 break 语句将立即退出循环体,阻止再次执行循环体中的任何代码。continue 语句只是退出当前这一次循环,根据控制表达式还允许进行下一次循环。

在上例中,没有对用户的输入做容错判断,实际上,如果用户输入了英文或非法字符,可以利用 break 语句退出整个循环。修改后的代码如下:

```
do{
if(isNaN(userInput)){                 //如果不是数字
   document.write("输入错误,将立即退出 <br>");
   break;  }                          //输入错误直接退出整个 do 循环体
  userInput = prompt("输入一个数字,或者'0'退出","0");
  aNumbers[i] = userInput;
  i ++;
  iTotal += Number(userInput);
  sMessage += userInput + " \n";
}while(userInput ! = 0);              //当输入 0 时退出循环体
```

但上例中只要用户输入错误就马上退出了循环,而有时用户可能只是不小心按错了键,导致输入错误,此时用户可能并不想退出,而希望继续输入,这个时候就可以用 continue 语句来退出当次循环,即用户输入的非法字符不被接受,但用户还能继续下次输入。

```
do{
if(isNaN(userInput)){
   document.write("输入错误,请重新输入 <br>");
   continue;     }              //输入错误则退出当前循环,但继续下一次循环
  userInput = prompt("输入一个数字,或者'0'退出","0");
  aNumbers[i] = userInput;
  i ++;
  iTotal += Number(userInput);
  sMessage += userInput + " \n";
}while(userInput ! = 0);     //当输入 0 时则退出循环体
```

7.2.6 函数

函数是一个可重用的代码块，用来完成某个特定功能。每当需要反复执行一段代码时，可以利用函数来避免重复书写相同代码。不过，函数的真正威力体现在，我们可以把不同的数据传递给函数，而函数将使用实际传递给它们的数据去完成预定的操作。在把数据传递给函数时，我们把那些数据称为参数。如图 7-4 所示，函数就像一台机器，它可以对输入的数据进行加工再输出需要的数据（只能输出唯一的值）。当这个函数被调用时或被事件触发时这个函数会执行。

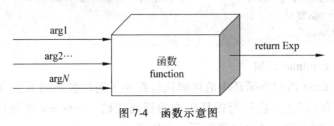

图 7-4　函数示意图

1. 函数的基本语法

函数的基本语法如下：

```
function [函数名] (arg1,arg2,…,argN) {
    函数体
    [return [返回值]]    }
```

其中，function 是 JavaScript 定义函数的关键字，函数名是自定义的函数名称，argX 是函数的形式参数列表，各个参数之间用逗号隔开，参数可以为空，表示没有输入参数的函数。return 语句用来返回函数值。同样为可选项。简单示例如下：

```
function myName(sName){
    alert("Hello " + sName);    }
```

该函数接受一个输入参数 sName，不返回值。调用它的代码如下：

```
myName("six - tang");            //弹出框显示"Hello six - tang"
```

函数 myName( )没有声明返回值，如果有返回值，只需用 return 语句接一个表达式即可，例如：

```
function fnSum(a,b){
    return a + b;    }
```

调用函数的返回值只需将函数赋给一个变量，以下代码将函数 fnSum 的返回值赋给了变量 iResult。

```
iResult = fnSum(52 + 14);
alert(iResult);
```

另外,与其他编程语言一样,函数在执行过程中只要执行完 return 语句就会停止继续执行函数体中的代码,因此 return 语句后的代码都不会执行。下例中函数中的 alert( ) 语句就永远都不会执行。

```
function fnSum(iNum1,iNum2){
    return iNum1 + iNum2;
    alert (iNum1 + iNum2);          //永远不会被执行   }
```

如果函数本身没有返回值,但又希望在某些时候退出函数体,则可以调用无参数的 return 语句来随时返回函数体,例如:

```
function myName(sName){
    if (myName == "bye")
        return;
    alert("Hello" + sName);    }
```

2. 定义匿名函数

实际上,定义函数时,函数名有时都可以省略,这种函数称为匿名函数。例如:

```
function(a,b) {
    return a + b; }
```

但是一个函数没有了函数名,我们怎么调用该函数呢?有两种方法。一种是将函数赋给一个变量(给函数找一个名字),那么该变量就成为这个函数对象的实例,就可以像对函数赋值一样对该变量赋予实参调用函数了。例如:

```
var sum = function(a,b) { return a + b; }
sum(3,5);                 //返回 8
```

另一种方法是函数的自运行方式,例如:

```
(function(a,b){return a + b;})(5,9)
```

为什么将函数写在一个小括号内,就能调用它呢?这是因为,小括号能把表达式组合分块,并且每一块(也就是每一对小括号)都有一个返回值。这个返回值就是小括号中表达式的返回值。那么,当用一对小括号将函数括起来时,则它的返回值就是这个函数对象的实例,不妨设函数对象实例为 sum,那么上面的写法就等价于 sum(5,9)了。

实际上,定义函数还可以用创建函数对象的实例方法定义,例如:

```
var sum = new Function ("a","b","return a + b;")
```

这句代码的意思就是创建一个 Function 对象的实例 sum，而 Function 对象的实例就是一个函数。但这种方法显然复杂些，因此很少用。

3. 用 arguments 对象来访问函数的参数

JavaScript 的函数有个特殊的对象 arguments，主要用来访问函数的参数。通过 arguments 对象，无须指出参数的名称就能直接访问它们。例如，用 arguments[0] 可以访问函数第一个参数的值，刚才的 myName 函数可以重写如下：

```
function myName(sName){
    if (arguments[0] == "bye")              //如果第一个参数是"bye"
        return;
    alert("Hello" + sName);  }
```

7.3　对象

在客观世界中，对象指一个特定的实体。一个人就是一个典型的对象，他包含身高、体重、年龄等特性，又包含吃饭、走路、睡觉等动作。同样，一辆汽车也是一个对象，它包含型号、颜色、种类等特性，还包含加速、拐弯等动作。

7.3.1　JavaScript 对象

在 JavaScript 中，其本身具有并能自定义各种各样的对象。例如，一个浏览器窗口可看成是一个对象，它包含窗口大小、窗口位置等属性，又具有打开新窗口、关闭窗口等方法。网页上的一个表单也可以看成一个对象，它包含表单内控件的个数、表单名称等属性，又有表单提交（submit()）和表单重设（reset()）等方法。

1. JavaScript 中的对象分类

在 JavaScript 中使用对象可分为三种情况。

（1）自定义对象，方法是使用 new 运算符创建新对象。例如：

```
var university = new Object();              //Object 对象可用于创建一个通用的对象
```

（2）使用 JavaScript 内置对象。

使用 JavaScript 内置对象，如 Date、Math、Array 等。例如：

```
var today = new Date();
```

实际上，JavaScript 中的一切数据类型都是它的内置对象。

（3）使用浏览器对象。

使用由浏览器提供的内置对象，如 window、document、location 等；在 7.4 节将详细讲述这些内置对象的使用。

2. 对象的属性和方法

定义了对象之后,就可以对对象进行操作了,在实际中对对象的操作主要有引用对象的属性和调用对象的方法。

引用对象的属性或方法一般通过点运算符(.)实现。例如:

```
university.province = "湖南省";
university.name = "衡阳师范学院";
university.since = "1904";
```

其中,university 是一个已经存在的对象,province、name 和 since 是它的三个属性。

从上面的例子可以看出,对象包含以下两个要素。

(1) 用来描述对象特性的一组数据,也就是若干变量,通常称为属性;

(2) 用来操作对象特性的若干动作,也就是若干函数,通常称为方法。

在 JavaScript 中如果要访问对象的属性或方法,可使用"点"运算符来访问。

例如,假设汽车这个对象为 Car,具有品牌(brand)、颜色(color)等属性,就可以使用"Car. brand"、"Car. color"来访问这些属性。

再假设 Car 关联着一些诸如 move( )、stop( )、accelerate(level)之类的函数,这些函数就是 Car 对象的方法,可以使用"Car. move( )"、"Car. stop( )"语句来调用这些方法。

把这些属性和方法集合在一起,就得到了一个 Car 对象。换句话说,可以把 Car 对象看做是所有这些属性和方法的主体。

3. 创建对象的实例

为了使 Car 对象能够描述一辆特定的汽车,需要创建一个 Car 对象的实例(Instance)。实例是对象的具体表现。对象是统称,而实例是个体。

在 JavaScript 中给对象创建新的实例也采用 new 关键字,例如:

```
var myCar = new Car();
```

这样就创建了一个 Car 对象的新实例 myCar,通过这个实例就可以利用 Car 的属性、方法来设置关于 myCar 的属性或方法了,代码如下:

```
myCar.brand = Fiat;
myCar.accelerate(3);
```

在 JavaScript 中字符串、数组等都是对象,严格地说所有的一切都是对象。而一个字符串变量,数组变量可看成是这些对象的实例。下面是一些例子:

```
var iRank = new Array();                //定义数组的另一种方式
var myString = new String("web design"); //定义字符串的另一种方式
```

7.3.2　with 语句

对对象的操作还经常使用 with 语句和 this 关键字，下面来讲述它们的用途。

with 语句的作用是：在该语句体内，任何对变量的引用都被认为该变量是这个对象的属性，以节省一些代码。语法如下：

```
with object{
    …  }
```

所有在 with 语句后的花括号中的语句，都是在 object 对象的作用域中。例如：

```
today = new Date();
    with today {
        year = getYear();              //等价于 year = today.getYear();
        month = getMonth();            //等价于 year = today. getMonth();
        hour = getHours();          }
```

7.3.3　this 关键字

this 是面向对象语言中的一个重要概念，在 Java、C#等大型语言中，this 固定指向运行时的当前对象。但是在 JavaScript 中，由于 JavaScript 的动态性（解释执行，当然也有简单的预编译过程），this 的指向只有在运行时才能确定，具体可分为以下两种情况。

1. this 指代当前元素

（1）在 JavaScript 中，如果 this 位于 HTML 标记内，即采用行内式的方式通过事件触发调用的代码中含有 this，那么 this 指代当前元素。例如：

```
< div id = "div2" onmouseover = "this.align = 'right'" onmouseout = "this.
align = 'left'" >
会逃跑的文字 </div >
```

此时 this 指代当前这个 div 元素 div2。

（2）如果将该程序改为引用函数的形式，this 作为函数的参数，则可以写成：

```
< script >
function move(obj)  {
    if(obj.align == "left"){obj.align = "right";}
    else if (obj.align == "right"){obj.align = "left";}    }
</script >
< div align = "left" onmouseover = "move(this)"> 会逃跑的文字 </div >
```

此时 this 作为参数传递给 move(obj) 函数，根据运行时谁调用函数指向谁的原则，this 仍然会指向当前这个 div 元素，因此运行结果和上面行内式的方式完全相同。

（3）如果将 this 放置在由事件触发的函数体内，那么 this 也会指向事件前的元素，因为是事件前的元素调用了该函数。例如，上面的例子还可以改写成下列形式，执行效果相同。

```
<script>
stat = function(){
    var taoId = document.getElementById('div2');
    taoId.onmouseover = function(){
    this.align = "right";}                          //this 指代 taoId
    taoId.onmouseout = function(){
    this.align = "left";      }}
window.onload = stat;
</script>
<div id = "div2">会逃跑的文字</div>
```

所以，this 指代当前元素主要包括以上三种情况，可以简单地认为，哪个元素直接调用了 this 所在的函数，则 this 指代当前元素，如果没有元素直接调用，则 this 指代 window 对象，这是下面要讲的。

2. 作为普通函数直接调用时，this 指代 window 对象

（1）如果 this 位于普通函数内，那么 this 指代 window 对象，因为普通函数实际上都是属于 window 对象的。如果直接调用，根据"this 总是指代其所有者"的原则，那么函数中的 this 就是 window。例如：

```
<script>
function doSomething()  {
    this.status = "在这里 this 指代 window 对象";   }
</script>
```

可以看到状态栏中的文字改变了，说明在这里 this 确实是指 window 对象。

（2）如果 this 位于普通函数内，通过行内式的事件调用普通函数，又没为该函数指定参数，那么 this 会指代 window 对象。例如，如果将（1）中的函数改成如下形式，则会出错。

```
function move()  {               //注意：该程序为典型错误写法
    if(this.align == "left"){this.align = "right";}
    else if (this.align == "right"){ this.align = "left";} }
</script>
< div align = "left" onmouseover = "move()"> 会逃跑的文字 </div >
```

在这里，位于普通函数 move（）中的 this 指代 window 对象，而 window 对象并没有 align 属性，所以程序会出错，当然 div 中的文字也不会移动。

7.3.4 JavaScript 的内置对象

作为一种基于对象的编程语言，JavaScript 提供了很多内置的对象，这些对象不需要用 Object( )方法创建就可以直接使用。实际上,JavaScript 提供的一切数据类型都可以看成是它的内置对象,如函数、字符串等都是对象。下面将介绍两类最常用的对象,即 Date 对象和 Math 对象。

1. 时间日期: Date 对象

时间、日期是程序设计中经常需要使用的对象,在 JavaScript 中,使用 Date 对象既可以获取当前的日期和时间,也可以设置日期和时间。

```
var toDate = new Date();
document.write (new Date());              //返回当前日期和时间
```

如果 new Date( )带有参数,那么就可以设置当前时间。例如:

```
new Date("July 7,2009 15:28:30");        //设置当前日期和时间
new Date("July 7,2009");                 //设置当前日期
```

通过 new Date( )显示的时间格式在不同的浏览器中是不同的。这就意味着要直接分析 new Date( )输出的字符串会相当麻烦。幸好 JavaScript 还提供了很多获取时间细节的方法。如 getFullYear( )、getMonth( )、getDate( )、getDay( )、getHours( )等。另外,也可以通过 toLocaleString ( ) 函数将时间日期转化为本地格式,如 (new Date ( )). toLocaleString( )。

2. 数学计算: Math 对象

Math 对象用来做复杂的数学计算。它提供了很多属性和方法,其中常用的方法有:
①floor(x)取不大于参数的整数;②ceil(x)取不小于参数的整数;③round(x)四舍五入;④random(x)返回随机数(0～1 之间的任意浮点数);⑤pow(x,y)返回 x 的 y 次方。

7.4　浏览器对象模型 BOM

JavaScript 是运行在浏览器中的,因此提供了一系列对象用于与浏览器窗口进行交互。这些对象主要有: window、document、location、navigator 和 screen 等,把它们统称为 BOM(Browser Object Model,浏览器对象模型)。

BOM 提供了独立于页面内容而与浏览器窗口进行交互的对象。window 对象是整个 BOM 的核心,所有对象和集合都以某种方式与 window 对象关联。BOM 中的对象关系如图 7-5 所示。

下面分别来介绍几个最常用对象的含义和用途。

7.4.1　window 对象

window 对象表示整个浏览器窗口,但不包括其中的页面内容。window 对象可以用于移动或者调整其对应的浏览器窗口大小,或者对它产生其他影响。

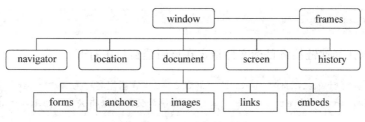

图 7-5　BOM 对象关系图

在浏览器宿主环境下,window 对象就是 JavaScript 的 Global 对象,因此使用 window 对象的属性和方法是不需要特别指明的。例如经常使用的 alert 方法,实际上完整的形式是 window. alert,在代码中可省略 window 对象的声明,直接使用其方法。

window 对象对应浏览器的窗口,使用它可以直接对浏览器窗口进行各种操作。window 对象提供的主要功能可以分为以下 5 类:①调整窗口的大小和位置;②打开新窗口和关闭窗口;③产生系统提示框;④状态栏控制;⑤定时操作。

1. 调整窗口的大小和位置

window 对象有 4 个方法用来调整窗口的位置或大小,具体如下。

1) window. moveBy(dx,dy)

该方法将浏览器窗口相对于当前的位置移动指定的距离(相对定位),当 dx 和 dy 为负数时则向反方向移动。

2) window. moveTo(x,y)

该方法将浏览器窗口移动到屏幕指定的位置(x、y 处)(绝对定位)。同样可使用负数,只不过这样会把窗口移出屏幕。

3) window. resizeBy(dw,dh)

相对于浏览器窗口的当前大小,把宽度增加 dw 个像素,高度增加 dh 个像素。两个参数也可以使用负数来缩写窗口。

4) window. resizeTo(w,h)

把窗口大小调整为 w 像素宽,h 像素高,不能使用负数。

2. 打开新窗口

打开新窗口的方法是 window. open,这个方法在 Web 编程中经常使用,但有些恶意站点滥用了该方法,频繁在用户浏览器中弹出新窗口。它的用法如下:

```
window.open([url] [,target] [,options])
```

例如:

```
window.open("pop.html","new","width =400,height =300");
```

表示在新窗口打开 pop. html,新窗口的宽和高分别是 400 像素和 300 像素。

target 参数除了可以使用"_self","_blank"等常用属性值外,还可以利用 target 参数为窗口命名,例如:

```
window.open("pop.html","myTarget");
```

这样可以让其他链接将目标文件指定在该新建窗口中打开。

```
<a href="iframe.html" target="myTarget">在指定名称为 myTarget 窗口打开</a>
<form target="myTarget">        <!--表单提交的结果将会在 myTarget 窗口显示-->
```

window.open()方法会返回新建窗口的 window 对象，利用这个对象就可以轻松操作新打开的窗口了，代码如下：

```
var oWin=window.open("pop.html","new","width=400,height=300");
oWin.resizeTo(600,400);
oWin.moveTo(100,100);
```

提示：如果要关闭当前窗口，可使用 window.close()。

3. 通过 opener 属性实现与父窗口交互

通过 window.open()方法打开子窗口后，还可以让父窗口与子窗口之间进行交互。opener 属性存放的是打开它的父窗口，通过 opener 属性，子窗口可以与父窗口发生联系；而通过 open()方法的返回值，父窗口也可以与子窗口发生联系（如关闭子窗口），从而实现两者之间的互相通信和参数传递。例如：

（1）显示父窗口名称。在子窗口中加入如下代码：

```
alert(opener.name);
```

（2）判断一个窗口的父窗口是否已经关闭。子窗口中的代码如下：

```
if(window.opener.closed){alert("不能关闭父窗口")}
```

其中，closed 属性用来判断一个窗口是否已经关闭。

（3）获取父窗口中的信息。在子窗口中的网页内添加如下函数：

```
function getNews() {
var parent=window.opener;
    if (!parent) return;          //如果没有父窗口则退出
//从父窗口中获取 id 为 title 的文本框中输入的内容，把它填入子窗口相关位置
    var sonTitle=document.getElementById("sonTitle");
        sonTitle.value=parent.document.getElementById("title").value;    }
```

（4）单击父窗口中的按钮关闭子窗口（其中，oWin 是子窗口名）。

```
<input type="button" value="关闭子窗口" onclick="oWin.close()"/>
```

4. 系统对话框

window 对象有三个生成系统对话框的方法，分别是 alert([msg])、confirm([msg])

和 prompt（［msg］［,default]）。由于 window 对象可以省略，因此一般直接写方法名。

（1）alert 方法用于弹出警告框，在框中显示参数 msg 的值，其效果如图 7-1 所示。

（2）confirm 方法用于生成确认提示框，其中包括"确定"和"取消"按钮。当用户单击"确定"按钮时，该方法将返回 true；单击"取消"按钮时，则返回 false，其效果如图 7-6 所示，代码如下。

```
if (confirm("确实要删除吗?"))              //弹出确认提示框
    alert("图片正在删除…");
else alert("已取消删除!");
```

（3）prompt 方法用于生成消息提示框，它可接受用户输入的信息，并将该信息作为函数的返回值。该方法接受两个参数，第一个参数是显示给用户的文本，第二个参数为文本框中的默认值（可为空）。其效果如图 7-7 所示，代码如下：

```
var nInput = prompt ("请输入:\n 你的名字","");      //弹出消息提示框
if(nInput! = null)                              //如果用户输入的值不为空
    document.write("Hello! " + nInput);
```

图 7-6　确认提示框 confirm( )　　　　图 7-7　消息提示框 prompt( )

以上代码运行时弹出如图 7-6 所示的对话框，提示用户输入，并将用户输入的字符串作为 prompt 方法的返回值赋给 nInput。最后将该值输出到网页上。

5. 状态栏控制（status 属性）

浏览器状态栏显示的信息可以通过 window. status 属性直接进行修改。例如：

```
window.status = "看看状态栏中的文字变化了吗?";
```

7.4.2　定时操作函数

定时操作通常有两种使用目的，一种是周期性地执行脚本，例如在页面上显示时钟，需要每隔一秒钟更新一次时间的显示；另一种则是将某个操作延时一段时间执行，例如迫使用户等待一段时间才能进行操作，可以使用 setTimeout( )函数使其延时执行，但后面的脚本在延时期间可以继续运行不受影响。

定时操作函数还是利用 JavaScript 制作网页动画效果的基础，例如网页上的漂浮广告，就是每隔几毫秒更新一下漂浮广告的显示位置。其他的如打字机效果、图片轮转显示等，可以说一切动画效果都离不开定时操作函数。JavaScript 中的定时操作函数有 setTimeout( )和 setInterval( )，下面分别来介绍。

1. setTimeout( )函数

该函数用于设置定时器,在一段时间之后执行指定的代码。下面是 setTimeout 函数的应用实例——显示时钟(7-9.html),它的运行效果如图 7-8 所示。

```
<script>
  function $ (id) {              //根据元素 id 获取元素
    return document.getElementById(id);  }
    function dispTime() {
// 将时间加粗显示在 clock 的 div 中,new Date()获取系统
时间,并转换为本地格式
    $ ("clock").innerHTML = "<b>" + (new Date()).
toLocaleString() + "</b>"; }
  function init() {             //启动时钟显示
    dispTime();                 //显示时间
    setTimeout(init,1000);      //过一秒钟后执行一次 init()
  }
</script>
<body onload = "init()">
    <div id = "clock"></div>
</body>
```

图 7-8 时钟显示效果

由于 setTimeout 函数的作用是过一秒钟之后执行指定的代码,执行完一次代码后就不会再重复地执行代码。所以 7-9.html 是通过 setTimeout( )函数递归调用 init( )实现每隔一秒执行一次 dispTime( )函数的。

想一想:把 setTimeout(init,1000);中的 1000 改成 200 还可以吗?

如果要清除 setTimeout( )函数设置的定时器,可以使用 clearTimeout( )函数,方法是将 setTimeout(init,1000)改写成 sec = setTimeout(init,1000),然后再使用 clearTimeout(sec)即可。

2. setInterval( )函数

该函数用于设置定时器,每隔一段时间执行指定的代码。需要注意的是,它会创建间隔 ID,若不取消将一直执行,直到页面卸载为止。因此如果不需要了应使用 clearInterval 取消该函数,这样能防止它占用不必要的系统资源。它的用法如下:

```
setInterval(code,interval)
```

由于 setInterval 函数可以每隔一段时间就重复执行代码,所以 7 - 9. html 中的 setTimeout(init,1000);可以改写成:

```
setInterval(dispTime,1000);        //每隔一秒钟执行一次 dispTime ()
```

这样不用递归也能实现每隔一秒钟刷新一次时间。下面是一个 setInterval 函数的例子,它可实现每隔 0.1 秒改变窗口大小并移动窗口位置。

```
<script>
function init() {
    window.moveTo(10,10);
    window.resizeTo(100,100);}
function move() {
    window.moveBy(10,10);                    //每次向右下移动10px
    window.resizeBy(10,10);   }              // 每次变大10px
    </script>
<body onLoad="init()">
<b onClick="setInterval(move,100);">这个窗口会移动还会变大</b></body>
```

如果要清除 setInterval 函数设置的定时器,可以使用 clearInterval 函数。

3. 定时操作函数的应用举例

(1) 下面的例子用来制作打字机效果,它可以使 str 中的文字一个接一个地出现。

```
<body onLoad="setInterval(trim, 100)">
<p id="exp"></p>
<script>
var exp=document.getElementById("exp");
var str="函数就像是一台机器,它对输入的数据进行加工再输出需要的数据";
y=1;
function trim(){                          //用来定时执行的函数
  var trimstr=str.substring(0,y);        //截取从0到y的子字符串
  exp.innerHTML=trimstr;
  if(y<str.length) y++;
  else clearInterval(setInterval(trim, 100));}
</script></body>
```

(2) 制作漂浮广告。

① 漂浮广告的原理是首先向网页中添加一个绝对定位的元素,由于绝对定位元素不占据网页空间,所以会浮在网页上。下面的代码将一个 div 设置为绝对定位元素,并为它设置了 ID,方便通过 JavaScript 程序操纵它。在 div 中放置了一张图片,并对这张图片设置了链接。

```
<div id="Ad" style="position:absolute">
<a href="http://www.163.com" target="_blank">
    <img src="logo.jpg" border="0"/> </a> </div>
```

② 接下来通过 JavaScript 脚本每隔 10 毫秒改变该 div 元素的位置,代码如下:

```
<script>
var x=50,y=60;                  //设置元素在浏览器窗口中的初始位置
var xin=true, yin=true;         //设置xin、yin用于判断元素是否在窗口范围内
var step=1;                     //可设置每次移动几像素
var obj=document.getElementById("Ad");              //通过ID获取div元素
function floatAd() {
var L=T=0;
```

```
   var R = document.body.clientWidth - obj.offsetWidth;      //浏览器的宽度减 div
//对象占据的空间宽度就是元素可以到达的窗口最右边的位置
   var B = document.body.clientHeight - obj.offsetHeight;
  obj.style.left = x + document.body.scrollLeft;       //设置 div 对象的初始位置
  //当没有拉到滚动条时,document.body.scrollTop 的值是 0,当拉到滚动条时,为了让
//div 对象在屏幕中的位置保持不变,就需要加上滚动的网页的高度
     obj.style.top = y + document.body.scrollTop;
     x = x + step * (xin?1: -1);            //水平移动对象,每次判断左移还是右移
     if (x < L) { xin = true; x = L; }
     if (x > R){ xin = false; x = R; }   //当 div 移动到最右边,x 大于 R 时,设置 xin =
//false,让 x 每次都减 1,即向左移动,直到 x < L 时,再将 xin 的值设为 true,让对象向右移动
     y = y + step * (yin?1: -1)
     if (y < T) { yin = true; y = T; }
     if (y > B) { yin = false; y = B;}
     }
     var itl = setInterval("floatAd()", 10)        //每隔 10 毫秒执行一次 floatAd()
     obj.onmouseover = function(){clearInterval(itl)}
                                                    //鼠标滑过时,让漂浮广告停止
     obj.onmouseout = function(){itl = setInterval("floatAd()", 10)}
                                                    //鼠标离开时,继续移动
   </script>
```

代码中,scrollTop 是获取 body 对象在网页中当拉动滚动条后网页被滚动的距离。由于 x 和 y 每次都是减 1 或加 1,所以漂浮广告总是以 45°角飘动,碰到边框后再反弹回来。

(3) 制作简单图片轮显效果。

通过每隔 2 秒钟修改 img 元素的 src 属性,就能制作出如图 7-9 所示的图片轮显效果。它的代码如下:

```
   <script>
var  n = 1;
function changePic(m){
   return n = m;  }                  //强行将 n 值改变成当前图片的 m 值
function change(){
   var myImg = document.getElementsByTagName("img")[0];        //获取图片
   myImg.src = "images/0" + n + ".jpg";      //修改元素的 src 属性
   if(n < 5) n ++;                          //定时函数每执行一次 n 值加 1
   else n = 1;     }
</script>
<body onload = "setInterval(change,2000);">
<img src = "images/01.jpg" width = "200"/>
<div><a href = "#" onclick = "changePic(1)" >屋檐</a>
<a href = "#" onclick = "changePic(2)">旅途</a><a href = "#" onclick =
"changePic(3)">红墙</a><a href = "#" onclick = "changePic(4)">梅花</a><a
href = "#" onclick = "changePic(5)">宫殿</a></div>
```

图 7-9　简单图片轮显效果

4. 用定时操作函数制作动画效果小结

（1）首先获取需要实现动画效果的 HTML 元素，一般用 getElementById( )方法。

（2）将实现动画效果的代码写在一个函数里，如需要移动元素位置，则代码里要有改变元素位置的语句；如果改变元素属性，则代码里要有设置元素属性的语句，这样每执行一次函数就会改变对象的某些属性。

（3）通过 setInterval( )调用实现动画的函数或 setTimeout( )递归调用实现动画函数的父函数，使其重复执行。

7.4.3　location 对象

location 对象表示浏览器地址栏中的 URL 地址，该对象主要用来设置或分析浏览器的 URL，使浏览器发生转向，它的一些属性如表 7-5 所示。

表 7-5　location 对象的常用属性

属性	说　　　明	示　　　例
hash	URL 中的锚点部分（"#"号后的部分）	#sec1
host	服务器名称和端口部分（域名或 ip 地址）	www. hynu. cn
href	当前载入的完整 URL	http://www. hynu. cn/web/123. htm
pathname	URL 中主机名后的部分	/web/123. htm
port	URL 中的端口号	8080
protocol	URL 使用的协议	http
search	执行 get 请求的 URL 中问号（?）后的部分	?id = 134&name = sxtang

其中，location. href 是最常用的属性，用于获得或设置窗口的 URL，类似于 document 的 URL 属性。改变该属性的值就可以导航到新的页面，代码如下：

```
location.href = "http://ec.hynu.cn/index.htm";
```

实际上，DW 中的跳转菜单就是使用下拉菜单结合 location 对象的 href 属性实现的。下面是跳转菜单的代码：

```
< select name = "select" onchange = "location. href = this. options [this.
selectedIndex].value">
    <option >请选择需要的网址 </option>
```

```
    <option value = "http://www.sohu.com">搜狐</option>
    <option value = "http://www.sina.com">新浪</option>
</select>
```

location. href 对各个浏览器的兼容性都很好,但依然会在执行该语句后执行其他代码。采用这种导航方式,新地址会被加入到浏览器的历史栈中,放在前一个页面之后,这意味着可以通过浏览器的"后退"按钮访问之前的页面。

如果不希望用户可以用"后退"按钮返回原来的页面,可以使用 replace( )方法,该方法也能转到指定的页面,但不能返回到原来的页面了,这常用在注册成功后禁止用户后退到填写注册资料的页面。例如:

```
<p onclick = "location.replace('http://www.sohu.com');">搜狐</p>
```

可以发现转到新页面后,"后退"按钮是灰色的了。

7.4.4　history 对象

history 对象主要用来控制浏览器后退和前进。它可以访问历史页面,但不能获取到历史页面的 URL。下面是 history 对象的一些用法。

```
history.back();                      //浏览器后退一页,等价于 history.go(-1);
history.forward();                   //浏览器前进一页,等价于 history.go(1);
history.go(0);                       //浏览器刷新当前页,等价于 location.reload();
document.write(history.length);      //输出浏览历史的记录总数
```

7.4.5　document 对象

document 对象实际上又是 window 对象的子对象,document 对象的独特之处是它既属于 BOM 又属于 DOM。

从 BOM 角度看,document 对象由一系列集合构成,这些集合可以访问文档的各个部分,并提供页面自身的信息。

document 对象最初是用来处理页面文档的,但很多属性已经不推荐继续使用了。如改变页面的背景颜色(document. bgColor)、前景颜色(document. fgColor)和链接颜色(document. linkColor)等,因为这些可以使用 DOM 动态操纵 CSS 属性实现。如果一定要使用这些属性,应该把它们放在 body 部分,否则对 Firefox 浏览器无效。

由于 BOM 没有统一的标准,各种浏览器中的 document 对象特性并不完全相同,因此在使用 document 对象时需要特别注意,尽量要使用各类浏览器都支持的通用属性和方法。表 7-6 列出了 document 对象的一些常用集合。

表 7-6　document 对象的属性

集　合	说　明
anchors	页面中所有锚点的集合(设置了 id 或 name 属性的 <a>标记)
embeds	页面中所有嵌入式对象的集合(由 <embed>标记表示)

续表

集　合	说　明
forms	页面中所有表单的集合
images	页面中所有图像的集合
links	页面中所有超链接的集合(设置了 href 属性的 < a > 标记)
cookie	用于设置或者读取 Cookie 的值
body	指定页面主体的开始和结束
all	页面中所有对象的集合(IE 独有)

下面是 document 对象的一些典型应用的例子。

1. 获得页面的标题和最后修改时间

document 对象的 lastModified 属性可以输出网页的最后更新时间;而它的 title 属性可以获取或更改页面的标题。例如,下面的代码效果如图 7-10 所示。

```
document.write(document.title + "<br / >");
document.write(document.lastModified);
```

图 7-10　获得页面的标题和最后修改时间

2. 将所有超链接都设置为在新窗口打开

如果希望网页中所有的窗口自动在新窗口打开,除了通过网页头部的 < base > 标记设置外,还可以通过设置 document 对象中 links 集合的 target 属性实现。例如:

```
< body onload = "newwin()">
< script type = "text/JavaScript">
function newwin(){
for (i = 0;i <= document.links.length - 1;i ++)
    document.links[i].target = "_blank";
} </script >
< a href = "01.htm">测试 1 </a >< a href = "02.htm">测试 2 </a ></body >
```

3. 改变超链接中原来的链接地址

在有些下载网站上,要求只有注册会员才能下载软件,会员单击下载软件的链接会转到下载页面,而其他浏览者单击该链接却是转到要求注册的页面。这可以通过改变超链接中原有链接地址的方式实现,把要求注册的链接写到 href 属性中,而如果发现是会员,就通过 JavaScript 改变该链接的地址为下载软件的页面。代码如下:

```
< body >< a href = "register.asp" >会员可以下载 < / a >
```

```
<script type = "text/JavaScript">
  if( member = = true ) {                              //如果是会员
    document.links[0].href = "download.asp"; }    //转到下载页面
  </script ></body >
```

当然，一般情况是通过服务器端脚本改变原来的链接地址，这样可防止用户查看源代码找到改变后的链接地址。但不管哪种方式，都是要通过 document. links 对象来实现的。

4. 用 document 对象的集合属性访问 HTML 元素

document 对象的集合属性能简便地访问网页中某些类型的元素，它是通过元素的 name 属性定位的，由于多个元素可以具有相同的 name 属性，因此这种方法访问得到的是一个元素的集合数组，可以通过添加数组下标的方式精确访问某一个元素。

例如，对于下面的 HTML 代码：

```
< img src = "logo.gif" name = "home"/ >
< form method = "post" action = "" name = "data">
    < input type = "text" name = "txtEmail"/ >
    < input type = "submit" value = "提交"/ >
</form >
```

要访问 name 属性为 home 的 img 图像，可使用 document. images［"home"］，但如果网页中有多个 img 元素的 name 属性相同，那么 IE 中获取到的将是最后一个 img 元素，而 Firefox 获取到的是第一个 img 元素。

访问该表单中元素可使用：document. forms［"data"］. txtEmail。而 document. forms［0］. title. value 表示网页第一个表单中 name 属性为 title 的元素的 value 值。

但如果要访问 table,div 等 HTML 元素，由于 document 对象没有 tables、divs 这些集合，就不能这样访问了，要用 7.5.3 节介绍的 DOM 访问指定节点的方法访问。

5. document 对象的 write 和 writeln 方法

document 对象有很多方法，但大部分是操纵元素的，如 document. getElementById(ID)。这些在 DOM 中再介绍，这里只介绍最简单的用 document 动态输出文本的方法。

1）write 和 writeln 方法的用法

write 和 writeln 方法方法都接受一个字符串参数，在当前 HTML 文档中输出字符串，唯一的区别是 writeln 在字串末尾加一个换行符(\n)。但是 writeln 只是在 HTML 代码中添加一个换行符，由于浏览器会忽略代码中的换行符，所以以下两种方式都不会使内容在浏览器中产生换行。

```
document.write("这是第一行" + "\n");
document.writeln("这是第一行");            //等效于上一行的代码
```

要在浏览器中换行，只能再输出一个换行标记 < br / >,即：

```
document.write ("这是第一行" + "<br/ >");
```

2）用 document. write 方法动态引入外部 js 文件

如果要动态引入一个 js 文件，即根据条件判断，通过 document. write 输出 < script > 元素，则必须这样写才对：

```
if (prompt("是否链接外部脚本(1 表示是)","") ==1)
document.write("< script type ='text/JavaScript' src ='1.js'>" +"</scr" +
"ipt >");
```

注意要将 </script> 分成两部分，因为 JavaScript 脚本是写在 < script > </script > 标记对中的，如果浏览器遇到 </script> 就会认为这段脚本在这里就结束了，而忽略后面的脚本代码。

7.4.6   screen 对象

screen 对象主要用来获取用户计算机的屏幕信息，包括屏幕的分辨率，屏幕的颜色位数，窗口可显示的最大尺寸。有时可以利用 screen 对象根据用户的屏幕分辨率打开适合该分辨率显示的网页。表 7-7 列出了 screen 对象的常用属性。

表 7-7   screen 对象的属性

属　　性	说　　明
availHeight	窗口可以使用的屏幕高度，一般是屏幕高度减去任务栏的高度
availWidth	窗口可以使用的屏幕宽度
colorDepth	屏幕的颜色位数
height、width	屏幕的高度和宽度（单位是像素）

1. 根据屏幕分辨率打开适合的网页

下面的代码首先获取用户的屏幕分辨率，然后根据不同的分辨率打开不同的网页。

```
< script >
if (screen.width ==800) { location.href = '800 * 600.htm' }
  else if (screen.width ==1024) { location.href = '1024 * 768.htm' }
  else {self.location.href = 'else.htm' }   </script>
```

2. 使浏览器窗口自动满屏显示

在网页中加入下面的脚本，可保证网页打开时总是满屏幕显示。

```
< script >   window.moveTo(0,0);
    window.resizeTo(screen.availWidth,screen.availHeight);   </script>
```

7.5   文档对象模型 DOM

文档对象模型（Document Object Module，DOM）定义了用户操纵文档对象的接口，DOM 的本质是建立了 HTML 元素与脚本语言沟通的桥梁，它使得用户对 HTML 文档有了空前的访问能力。

7.5.1　网页中的 DOM 模型

一段 HTML 代码实际上对应一棵 DOM 树。每个 HTML 元素就是 DOM 树中的一个节点，如 body 元素就是 html 元素的子节点。整个 DOM 模型都是由元素节点（Element Node）构成的。通过 HTML 的 DOM 模型可以获取并操纵 DOM 树中的节点，即 HTML 元素。

对于每一个 DOM 节点 node，都有一系列的属性、方法可以使用，表 7-8 列出了节点常用的属性和方法，供读者需要时查询。

表 7-8　node 的常用属性和方法

属性/方法	返回类型/类型	说　　明
nodeName	String	节点名称，元素节点的名称都是大写形式，如 LI、DIV 等
nodeValue	String	节点的值
nodeType	Number	节点类型，数值表示
firstChild	Node	指向 childNodes 列表中的第一个节点
lastChild	Node	指向 childNodes 列表中的最后一个节点
childNodes	NodeList	所有子节点列表，方法 item(i) 可以访问第 i + 1 个节点
parentNode	Node	指向节点的父节点，如果已是根节点，则返回 null
previousSibling	Node	指向前一个兄弟节点，如果已是第一个节点，则返回 null
nextSibling	Node	指向后一个兄弟节点，如果已是最后一个节点，则返回 null
hasChildNodes()	Bolean	当 childNodes 包含一个或多个节点时，返回 true
attributes	NameNodeMap	包含一个元素的 Attr 对象，仅用于元素节点
appendChild(node)	Node	将 node 节点添加到 childNodes 的末尾
removeChild(node)	Node	从 childNodes 中删除 node 节点
replaceChild(newnode, oldnode)	Node	将 childNodes 中的 oldnode 节点替换成 newnode 节点
insertBefore(newnode, refnode)	Node	在 childNodes 中的 refnode 节点前插入 newnode 节点

总的来说，利用 DOM 编程在 HTML 页面中的应用可分为以下几类：①访问指定节点；②访问相关节点；③访问节点属性；④检查节点类型；⑤创建节点；⑥操作节点。

7.5.2　DOM 编程引例

很多网页中都存在一些动态效果，比如鼠标滑动到某个文本或图像上时，文本或图像会发生变化，比如移动、消失，变大变小等，这些都是用 JavaScript 程序实现的。编写动态效果程序的一般步骤是：①找到要实现动态效果的对象（网页元素）；②为其添加事件；③编写事件处理函数；④在事件处理函数中通过改变网页元素的属性或内容来实现动态效果。

下面是一个例子,当鼠标滑动到标题文字上时,标题文字和它下方的图片就会发生变化,效果如图 7-11 所示,代码如下。

图 7-11　鼠标滑动到标题上,文字和图片发生变化的效果

```
< html >< body >
< h2 id = "tit">会变的图片 </h2 >
< img src = "images/pic1.jpg" id = "pic1"/ >
< script >                              //必须写在 pic1 元素后面
var img1 = document.getElementById("pic1");      //获取 ID 为 pic1 的元素
var tit = document.getElementById("tit");      //获取 ID 为 tit 的元素
tit.onmouseover = change;            //当鼠标滑动到 tit 元素上时调用 change 函数
function change(){
    img1.src = "images/pic2.jpg";         //设置 img1 的 src 属性为另一张图片
    tit.innerHTML = "看到变化了吗";       //设置 tit 的内容为另一个文本
}
</script >
</body ></html >
```

下面分别讲述动态效果程序编写时每一步的实现方法。

1. 获取指定元素

获取指定元素是指根据 HTML 元素的 id 属性或 name 属性或标记名,找到指定的元素,并返回一个 DOM 对象(或数组)。document 对象提供了如下三个相关方法。

（1）getElementById( )：根据 HTML 元素的 id 属性访问该元素,并返回一个 DOM 对象。

（2）getElementsByName( )：根据 HTML 元素的 name 属性访问该组元素,并返回一个 DOM 对象数组,常用在访问表单元素中。

（3）getElementsByTagName( )：根据 HTML 元素的标记名访问该组元素,并返回一个 DOM 对象数组。

其中,getElementById( )是最常用的方法,只要给 HTML 元素设置了 ID 属性,就可用该方法访问元素。而后面两个方法由于返回的是数组,要使用它们获取单个 HTML 元素必须添加数组下标，例如：

```
var tj = document.getElementsByName("tongji")[1];
                            //获取第二个 name 属性为 tongji 的元素
var mul = document.getElementsByTagName("ul")[0];
                            //获取第一个 <ul> 标记的元素
```

2. 添加事件

在获取了要发生交互效果的 HTML 元素后，就可给它添加事件。添加事件可采用 HTML 事件属性或事件监听程序。推荐使用事件监听程序，以实现 HTML 代码与 JavaScript 代码的分离。例如：

```
var tit = document.getElementById("tit");   //获取 id 为 tit 的元素
tit.onmouseover = change;               //为 tit 元素添加事件，并设置事件处理函数
```

接下来，就可编写事件处理函数，在事件处理函数中，动态效果一般是通过改变 HTML 元素的内容、属性或 CSS 属性实现的。

3. 访问元素的 HTML 属性

当获取到指定的 HTML 元素（DOM 对象）后，就可使用"DOM 对象.属性名"来访问元素的 HTML 属性了。该属性是可读写的，读取和设置元素的 HTML 属性的方法是：

```
变量 = DOM 对象.属性名                   //读取元素的 HTML 属性
DOM 对象.属性名 = 属性值                 //设置元素的 HTML 属性
```

下面是一个例子，当鼠标滑动到文字上（p 元素）时，改变该元素的 align 属性，使文字左右跳动，效果如图 7-12 所示，代码如下。

图 7-12　文字左右移动效果

```
<p id = "mov" align = "left">跳动的文字 </p>
<script>      //必须写在 mov 元素后面
var mov = document.getElementById("mov");        //获取 ID 为 mov 的元素
mov.onmouseover = change;        //当鼠标滑动到 mov 元素上时调用 change 函数
function change(){
  if(mov.align == "left"){   // 读取 mov.align 属性并比较
      mov.align = "right";}   // 设置 mov.align 属性的值
  else mov.align = "left";   }
</script>
```

提示：该例中 mov. align 也可写为 this. align，在 JavaScript 中，如果 this 放置在函数体内，那么 this 指代调用该函数的事件前的对象。

4. 访问元素的 CSS 属性

访问元素的 CSS 属性可以使用"DOM 对象. style. CSS 属性名"的方法。该 CSS 属性也是可读写的，读取和设置元素的 CSS 属性的方法如下：

```
变量 = DOM 对象. style.CSS 属性名              //读取元素的 CSS 属性
DOM 对象.style.CSS 属性名 = 属性值             //设置元素的 CSS 属性
```

下面是一个例子，当鼠标滑动到文字"沙漠古堡"上时，第一张图片就会变大，同时第二张图片会消失，效果如图 7-13 所示，代码如下。

图 7-13　图片变大或消失的效果

```
<html><body>
<b id = "tit">沙漠古堡</b>  <b id = "tit2">天山冰湖</b><br>
<img src = "images/pic1.jpg" id = "pic1" width = "75"/>
<img src = "images/pic2.jpg" id = "pic2" width = "75"/>
<script>         //必须写在 HTML 元素后面
var pic1 = document.getElementById("pic1");    //获取 ID 为 pic1 的元素
var pic2 = document.getElementById("pic2");    //获取 ID 为 pic2 的元素
var tit = document.getElementById("tit");      //获取 ID 为 tit 的元素
tit.onmouseover = change;     //当鼠标滑动到 tit 元素上时调用 change 函数
function change(){
    pic2.style.display = "none";               //隐藏 pic2
    pic1.style.width = "140px";                //设置 pic1 的宽度值，使它变大
    pic1.style.borderLeft = "10px solid red"; //设置 pic1 的左边框值
}
</script>
</body></html>
```

说明：

（1）CSS 样式设置必须符合 CSS 规范，否则该样式会被忽略。

（2）如果样式属性名称中不带"－"号，例如 color，则直接使用 style.color 就可访问

该属性值；如果样式属性名称中带有"－"号，例如 font-size，对应的 style 对象属性名称为fontSize。转换规则是去掉属性名称中的"－"，再把后面单词的第一个字母大写。又如border-left-style，对应的 style 对象属性名称为 borderLeftStyle。

（3）对于 CSS 属性 float，不能使用 style. float 访问，因为 float 是 JavaScript 的保留字，要访问该 CSS 属性，在 IE 中应使用 style. styleFloat，在 Firefox 中应使用 style. cssFloat。

（4）使用 style 对象只能读取到元素的行内样式，而不能读取元素所有的 CSS 样式。如果将 HTML 元素的 CSS 样式改为嵌入式，那么 style 对象是访问不到的。因此style 对象获取的属性与元素最终显示效果并不一定相同，因为可能还有非行内样式作用于元素。

（5）如果使用 style 对象设置元素的 CSS 属性，而设置的 CSS 属性和元素原有的任何 CSS 属性冲突，则通过 style 设置的样式一般为元素的最终样式，因为 style 会对元素增加一个行内 CSS 样式属性，而行内 CSS 样式的优先级最高。

5. 访问元素的内容

如果要访问或设置元素的内容，一般使用 innerHTML 属性。innerHTML 可以将元素的内容（位于起始标记和结束标记之间）改变成其他任何内容（如文本或 HTML 元素）。innerHTML 虽然不是 DOM 标准中定义的属性，但大多数浏览器却都支持，因此不必担心浏览器兼容问题。

下面是一个例子。当勾选表单中的复选框后，将在 span 元素中添加内容（文字和文本框），取消勾选则清空 span 元素的内容。效果如图 7-14 所示。代码如下：

图 7-14　利用 innerHTML 改变元素的内容

```
< form name = "userInfo" method = "post" action = "">您有小孩吗？有：
< input type = "checkbox" name = "hasBoy" id = "hasBoy" value = "1" onclick =
"check()" / >
  < span id = "add" >  < /span > < /form >
< script >
function check(){
    var hasboy = document.forms["userInfo"].hasBoy;
    var add = document.getElementById("add");      //获取 add 元素
    if(hasboy.checked)
        add.innerHTML = "有几个 < input type = 'text' name = 'textfield' / >";
    else add.innerHTML = ""; }                      //设置 add 元素的内容
< /script >
```

7.5.3　访问指定节点

"访问指定节点"的含义是已知节点的某个属性(如 id 属性、name 属性或者节点的标记名),在 DOM 树中寻找符合条件的节点。对于 HTML 的 DOM 模型来说,就是根据 HTML 元素的 id 或 name 属性或标记名,找到指定的元素。相关方法包括 getElementById( )、getElementsByName( )和 getElementsByTagName( )。

1. 通过元素 ID 访问元素——getElementById( )方法

getElementById 方法可以根据传入的 id 参数返回指定的元素节点。在 HTML 文档中,元素的 id 属性是该元素对象的唯一标识,因此 getElementById 方法是最直接的节点访问方法。例如:

```
<body onclick = "searchDOM()">
<ul><li id = "wuli">统计物理</li></ul>
<script language = "JavaScript">
function searchDOM(){
    var wuli = document.getElementById("wuli");         //产生一个 DOM 对象 wuli
    alert(wuli.tagName + " " + wuli.childNodes[0].nodeValue); }
</script></body>
```

说明:

(1) 当单击网页时,将弹出如图 7-15 所示的对话框,注意元素节点名称"LI"是大写的形式。因为默认元素节点的 nodeName 都是大写的,这是 W3C 规定的。因此元素节点名并不完全等价于标记名。

(2) getElementById( )方法将返回一个对象,我们称该对象为 DOM 对象,它与那个有着指定 id 属性值的 HTML 元素相对应。例如,本例中变量"wuli"就是一个 DOM 对象。wuli. childNodes[0]返回该对象的第一个子节点,即"统计物理"这个文本节点。

图 7-15　getElementById 方法

注意:如果给定的 id 匹配某个或多个表单元素的 name 属性,那么 IE 也会返回这些元素中的第一个,这是 IE 一个非常严重的 bug,也是开发者需要注意的,因此在写 HTML 代码时应尽量避免某个表单元素的 name 属性值与其他元素的 id 属性值重复。

提示:IE 浏览器可以根据元素的 ID 直接返回该元素的 DOM 对象,例如,将上例中的 var wuli = document. getElementById("wuli");删除后,IE 中仍然有相同效果。

2. 通过元素 name 访问元素——getElementsByName 方法

getElementsByName 方法也可查找所有元素对象,只是返回 name 属性为指定值的所有元素对象组成的数组。但可以通过添加数组下标使其返回这些元素对象中的一个。例如:

```
var tj = document.getElementsByName("tongji")[0];
```

3. 通过元素的标记名访问元素——getElementsByTagName 方法

getElementsByTagName 是通过元素的标记名来访问元素,它将返回一个具有某个标记名的所有元素对象组成的数组,例如,下面的代码将返回文档中 li 元素的集合。

```
<body onclick = "searchDOM()">
<ul >客户端编程
    <li ><a href = "#">HTML </a ></li >
    <li >CSS </li >
    <li >JavaScript </li >
  </ul >
<script >
function searchDOM(){
    var myul = document.getElementsByTagName("ul")[0];     //获取第一个 ul
    alert(myul.tagName + " " +myul.childNodes[0].nodeValue);
    var sib = myul.getElementsByTagName(" * ")              //获取该 ul 的所有子孙元素
    alert(sib[1].tagName + " " + sib[2].childNodes[0].nodeValue);
} </script ></body >
```

上述代码运行时将先后弹出两个警告框,第一个警告框中显示"UL 客户端编程",因为网页中第一个 ul 元素的标记名显然是"UL",而 ul 元素的第一个子节点是文本节点,它的值是"客户端编程"。

第二个警告框中会显示"A CSS",因为 ul 元素总共有 4 个子孙元素,即 li、a、li、li,sib[1].tagName 指其中第二个元素的元素名,即"A";而其中第三个元素的子节点是文本节点,它的值是"CSS"。

注意: getElementById( )获取到的是单个元素,所以是"Element"没有"s",而 getElementsByTagName 和 getElementsByName 获取到的是一组元素,如果用它们获取单个元素必须添加数组下标,切记。

4. getElementsByClassName( )函数

在 HTML 5 中,新增了 getElementsByClassName( )函数,它是根据类名匹配元素的,返回的是匹配到的数组,无匹配则返回空的数组。例如:

```
var els = document.getElementsByClassName('section');
```

支持该函数的浏览器有: IE9、Firefox 3.0 + 、Safari 3.2 + 、Chrome 4.0 + 、Opera 10.1 + 。

5. 访问指定节点的子节点

如果要访问一个指定节点的子节点,那么第一步是要找到这个指定节点,然后可以通过两种方法之一找到它的子节点。例如,有下列 HTML 代码:

```
<ul id="nav">
  <li><a href="">E-cash</a></li>
  <li><a href="">微支付</a></li>
</ul>
```

如果要访问#nav下的所有li元素,那么首先可以用getElementById()方法找到#nav元素,代码如下:

```
var navRoot = document.getElementById("nav");
```

然后有两种方法,第一种方法是在 DOM 对象 navRoot 中再次使用 getElementsByTagName 搜寻它的子节点。代码如下:

```
var navli = navRoot.getElementsByTagName("li");
```

第二种方法是使用 childNodes 集合获取 navRoot 对象的子节点。

```
var navli = navRoot.childNodes;
```

两种方法返回的navli都是一个数组,可以使用循环语句输出该数组中的所有元素,例如:

```
for(var i=0;i<navli.length;i++)              //逐一查找
  DOMString += navli[i].nodeName + "\n";
  alert(DOMString);
```

第一种方法在 IE 和 Firefox 浏览器中的输出结果完全相同,都输出两个子节点"LI";而第二种方法在 IE 和 Firefox 中的运行结果分别如图 7-16 和图 7-17 所示。

图 7-16　IE 中有两个子节点　　　　图 7-17　Firefox 中的子节点

这种差异是因为 Firefox 在计算元素的子节点时,不仅计算它下面的元素子节点,连元素之间的回车符也被当成文本子节点计算进来了,由此计算出的子节点个数是 5。因此,如果要找一个元素中所有同一标记的子元素,应尽量使用第一种方法,这样可避免 Firefox 把回车符当成文本子节点计算的麻烦。

当然,如果一定要用第二种方法,并且兼容 IE 和 Firefox 浏览器,可以在获取子节点前加一条判断语句。代码如下:

```
for(var i=0;i<navli.length;i++)
    if (navli[i].nodeType ==1) DOMString += navli[i].nodeName + "\n";
    alert(DOMString);
```

如果要访问第一个子节点,还可以使用 firstChild,访问最后一个节点则是 lastChild。如 var navli = navRoot. firstChild,它将返回一个元素对象。但对于 IE 来说,第一个子节点是"LI",而在 Firefox 中,第一个子节点是"#text",同样存在不一致的问题。

6. 访问某些特殊节点

如果要访问文档中的 html 节点或 body 节点等特殊节点,以及 BOM 中具有的某些元素集合,除了使用上面的通用方法外,还可以使用表 7-9 中的方法。

表 7-9　访问特殊元素节点的方法

要访问的元素	方　　法
html	var htmlnode = document. documentElement
head	var bodynode = document. documentElement. firstChild
body	document. body
超链接元素	var nava = document. links[n]
img 元素	var img = document. images[n]
form 元素	var reg = document. forms ["reg"]
form 中的表单域元素	var email = document. forms["reg"]. txtEmail

说明:

(1) 访问 html 元素应该使用 document. documentElement,而不是 document. html。对 html 元素使用 firstChild 方法就可以得到 head 元素,在 Firefox 中也是如此。这说明 Firefox 只是在求 body 节点及其下级节点的子节点时才会计算文本子节点(如回车符)。

(2) 由于 document 对象具有 links、images 和 forms 等集合,因此访问这类元素可以使用相应的集合名带数组下标找到指定的元素,或者使用"集合名["name 属性"]"方法。例如,表中的 reg、txtEmail 都是指定元素的 name 属性值。

提示:如果要获取所有元素的集合,在 Firefox 等浏览器下可以用:

```
var oAllElement = document.getElementsByTagName("*");
```

在 IE6 下则可以用:

```
var oAllElement = document.all;
```

7.5.4　访问和设置元素的 HTML 属性

在找到需要的节点(元素)之后通常希望对其属性进行读取或修改。DOM 定义了三个方法来访问和设置节点的 HTML 属性,它们是:getAttribute(name)、setAttribute(name, value)和 removeAttribute(name),它们的作用如表 7-10 所示。

表 7-10　访问和设置元素 HTML 属性的 DOM 方法

方　　法	功　　能	举　　例
getAttribute(name)	读取元素属性	myImg. getAttribute("src")
setAttribute(name, value)	修改元素属性	myImg. setAttribute("src" ,"02. jpg")
removeAttribute(name)	删除元素属性	myImg. removeAttribute("title")

实际上,也可以不使用以上三种方法,直接通过(DOM 元素.属性名)获取元素的 HTML 属性,通过(DOM 元素.属性名＝"属性值")设置或删除元素的 HTML 属性。这种方法和表 7-10 中方法的区别在于表中的方法可以访问和设置元素自定义的属性(如对 <img>标记自定义一个 author 属性),而这种方法只能访问和设置 HTML 中已有的属性,但我们一般都不会去自定义 HTML 属性,因此这种方法完全够用,本节中主要采用这种方法。

1. 读取元素的 HTML 属性

下面的代码首先获取一个 img 图像元素,然后读取该元素的各种属性并输出。

```
<body onload = "init()">
  <img src = "images/01.jpg" alt = "沙漠古堡" class = "west"/>
<script>
  function init() {
    var myImg = document.getElementsByTagName("img")[0];      //获取元素
    alert(myImg.src);
    alert(myImg.alt);            //等价于 alert(myImg.getAttribute("alt"));
    alert(myImg.className); //输出"west"
  }
</script></body>
```

说明:使用 myImg. alt 就可以读取 myImg 元素的 alt 属性,它和 myImg. getAttribute ("alt")有等价的效果。对于 class 属性,由于 class 是 JavaScript 的关键字,因此访问该属性时必须将它改写成 className。

2. 设置元素的 HTML 属性

图 7-18 是一个图像依据鼠标指向文字的不同而变换的效果。当鼠标滑动到某个 li 元素上时,就动态地改变左边 img 元素的 src 属性,使其切换显示图片。该实例的代码如下(在与该代码的同级目录下有三个图像文件 pic1. jpg、pic2. jpg 和 pic3. jpg)。

图 7-18　图片跟随文字变换的效果

```
<style type = "text/css">
#container ul {
    margin:8px;  padding:0;  list - style:none;  border:1px dashed red;}
#container li {
    font:24px/2 "黑体"; }
</style>
```

```
<div id = "container">< img src = "pic1.jpg" id = "picbox" style = "float:
left;"/>
<ul >< li onmouseover = "changePic(1)">沙漠古堡 </li >
  <li onmouseover = "changePic(2)">天山冰湖 </li >
  <li onmouseover = "changePic(3)">自然村落 </li ></ul >
</div >
<script >
function changePic(n){                    //必须写在#picbox 元素后面
    var myImg = document.getElementById("picbox");    //获取 img 元素
    myImg.src = "pic" + n + ".jpg";    }    //设置 myImg 的 src 属性为某个 jpg 文件
</script >
```

3. 删除元素的 HTML 属性

通过（DOM 元素. 属性名 = " "）就可以删除一个元素的 HTML 属性值，例如：

```
< img src = "pic1.jpg" title = "沙漠古堡" onclick = "changePic()" width = "200"
class = "bk"/>
<script >
function changePic(){
    var myImg = document.getElementsByTagName("img")[0]; //获取图片
    myImg.title = "";                            //删除 title 属性
    myImg.className = "";                         //删除 class 属性
    myImg.removeAttribute("width");              //删除 width 属性
} </script >
```

提示：

（1）由于 width 属性和 CSS 中的 width 属性同名，因此不能用 myImg. width = " " 删除。

（2）removeAttribute( )可以删除元素的任何 HTML 属性，只是和 getAttribute( )一样，对于 class 属性在 IE 中必须把"class"写成"className"，而在 Firefox 中"class"又只能写成"class"，因此，解决的办法是把两条都写上或使用 myImg. className = " " 来删除。

7.5.5　访问和设置元素的内容

如果要访问或设置元素的内容，一般使用 innerHTML 属性。该属性可读取或设置元素中的内容。示例代码如下（当鼠标移动到 span 元素上时，将改变该元素中的内容）：

```
< span id = "a" onmouseover = "change()">< b >把鼠标移过来,我会变 </b ></span >
<script >
function change(){
    var a = document.getElementById("a");
    alert(a.innerHTML)      //读取元素中的 HTML 内容,输出" < B >把鼠标… </B >"
    a.innerHTML = "看见变化了吗?";      //设置元素中的 HTML 内容
}
</script >
```

提示：对于要设置 innerHTML 属性的 DOM 元素来说，最好要对它进行显式定义，不能去掉"var"，或者确保 DOM 对象名和元素 id 不同名（如将变量 a 改成 a2），否则在 IE 中将会出错。因为 IE 有时会把元素 id 直接当作 DOM 元素对象来使用。

innerHTML 属性可更改元素中的 HTML 内容，如果只需要更改元素中的文本内容，可以使用 innerText 方法，它只能更改标记中文本的内容，但它只支持 IE 浏览器，在 Firefox 中要使用 textContent 属性实现相同的效果。

7.5.6 访问和设置元素的 CSS 属性

在 JavaScript 中，除了能够访问元素的 HTML 属性外，还能够访问和设置元素的 CSS 属性，访问和设置元素的 CSS 属性可分为以下几种方法。

1. 使用 style 对象访问和设置元素的行内 CSS 属性

style 对象是 DOM 对象的子对象，在建立了一个 DOM 对象后，可以使用 style 对象来访问和设置元素的行内 CSS 属性。语法为：DOM 元素. style. CSS 属性名。可以看出用 DOM 访问 CSS 属性和访问 HTML 属性的区别在于 CSS 属性名前要有"style."。例如：

```
<p id="test" onclick="$()" style="font-size:14px; color:#000;">内容
</p>
<script>
function $(){
var test=document.getElementById("test");
alert (test.style.fontSize);          //访问 CSS 属性 font-size,输出 14px
test.style.color="#f00";              //修改 CSS 属性 color
alert (test.style.color);             //访问 CSS 属性 color,IE 中输出#f00
}</script>
```

下面的例子通过修改 div 元素的 CSS 背景图片属性实现图 7-18 中图像随文字切换效果。

```
#container #picbox {width:150px;    height:150px;    float:left;
                    background:url(pic1.jpg) no-repeat;  }
<div id="container">
    <div id="picbox"></div>        <!--用 div 放置供切换的背景图像-->
    <ul><li onmouseover="changePic(1)">沙漠古堡</li>
        <li onmouseover="changePic(2)">天山冰湖</li>
        <li onmouseover="changePic(3)">自然村落</li>
    </ul></div>
<script>
function changePic(str){
  var myImg=document.getElementById("picbox");            //获取图像元素
  myImg.style.backgroundImage="url(pic"+str+".jpg)"; }//设置 CSS 背景属性
</script>
```

如果要为当前元素设置多条 CSS 属性，可以使用 style 对象的 cssText 方法，例如：

```
var a = document.getElementById("a");
a.style.cssText = "border:1px dotted;width:300px;height:200px;background:
#c6c6c6;"
```

2. 使用 className 属性切换元素的类名

为元素同时设置多条 CSS 属性还可以将该元素原来的 CSS 属性和修改后的 CSS 属性分别写到两个类选择器中，再修改该元素的 class 类名以调用修改后的类选择器。下面的例子同样用来实现图 7-18 中的图片切换效果。

```
<style type = "text/css">
.pic1{background:url(pic1.jpg)}            /*将要修改的 CSS 属性放在一个类选择器中*/
.pic2{background:url(pic2.jpg)}
.pic3{background:url(pic3.jpg)}
</style>
<div id = "container">
<div id = "picbox" class = "pic1"></div>
<ul><li onmouseover = "changePic(1)">沙漠古堡</li>
  <li onmouseover = "changePic(2)">天山冰湖</li>
  <li onmouseover = "changePic(3)">自然村落</li>
</ul></div>
<script language = "JavaScript">
function changePic(str){
  var myImg = document.getElementById("picbox");        //获取图片
  myImg.className = "pic" + str;   }                     //切换#picbox 元素的类名
</script>
```

提示：如果要删除元素的所有类名，设置 DOM 元素.className = " " 即可。

3. 使用 className 属性追加元素的类名

有时候元素可能已经应用了一个类选择器中的样式，如果想要使元素应用一个新的类选择器但又不能去掉原有的类选择器中的样式，则可以使用追加类名的方法，当然这种情况也可以通过 style 对象添加行内样式实现同样效果

但是，当追加元素的类名，不是为了控制该元素的样式，而是为了控制其子元素的样式（例如下拉菜单）时，就只能用这种方法实现。下面是一个追加元素类别的例子：

```
className += " over"
```

提示：在" 与 over 之间的空格一定不能省略，因为 CSS 中为元素设置多个类别名的语法是：class = "test over"（多个类名间用空格隔开），因此添加一个类名一定要在前面加空格，否则就变成了 class = "testover"，这显然不对。

4. 使用 replace 方法去掉元素的某一个类名

如果要在元素已经应用了的几个类名中去掉其中的一个则可以使用 replace 方法，将

类名替换为空即可。例如：

```
this.className = this.className.replace(/over/,"");        //用斜杠"/"将 over 括起来
```

假设元素的类名原来是 class = "test over"，则去掉后变成了 class = "test"。要去掉的类名一定要用斜杠"/"括起来，如果用引号，则在 Firefox 中会不起作用。

下面是追加和删除某一特定类名的例子，当单击导航项时，将显示折叠菜单，再次单击导航项时又将隐藏折叠菜单。

```
< style type = "text/css">
.test{   width: 160px;    border: 1px solid #ccc; }
li ul { display: none;   }
li.over ul { display: block;}
</style >
< ul id = "nav">
  < li class = "test" onclick = "toggle(this)">< a href = "#">文 章 </a>
    < ul >< li >< a href = "#">Ajax 教程 </a></li >
      < li >< a href = "#">Flex 教程 </a ></li ></ul >
  </li ></ul >
< script >
function toggle(obj){
  if (obj.className.indexOf("over") == -1)          //如果类名中没有"over"
    obj.className += " over";                      //追加类名"over"
  else   obj.className = obj.className.replace(/over/,""); }//去除类名"over"
  </script >
```

5. 获取元素的最终 CSS 样式

可以通过下面的方式获取元素在浏览器中的最终样式（即所有 CSS 规则作用在一起得到的样式）。在 IE 和 DOM 兼容浏览器中获取最终样式的方式是不同的。

（1）IE：使用元素的 currentStyle 属性即可以获得元素的最终样式。

（2）DOM 兼容浏览器：使用 document. defaultView. getComputedStyle 方法获得最终样式。

通过以下的方法可以在各种浏览器中获取元素的最终样式：

```
function getCurrentStyle(element) {
    if (element.currentStyle)                            //IE 支持
        return element.currentStyle;
    else
        return document.defaultView.getComputedStyle(element,null); }
                                                         //DOM 支持
```

注意：元素的最终样式是只读的，因此通过上述方式只能读取最终样式，而无法修改样式。这使得在实际应用中获取元素的最终样式用途并不大。

7.5.7 创建和替换元素节点

1. DOM 节点的类型

DOM 中的节点主要有三种类型,分别是元素节点、属性节点和文本节点。例如一个 a 元素:

```
< a href = "iframe.html" target = "myTarget">在指定窗口打开 </a >
```

则该 a 元素中的各种节点如图 7-19 所示。

图 7-19 各种节点的关系

在 DOM 中可以使用节点的 nodeType 和 nodeName 属性检查节点的类型,其值的含义如表 7-11 所示。

表 7-11 DOM 节点的 nodeType 和 nodeName

DOM 节点的属性	元素节点	属性节点	文本节点
nodeType	1	2	3
nodeName	元素标记名的大写	属性名称	#text

2. 创建节点

除了查找节点并处理节点的属性外,DOM 同样提供了很多便捷的方法来管理节点。包括创建、删除、替换和插入等操作,在 DOM 中创建元素节点采用 creatElement(),创建文本节点采用 createTextNode(),创建文档碎片节点采用 createDocumentFragment()等。

(1) createElement 方法: 创建 HTML 元素。

使用该方法可以在文档中动态创建新的元素。例如,希望在网页中动态添加如下代码:

```
<p>这是一条感人的新闻 </p>
```

则首先可以利用 createElement()创建 <p>元素,代码如下:

```
var oP = document.createElement("p");
```

然后利用 createTextNode()方法创建文本节点,并利用 appendChild()方法将其添加到 oP 节点的 childNodes 列表的最后,代码如下:

```
var oCont = document.createTextNode("这是一条感人的新闻");
oP.appendChild(oCont);
```

最后再将已经包含文本节点的元素 < p > 节点添加到 < body > 中,同样可采用 appendChild( )方法,代码如下:

```
document.body.appendChild(oP);
```

这样便完成了 < body > 中 < p > 元素的创建,appendChild( )方法是向元素的尾部追加节点,因此创建的 p 元素总是位于 body 元素的尾部。

（2）createTextNode 方法: 创建文本节点。

```
var txt = document.createTextNode("some text");
```

可以首先创建一个"模板"节点,创建新节点时首先调用 cloneNode 方法获得"模板"节点的副本,然后根据实际应用的需要对该副本节点进行局部内容的修改。

3. 操作节点

操作 DOM 节点可以使用标准的 DOM 方法,如 appendChild( )、removeChild( ) 等,也可以使用非标准的 innerHTML 属性。DOM 中可以使节点发生变化的常用方法如下。

（1）appendChild( ): 为当前节点新增一个子节点,并且将其作为最后一个子节点。

（2）insertBefore( ): 为当前节点新增一个子节点,将其插入到指定的子节点之前。

（3）replaceChild( ): 将当前节点的某个子节点替换为其他节点。

（4）removeChild( ): 删除当前节点的某个子节点。

这里以 replaceChild( )替换节点方法来展示用 DOM 操作节点的方法。下面的代码当单击文本时,将文本所在的 p 节点替换成了 h1 节点。

```
< p onclick = "replaceP()">这行文字被替换了 < /p >
< script >
function replaceP(){
    var oOldP = document.getElementsByTagName("p")[0];
    var oNewP = document.createElement("h1");          //新建元素节点
    var oText = document.createTextNode("这是一个感人至深的故事");
    oNewP.appendChild(oText);
    oOldP.parentNode.replaceChild(oNewP,oOldP);   } //替换节点
< /script >
```

7.5.8　用 DOM 控制表单

虽然可以使用 document. getElementById( )和表单元素的 id 值来访问某个特定的元素。但由于 document 对象具有 forms 集合,因此在 DOM 编程中一般使用 document. forms[ ]集合来访问表单。forms[ ]集合表示网页中所有的表单对象 form,表单对象具有的属性、集合和方法如表 7-12 所示。

表 7-12　表单对象的常用属性、集合和方法

属性/方法	说　　明	示　　例
action	设置表单提交后的 URL	oForm. action = " act. php"
length	表单中元素的个数	oForm. length
method	设置表单提交的方式	oForm. method = " post"
name	表单的名称，可直接用于引用表单	var fname = oForm. name
target	提交表单后显示下一页的方式	oForm. target = " _blank"
elements	集合，表单中包含的元素对象	oForm. elements
submit( )	提交表单	oForm. submit( )
reset( )	重置表单	oForm. reset( )

1. 访问表单中的元素

每个表单中的元素，无论是文本框、单选按钮、下拉列表或者其他内容，都包含在 form 的 elements 集合中，可以利用元素在集合中的位置或者元素的 name 属性获得对该元素的引用。代码如下：

```
var oForm = document.forms["user"];        //user 为该 form 标记的 name 属性
var oTextName = oForm.elements[0];          //该 form 中的第一个表单域元素
var passwd = oForm.elements["passwd"];      //passwd 为该表单域元素的 name 属性
```

另外，还有一种最简便的方法，就是直接通过表单元素的 name 属性来访问，例如：

```
var oComments = oForm.elements. passwd;      //获取 name 属性为 comments 的元素
```

2. 表单中元素的共同属性和方法

所有表单中的元素（除了隐藏元素）都有一些共同的属性和方法，这里将常用的一些列在表 7-13 中。

表 7-13　表单中元素的共同属性和方法

属性/方法	说　　明
checked	对于单选按钮和复选框而言，选中则为 true
defaultChecked	对于单选按钮和复选框而言，如果初始时是选中的则为 true
value	除下拉菜单外，所有元素的 value 属性值
defaultValue	对于文本框和多行文本框而言，初始设定的 value 值
form	指向元素所在的 < form >
name	元素的 name 属性
type	元素的类型
blur( )	使焦点离开某个元素
focus( )	聚焦到某个元素
click( )	模拟用户单击该元素
select( )	对于文本框、多行文本框而言，选中并高亮显示其中的文本

对于表 7-13 中的各个属性和方法，读者可以逐一试验，例如：

```
var oForm = document.forms["myForm1"];              //获取表单 myForm1
var oComments = oForm.elements.comments;
alert(oComments.type);                              //返回元素类型(输出 text)
var oTextPasswd = oForm.elements["passwd"];
oTextPasswd.focus();                               //聚焦到 Passwd 元素上
```

3. 用表单的 submit( )方法代替提交按钮

在 HTML 中,表单的提交必须采用提交按钮或具有提交功能的图像按钮才能够实现,例如:

```
<input type = "submit" name = "Submit" value = "登 录"/>
```

当用户单击提交按钮就可提交表单。但在很多场合中用其他方法提交却显得更为便捷,如选中某个单选按钮,选择了下拉列表中某一项后就让表单立即提交。只要在相应的元素事件中加入下面这条事件处理代码即可。

```
document.formName.submit(); 或 document.forms[index].submit();
```

这两条语句使用了表单对象的 submit( )方法,该方法等效于单击提交按钮。

通过采用 submit( )方法提交表单,还可以把验证表单的程序写在提交表单之前。

下面是用一个超链接(a 元素)模拟提交按钮实现表单提交的例子。在提交之前还验证了用户名是否为空。

```
<script >
  function checkvalue() {          //该函数用来检测用户名并提交表单
    if (document.welcome.username.value == "") {
      alert("用户名不能为空!");
      return (false);    }
    document.welcome.submit();
    return true;  }
  </script >
<form name = "welcome" method = "post" action = "" >
    <input type = "text" name = "username"/>
    <input type = "text" name = "password"/>
    <a href = "#" onclick = "checkvalue();return false; " >登 录</a >
</form>
```

前面曾提到提交按钮是表单的三要素之一,但这个观点现在需要改变了。可以看出,利用 submit( )方法代替提交按钮的功能,可以使表单不再需要提交按钮。

7.6 事件处理

事件是 JavaScript 和 DOM 之间进行交互的桥梁,当某个事件发生时,通过它的处理函数执行相应的 JavaScript 代码。例如,页面加载完毕后,会触发 load 事件,用户单击元素时,会触发 click 事件。通过编写这些事件的处理函数,可以实现对事件的响应,如向用户显示提示信息,改变这个元素或其他元素的 CSS 属性。

7.6.1 事件流

浏览器中的事件模型分为两种,即捕获型事件和冒泡型事件。所谓捕获型事件是指事件从最不特定的事件目标传播到最特定的事件目标,例如下面的代码中,如果单击 p 元素那么捕获型事件模型的触发顺序是 body→div→p。早期的 NN 浏览器采用这种模型。

```
<script>
function add(sText){
    var oDiv=document.getElementById("display");
    oDiv.innerHTML += sText;    }          //输出发生事件的元素顺序
</script>
<body onclick="add('body<br>');">
    <div onclick="add('div<br>');">
      <p onclick="add('p<br>');">Click Me</p>
    </div>
    <div id="display"></div>
</body>
```

而 IE 等浏览器采用了事件冒泡的方式,即事件从最特定的事件目标传播到最不特定的事件目标。而且目前大部分浏览器都是采用了冒泡型事件模型,上例中的代码在 IE 和 Firefox 中的显示结果如图 7-20 所示,可看到它们都是采用事件冒泡的方式。因此这里主要讲解冒泡型事件。

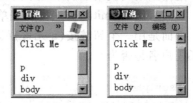

图 7-20　IE 和 Firefox 均采用冒泡型事件

但是 DOM 标准则吸取了两者的优点,采用了捕获 + 冒泡的方式。

7.6.2 处理事件的两种方法

1. 事件处理函数

用于响应某个事件而调用的函数称为事件处理函数,事件处理函数既可以通过 JavaScript 进行分配,也可以在 HTML 中指定。因此事件处理函数出现的形式可分为以上两类。

1) HTML 标记事件处理程序

这是最常见的一种事件处理形式,它直接在 HTML 标记中的事件名后书写事件处理函数。形式为:

```
<Tag eventhandler="JavaScript Code">
```

例如:

```
<p onclick="alert('我的内容是' +this.innerHTML);">Click Me</p>
<button id="btn" onclick="alert('你好')" >Click Me</button>
```

这种方法简单,而且在各种浏览器中的兼容性很好。

2）以对象属性的形式出现的事件监听程序

这种方法没有把 JavaScript 代码写在 HTML 标记内,实现了结构和行为的分离,它的形式为:

```
object.eventhandler = function;
```

例如:

```
< script >
window.onload = function(){
  var oP = document.getElementById("myP");      //找到对象
  oP.onclick = function(){                       //设置事件监听函数
    alert('我被点击了');
  }} </script >
< p id = "myP">Click Me </p >
```

说明:

(1) 这种形式的“ = ”后只能跟函数名或匿名函数,例如,上述 oP. onclick = function( ){…}还可以写为 oP. onclick = msg,但绝不能写成 oP. onclick = msg( )。msg 是下面函数的函数名: function msg( ){ alert('我被点击了');}。

(2) 将这段程序放在 window 对象的 onload 事件中,保证了 DOM 结构完全加载后再搜索 < p > 节点。如果去掉 window. onload = function( ){},就必须保证这段代码放在 #myP 元素的下面,否则就会出现找不到元素的错误。

(3) 这种方法最大的优点是可以统一对很多元素设置事件处理程序。假设页面中很多元素对同一事件都会采用相同的处理方式,如果在每个元素的标记内都添加一条事件处理程序就会有很多代码冗余。下面是一个用 JavaScript 模仿 < a > 标记 hover 伪类效果的例子:

```
  < p onmouseover = "this.style.textDecoration = 'underline'" onmouseout =
"this.style.textDecoration = 'none'">第一段 </p >
  < p onmouseover = "this.style.textDecoration = 'underline'" onmouseout =
"this.style.textDecoration = 'none'">第二段 </p >
  < p onmouseover = "this.style.textDecoration = 'underline'" onmouseout =
"this.style.textDecoration = 'none'">第三段 </p >
```

从代码中可以看出,如果使用 HTML 标记事件处理程序,那么每个标记内都要写一段相同的事件处理代码。而使用事件监听程序,就可以把上述代码改为:

```
  < script >
window.onload = function()
{  var ps = document.getElementsByTagName("p");
   for (var p in ps)  {
      ps[p].onmouseover = function()
      {  this.style.textDecoration = "underline"  };
      ps[p].onmouseout = function()
```

```
    {   this.style.textDecoration = "none"   };
    } };
</script>
```

这样所有 < p > 标记中的 onmouseover = " ⋯ " 就可以去掉了，而运行效果完全一样。

2. 通用事件监听程序

事件处理函数使用便捷，但是这种传统的方法不能为一个事件指定多个事件处理函数，事件属性只能赋值一种方法，考虑下面的代码：

```
button1.onclick = function() { alert('你好'); };
button1.onclick = function() { alert('欢迎'); };
```

则后面的 onclick 事件处理函数就会将前面的事件处理函数覆盖了。在浏览器中预览只会弹出一个显示"欢迎"的警告框。

正是由于事件处理函数存在上述功能上的缺陷，就需要通用事件监听函数。事件监听函数可以作用于多个元素，不需要为每个元素重复书写，同时事件监听函数可以为一个事件添加多个事件处理方法。

1）IE 中的事件监听函数

在 IE 浏览器中，有两个函数用来处理事件监听，分别是 attachEvent( )和 detachEvent( )，attachEvent( )用来给某个元素添加事件处理函数，而 detachEvent( )则是用来删除元素上的事件处理函数。例如：

```
<script>
function fnClick1(){
  alert("我被点击了");
  oP.detachEvent("onclick",fnClick1);      //单击了一次后删除监听函数
}
function fnClick2(){
  alert("我的内容是" + myP.innerHTML);}
window.onload = function(){
  oP = document.getElementById("myP");      //找到对象
  oP.attachEvent("onclick",fnClick1);      //添加监听函数
  oP.attachEvent("onclick",fnClick2);   }
</script>
<p id = "myP">Click Me </p>
```

通过以上代码可以看出 attachEvent( )和 detachEvent( )的使用方法，它们都接受两个参数，前一个参数表示事件名，而后一个参数是事件处理函数的名称。

这种方法可以为同一个元素添加多个监听函数。在 IE 中运行时，当用户第一次单击 p 元素会接连弹出两个对话框，而单击了一次以后，监听函数 fnClick1( )被删除，再单击就只会弹出一个对话框了，这也是前面的方法所无法实现的。

2）Firefox 中的事件监听函数（标准 DOM 的监听方法）

Firefox 等其他非 IE 浏览器采用标准 DOM 监听函数进行事件监听，即

addEventListener( )和 removeEventListener( )。与 IE 不同之处在于这两个函数接受三个参数,即事件名、事件处理的函数名和是用于冒泡阶段还是捕获阶段。

这两个函数接受的第一个参数"事件名"与 IE 也有区别,事件名是"click"、"mouseover"等,而不是 IE 中的"onclick"或者"onmouseover",即事件名没有以"on"开头。另外,第三个参数通常设置为 false,即冒泡阶段。例如:

```
<script>
function fnClick1(){
  alert("我被 fnClick1 监听了");
  oP.removeEventListener("click",fnClick1, false);  //运行一次后删除监听函数1
}
function fnClick2(){
  alert("我被 fnClick2 监听了");  }
window.onload = function(){
  oP = document.getElementById("myP");           //找到对象
  oP.addEventListener("click",fnClick1, false);   //添加监听函数1
  oP.addEventListener("click",fnClick2, false);   }
</script>
<p id = "myP"> Click Me </p>
```

在 Firefox 中运行该程序时,当第一次单击 p 元素时,会接连弹出两个对话框,顺序是"我被 fnClick1 监听了"和"我被 fnClick2 监听了"。当以后再次单击时,由于第一次单击后删除了监听函数1,就只会弹出一个对话框了,内容是"我被 fnClick2 监听了"。

7.6.3　浏览器中的常用事件

1. 事件的分类

对于用户而言,常用的事件无非是鼠标事件、HTML 事件和键盘事件,其中鼠标事件的种类如表 7-14 所示。常用的 HTML 事件如表 7-15 所示。

表 7-14　鼠标事件的种类

事 件 名	描　　述
onclick	单击鼠标左键时触发
ondbclick	双击鼠标左键时触发
onmousedown	鼠标任意一个按键按下时触发
onmouseup	松开鼠标任意一个按键时触发
onmouseover	鼠标指针移动到元素上时触发
onmouseout	鼠标指针移出该元素边界时触发
onmousemove	鼠标指针在某个元素上移动时持续触发

表 7-15　常用的 HTML 事件

事 件 名	描　　述
onload	页面完全加载后在 window 对象上触发,图片加载完成后在其上触发
onunload	页面完全卸载后在 window 对象上触发,图片卸载完成后在其上触发

续表

事 件 名	描　　述
onerror	脚本出错时在 window 对象上触发,图像无法载入时在其上触发
onselect	选择了文本框的某些字符或下拉列表框的某项后触发
onchange	文本框或下拉框内容改变时触发
onsubmit	单击提交按钮时在表单 form 上触发
onblur	任何元素或窗口失去焦点时触发
onfocus	任何元素或窗口获得焦点时触发

　　对于某些元素来说,还存在一些特殊的事件,例如 body 元素就有 onresize(当窗口改变大小时触发)和 onscroll(当窗口滚动时触发)这样的特殊事件。

　　键盘事件相对来说用得较少,主要有 keydown(按下键盘上某个按键触发)、keypress(按下某个按键并且产生字符时触发,即忽略 Shift、Alt 等功能键)和 keyup(释放按键时触发)。通常键盘事件只有在文本框中才显得有实际意义。

2. 事件的应用举例——鼠标经过时自动选中文本框中文本

　　有时希望当鼠标指针经过文本框时,文本框能自动聚焦,并能选中其中的文本以便用户直接输入就可修改。其中,实现鼠标经过时自动聚焦的代码如下:

```
< input name = "user" type = "text" onmouseover = "this.focus()"/ >
```

　　其次是聚焦后自动选中文本框中的文本,这可以使用: onfocus = " this. select( )",将两者结合起来,完整代码如下:

```
< input name = "user" value = "tang" type = "text" onmouseover = "this.focus()"
onfocus = "this.select()"/ >
```

　　可以看到当鼠标指针移动到文本框上方时,文本框立即聚焦并且其中的内容被自动选中了。

　　如果表单中有很多文本框,不希望在每个文本框标记中都写上这些事件处理代码,则可改写成如下的通用事件处理函数。

```
< script >
function myFocus(){
  this.focus();  }
function mySelect(){
  this.select();  }
window.onload = function(){
  var elements = document.getElementsByTagName("input");
    for (var i = 0; i < elements.length; i ++) {
      var type = elements[i].type;          //获取 input 标记的 type 属性值
      if (type == "text") {
        elements[i].onmouseover = myFocus;
        elements[i].onfocus = mySelect;
      } } }
</script >
```

3. 事件的应用举例——利用 onBlur 事件自动校验表单

过去，表单验证都是在表单提交时进行，即当用户输入完表单后单击"提交"按钮时再进行验证。随着 Ajax 技术的兴起，现在表单的输入验证一般在用户输入完一项转到下一项时，就对刚输入的一项进行验证。即输完一项验证一项，也就是在前一输入项失去焦点(onblur)时进行验证。例如 2.8 节中动网论坛注册表单(图 2-48)就是这样的。这样的好处很明显，在用户输入错误后可立即提示用户进行修改，还可防止提交表单后如果有错误要求用户重新输入所有的信息。自动校验表单的制作步骤如下。

(1) 写结构代码。该例的结构代码是一个包含文本框、密码框和提交按钮的表单，考虑到失去焦点时要返回提示信息，在各个文本框后面添加一个用于显示提示信息的 <span> 标记。表单 <form> 的 HTML 代码如下：

```
< form name = "register">
< table cellpadding = "5" cellspacing = "0" border = "0">
  < tr >< td >用户名：</td >< td >< input type = "text" name = "User"></td >
  < td >< span id = "UserResult"></span ></td ></tr >
  < tr >< td >输入密码：</td >< td >< input type = "password" name = "passwd1">
  </td >
< td ></td ></tr >
  < tr >< td >确认密码：</td >< td >< input type = "password" name = "passwd2">
  </td >
< td >< span id = "pwdResult"></span ></td ></tr >
  < tr >< td colspan = "2" align = "center">
    < input type = "submit" value = "注册">< input type = "reset" value = "重置">
    </td >< td ></td ></tr ></table >
</form >
```

(2) 当文本框或密码框获得焦点时改变其背景色，以便突出显示，失去焦点时其背景色又恢复为原来的背景色。代码如下：

```
< script >
function myFocus(){
  this.style.backgroundColor = "#fdd";  }
function myBlur(){
  this.style.backgroundColor = "#fff";      }
window.onload = function(){
  var elements = document.getElementsByTagName("input");
    for (var i = 0;i < elements.length;i ++) {
        var type = elements[i].type;
    if (type == "text" || type == "password") {
        elements[i].onfocus = myFocus;
        elements[i].onblur = myBlur;
    } } }
```

(3) 当文本框或密码框失去焦点时开始验证该文本框中的输入是否合法，在这里仅验证文本框的输入是否为空，以及两次输入的密码必须相同。

① 由于要在失去焦点时验证,所以在函数 myBlur( ) 中添加执行验证函数的代码,将上述代码中的 myBlur( ) 修改为:

```
function myBlur(){
    this.style.backgroundColor = "#ffffff";
    startCheck(this);          //这一句是新增的验证表单的代码
}
```

② 然后编写验证函数 startCheck( ) 的代码,它的代码如下:

```
function startCheck(oInput){
  if(oInput.name == "User"){      //如果是用户名的输入框
   if(!oInput.value){             //如果值为空
    oInput.focus();               //聚焦到用户名的输入框
    document.getElementById("UserResult").innerHTML = "用户名不能为空";
    return;  }
   else
    document.getElementById("UserResult").innerHTML = "";        }
  if(oInput.name == "passwd2"){ //如果是第二个密码输入框
     if ( document. getElementsByName ( " passwd1 ") [ 0 ]. value!= document.
     getElementsByName("passwd2")[0].value)    //如果两个密码框值不相等
  document.getElementById("pwdResult").innerHTML = "两次输入的密码不一致";
    else
      document.getElementById("pwdResult").innerHTML = "";}}
```

这个在 onBlur 事件中验证表单输入的程序最终效果如图 7-21 所示。如果能够添加与服务器交互的服务器端脚本,还能实现验证"用户名是否已经被注册"等功能。

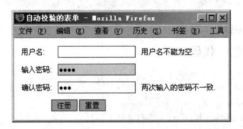

图 7-21　利用 onBlur 事件自动校验的表单

7.6.4　事件对象

1. IE 和 DOM 中的事件对象

当在 IE 浏览器中发生一个事件时,浏览器将会自动创建一个名为"event"的事件对象,在事件处理函数中可以通过访问该对象来获取所发生事件时的各种信息,包括触发事件的 HTML 元素、鼠标指针位置及鼠标按钮状态等。在 IE 中,event 对象实际上又是 window 对象的一个属性 event,因此在代码中可以通过 window. event 或 event 形式来访问该对象。

尽管它是 window 对象的属性,但 event 对象还是只能在事件发生时被访问,所有的事件处理函数执行完之后,该对象就自动消失了。

而标准 DOM 中规定 event 对象必须作为唯一的参数传给事件处理函数,因此在类似 Firefox 浏览器中访问事件对象通常将其作为参数,代码如下:

```
oP.onclick = function(oEvent){
}
```

因此为了兼容这两种浏览器,通常采用下面的方法。

```
oP.onclick = function(oEvent){
    oEvent = oEvent || window.event;      }
```

浏览器在获取了事件对象后就可以通过它的一系列属性和方法来处理各种具体事件了,例如鼠标事件、键盘事件和浏览器事件等。对于鼠标事件来说,其常用的属性是它的位置信息属性,主要有以下两类。

(1) screenX/screenY:事件发生时,鼠标在计算机屏幕中的坐标。

(2) clientX/cilentY:事件发生时,鼠标在浏览器窗口中的坐标。

通过鼠标的位置属性,可以随时获取到鼠标的位置信息,例如,有些电子商务网站可以将商品用鼠标拖放到购物篮中,这就需要获取鼠标事件的位置,才能让商品跟着鼠标移动。

2. 键盘事件对象的应用举例——验证用户输入的是否为数字

如果要判断用户在文本框中输入的内容是否为数字,最简单的办法就是用键盘事件对象来检测按下键的键盘码是否在 48~57 之间,当用户按下的不是数字键时,会发现根本无法输入。示例代码如下:

```
<script>
function IsDigit()
{  return ((event.keyCode >=48) && (event.keyCode <=57));   }
</script>
请输入手机号码:
<input type = "text" name = "phone" onkeypress = "event.returnValue = IsDigit
();"/>
```

3. 鼠标事件对象的应用举例——制作跟随鼠标移动的图片放大效果

本例中,当鼠标滑动到某张图片上时,鼠标的旁边就会显示这张图片的放大图片,而且放大的图片会跟随鼠标移动,如图 7-22 所示。在整个例子中,原图和放大的图片都采用的是同一张图片,只不过对原图设置了 width 和 height 属性,使它缩小显示,而放大图片就显示图片的真实大小。制作步骤如下。

(1) 把几张要放大的图片放到一个 div 容器中,然后再添加一个 div 的空容器用来放置当鼠标经过时显示的放大图像。结构代码如下:

图 7-22 跟随鼠标移动的图片放大效果

```
< div id = "demo">
  < img src = "pic1.jpg"/>   < img src = "pic2.jpg"/> < img src = "pic3.jpg"/ >
</div >
< div id = "enlarge_img"></div >        <!--用来放置放大的图片 -->
```

当然,严格来说,把这几幅图片放到一个列表中结构会更清晰些。

(2) 写 CSS 代码,对于 img 元素来说,只要定义它在小图时的宽和高,并给它添加一条边框以显得美观。对于 enlarge_img 元素,它应该是一个浮在网页上的绝对定位元素,在默认时不显示,并设置它的 z - index 值很大,防止被其他元素遮盖。

```
#demo img{
  width: 90px; height:90px;        /* 页面中小图的大小 */
  border: 5px solid #f4f4f4; }
#enlarge_img{
  position:absolute;
  display: none;                   /* 默认状态不显示 */
  z - index: 999;                  /* 位于网页的最上层 */
  border:5px solid #f4f4f4   }
```

(3) 对鼠标在图片上移动这一事件对象进行编程。首先获取到 img 元素,当鼠标滑动到它们上面时,使#enlarge_img 元素显示,并且通过 innerHTML 往该元素中添加一个图像元素作为大图。大图在网页上的纵向位置(即距离页面顶端的距离"top")应该是鼠标到窗口顶端的距离(event. clientY)加上网页滚动过的距离(document. body. scrollTop)。代码如下:

```
< script type = "text/javascript">
var demo = document.getElementById("demo");
var gg = demo.getElementsByTagName("img");      //获取#demo 中的 img 元素集合
var ei = document.getElementById("enlarge_img");
for(i =0; i < gg.length; i ++){
  var ts = gg[i];
  ts.onmousemove = function(event){                //鼠标在某个 img 元素上移动时
    event = event || window.event;                //兼容 IE 和标准 DOM 事件
    ei.style.display = "block";                   //显示装大图的盒子
    ei.innerHTML = ' < img src = "' + this.src + '"/>'; //设置大图盒子中的图像路径
    ei.style.top = document.body.scrollTop + event.clientY +10 + "px";
                                                  //大图在页面上的位置
    ei.style.left = document.body.scrollLeft + event.clientX +10 + "px";
  }
  ts.onmouseout = function(){                       //鼠标离开时
    ei.innerHTML = "";
    ei.style.display = "none";   }
  ts.onclick = function(){  window.open( this.src );
                                                  //单击大图时在新窗口中打开图片
}}
</script >
```

这样该实例就制作好了,注意 JavaScript 代码在这里只能放在结构代码的后面,当然也可以把这些 JavaScript 代码作为一个函数放在 window. onload 事件中。

7.6.5　DOM 和事件编程实例

1. 制作 Lightbox 效果

　　Lightbox 其实是现在网页上很常见的一种效果,比如单击网页上某个链接或图片,则整个网页会变暗,并在网页中间弹出一个层来,如图 7-23 所示。此时用户只能在层上进行操作,不能再单击变暗的网页。

图 7-23　Lightbox 效果示例

　　制作 Lightbox 效果的步骤是:首先在网页中插入一个和整个网页一样大的 div,设置它为绝对定位,并设置它的 z-index 值仅小于弹出框,背景色为黑色,在默认情况下不显示。当单击网页上某个链接时,则显示这个 div,并设置它的透明度为 70%,这样就会有一个黑色的半透明层覆盖在网页上,使网页看起来像变暗了一样,而且这个层将挡住网页上所有的链接等元素,使用户单击不到它们。同时弹出一个较小的绝对定位的 div,放置在网页的中间作为弹出框。具体步骤如下。

　　1) 编写结构代码

　　由于需要一个层覆盖在网页上,还需要另一个层作弹出框,所以结构代码中有两个 div。

```
<h3>Lightbox 效果演示</h3>
<p>观看效果<a href ="#">请单击这里</a></p>
<div id ="light" class ="white_content">这里是 Lightbox 弹出框的内容<a href ="#">关闭</a></div>    <!-- 弹出框,在中间可以放任何内容 -->
<div id ="fade" class ="black_overlay"></div>    <!--覆盖网页的 div,中间没有内容 -->
```

2）设置覆盖层的 CSS 样式

覆盖层不能占据网页空间，所以应设置为绝对定位，而且必须和网页一样大，因此设置它的位置为"top：0%；left：0%"，大小为"width：100%；height：100%；"。代码如下：

```css
.black_overlay{
  display: none;              /*默认不显示*/
  position: absolute; top: 0%;    left: 0%;
  width: 100%;
  height: 100%;               /*以上 4 条设置覆盖层和网页一样大,并且左上角对齐*/
  background-color: black;         /*背景色为黑色*/
  z-index:1001;               /*位于网页最上层*/
  -moz-opacity: 0.7;          /*Firefox 浏览器透明度设置*/
  opacity: .70;               /*支持 CSS 3 的浏览器透明度设置*/
  filter: alpha(opacity=80);     /*IE 浏览器透明度设置*/       }
```

3）设置弹出框的 CSS 样式

弹出框也是一个绝对定位元素，并且初始时不显示，它的 z-index 值应最大，这样才会在覆盖层的上方显示。代码如下：

```css
.white_content {
  display: none;    position: absolute;
  top: 30%; left: 30%;
  width: 40%; height: 40%;          /*以上 4 条设置弹出框的位置和大小*/
  padding: 16px; border: 16px solid orange;
  background-color: white;
  z-index:1002;
  overflow: auto;                 /*当内容超出弹出框时,出现垂直滚动条*/       }
```

4）编写打开弹出框 JavaScript 代码

当鼠标单击 a 元素时，要同时显示覆盖层和弹出框，代码如下：

```html
< a onclick = "document.getElementById('light').style.display = 'block';
document.getElementById('fade').style.display = 'block'">请单击这里 </a>
```

而且单击 a 元素时，不能链接到其他网页，也不能设置（href = "#"），那样会跳转到页面的顶端，可以设置为（href = "JavaScript:void(0)"），这样单击页面就不会发生跳转了。

因此 <a> 标记完整的代码为：

```html
< a href = "JavaScript:void(0)" onclick = "document.getElementById('light
').style.display = 'block';document.getElementById('fade').style.display
='block'">
```

5）编写弹出框的"关闭"按钮代码

单击弹出框的"关闭"按钮后，应同时隐藏弹出框和覆盖层，回到初始状态，代码如下：

```
<a href = "JavaScript:void(0)" onclick = "document.getElementById('light')
.style.display = 'none';document.getElementById('fade').style.display =
'none'">Close</a>
```

这样一个简单的 Lightbox 效果就制作好了,但是在 IE6 中需要将网页上传到服务器中才能看到正确的效果。

2. 制作 Tab 面板(选项卡面板)

Tab 面板由于能将多个栏目框集成到一起,从而节省了网页空间,给用户较好的体验,因此是 Web 2.0 网站中流行的网页高级元素。图 7-24 就是一个有两个选项卡的 Tab 面板,下面讨论它是如何制作的。

首先,一个 Tab 面板可以分解成两部分,即上方的导航条和下方的内容框。实际上,导航条中有几个 Tab 项就会对应有几个内容框。只是因为当鼠标滑动到某个 Tab 项的时候,才显示与其对应的一个内容框,而把其他内容框都通过"dislay:none"隐藏了,且不占据网页空间。如果不把其他内容框隐藏,那么图 7-24 中的 Tab 面板就是图 7-25 这个样子。

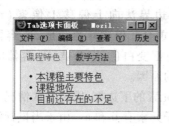

图 7-24　Tab 面板

图 7-25　显示所有内容框

图 7-24 中 Tab 面板的结构代码如下(注: class = "cur"表示当前选项卡的样式)。

```
<ul id = "tab">
  <li><a id = "tab1" class = "cur" href = "#">课程特色</a></li>
  <li><a id = "tab2" href = "#">教学方法</a></li>
</ul>
<div id = "info1">
    · <a href = "#">本课程主要特色</a><br />
    · <a href = "#">课程地位</a><br />
    · <a href = "#">目前还存在的不足</a><br />  
</div>
<div id = "info2">
    · <a href = "#">教学方法和教学手段</a><br />
    …
</div>
```

由此可见,Tab 面板的导航条一般采用无序列表来定义,而每个内容框采用 div 标记定义。实际上这些 div 容器都没有上边框,而只有左、右和下边框,为了证实这一点,只需给这些 div 容器加个上边界（margin – top:10px;）就可以发现它们确实没有上边框,效果如图 7-26 所示。

其实 div 的上边框是由导航条 ul#tab 元素的下边框实现的,这是因为当鼠标滑过 tab 项时,要让 tab 的子元素的下边框变为白色,而且正好遮盖住 ul#tab 元素的蓝色下边框,如图 7-27 所示。这样在激活的 tab 项处就看不到 tab 元素的下边框了。

图 7-26　Tab 面板的真实结构

图 7-27　tab 项的白色下边框遮盖住了
ul 元素的蓝色下边框

为了实现这种边框的遮盖,首先必须使两个元素的边框重合。当然,有人会说,如果给 div 容器加个上边框,再让 div 容器使用负边界法向上偏移 1 像素（margin-top: –1px;）,那么它的上边框也会和 tab 项的下边框重合。但这样的话是 div 容器的上边框覆盖在 tab 项的下边框上,这样即使 tab 项的下边框变白色,也会被 div 容器的上边框覆盖而看不到效果,这就是 div 容器不能有上边框的原因。

所以只能使用 ul 的子元素的下边框覆盖 ul 元素的下边框,因为默认情况下子元素的盒子是覆盖在父元素盒子之上的。在这里 ul 的子元素有 li 和 a。由于当鼠标滑过时需要子元素的下边框变色,而 IE6 只支持 a 元素的 hover 伪类,所以选择用 a 元素的下边框覆盖 ul 元素的下边框,ul#tab 元素和 a 元素的样式如下:

```
#tab {
  margin: 0;               /*通用设置,将列表的边界设为 0 */
  padding: 0 0 24px;       /*由于 li 元素浮动,#tab 高度为 0,用填充扩展高度 */
  list - style - type: none;      /*去掉列表元素列表项前的小黑点 */
  border - bottom:1px solid #11a3ff;      /*给 ul 元素添加下边框 */   }
#tab a {
  float:left;
  padding: 0 10px;                  /*给 a 元素左右加 10 像素填充 */
  height:23px;             /* a 的高度正好等于#tab 高度,从而它们的下边框重合 */
  line - height:23px;                /*以上两条使 a 元素文字垂直居中 */
  border: 1px solid #11a3ff;
  font - size: 14px;   color: #930;   text - decoration: none;
  background - color: #BDF;   }
```

这样 ul#tab 元素的高度是 24 + 1 = 25 像素,a 元素的高度是 23 + 1 + 1 = 25 像素,而且 a 元素是浮动的,脱离了标准流,所以 a 元素不会占据 ul 元素的空间,这样 ul 元素的高就不会被 a 元素撑开。

提示：ul 元素作为浮动盒子的外围容器不能设置宽和高，否则在 IE 中浮动盒子（a 元素）将不会脱离标准流，这样 a 元素的盒子将被包含在 ul 元素的盒子中，两个盒子的下边框将无法重叠。这就是为什么对 ul#tab 元素设置下填充为 24 像素，而不设置高度为 24 像素（height:24px;）的原因。

同样，ul 元素不能设置宽度，这意味着 Tab 面板的宽度是无法由其自身控制的，但这并不构成一个问题，因为 tab 面板总是放在网页中其他元素（如 div）中的，只要设置外围容器的宽度，就能控制 Tab 面板的宽度了。

接下来编写其他元素的 CSS 代码，用来美化样式和添加交互效果。

```css
#tab li {
    float:left;                    /* 使 tab 项水平排列 */
    margin:0 4px 0 0;              /* 设置右边界，使 tab 项之间有间距 */}
div {
    background: #fee;
    padding: 10px;
    border:1px solid #11a3ff;      /* 添加边框 */
    border-top:none;               /* 去掉上边框 */}
#info2 {
    display: none;                 /* 使#info2 暂时隐藏起来 */}
#tab a:hover,#tab a.cur {
    border-bottom: 1px solid #fee;     /* 鼠标滑过或是当前选项时改变下划线颜色 */
    color: #F74533;                    /* 改变 tab 项的文字颜色 */
    background-color: #fee;            /* 改变 tab 项的背景颜色 */}
```

这样 Tab 面板的外观就全部制作好了，接下来必须使用 JavaScript 使鼠标滑动到某个 tab 项时就显示与它对应的内容框，并把其他内容框隐藏。这就是当鼠标滑过某个元素时要控制其他元素的显示和隐藏，只能使用 JavaScript 而不能使用 hover 伪类，因为 hover 伪类当鼠标滑过时只能控制元素自身或其子元素的显示和隐藏。首先在结构代码中为两个 tab 项（a 元素）添加 onmouseover( )事件，代码如下：

```html
<ul id="tab">
<li><a id="tab1" onmouseover="changtab(1)" class="cur" href="#">课程特
色</a></li>
<li><a id="tab2" onmouseover="changtab(2)" href="#">教学方法</a></li>
</ul>
```

最后编写 JavaScript 代码：

```javascript
<script>
function changtab(n){
    for(i=1;i<=document.getElementsByTagName("li").length;i++){
        document.getElementById('info'+i).style.display='none';
                                                    //将所有面板隐藏
```

```
        document.getElementById('tab'+i).className='';
    }
    document.getElementById('info'+n).style.display='block';
                                                              //显示当前面板
    document.getElementById('tab'+n).className='cur';   }
</script>
```

这段代码是计算网页中所有 li 元素的个数作为 tab 选项的个数，然后先设置所有内容框隐藏（dislay：none），接下来再设置选中的选项内容框显示（dislay：block）。

但如果网页中除了这个 Tab 面板外其他地方也有 li 元素，那么就不能把 li 元素总数作为 Tab 选项的个数了，因此可以把上述代码中的 for 语句改写成：

```
for(i=1;i<=document.getElementById("tab").getElementsByTagName("li").
length;i++)
```

这样就只会计算#tab 元素里的所有 li 元素个数了。

提示：在本例中不能用 document. getElementById（" tab"）. childNodes. length 方法获得#tab 元素下的 li 元素个数，因为 Firefox 会把文本节点（回车符）也当成子节点计算。

3. 制作具有隔行变色和动态变色效果的表格

网页中经常会有一些行或列特别多的数据表格，如学校员工的花名册、公司的年度收入报表等，为了防止用户浏览表格时看错行，可以制作具有隔行变色和鼠标滑过时动态变色效果的表格。它的代码如下，效果如图 7-28 所示。

```
<style type="text/css">
.datalist tr.altrow{                        /* 设置隔行变色的样式 */
    background-color:#a5e5aa;      }
.datalist tr:hover, .datalist tr.overrow{       /* 设置动态变色的样式 */
    background-color:#2DA0FF;    color: #fff;  }
</style>
<script>
window.onload=function(){
var oTable=document.getElementById("datalist");    //隔行变色代码开始
    for(var i=0;i<oTable.rows.length;i++){
    if(i%2==0)                                      //偶数行时
    oTable.rows[i].className="altrow";   }          //添加"altrow"的样式
var rows=document.getElementsByTagName('tr');       //动态变色代码开始
for (var i=0;i<rows.length;i++){                    //将所有元素的事件写在一起
    rows[i].onmouseover=function(){                 //鼠标在行上面的时候
        this.className+=' overrow';      }          // overrow 前必须有一空格
    rows[i].onmouseout=function(){                  //鼠标离开时
        this.className=this.className.replace(/overrow/,'');      }}}
</script>
<table class="datalist" id="datalist">
```

```
<tr>    <th>Name</th><th>Class</th>…<th>Mobile</th></tr>
    …(表格代码省略)
</table>
```

图 7-28 具有隔行变色和动态变色功能的表格

7.7 JavaScript 插件应用举例

JavaScript 的爱好者编写了很多 JavaScript 的小插件。使用这些小插件,用户无须编写很多代码,就能实现一些网页特效和常用功能,大大加快了开发速度。

7.7.1 使用 Highslide 制作 Lightbox 效果

Highslide 是一款网站图片浏览展示特效插件,当用户单击网页上的小图片时,Highslide 能在网页上弹出一个 Lightbox 窗口,在窗口中展示大图片(或网页)。Highslide 具有速度快,不需要将网页加载完就能加载特效的特点。并拥有良好的浏览器兼容性,展示方式多样,支持在弹出窗口中展示单图、组图、HTML 网页、Ajax,甚至 Flash 文件等优点。

在百度上搜索"Highslide",或在官方网站 http://www.highslide.com/download.php 下载 Highslide 的压缩包 highslide-4.1.8.zip。解压该文件,会出现三个子目录 examples、highslide 和 images。其中,highslide 目录包含该插件的所有程序和资源文件,将该目录复制到网站根目录下,然后在网页的 head 部分导入 Highslide 的库文件,代码如下:

```
<script src="/highslide/highslide-full.js"></script>
<script src="/highslide/highslide.config.js"></script>
<script src="/highslide/highslide-with-html.js"></script>
<link rel="stylesheet" type="text/css" href="/highslide/highslide.
css"/>
<!--[if lt IE 7]>
    <link rel="stylesheet" type="text/css" href="highslide/highslide-
    ie6.css"/>
<![endif]-->
```

在 Highslide 的源程序中定义了一个对象 hs,然后设置 hs 对象的三个属性,代码如下:

```
<script>
    hs.graphicsDir = '/highslide/graphics/'; //指定 Highslide 图片文件所在目录
    hs.outlineType = 'outer-glow';                //设置弹出框样式为白色圆角框
    hs.wrapperClassName = 'draggable-header';    //设置可按住标题栏拖动弹出框
</script>
```

1. 展示图片效果

使用 hs. expand( )方法可以展示图片。在网页中插入一幅图片,代码如下:

```
<img src = "images/dede.gif" width = "100" height = "25" border = "0"/>
```

再在图片的外面套一个 <a> 标记,修改后的代码如下:

```
<a class = "highslide" href = "images/ad2.jpg" onclick = "return hs.expand
(this)">
    <img src = "images/banner02.gif" alt = "" width = "200" height = "60"/></a>
```

这样,href 属性中的文件将会在弹出框中展示。

2. 展示网页效果

使用 hs.htmlExpand( )方法可以展示网页。方法是在网页中插入一幅图片,再在图片外面套一个 <a> 标记,代码如下:

```
<a href = "videos/index.html" onclick = "return hs.htmlExpand(this,{
    objectType:'iframe',width: '650',preserveContent: false,
    creditsPosition: 'bottom right',headingText: '古镇视频欣赏',
    wrapperClassName: 'titlebar' } )">
    <img src = "images/dede.gif" width = "100" height = "25" border = "0"/></a>
```

其中,href 属性中的文件将在弹出框中展示,该文件是 HTML 网页或图片。headingText 属性用于设置弹出框的标题。objectType 属性用来设置展示方式,其取值有三种:iframe、ajax 和 swf。取值为 iframe 时,弹出框中的网页将应用网页自身定义的 CSS 样式;取值为 ajax 时,弹出框中的网页将应用父窗口网页的样式;取值为 swf 时,用来展示一个 swf 的动画文件,此时 href 属性值必须为 swf 文件。

3. 以画廊形式展示图片

如果要以画廊形式展示一系列图片,可以将所有图片都放在一个 div 中,并设置该 div 的 class 属性为 highslide-gallery。代码如下,运行效果如图 7-29 所示。

```
<div class = "highslide-gallery">
  < a href = "images/ban01.jpg" class = "highslide" onclick = "return hs.
  expand(this)">
```

```
 <img src = "images/banner01.jpg"/ ></a>
<a href = "images/ban02.jpg" class = "highslide" onclick = "return hs.expand
(this)">
 <img src = "images/banner02.jpg"/ ></a>
<a href = "images/ban03.jpg" class = "highslide" onclick = "return hs.expand
(this)">
<img src = "images/banner02.jpg"/ ></a>
</div>
```

然后在 < script > 标记中添加下面一段代码:

```
if (hs.addSlideshow) hs.addSlideshow({
    interval: 2000,                      //设置图片播放的时间间隔为 2 秒
    repeat: false,                       //不重复播放
    useControls: true,                   //设置显示用户控制条
    fixedControls: false,
    overlayOptions: {  opacity: 1, position: 'top right',
        hideOnMouseOut: false      }
});
```

图 7-29   以画廊形式展示图片

7.7.2   使用 pxiviewer 制作图片轮显效果

图片轮显效果是指在一个图片框中,几张图片自动轮流显示,并且可以用鼠标单击右下角的数字以显示某张图片,如图 7-30 所示。这是一种很常见的网页效果。制作图片轮显一般采用一个 pixviewer. swf 的 Flash 文件配合 JavaScript 代码实现。

1. pixviewer. swf 文件的原理

pixviewer. swf 是个特殊的 Flash 文件,用来实现图片轮显框,可以使用 JavaScript 代码来控制它。它接受两组参数,第一组参数包括 pics、links 和 texts,用于设置轮显图片的 URL 地址、图片的链接地址及图片下的说明文字。调用 pixviewer. swf 的 JavaScript 代码如下:

图 7-30　图片轮显效果

```
<script>
var pics = "uppic/1.gif|uppic/2.gif|uppic/3.gif|uppic/4.gif|uppic/5.gif"
var links = "onews.php?id=88|onews.php?id=87|onews.php?id=86|onews.
php?id=8|onews.php?id=7"
  var texts = "我系教职工在学院2014年教职工…|国培计划|青春舞动|长春花志愿者
协会|朝花夕拾,似水流年"
  …</script>
```

这三个参数的值都是字符串,其中 pics 参数指定了欲载入图片的 URL,这里使用了相对 URL,共设置了 5 个图片文件的路径(最多可设置 6 个)。各图片路径之间必须用"|"号隔开(最后一幅图片后不能有"|")。links 参数定义了单击图片时的链接地址,texts 参数保存了每张图片下的说明文字,其格式要求和 pics 参数相同。上述代码载入了5 幅图片轮显并定义了它们的链接地址和说明文字。

2. 设置图片轮显框的大小

第二组参数用来定义该图片轮显框及其说明文字的大小。它有 4 个参数,包括:

```
var focus_width = 336                        //定义图片轮显框的宽
var focus_height = 224                       //定义图片轮显框的高
var text_height = 14                         //定义下面文字区域的高
var swf_height = focus_height + text_height  //定义整个 Flash 的高
```

只要修改这些参数,就能使图片轮显框改变成任意大小显示。

3. 其他设置

下面还有一些代码,是用来插入 pixviewer.swf 这个 Flash 文件到网页中,并对其设置参数的代码。这段代码不需要做多少修改,只要保证引用 pixviewer.swf 文件的 URL 路径正确,还可以设定文字部分的背景颜色。找到第二个 document.write,粗体字为设置的地方。

```
document.write (' < param name = "allowScriptAccess" value = "sameDomain">
<param name = "movie" value = "images/pixviewer.swf"> <param name = "quality"
value = "high"> <param name = "bgcolor" value = "#ffffff">');
```

该图片轮显框默认会有 1 像素灰色的边框,如果要去掉边框,可以找到第 4 个 document. write,做如下修改就可以了。

```
document.write(' < param name = "FlashVars" value = "pics = ' + pics + '&links =
' + links + ' &texts = ' + texts + ' &borderwidth = ' + (focus _ width + 2) +
'&borderheight = ' + (focus_height + 2) + '&textheight = ' + text_height + '">');
```

将上述所有 JavaScript 代码写在 < script > </script >标记中,然后插入到网页需要显示图片框的位置处(如某个 div 中),就能看到图片轮显效果了。

7.8　jQuery 框架使用入门 *

随着 JavaScript、CSS、Ajax 等技术的不断进步,越来越多的开发者将一个又一个丰富多彩的程序功能进行封装,供其他人可以调用这些封装好的程序组件(框架)。这使得 Web 程序开发变得十分简捷,并能显著提高开发效率。

常见的 JavaScript 框架有 jQuery、Dojo、ExtJS、Prototype、Mootools 和 Spry 等。目前以 jQuery 最受开发者的追捧,本节介绍 jQuery 的基本使用方法。

7.8.1　jQuery 框架的功能

jQuery 框架的主要功能可以归纳为以下几点。

(1)访问页面的局部。这是前面介绍的 DOM 模型所完成的主要工作之一,通过第 7 章的示例可以看到,DOM 获取页面中某个节点或者某一类节点有固定的方法,而 jQuery 则大大地简化了其操作的步骤。

(2)修改页面的表现(Presentation)。CSS 的主要功能就是通过样式风格来修改页面的表现。然而由于各个浏览器对 CSS 3 标准的支持程度不同,使得很多 CSS 的特性没能很好地体现。jQuery 很好地解决了这个问题,它通过封装好的 jQuery 选择器代码,使各种浏览器都能很好地使用 CSS 3 标准,极大地丰富了 CSS 的运用。

(3)更改页面的内容。jQuery 可以很方便地修改页面的内容,包括修改文本的内容、插入新的图片、修改表单的选项,甚至修改整个页面的框架。

(4)响应事件。引入 jQuery 之后,可以更加轻松地处理事件,而且开发人员不再需要考虑复杂的浏览器兼容性问题。

(5)为页面添加动画。通常在页面中添加动画都需要开发大量的 JavaScript 代码,而 jQuery 大大简化了这个过程。jQuery 库提供了大量可自定义参数的动画效果。

(6)与服务器异步交互。jQuery 提供了一整套 Ajax 相关的操作,大大方便了异步交互的开发和使用。

(7)简化常用的 JavaScript 操作。jQuery 还提供了很多附加的功能来简化常用的

JavaScript 操作,如数组的操作、迭代运算等。

7.8.2 下载并使用 jQuery

jQuery 的官方网站(http://jquery.com)提供了最新的 jQuery 框架下载,如图 7-31 所示。通常只需要下载最小的 jQuery 包(Minified)即可。目前最新的版本 jquery-1.6.2.min.js 文件只有 55.9KB。

图 7-31　jQuery 官方网站

jQuery 是一个轻量级的 JavaScript 框架,所谓轻量级是说它根本不需要安装,因为 jQuery 实际上就是一个外部 js 文件,使用时直接将该 js 文件用 < script > 标记链接到自己的页面中即可,代码如下:

```
<script src ="jquery.min.js"></script>
```

将 jQuery 框架文件导入后,就可以使用 jQuery 的选择器和各种函数功能了。下面是一个最简单的 jQuery 程序:

```
<script src ="jquery.min.js"></script>        <!--引入 jQuery 环境-->
<script >
$(document).ready(function(){    //等待 DOM 文档载入后执行类似于 window.onload
  alert("Hello World!");           //弹出一个对话框
});
</script >
```

7.8.3 jQuery 中的"$"

在 jQuery 中,最频繁使用的莫过于美元符"$",它能提供各种各样的功能,包括选择页面中的一个或一类元素、作为功能函数的前缀、创建页面的 DOM 节点等。

jQuery 中的"$"实际上等同于"jQuery",例如,$("h2")等同于 jQuery("h2"),为了编写代码的方便,才采用"$"来代替"jQuery"。"$"的功能主要有以下几方面。

1. "$"用做选择器

在 CSS 中,选择器的作用是选中页面中的匹配元素,而 jQuery 中的"$"作为选择器,同样可选中匹配的单个元素或元素集合。

例如,在 CSS 中,"h2 > a"表示选中 h2 的所有直接下级元素 a,而在 jQuery 中同样可以通过如下代码选中这些元素,作为一个对象数组,供 JavaScript 调用。

```
$("h2 > a")            //jQuery 的子选择器,引号不能省略
```

jQuery 支持所有 CSS 3 的选择器,也就是说可以把任何 CSS 选择器都写在 $(" ")中,像上面的"h2 > a"这种子选择器本来 IE6 是不支持的,但把它转换成 jQuery 的选择器 $(" h2 > a")后,则所有浏览器都能支持。例如下面的 CSS 代码:

```
h2 > a {              /* IE6 中不支持的子选择器 */
  color: red;
  text - decoration: none;  }
```

可将它改写成 jQuery 选择器的代码,代码如下:

```
< script src = "jquery.min.js"></script >    < ! --引入 jQuery 环境 -->
< script >
  $ (document).ready(function(){       //页面载入后执行
    $ ("h2 > a").css("color","red");
    $ ("h2 > a").css("textDecoration","none");
});
</script >
```

改写后,则使得本来不支持子选择器的 IE6 也能支持子选择器了。

使用 jQuery 选择器设置 CSS 样式需要注意以下两点。

(1) CSS 属性应写成 JavaScript 中的形式,如 text-decoration 写成 textDecoration。

(2) 如果要在一个 jQuery 选择器中同时设置多条 CSS 样式,可以写成下面的形式:

```
$ ("h2 > a").css({color:"red",textDecoration:"none"});
```

上面仅展示了用 jQuery 选择器实现 CSS 选择器的功能,实际上,jQuery 选择器的主要作用是选中元素后再为它们添加行为。例如:

```
$ ("#buttonid").click(function() { alert("你单击了按钮"); }
```

这就是通过 jQuery 的 id 选择器选中了某个按钮,接着为它添加单击时的行为。

还可以通过 jQuery 选择器获取元素的 HTML 属性,或修改 HTML 属性,方法如下:

```
$ ("a#somelink").attr("href");           //获取元素的 href 属性值
$ ("a#somelink").attr("href","index.html"); //将元素 href 属性设置为 index.html
```

2. "$"用做功能函数前缀

在 jQuery 中,提供了一些 JavaScript 中没有的函数,用来处理各种操作细节。例如 $.each()函数,它用来对数组或 jQuery 对象中的元素进行遍历。为了指明该函数是 jQuery 的,就需要为它添加"$."前缀。例如下面的代码在浏览器中结果如图 7-32 所示。

```
$.each([1,2,3],function(index,value)  { //用$.each()方法遍历数组[1,2,3]
    document.write("<br>a[" + index + "] = " + value);  });
```

图 7-32 $.each()方法遍历数组

说明:

（1） $.each()函数用来遍历数组或对象,因此它的语法有如下两种形式。

```
$.each(对象,function(属性,属性值){…});
$.each(数组,function(元素序号,元素的值){…});
```

$.each()函数的第一个参数为需要遍历的对象或数组,第二个参数为一个函数 function,该函数为集合中的每个元素都要执行的函数。它可以接受两个参数,第一个参数为数组元素的序号或者是对象的属性,第二个参数为数组元素或者属性的值。

（2） 调用 $.each()时,对于数组和类似数组的对象(具有 length 属性,如函数的 arguments 对象),将按序号从 0 到 length－1 进行遍历,对于其他对象则通过其命名属性进行遍历。

（3） 此处的 $.each()函数与前面的 jQuery 方法有明显的区别,前面介绍的 jQuery 方法都需要通过一个 jQuery 对象进行调用(如 $("#buttonid").click),而 $.each()函数没有被任何 jQuery 对象所调用,我们称这样的函数为 jQuery 全局函数。

（4） $.each()函数不同于 each()函数。后者仅能用来遍历 jQuery 对象。例如,可以利用 each()方法配合 this 关键字来批量设置或获取 DOM 元素的属性。下面的代码首先利用 $("img")获取页面中所有 img 元素的集合,然后通过 each()方法遍历这个图片集合。通过 this 关键字设置页面上 4 个空 <img /> 元素的 src 属性和 title 属性,使这 4 个空的 <img /> 标记显示图片和提示文字。运行效果如图 7-33 所示。

```
$(function(){
    $("img").each(function(i){
        this.src = "pic" + (i+1) + ".jpg";              //this 等价于 $("img")[n]
        this.title = "这是第" + (i+1) + "幅图";
    });
});
<img /><img /><img /><img />        <!--用 each 方法设置它们的属性 -->
```

图 7-33　each( )方法

提示：代码中的 this 指代的是 DOM 对象而非 jQuery 对象,如果想得到 jQuery 对象,可以用 $(this)。

3. 用做 $(document). ready( )解决 window. onload 函数冲突

在 jQuery 中,采用 $(document). ready( )函数替代了 JavaScript 中的 window. onload 函数。

其中,(document)是指整个网页文档对象(即 JavaScript 中的 window. document 对象),那么 $(document). ready 事件的意思是：在文档对象就绪的时候触发。

$(document). ready( )不仅可以替代 window. onload 函数的功能,而且比 window. onload 函数还具有很多优越性,下面来比较两者的区别。

例如,要将 id 为 loading 的图片在网页加载完成后隐藏起来,window. onload 的写法是：

```
function hide(){
    document.getElementById("loading").style.display="none";}
window.onload=hide;          //注意 hide 不能写成 hide()
```

由于 window. onload 事件会使 hide( )函数在页面(包括 HTML 文档和图片等其他文档)完全加载完毕后才开始执行,因此在网页中 id 为"loading"的图片会先显示出来等整个网页加载完成后执行 hide 函数才会隐藏。

而 jQuery 的写法是：

```
$(document).ready(function(){
    ("#loading").css("display","none");
})
```

jQuery 的写法则会使页面仅加载完 DOM 结构后就执行(即加载完 HTML 文档后),还没加载图像等其他文件就执行 ready( )函数,给图像添加"display：none"的样式,因此 id 为"loading"的图片不可能被显示。

所以说, $(document). ready( )比 window. onload 载入执行更快。

第二,如果该网页的 HTML 代码中没有 id 为 loading 的元素,那么 window. onload 函数中的 getElementById(" loading")会因找不到该元素,导致浏览器报错。所以为了容错,最好将代码改为：

```
function hide(){
if(document.getElementById("loading")){
    document.getElementById("loading").style.display = "none";
}}
```

而 jQuery 的 $（document）.ready（）则不需要考虑这个问题，因为 jQuery 已经在其封装好的 ready（）函数代码中做了容错处理。

第三，由于页面的 HTML 框架需要在页面完全加载后才能使用，因此在 DOM 编程时 window.onload 函数被频繁使用。倘若页面中有多处都需要使用该函数，将会产生冲突。而 jQuery 采用 ready（）方法很好地解决了这个问题，它能够自动将其中的函数在页面加载完成后运行，并且在一个页面中可以使用多个 ready（）方法，不会发生冲突。

总之，jQuery 中的 $（document）.ready（）函数有以下三大优点。

（1）在 DOM 文档载入后就执行，而不必等待图片等文件载入，执行速度更快；

（2）如果找不到 DOM 中的元素，能够自动容错；

（3）在页面中多个地方使用 ready（）方法不会发生冲突。

4. 创建 DOM 元素

在 jQuery 中通过使用"$"可以直接创建 DOM 元素，下面的代码用于创建一个段落，并设置其 align 属性以及段落中的内容。

```
var newP = $ ("<p align = 'center' >航空母舰即将下水! </p>");
```

这条代码等价于如下的 JavaScript 代码：

```
var newP = document.createElement("p");
var text = document.createTextNode("武广高速铁路即将通车!")
newP.appendChild(text);
```

可以看出，用"$"创建 DOM 元素比 JavaScript 要方便得多。但要注意的是，创建了 DOM 元素后，还要用下面的方法将该元素插入到页面的某个具体位置上，否则浏览器不会显示这个新创建的元素。

```
newP.insertAfter("#chapter");          //将 newP 元素插入到#chapter 元素之后
```

7.8.4　jQuery 对象与 DOM 对象

当使用 jQuery 选择器选中某个或某组元素后，实际上就创建了一个 jQuery 对象，jQuery 对象是通过 jQuery 包装 DOM 对象后产生的对象。但 jQuery 对象和 DOM 对象是有区别的。例如：

```
$ ("#qq").html();          //获取 ID 为 qq 的元素内的 HTML 代码
```

这条代码等价于：

```
document.getElementById("qq").innerHTML;
```

1. jQuery 对象转换成 DOM 对象

也就是说，如果一个对象是 jQuery 对象，那么它就可以使用 jQuery 里的方法，例如，html( )就是 jQuery 里的一个方法。但 jQuery 对象无法使用 DOM 对象中的任何方法，同样 DOM 对象也不能使用 jQuery 里的任何方法。因此下面的写法都是错误的。

```
$("#qq").innerHTML;                     //错误写法
document.getElementById("qq").html();   //错误写法
```

但如果 jQuery 没有封装想要的方法，不得不使用 DOM 方法的时候，有如下两种方法将 jQuery 对象转换成 DOM 对象。

（1）jQuery 对象是一个数组对象，可以通过添加数组下标的方法得到对应的 DOM 对象，例如：$("#msg")[0]，就将 jQuery 对象转变成了一个 DOM 对象。

（2）使用 jQuery 中提供的 get( )方法得到相应的 DOM 对象，例如：$("#msg").get(0)。

2. DOM 对象转换成 jQuery 对象

相应地，DOM 对象也可以转换成 jQuery 对象，只需要用 $( ) 把 DOM 对象包装起来就可以获得一个 jQuery 对象。例如：

```
$(document.getElementById("msg"))
```

转换后就可以使用 jQuery 中的各种方法了。因此，以下几种写法都是正确的。

```
$("#msg").html();                //jQuery 对象
$("#msg")[0].innerHTML;          //添加下标转换成 DOM 对象
$("h2>a").eq(0).html();          // eq(n)方法返回的仍然是 jQuery 对象
$("h2>a").eq(0)[0].innerHTML;    //添加下标转换成 DOM 对象
$("h2>a").get(0).innerHTML;      // get(n)方法直接返回 DOM 对象
```

3. jQuery 对象的链式操作

jQuery 对象的一个显著优点是支持链式操作。所谓链式操作是指基于一个 jQuery 对象的多数操作将返回该 jQuery 对象本身，从而可以直接对它进行下一个操作。例如，对一个 jQuery 对象执行大多数方法后将返回 jQuery 对象本身，因此，可以对返回的 jQuery 对象继续执行其他方法。下面是一个例子。

```
$(function(){                    // $(document).ready(function(){的简写形式
$("p").click(function(){alert($(this).html())})
                                //设置 click 事件的处理函数
.mouseover(function(){alert('mouse over event')}) //设置 mouseover 事件的处理函数
```

```
            .text($("p").eq(0).text()+"好啊")               //设置元素中的文本内容
            .each(function(i){this.style.color=['#f00','#0f0','#00f'][i]
                                                              //设置前3个元素的颜色
            });
            <p id="jp">移进来!</p><p id="jp2">移进来!</p><p>移进来!</p>
```

显然，通过上述链式操作，可以避免不必要的代码重复，使 jQuery 代码非常简洁。其中，['#f00','#0f0','#00f'] 是一个 JavaScript 数组，给数组加下标就能得到该数组中的某个元素。.text($("p").eq(0).text()+"好啊")表示设置选中元素的文本内容为第一个 p 元素的文本内容再连接一个字符串常量。

7.8.5　jQuery 的选择器

要使某个动作应用于特定的 HTML 元素，需要有办法找到这个元素。在 jQuery 中，执行这一任务的方法称为 jQuery 选择器。选择器是 jQuery 的根基，在 jQuery 中，对事件处理，遍历 DOM 和 Ajax 操作都依赖于选择器。因此很多时候编写 jQuery 代码的关键就是怎样设计合适的选择器选中需要的元素。jQuery 选择器把网页的结构和行为完全分离。利用 jQuery 选择器，能快速地找出特定的 HTML 元素并得到一个 jQuery 对象，然后就可以给对象添加一系列的动作行为。

jQuery 的选择器主要有三大类，即 CSS 3 的基本选择器，CSS3 的位置选择器和过滤选择器。

1. 基本选择器

包括标记选择器、类选择器、ID 选择器、通配符、交集选择器、并集选择器。写法就是把原来的 CSS 选择器写在 $(" ")内，例如：

```
$("p")、$(".c1")、$("#one")、$("*")、$("p.c1")、$("h1,#one")
```

如果选择器选择的结果是元素的集合，则可以用 eq(n)来选择集合中的第 n+1 个元素，例如要改变第一个 p 元素的背景色为红色，可用下面的代码：

```
$("p").eq(0).css("backgroundColor","red");      //eq(0)选择集合中的第一个元素
```

提示：jQuery 中没有伪类选择器（如 E:hover），但提供了 hover()方法模拟该功能。

2. 层次选择器

包括后代选择器、子选择器、相邻选择器、弟妹选择器，例如：

```
$("#one p")、$("#one >p")、$("h1 +p")、$("h1 ~p")
```

其中，弟妹选择器如 $("h1 ~p")是 jQuery 新增的，用于选择 h1 元素后面的所有同辈 p 元素，而相邻选择器如 $("h1 +p")只能选择紧邻在 h1 元素后面的一个同辈 p 元素。这是它们的区别。另外，jQuery 中的方法 siblings()与前后位置无关，只要是同辈元素就可以选取。下面是一些例子：

```
$("#qq ~ *").css("backgroundColor","red");        //选择#qq 后面的所有同辈元素
$("#qq + *").css("backgroundColor","red");        //选择#qq 后面第一个同辈元素
$("#one > p").css("backgroundColor","red");       //选择#one 元素内的子 p 元素
```

3. 位置过滤选择器

jQuery 支持的 CSS 3 位置选择器可以看成是 CSS 伪对象选择器的一种扩展,例如它也有:first-child 这样的选择器,但能选择的某个位置上的元素更多了。表 7-16 罗列了所有 jQuery 支持的 CSS 3 位置选择器。

表 7-16　jQuery 支持的 CSS 3 位置选择器

选择器	说　　明
:first	第一个元素,例如 div p:first 选中 div 中所有 p 元素的第一个,且该 p 元素是 div 的子元素
:last	最后一个元素,例如 div p:last
:not(selector)	去除所有与给定选择器匹配的元素
:first-child	第一个子元素,例如 ul:first-child 选中所有 ul 元素,且该 ul 元素是其父元素的第一个子元素
:last-child	最后一个子元素,例如 ul:last-child 选中所有 ul 元素,且该 ul 元素是其父元素的最后一个子元素
:only-child	所有没有兄弟的子元素,例如 p:only-child 选中所有 p 元素,如果该 p 元素是其父元素的唯一子元素
:nth-child(n)	第 n 个子元素,例如 li:nth-child(3) 选中所有 li 元素,且该 li 元素是其父元素的第三个子元素(从 1 开始计数)
:nth-child(odd|even)	所有奇数号或偶数号的子元素
:nth-child(nX + Y)	利用公式来计算子元素的位置,例如:nth-child(5n +1)选中第 5n +1 个子元素(即 1,6,11,…)
:odd 或 :even	对于整个页面而言选中奇数或偶数号元素,例如 p:even 为页面中所有排在偶数位的 p 元素(从 0 开始计数)
:eq(n)	页面中第 n 个元素,例如 p:eq(4)为页面中的第 5 个 p 元素
:gt(n)	页面中第 n 个元素之后的所有元素(不包括第 n 个元素)
:lt(n)	页面中第 n 个元素之前的所有元素(不包括第 n 个元素)

有了位置选择器,使制作表格的隔行变色效果变得非常简单,只需要一行代码就能实现,下面是实现表格隔行变色的代码。

```
$(function(){        //页面载入时执行
   $("table tr:nth - child(odd)").css("backgroundColor","red");
                                        //改变奇数行的背景色
});
```

4. 表单域过滤选择器

表单域过滤选择器是 jQuery 自定义的，不是 CSS 3 中的选择器，它用来处理更复杂的选择，表 7-17 列出了 jQuery 常用的过滤选择器。

表 7-17　jQuery 常用的过滤选择器

选择器	说　　明
:animated	所有处于动画中的元素
:button	所有按钮，包括 input［type＝button］、input［type＝submit］、input［type＝reset］和 ＜button＞标记
:checkbox	所有复选框，等同于 input［type＝checkbox］
:checked	选择被选中的复选框或单选框
:contains(foo)	选择所有包含文本"foo"的元素
:disabled	页面中被禁用了的元素
:enabled	页面中没有被禁用的元素
:file	表单中的文件上传元素，等同于 input［type＝file］
:header	选中所有标题元素，例如 ＜h1＞ ~ ＜h6＞
:hidden	匹配所有的不可见元素，例如设置为 display：none 的元素或 input 元素的 type 属性为"hidden"的元素
:image	表单中的图片按钮，等同于 input［type＝image］
:input	表单输入元素，包括 ＜input＞、＜select＞、＜textarea＞、＜button＞
:not(filter)	反向选择
:parent	选择所有拥有子元素（包括文本）的元素，即除开空元素外的所有元素
:password	表单中的密码域，等同于 input［type＝password］
:radio	表单中的单选按钮，等同于 input［type＝radio］
:reset	表单中的重置按钮，包括 input［type＝reset］和 button［type＝reset］
:selected	下拉菜单中的被选中项
:submit	表单中的提交按钮，包括 input［type＝submit］和 button［type＝submit］
:text	表单中文本域，等同于 input［type＝text］
:visible	页面中的所有可见元素

1）:checked 选择器

有时希望判断用户当前选中的复选框和单选框，这可以通过 :checked 选择器判断，而不能通过 checked 属性的值来判断，那样只能获得初始状态下的选中情况，而不是当前的选择情况。如果要判断用户在列表框中选中了哪几项，则可通过 :selected 选择器得到。下面的代码将用户选中的复选框和单选框添加红色背景，将用户选中的列表项的内容显示在 b 元素中，运行结果如图 7-34 所示。

```
< script src = "jquery.min.js"></script >
< script >
function ShowChecked(oCheckBox){
    $ ("input").css("backgroundColor","");
    //使用：checked 过滤出被用户选中的
    $ ("input[name = " + oCheckBox + "]:checked").css ("backgroundColor",
    "red");
    var a = [];
    $ ("select option:selected").each(function(){
        a[a.length] = $ (this).text();
    });
    $ ("b").text(a.join(","));    //将数组 a 中的每个元素连接成字符串
}
爱好：< input type = "radio" name = "sports" id = "football">足球 < input type
= "radio" name = "sports" id = "basketball">篮球 < input type = "radio" name =
"sports" id = "volleyball">排球 < br >
< input type = "checkbox" name = "sports" id = "gofu">武术 < br >
< select name = "select" size = "3" multiple = "multiple">
    < option value = "1">长沙 </option >< option value = "2">湘潭 </option >
    < option value = "3">衡阳 </option >
</select >        < b ></b >
< input type = " button " value = " 显 示 选 中 项 " onclick = " ShowChecked
('sports')" >
```

图 7-34　jQuery 的过滤选择器

2）:not(filter)反向过滤选择器

在过滤选择器中:not(filter)是一个很有用的选择器,其中,filter 可以是任意其他的位置选择器或过滤选择器。例如,要选中 input 元素中的所有非 radio 元素,选择器如下:

```
$ ("input:not(:radio)")
```

选中页面中除第一个 p 元素外的所有 p 元素,可以这样:

```
$ ("p:not(:first)")
```

需要注意的是：:not(filter)的参数 filter 只能是位置选择器或过滤选择器,而不能是基本选择器,例如,下列语句是一个典型的错误:

```
$ ("div:not(p:first)")
```

7.8.6　jQuery 中的常用方法

下面介绍几种 jQuery 中最常使用的方法。

1. find( )方法

find( )方法可以通过查询获取新的元素集合,通过匹配选择器来筛选元素,例如:

```
$ ("div").find("p");
```

这行代码表示在所有 div 元素中搜索 p 元素,获得一个新的元素集合,它完全等同于以下代码:

```
$ ("p", $ ("div"));
```

2. hover 方法

hover(fn1,fn2):一个模仿悬停事件(鼠标移动到一个对象上面及移出这个对象)的方法。当鼠标移动到一个匹配的元素上面时,会触发指定的第一个函数;当鼠标移出这个元素时,会触发指定的第二个函数。下面的代码利用 hover 方法实现当鼠标滑动到某个单元格,单元格变色的效果:

```
< style type = "text/css">
  .hover{  background - color: #99CCFF;}
</style >
< script src = "jquery.min.js"></script >
< script >
$ (document).ready(function(){
$ ("td").hover(        //使用 hover 方法,接收两个参数
  function () {  $ (this).addClass("hover");
  },
  function () {  $ (this).removeClass("hover");
  }); });
</script >
```

3. toggleclass 方法

toggleclass 方法用于切换元素的样式。选中的元素集合中的元素如果没有使用样式"class",则对该元素加入样式"class";如果已经使用了该样式,则从该元素中删除该样式。

例如:可以将上述单元格动态变色的代码用 toggleclass 方法改写,改写的代码如下:

```
$(document).ready(function(){
$("td").hover(
 function () { $(this).toggleClass("hover");
 },
 function () { $(this).toggleClass("hover");
 });});
```

7.8.7 jQuery 的应用举例

1. 制作折叠式菜单

折叠式菜单(Accordion)是和 Tab 面板一样流行的高级网页元素,它是一种二级菜单,当单击某个主菜单项时,就会以滑动的方式展开它下面的二级菜单,同时自动收缩隐藏其他主菜单项的二级菜单,如图 7-35 所示。因此折叠式菜单有一个很好听的英文名叫"Accordion"(手风琴),它的折叠方式是不是有点像在拉手风琴呢?

下面分成几步来制作折叠式菜单。

(1) 考虑到折叠式菜单本质是一种二级菜单,因此这里用二级列表作为它的结构代码,它的结构代码和 CSS 下拉菜单的结构代码完全相同,也是第一级列表放主菜单项,第二级列表放子菜单项,结构代码如下:

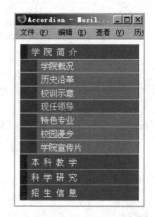

图 7-35　折叠式菜单的最终效果

```
<ul id="accordion">
  <li>
    <a href="#">学院简介</a>
    <ul>
      <li><a href="">学院概况</a></li>
       …
      <li><a href="">学院宣传片</a></li>
    </ul>
  </li>
  <li>
    <a href="#">本科教学</a>
    <ul>
      <li><a href="">专业介绍</a></li>
       …
      <li><a href="">教育技术</a></li>
    </ul>
  </li>
   …
</ul>
```

（2）为折叠式菜单添加 CSS 样式，这包括为最外层 ul 设置一个宽度，将 ul 的边界、填充设为 0，去掉列表的小黑点，最后再设置这些元素在正常状态和鼠标滑过状态时的背景、边框、填充等盒子属性。CSS 代码如下：

```
<style type="text/css">
ul {
    list-style:none;  margin:0;  padding:0;  }
#accordion {
    width:200px;                          /*设置折叠式菜单内容的宽度为200px*/}
#accordion li {
    border-bottom:1px solid #ED9F9F;  }
#accordion a {
    font-size: 14px;  color:#ffffff;  text-decoration: none;
    display:block;                        /* 区块显示 */
    padding:5px 5px 5px 0.5em;
    border-left:12px solid #711515;       /* 左边的粗暗红色边框 */
    border-right:1px solid #711515;
    background-color:#c11136;
    height:1em;                           /* 此条为解决 IE6 的 bug */        }
#accordion a:hover {
    background-color:#990020;             /* 改变背景色 */
    color:#ffff00;                        /* 改变文字颜色为黄色 */  }
#accordion li ul li {                     /* 子菜单项的样式设置 */
    border-top:1px solid #ED9F9F;  }
#accordion li ul li a{                    /* 子菜单项的样式设置 */
    padding:3px 3px 3px 0.5em;
    border-left:28px solid #a71f1f;
    border-right:1px solid #711515;
    background-color:#e85070;  }
#accordion li ul li a:hover{              /* 改变子菜单项的背景色和前景色 */
    background-color:#c2425d;
    color:#ffff00;  }
</style>
```

这样折叠式菜单的外观就设置好了，但还没有添加 jQuery 代码，所以不会有折叠效果。

（3）添加 jQuery 代码实现折叠效果。折叠式菜单的原理是：顺序排列的 N 个主菜单（a 元素），页面载入时只显示第一个主菜单项下的二级菜单（ul），单击某个元素时，展开子菜单（ul）元素并隐藏其他子菜单。因此代码如下，运行效果如图 7-35 所示。

```
<script src="jquery.min.js"></script>
<script>
  $(function(){
    //页面载入时隐藏除第一个元素外的所有元素
```

```
    $("#accordion > li > a + * :not(:first)").hide();
    //对所有元素的标题绑定单击动作
    $("#accordion > li > a").click(function(){
       $(this).parent().parent().each(function(){
         $(">li > a + *",this).slideUp();           //隐藏所有元素
       });
       $(" + *",this).slideDown();                   //展开当前点击的元素
    });    });
</script>
```

其中,选择器"#accordion > li > a"选中了第一级 a 元素(即主菜单项),而"＋"代表相邻选择器,那么选择器"#accordion > li > a + *"是选中了紧跟在第一级 a 元素后的任意一个元素。在这里,紧跟在 a 元素后的元素是包含子菜单的 ul 元素,所以"#accordion > li > a + *"是选中了第二级 ul 元素,它也可写成"#accordion > li > a + ul"。而(:first)选择器选中第一个元素,:not(:first)是反向过滤选择器,表示选中除第一个元素外的所有元素,所以选择器 $("#accordion > li > a + * :not(:first)")就是选中除第一个二级 ul 元素外的所有其他二级 ul 元素,再用 hide()方法将这些二级 ul 元素隐藏,所以页面载入时就只显示第一个子菜单,而把其他子菜单都隐藏起来了。

接下来" $("#accordion > li > a").click()"表示单击主菜单项事件。在处理事件的函数中, $(this)代表 $("#accordion > li > a"),为了要通过 each()方法遍历到所有的子菜单,必须先返回到#accordion 元素,在这里 parent()方法就是用来找到元素的父元素,通过 $(this).parent().parent()可以返回到 $("#accordion")。

$(">li > a + *",this)等价于 $(this).find(">li > a + *"),在这里,this 是在 each 方法的函数中,而调用 each()函数的是"#accordion",所以 this 指代"#accordion",即每个主菜单项下的子菜单,通过遍历使每个子菜单都隐藏,而 $(" + *",this)里的 this 位于 click 方法中,而调用 click 方法的是"#accordion > li > a",所以 this 指代当前主菜单项 a 元素。 $(" + *",this)等价于 $(this).find(" + *"),即在与当前 a 元素相邻的后继元素中查找 ul 元素。

这样,折叠式菜单就完全制作好了,在 Firefox 和 IE6 中预览都能得到类似的效果。

2. 制作渐变背景色的下拉菜单

下拉菜单可以使用纯 CSS 代码制作,但是由于 IE6 不支持 li 元素的 hover 伪类,导致用 CSS 兼容 IE6 浏览器比较麻烦。实际上,通过 jQuery 的选择器,可以在 CSS 下拉菜单的基础上,稍加改动,作出所有浏览器都兼容的下拉菜单,而且还能使用 jQuery 的动画效果实现渐隐渐现、渐变背景色等效果,如图 7-36 所示。该下拉菜单的制作步骤如下。

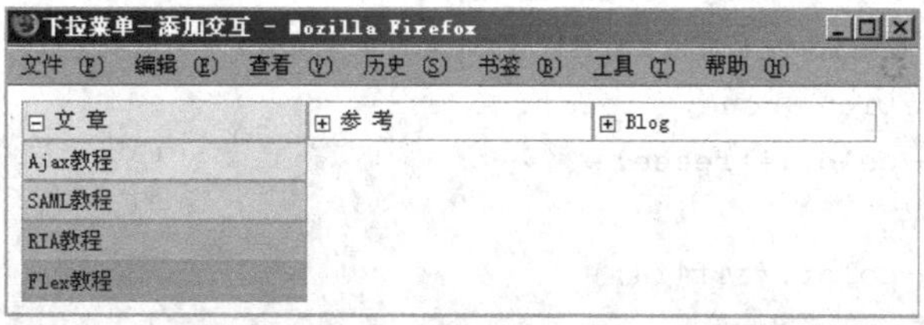

图 7-36　带有渐变色菜单背景的下拉菜单

（1）首先编写结构代码，jQuery 下拉菜单仍然使用 CSS 下拉菜单的结构代码，不需要做任何改动。代码如下

```
<ul id = "nav">
  <li><a href = "">文 章</a>
    <ul>
      <li><a href = "">Ajax 教程</a></li>
      <li><a href = "">SAML 教程</a></li>
      <li><a href = "">RIA 教程</a></li>
      <li><a href = "">Flex 教程</a></li>
    </ul>
  </li>
  <li><a href = "">参 考</a>
    <ul>
      …… <!--省略 <li>元素的代码 -->
    </ul>
  </li>
  <li><a href = "">Blog</a>
    <ul>
      …… <!--省略 <li>元素的代码 -->
    </ul>
  </li>
</ul>
```

（2）接下来编写 CSS 样式代码部分，可以去掉 CSS 下拉菜单中的 li: hover ul 选择器，以便通过 jQuery 程序来实现。

```
<style type = "text/css">
#nav {              /* 对 ul 元素进行通用设置 */
  padding: 0;  margin: 0;  list - style: none;  }
li {  float: left;
  width: 160px;
  position:relative;}
li ul {              /*默认状态下隐藏下拉菜单 */
  display: none;
  position: absolute;
  top: 21px;  }
ul li a{
  display:block;      font - size:12px;
  border: 1px solid #ccc;  padding:3px;
  text - decoration: none;  color: #333;
  background - color:#ffeeee;}
ul li a:hover{
  background - color:#f4 f4 f4;}
</style>
```

（3）添加 jQuery 代码。

用 jQuery 中的 $("#nav > li")子选择器选中第一级 li 元素（即导航项），当鼠标滑过导航项时，用 jQuery 的 hover( )方法对 li 的子元素 ul（即下拉菜单）进行控制。jQuery 的 hover( )方法有两个参数，前一个参数表示鼠标停留时的状态，在这里通过 fadeIn( )方法设置下拉菜单渐现。后一个参数表示鼠标离开时的状态，在这里通过 fadeOut( )设置下拉菜单渐隐。这样就实现了一个有渐隐渐现效果的下拉菜单。代码如下：

```
<script src = "jquery.min.js"></script>
<script>
$(document).ready(function(){
  $("#nav > li").hover(function(){          //当鼠标滑动到导航项上时
    $(this).children("ul").fadeIn(600);      //改成 slideDown 试试
    },function(){
      $(this).children("ul").fadeOut(600);    //改成 slideUp 试试
    });
});
</script>
```

（4）给每个导航项文字的左边加一个小图标，将结构代码修改如下：

```
<a href = ""><img src = "plus.gif" border = "0" align = "absmiddle"/>文 章
</a>
```

当鼠标停留时，将小图标换成另一幅。

```
<script>
$(function(){
  $("#nav > li").hover(function(){
    $(this).children("ul").fadeIn(600);
    $(this).find("img").attr("src","minus.gif");    //改变小图像的源文件
    },function(){
      $(this).children("ul").fadeOut(600);
      $(this).find("img").attr("src","plus.gif");    //将小图像变回来
    });
});
</script>
```

（5）最后为下拉菜单设置渐变的颜色背景，即让显示的下拉菜单的每个 li 元素的背景色由浅变深，效果如图 7-36 所示，这样下拉菜单的背景色从上到下逐渐加深。每一行的背景色不是直接设定的，而是通过一个算式得到的。

实现的方法是通过 $("#nav > li li")选中下拉菜单中的每一项，然后用 each( )函数让每一项 li 的背景色逐渐加深，最终的 JavaScript 代码如下：

```
<script>
$(function(){
  $("#nav > li").hover(function(){
```

```
        $(this).children("ul").fadeIn(600);
      $(this).find("img").attr("src","minus.gif");
      },function(){
      $(this).children("ul").fadeOut(600);
$(this).find("img").attr("src","plus.gif");
      });
$("#nav>li li").each(function(i){                //下拉菜单项逐渐变色的代码部分
$(this).css("background-color","rgb(" + (320 - i * 16) + "," + (240 - i * 16)
+"," + (240 - i * 16) + ")");
      });
});
</script>
```

3. 制作图片轮显效果

图片轮显效果除了可按照 7.7.2 节调用 pixviewer. swf 文件制作外,还可使用纯

图 7-37　图片轮显效果框

JavaScript 代码制作,有了 jQuery 使制作这种效果的代码更简洁了。图 7-37 是制作完成后的图片轮显效果,其制作步骤如下。

(1) 写结构代码。一个图片轮显效果框由两部分组成,即上方显示图片的 div 容器,及下方放置数字按钮的 div 容器。为了使单击图片能链接到某个网页,必须用图片作链接,即把 img 元素嵌入到 a 元素中。而数字按钮是几个 a 元素,我们把它嵌入到两层的 div 容器中,再把放图片的容器和放数字按钮的容器都嵌入到一个总的 div 中。结构代码如下:

```
<div class = "imgsBox">
  <div class = "imgs">
    <a href = "#"><img id = "pic" src = "images/01.jpg" width = "282" height =
    "164"/></a>
  </div>
  <div class = "clickButton">
    <div>
      <a class = "active" href = "">1</a>
      <a class = "" href = "">2</a><a class = "" href = "">3</a><a class =
      "" href = "">4</a>
      <a class = "" href = "">5</a>
    </div>
  </div>
</div>
```

(2) 设置 CSS 样式。主要是设置图像轮显框的尺寸,及图像部分的尺寸和按钮的高度。在这里,设置数字按钮的行高为 12px,这样它占据的高度就是 12px。同时,设置放置按钮的容器. clickButton 为相对定位,在 Firefox 中向上偏移 1 像素,而在 IE6 中向上偏移

5 像素。这样按钮和图像之间在任何浏览器中都没有间隙了。**CSS** 代码如下：

```css
<style type = "text/css">
img{border:0px;}                    /*去掉对图像设置链接后产生的边框*/
.imgsBox{overflow:hidden;        /*如果图像尺寸大时,使超出的部分不可见*/
    width:282px; height:176px;}
.imgs a{
  display:block; width:282px; height:164px;}
  .clickButton{background - color:#999999; width:282px; height:12px;
       position:relative; top: -1px;
        _top: -5px;              /*仅对 IE6 有效*/}
.clickButton div{ float:right; }
  .clickButton a{
    background - color:#666; border - left:#ccc 1px solid;
    line - height:12px; height:12px; font - size:10px;
    float:left; padding:0 7px;
    text - decoration:none; color:#fff;}
.clickButton a.active,.clickButton a:hover{background - color:#d34600;}
</style>
```

（3）编写 **jQuery** 代码。当图片轮显框没有鼠标单击时要能自动循环显示,这需要用到定时函数,当鼠标单击数字按钮时,要马上显示其对应的那一张图片,并且按钮的背景色改变。

```javascript
<script src = "jquery.min.js"></script>
<script>
  $(document).ready(function(){
    $(".clickButton a").attr("href","javascript:return false;");
                                     //使单击链接不发生跳转
    $(".clickButton a").each(function(index){
      $(this).click(function(){        //当单击数字按钮时
        changeImage(this,index);
      });
    });
    autoChangeImage();                 //页面载入时如果没有单击按钮则自动轮转图片
  });
  function autoChangeImage(){          //自动轮显图片
    for(var i =0; i <=10000;i ++){
      window.setTimeout("clickButton(" + (i%5 +1) + ")",i * 2000);
    }
  }
  function clickButton(index){          //表示第几个数字按钮被单击
    $(".clickButton a:nth - child(" + index + ")").click();
  }
  function changeImage(element,index){
```

```
        var arryImgs = ["images/01.jpg", "images/02.jpg", "images/03.jpg",
"images/04.jpg", "images/05.jpg"];          //将所有的轮显图片 url 放在一个数组中
    $(".clickButton a").removeClass("active");       //使其他按钮背景色为默认
    $(element).addClass("active");         //使当前显示的图片对应的按钮背景变红
    $(".imgs img").attr("src",arryImgs[index]);        //设置图像的源文件
    }
</script>
```

这样，这个图片轮显效果框就制作好了，但该例没有实现图片轮显时的渐变切换效果。

7.8.8 jQuery 的插件应用举例 *

许多 jQuery 的爱好者为 jQuery 开发了各种各样的插件，这些插件大大地扩展了 jQuery 的功能，学会使用 jQuery 的插件可以方便开发各种特殊效果。如果要下载这些插件，可以在百度上搜索"jQuery 插件下载"或插件的名称。

1. 使用 jQuery 插件 Lightbox 制作 Lightbox 效果

本节以使用 jQuery 的 Lightbox 插件为例，讲解如何通过插件方便地实现 Lightbox 效果。制作完成的最终效果如图 7-38 所示。

图 7-38　jQuery 的 Lightbox 插件效果演示

（1）首先可以在 http://leandrovieira.com/projects/jquery/lightbox 下载 Lightbox 插件。然后在网页中导入 jQuery 库文件和 Lightbox 插件文件。

```
<script src="jquery.min.js"></script>
<script src="jquery.lightbox-0.5.js"></script>
```

然后再导入 Lightbox 插件的 CSS 样式表文件：

```
<link type="text/css" href="jquery.lightbox-0.5.css"/>
```

并把图像文件夹（images）和这些资源文件（js 和 css 文件）复制到与该网页同级的目录中去。

（2）接下来编写图片的结构代码，Lightbox 插件要求图片元素必须用一个 < a > 标记包含。为了使代码结构清晰，把图片都放在一个列表中。

```
<ul id = "lib">
<li><a href = "pic1.jpg"><img src = "pic1.jpg" width = "90" height = "90"/>
</a></li>
<li><a href = "pic2.jpg"><img src = "pic2.jpg" width = "90" height = "90"/>
</a></li>
<li><a href = "pic3.jpg"><img src = "pic3.jpg" width = "90" height = "90"/>
</a></li>
<li><a href = "pic4.jpg"><img src = "pic4.jpg" width = "90" height = "90"/>
</a></li>
</ul>
```

（3）为了使图片排列得美观，给它们添加如下 CSS 代码：

```
body{margin:25px 20px}
#lib {
    margin: 0px;  padding: 0px;
    list - style - type: none;  }
#lib li {
    float: left;
    width:104px;  height:104px;
    margin: 4px;  }
#lib img {
    border: 1px solid #333333;
    padding: 6px;
    background - color:#FFFFFF;  }
```

（4）最后添加调用 Lightbox 的 jQuery 代码：

```
<script>
$(function() {
    $('#lib a').lightBox();                //对#lib 中的 a 元素应用 lightBox 方法
  });
</script>
```

2. 使用 jQuery 插件 jqzoom 实现图片放大镜效果

在一些电子商务的商品展示网页上，为了更好地展示商品，一般都会添加放大镜的效果。当把鼠标放到小图片上，右边会自动地出现小图局部的放大图，如图 7-39 所示。这种效果以前一般用 Flash 的 ActionScript 编程实现，但现在用 jQuery 的插件 jqzoom 也能制作。

（1）首先可以在百度上搜索"jqzoom"，下载 jqzoom 插件，取出里面的 jquery.jqzoom.js 和 jqzoom.css 文件，将它们复制到和当前网页同级的目录中。然后在网页中导入 jQuery 库文件和这两个文件。代码如下：

图7-39　用 jqzoom 插件实现的放大镜效果

```
< script type = "text/JavaScript" src = "jquery.min.js"></script >
< script type = "text/JavaScript" src = "jquery.jqzoom.js"></script >
< link href = "jqzoom.css" rel = "stylesheet" type = "text/css"/ >
```

（2）接下来编写图片放大镜效果的结构代码,把 img 元素放在一个类名为 jqzoom 的 div 元素中：

```
< div >
    Canon 数码相机欣赏 (请把鼠标放到图片上)
    < div class = "jqzoom">
        < img src = "images/small.jpg" alt = "相机展示" jqimg = "images/big.
        jpg"/ >
    </div ></div >
```

其中,div 必须指明类样式"jqzoom",img 标记中必须自定义一个 jqimg 的属性,它指明放大图为哪张图片。

（3）最后添加调用 jqzoom 的 jQuery 代码：

```
< script >
    $ (document).ready(function(){
    $ (".jqzoom").jqueryzoom({
    xzoom:320,        //放大图的宽
    yzoom:240,        //放大图的高
    offset:20,        //放大图距离原图的位置
    position:'right' //放大图在原图的右边 (默认为 right)
    });    });
</script >
```

这样图像放大镜效果就完成了,如果要修改右边显示放大图的容器的大小,可修改 jqzoom.css 文件中的有关 CSS 样式。

习 题

一、练习题

1. 下列定义数组的方法哪项是不正确的?( )

    A. var x = new Array["item1","item2","item3","item4"];

    B. var x = new Array("item1","item2","item3","item4");

    C. var x = ["item1","item2","item3","item4"];

    D. var x = new Array(4);

2. 计算一个数组 x 的长度的语句是( )。

    A. var aLen = x.length();   B. var aLen = x.len();

    C. var aLen = x.length;   D. var aLen = x.len;

3. 下列 JavaScript 语句将显示( )结果。

```
var a1 =10;  var a2 =20;
alert("a1 + a2 = " + a1 + a2);
```

    A. a1 + a2 = 30

    B. a1 + a2 = 1020

    C. a1 + a2 = a1 + a2

    D. "a1 + a2 = "1020

4. 表达式"123abc" - 123 的计算结果是( )。

    A. "abc"   B. 0   C. -122   D. NaN

5. 产生当前日期的方法是( )。

    A. Now();   B. date();   C. new Date();   D. new Now();

6. 下列( )可以得到文档对象中的一个元素对象。

    A. document.getElementById("元素 id 名")

    B. document.getElementByName("元素名")

    C. document.getElementByTagName("标记名")

    D. 以上都可以

7. 如果要制作一个图像按钮,用于提交表单,方法是( )。

    A. 不可能的

    B. < input type = "button" image = "image.gif">

    C. < input type = "submit" image = "image.gif">

    D. < img src = "image.gif" onclick = "document.forms[0].submit()">

8. 如果要改变元素 < div id = "userInput" > … </div > 的背景颜色为蓝色,代码是( )。

    A. document.getElementById("userInput").style.color = "blue";

    B. document.getElementById("userInput").style.divColor = "blue";

    C. document.getElementById("userInput").style.background - color = "blue";

    D. document.getElementById("userInput").style.backgroundColor = "blue";

9. 通过 innerHTML 的方法改变某一 div 元素中的内容,(　　)。

　　A. 只能改变元素中的文字内容　　　　B. 只能改变元素中的图像内容

　　C. 只能改变元素中的文字和图像内容　D. 可以改变元素中的任何内容

10. 下列选项中,(　　)不是网页中的事件。

　　A. onclick　　　　B. onmouseover　　　C. onsubmit　　　　D. onmouseclick

11. JavaScript 中自定义对象时使用关键字(　　)。

　　A. Object　　　　B. Function　　　　C. Define　　　　D. 以上三种都可以

12. 以下哪条语句不能为对象 obj 定义值为 22 的属性 age?(　　)

　　A. obj. "age" =22;　B. obj. age =22;　　C. obj["age"] =22;　D. obj ={age:22};

13. 下面哪一条语句不能定义函数 f( )?(　　)

　　A. function f( ){ };　　　　　　　　B. var f = new Function("{ }");

　　C. var f = function( ){ };　　　　　　D. f( ){ };

14. _____对象表示浏览器的窗口,可用于检索关于该窗口状态的信息。

15. _____对象表示浏览器的 URL 地址,并可用于将浏览器转到某个网址。

16. Navigator 对象的_____属性用于检索操作系统平台。

17. var a =10; var b =20; var c =10; alert(a = b); alert(a == b); alert(a == c);
结果是_____。

二、编程题

1. 试说明以下代码输出结果的顺序,并解释其原因,最后在浏览器中验证。

```
<script> setTimeout (function(){ alert("A"); },0);
    alert("B");  </script>
```

2. 编写代码实现以下效果:打开一个新窗口,原始大小为 400px ×300px,然后将窗口逐渐增大到 600px ×450px,保持窗口的左上角位置不变。

3. 用 JavaScript 编写计算器程序,实现网页版计算器程序效果。

4. 编写 JavaScript 代码,使浏览该页面的窗口总是出现在所有其他窗口的前面(提示:使用 window 对象的 onblur 事件和 focus 方法)。

5. 编写脚本:当鼠标在超链接上移动时,在状态栏中显示鼠标指针在窗口中的坐标。

参 考 文 献

1. 温谦,等.网页制作综合技术教程.北京:人民邮电出版社,2009.
2. 温谦.CSS 网页设计标准教程.北京:人民邮电出版社,2009.
3. 曾顺.精通 JavaScript + jQuery.北京:人民邮电出版社,2008.
4. 李林,施伟伟.JavaScript 程序设计教程.北京:人民邮电出版社,2008.
5. Jennifer Niederst Robbins. Learning Web Design. Third Edition. Sebastopol(USA):O' Reilly Media, Inc. ,2007.
6. 李烨.别具光芒——DIV + CSS 网页布局与美化.北京:人民邮电出版社,2006.
7. Andy Budd. 精通 CSS:高级 Web 标准解决方案.陈剑瓯译.北京:人民邮电出版社,2006.
8. 黎芳.网页设计与配色实例分析.北京:兵器工业出版社,2006.
9. 唐四薪.Web 标准网页设计与 ASP.北京:清华大学出版社,2011.
10. 唐四薪.ASP 动态网页设计与 Ajax 技术.北京:清华大学出版社,2012.